建筑装饰装修构造与施工技术

主　审　范幸义
主　编　张勇一　何春柳　罗雅敏
副主编　崔艳清　李洪兵　陈　代
　　　　杨兴胜　李　仙
参　编　罗培成　罗卫星　夏洪波
　　　　钟　元　邓　华　雷　雨
　　　　邹　娟

西南交通大学出版社
·成　都·

图书在版编目（CIP）数据

建筑装饰装修构造与施工技术 / 张勇一，何春柳，罗雅敏主编. —成都：西南交通大学出版社，2017.2（2022.08 重印）
高等职业技术院校房地产类规划教材
ISBN 978-7-5643-5277-6

Ⅰ. ①建… Ⅱ. ①张… ②何… ③罗… Ⅲ. ①建筑装饰－工程装修－建筑构造－高等职业教育－教材② 建筑装饰－工程施工－高等职业教育－教材 Ⅳ. ①TU767

中国版本图书馆 CIP 数据核字（2017）第 022615 号

高等职业技术院校房地产类规划教材

建筑装饰装修构造与施工技术

主编　张勇一　何春柳　罗雅敏

责 任 编 辑	姜锡伟
封 面 设 计	何东琳设计工作室
出 版 发 行	西南交通大学出版社 （四川省成都市二环路北一段 111 号 西南交通大学创新大厦 21 楼）
发 行 部 电 话	028-87600564　028-87600533
邮 政 编 码	610031
网　　　　址	http://www.xnjdcbs.com
印　　　　刷	成都蜀通印务有限责任公司
成 品 尺 寸	185 mm×260 mm
印　　　　张	18.5
字　　　　数	465 千
版　　　　次	2017 年 2 月第 1 版
印　　　　次	2022 年 8 月第 2 次
书　　　　号	ISBN 978-7-5643-5277-6
定　　　　价	48.00 元

课件咨询电话：028-81435775
图书如有印装质量问题　本社负责退换
版权所有　盗版必究　举报电话：028-87600562

前 言

自从建筑装饰工程技术专业开设以来,"建筑装饰构造"与"建筑装饰施工技术"两门课程的教学过程和教学内容一直是大家在思考改革的一个问题。由于两门课程互相之间存在着紧密的联系,单独讲授装饰构造的时候需涉及装饰施工技术的内容才能讲授明白,单独讲授装饰施工技术的时候又不能脱离装饰构造的内容。这样一来,如果两门课程独立开设,一方面会造成课程内容的重复,另一方面也会造成教学课时的浪费,所以怎样将两门课程的内容整合到一起,是相关教育工作者都在思考的一个问题。同时,为了满足目前大多数院校向应用型院校转型的需要,教学内容也更加强调实际工作过程的体现,强调实践性和应用性。

本书就是在这样的背景下产生的,其目的:一方面要求学生在熟悉常规装饰装修构造的构造原理、构造组成及构造作法的前提下,能够在工程实践中识读装饰工程施工图纸,指导施工,同时能在熟悉装饰设计方案的前提下,借助计算机辅助设计软件绘制相应的装饰工程施工图纸;另一方面要求学生在识读装饰工程施工图纸的前提下,能够在工程实践中按照各分项工程的工艺流程、施工要点和验收标准组织、指导装饰工程的施工过程,同时通过任务准备、任务分析、任务过程、能力拓展、技能训练的编写形式培养学生的自学能力,使学生养成获取知识信息的自主性,提高职业素质。

本书在编写过程中,以建筑装饰工程施工项目工作过程系统化为主线,以隐蔽工程、主体工程、安装工程为主要任务,以各工程对应的分项工程为子任务,从而引出各分项工程常见的构造作法和施工要点,再结合附录中提供的工作过程系统化的教学参考资料,从而达到培养学生的专业能力、方法能力、社会能力及个人能力的目的。

本书由重庆房地产职业学院张勇一、何春柳、罗雅敏任主编,范幸义任主审,张勇一负责全书的结构设计和统稿。其中:重庆房地产职业学院张勇一、中国建筑装饰(集团)有限公司重庆分公司罗培成编写任务一、任务三(子任务1、子任务2、子任务3);重庆房地产职业学院罗雅敏、恒大地产集团重庆有限公司罗卫星编写任务二;重庆房地产职业学院夏洪波、安徽商贸职业技术学院杨兴胜编写任务三

（子任务 4）；重庆房地产职业学院钟元、广州富力装饰工程有限公司邓华编写任务三（子任务5）；重庆房地产职业学院何春柳、成都文理学院李洪兵、安徽机电职业技术学院陈代编写任务四（子任务1、子任务2）；重庆房地产职业学院雷雨、崔艳清编写任务四（子任务3）；重庆房地产职业学院邹娟编写任务四（子任务4）；成都文理学院李洪兵、安徽商贸职业技术学院杨兴胜、安徽机电职业技术学院陈代、重庆建筑工程职业学院李仙负责附录资料及图片的整理。同时，我们也感谢重庆玄武装饰设计有限公司冷征、陈晓东，重庆昊色堂建筑设计咨询有限公司罗昊，重庆拓达建设（集团）有限公司田崇伟、尹飞云在本书编写过程中给予的支持和帮助。

　　本书可作为高等职业院校、应用型本科院校建筑装饰工程技术专业、室内设计技术专业及相关艺术类专业的通用教材，也可作为相关工程技术人员的参考资料使用。

　　由于本书是在编写人员边课改边实践的过程中编写的，限于水平，书中肯定存在不完善的地方，希望各位同行在使用的过程中能够提出宝贵的意见，以便我们不断完善。

编　者

2016 年 11 月

目 录

任务一 课程认识 .... - 1 -
    1 建筑装饰装修构造的基本内容 .... - 1 -
    2 建筑装饰装修施工的基本内容 .... - 1 -
    3 建筑装饰装修工程的作用和特点 .... - 2 -
    4 建筑装饰装修工程的分类及等级 .... - 2 -
    5 普通住宅装饰装修构造的类型 .... - 4 -
    6 普通住宅装饰装修施工程序 .... - 5 -
    【技能训练】 .... - 6 -

任务二 隐蔽工程 .... - 7 -
    子任务 1 拆建工程 .... - 7 -
        【能力拓展】 .... - 8 -
        【技能训练】 .... - 10 -
    子任务 2 电路工程 .... - 10 -
        【能力拓展】 .... - 12 -
        【技能训练】 .... - 13 -
    子任务 3 水路工程 .... - 13 -
        【能力拓展】 .... - 15 -
        【技能训练】 .... - 16 -
    子任务 4 防水工程 .... - 17 -
        【能力拓展】 .... - 18 -
        【技能训练】 .... - 19 -

任务三 主体工程 .... - 20 -
    子任务 1 楼地面工程 .... - 20 -

	1	认识楼地面装饰工程	- 20 -
	2	陶瓷地砖楼地面	- 22 -
	3	陶瓷锦砖（马赛克）楼地面	- 26 -
	4	块状石材楼地面	- 27 -
	5	碎拼石材楼地面	- 29 -
	6	格栅空铺木地板地面	- 32 -
	7	浮铺木地板地面	- 36 -
	8	地毯地面	- 41 -
	9	塑料地面	- 49 -
	10	踢脚板工程	- 53 -

【能力拓展】 - 57 -

【技能训练】 - 63 -

子任务 2　墙柱面工程 - 63 -

	1	认识墙柱面装饰工程	- 64 -
	2	内墙釉面砖墙面	- 65 -
	3	外墙面砖墙面	- 70 -
	4	陶瓷锦砖墙面	- 74 -
	5	内墙涂料墙面	- 76 -
	6	石材干挂墙面	- 82 -
	7	石材锚固灌浆墙面	- 90 -
	8	壁纸（布）裱糊墙面	- 98 -
	9	软包墙面	- 109 -
	10	木质饰面墙面	- 115 -
	11	金属板饰面墙面	- 124 -
	12	金属饰面板包柱	- 131 -
	13	隔墙与隔断	- 138 -

【能力拓展】 - 162 -

【技能训练】 - 168 -

子任务 3　天棚工程 - 168 -

	1	认识天棚工程	- 169 -
	2	木龙骨吊顶	- 170 -

　　　　3　轻钢龙骨吊顶 ··· - 180 -
　　　　4　铝合金龙骨吊顶 ··· - 190 -
　　【能力拓展】 ··· - 194 -
　　【技能训练】 ··· - 202 -
　子任务4　门窗工程 ·· - 202 -
　　　　1　认识门窗工程 ··· - 203 -
　　　　2　装饰木门窗 ··· - 204 -
　　　　3　铝合金门窗 ··· - 214 -
　　　　4　塑钢门窗 ··· - 224 -
　　【能力拓展】 ··· - 228 -
　　【技能训练】 ··· - 231 -
　子任务5　家具工程 ·· - 231 -
　　　　1　家具制作流程 ··· - 231 -
　　　　2　家具制作要点 ··· - 232 -
　　　　3　家具制作要点示意图 ··· - 233 -
　　【技能训练】 ··· - 234 -

任务四　安装工程 ··· - 235 -
　子任务1　楼梯栏杆安装 ··· - 235 -
　　【能力拓展】 ··· - 237 -
　　【技能训练】 ··· - 239 -
　子任务2　厨房设备安装 ··· - 239 -
　　【能力拓展】 ··· - 241 -
　　【技能训练】 ··· - 246 -
　子任务3　灯具安装 ·· - 246 -
　　【能力拓展】 ··· - 248 -
　　【技能训练】 ··· - 251 -
　子任务4　洁具安装 ·· - 251 -
　　【能力拓展】 ··· - 254 -
　　【技能训练】 ··· - 257 -

附录1　常用装饰装修施工机具 ··· - 258 -

附录2 《住宅装饰装修工程施工规范》（GB 50327—2001）............ - 263 -
附录3 "装饰构造与施工技术"课程基于工作过程系统化的项目教学资料 ..... - 284 -
参考文献.. - 288 -

任务一　课程认识

【学习目标】

（1）熟悉建筑装饰装修构造和施工技术的基本内容。
（2）了解建筑装饰装修工程的作用和特点。
（3）了解建筑装饰装修工程的分类及等级。
（4）熟悉普通住宅的装饰装修构造类型。
（5）熟悉普通住宅的装饰装修施工程序。

【任务准备】

熟悉教材内容，查阅相关资料，对本课程的基本知识和学习目的有一个初步的认识。

【任务分析】

（1）分析教材目录和内容，对本课程的学习内容作大致了解。
（2）查阅相关资料，了解建筑装饰装修工程的相关基本知识。
（3）查阅相关资料，了解建筑装饰装修构造与施工技术的基本内容。

【任务过程】

1　建筑装饰装修构造的基本内容

建筑装饰装修构造的基本内容包括构造原理、构造组成及构造作法。构造原理是构造设计的理论或实践经验；构造组成和构造作法是结合客观实际情况，考虑多种因素，运用原理确定实施构造方案，即确定采用什么方式将饰面的装饰材料或装饰物连接固定在建筑物的主体结构上，解决相互之间的衔接、收口、饰边、填缝等构造问题。构造原理是抽象的，体现在构造作法中；构造组成及作法是具体的，是在构造原理指导下进行的。

本课程就是要求学生在熟悉常规装饰装修构造的构造原理、构造组成及构造作法的前提下，能够在工程实践中识读装饰工程施工图纸，指导施工，同时能在熟悉装饰设计方案的前提下，借助计算机辅助设计软件绘制相应的装饰工程施工图纸。

2　建筑装饰装修施工的基本内容

建筑装饰装修施工的基本内容包括施工工艺流程、施工要点及验收标准。施工工艺流程是完成某一分项工程的整体性指导方案；施工要点是施工工艺流程中完成每一步骤的方法和注意事项；验收标准是对施工成果的考核标准，即完成某一分项工程，应该先做什么后做什么，用什么样的方法来完成，最后要达到什么样的结果。

本课程就是要求学生在识读装饰工程施工图纸的前提下，能够在工程实践中按照各分项工程的工艺流程、施工要点和验收标准组织、指导装饰工程的施工过程。

3 建筑装饰装修工程的作用和特点

3.1 建筑装饰装修工程的作用

（1）保护建筑结构系统，提高建筑结构的耐久性。
（2）改善和提高建筑物的围护功能，满足建筑物的使用要求。
（3）美化建筑的内、外环境，提高建筑的艺术效果。

3.2 建筑装饰装修工程的特点

（1）工程量大。
（2）施工工期长。
（3）耗用劳动量大。
（4）占建筑总造价的比例较高。
（5）新型建筑装饰材料的不断涌现，促使新的施工工艺不断更新。

4 建筑装饰装修工程的分类及等级

4.1 建筑装饰装修工程分类

4.1.1 按装饰装修部位分类

（1）室内装饰装修。

室内装饰装修的部位包括：楼地面、踢脚、墙裙、内墙面、顶棚、楼梯、栏杆扶手等。

建筑按室内空间使用功能的不同分类，进行不同功能空间的装饰装修，主要有起居室、卧室、书房、厨房、卫生间等室内空间的装修。

建筑还可按室内空间的三个界面（顶、墙、地）分类进行不同的装饰装修。

（2）室外装饰装修。

室外装饰装修的部位主要有：外墙面、散水、勒脚、台阶、坡道、窗台、窗楣、雨棚、壁柱、腰线、挑檐、女儿墙及压顶等。各部位的装饰要求和施工方法不尽相同。

4.1.2 按装饰装修的材料分类

（1）各种灰浆材料类：如水泥砂浆、混合砂浆、石灰砂浆等，用于内墙面、外墙面、楼地面、顶棚等部位的一般装饰。

（2）水泥石渣材料类：以各种颜色、质感的石渣作骨料，以水泥作胶凝剂的装饰材料，如水刷石、干粘石、剁斧石、水磨石等。这类材料装饰的立体效果较强，除水磨石主要用于楼地面外，其余多用于外墙面的装饰装修。

（3）各种天然、人造石材类：如天然大理石、天然花岗石、青石板，人造大理石、人造花岗石、预制水磨石、釉面砖、外墙面砖、陶瓷锦砖（俗称马赛克）、玻璃马赛克等，可分别用于内、外墙面及楼地面等部位的装饰装修。

（4）各种罩面板材类：除天然或人造石材之外的各种材料制成的装饰装修用板材，如各种木质胶合板、铝合金板、不锈钢板、镀锌彩板、铝塑板、石膏板、水泥石棉板、矿棉板、玻璃及各种复合贴面板等。

4.2 建筑装饰装修工程等级及用材标准（表 1-0-1、表 1-0-2）

表 1-0-1 建筑装饰装修工程等级划分

装饰等级	建筑物类型
一级	高级宾馆、别墅、纪念性建筑、大型博览建筑、大型体育建筑、一级行政机关办公楼、市级商场
二级	科研建筑、高教建筑、普通博览建筑、普通观演建筑、普通交通建筑、普通体育建筑、广播通信建筑、医疗建筑、商业建筑、旅馆建筑、局级以上行政办公楼、中级居住建筑
三级	中小学和托幼建筑、生活服务建筑、普通行政办公楼、普通居住建筑

表 1-0-2 建筑装饰装修用材料标准

建筑装饰等级	房间名称	部位	内装饰材料及设备	外装饰材料	附注
一级装饰	全部房间	墙面	塑料墙纸（布）、织物墙面、大理石、装饰板、木墙裙、各种面砖、内墙涂料	大理石、花岗岩、面砖、无机涂料、金属墙板、玻璃幕墙	材料根据国标或行业标准按优等品验收。施工按高级标准施工
		楼地面	各种塑料地板、软木橡胶地板、大理石、花岗岩、地毯、木地板		
		顶棚	金属装饰板、塑料装饰板、金属墙纸、塑料墙纸、装饰吸音板、玻璃顶棚、灯具顶棚	室外雨棚下及悬挑部分的楼板下，可参照内装饰顶棚	
		门窗	夹板门、推拉门、带木镶板或大理石镶边、设窗帘盒	各种颜色的玻璃铝合金门窗、特制木门窗、塑钢窗、光电感应门、遮阳板、卷帘门窗	
		其他设施	各种金属及竹木花格，自动扶梯，有机玻璃栏板，各种花饰、灯具、空调、防火设备、高档卫生设备等		

续表

建筑装饰等级	房间名称	部位	内装饰材料及设备	外装饰材料	附注
二级装饰	门厅、楼梯、走道、普通房间	楼地面	彩色水磨石、塑料地板、卷材地毯、碎大理石地面		（1）功能上有特殊要求者除外。（2）材料根据国标或行业标准主要按一等品验收，局部可按优等品验收。（3）施工主要按中级标准施工，部分可按高级标准施工
		墙面	内墙涂料、装饰抹灰、窗帘盒、暖气罩	面砖、石材、无机涂料	
		顶棚	混合砂浆、涂料、钙塑板、胶合板、吸音板		
		门窗		普通钢木门窗、塑钢门窗、铝合金门窗	
	厕所、洗漱室	楼地面	普通水磨石、陶瓷锦砖		
		墙面	水泥砂浆、1.4～1.7 m高度瓷砖墙裙		
		顶棚	混合砂浆、涂料		
		门窗	普通钢木门窗、塑钢门窗		
三级装饰	一般房间	楼地面	水泥砂浆、局部水磨石		（1）材料按国标或行业标准主要按合格品验收，局部可按一等品验收。（2）施工主要按普通标准施工，局部可按中级标准施工
		墙面	混合砂浆、涂料、柱子等不作特殊装饰	大部用水刷石、干粘石、清水墙面等，局部用面砖	
		顶棚	混合砂浆、涂料	混合砂浆、涂料	
		其他	文体用房、托幼建筑可用木地板、窗帘棍、除托幼外、不设暖气罩、不准作钢饰件、不用大理石、不贴墙纸等	禁用大理石、金属外墙板	
	门厅、楼梯、走道		除门厅外，可局部用吊顶，其他同一般房间，楼梯用金属栏杆、木扶手或抹灰栏板		
	厕所、洗漱室		水泥砂浆墙面、水泥砂浆地面		

5 普通住宅装饰装修构造的类型

装饰装修构造按其形式可分为三大类：饰面类构造、配件类构造、结构类构造。

5.1 饰面类构造

饰面类构造是在建筑构件表面覆盖装饰材料的构造作法，又称为覆盖式构造。其主要是需要处理好面层与基层的连接构造（如地砖与楼板的连接、墙砖与墙面的连接），常见的形式有罩面类、贴面类、钩挂类等。

5.2 配件类构造

配件类构造是用各种装饰材料及配件组装成装饰品的构造作法，又称为装配式构造。其主要是采用装饰制品或半成品在施工现场进行加工组装（如窗帘盒、套装门、暖气罩的安装），常见形式有塑造与浇注、加工与拼装、搁置与砌筑等。

5.3 结构类构造

结构类构造是指采用装饰骨架，将表面装饰构造层与建筑主体结构或框架填充墙连接在一起的构造形式。其主要需要处理好骨架与结构、骨架与骨架、骨架与饰面层之间的连接构造（如木龙骨纸面石膏板吊顶、轻钢龙骨纸面石膏板吊顶），常见的骨架形式有木骨架、轻钢骨架、铝合金骨架等。

5.4 饰面部位及作用

装饰装修构造的三种形式中，饰面类构造是施工中涉及地方最多、覆盖面最广的一种形式，不同的饰面部位对施工的要求也不一样（表1-0-3）。

表1-0-3 饰面的部位及其特性

名 称	部 位	构造要求	饰面作用和特性
楼地面	楼面／地面／上位	耐磨等	要求具有一定的蓄热能力和行走的舒适感；有良好的隔声性能；具有耐磨、不起尘、易清洁、耐冲击等特性。特殊用途地面还要求具有耐水、耐酸、碱、油脂等特性
外墙面（柱面）	外墙面	防止剥落	要求对外墙饰面起保护作用，具有耐风雨、耐大气侵蚀的作用，具有不污染、易于清洁的特性
内墙面（柱面）	内墙面／侧位	防止剥落	要求不挂灰、易清洁，有良好的接触感和舒适感；对光有良好的反射；在湿度大的房间具有防潮、收湿的性能
顶棚	吊顶／下位	防止剥落	对一般室内光照起反射作用；大厅的顶棚要求对声音有反射和吸收作用，屋面下的顶棚要求有保温隔热作用；还要有隐蔽设备管线的作用

6 普通住宅装饰装修施工程序

（1）住宅装饰装修工程前，应检查给排水管道是否畅通，基体及基本层是否符合相应验收标准。

（2）电气配线、电气器件、给排水管道安装完工后方可进行其他装饰工程。

（3）普通住宅装饰装修工程可按下列程序进行：主体结构拆改—水电改造—铺贴墙地砖—木工制作—涂料工程—厨卫吊顶—橱柜安装—成品门安装—铺贴墙纸—地板安装—开关插座安装—灯具安装—五金洁具安装—窗帘杆安装—开荒保洁—家具安装—家电安装—家居配饰。

（4）天然气管道的安装开通，必须由具有天然气安装质量资质证书的单位进行。

【技能训练】

选取本地区具有代表性的装饰装修工程，结合教师给出的参观大纲及要求，认识装修工程中的各个装修部位及相应的装修构造类型和构造作法。

任务二 隐藏工程

【学习目标】

（1）掌握墙体拆除和新建墙体的相关要求。
（2）掌握电路的定位布线方法及相关要求。
（3）掌握给排水管的定位排放方法及相关要求。
（4）掌握防水工程的相关材料和工艺流程。

子任务1 拆建工程

【任务准备】

建筑室内原始结构图和室内装饰设计施工图各一份，互相比较以确定需要进行墙体拆除和新建的部位。

【任务分析】

（1）分析建筑室内原始结构图的墙体结构形式，以确定可拆除的墙体部分。
（2）对比建筑室内原始结构图和室内装饰设计施工图，明确施工图中需要拆除的墙体是否属于可拆除的部分，同时明确需要新建墙体的部分和它们相应的施工尺寸。
（3）根据室内装饰设计施工图中新建墙体部分所需要达到的墙体饰面处理效果，选择相应的砌体材料和施工工艺。

【任务过程】

（1）识图：识读建筑原始结构图—明确承重墙与非承重墙—对比室内装饰设计施工图—确定墙体拆改部位及新建部位。
（2）墙体拆除工艺流程：准备工作完成—画线，确定拆除部分—切割，拆除—完工，清理搬运建筑垃圾。
（3）墙体新建工艺流程：准备、选择砌体材料—调和砂浆—整平墙面—砌筑—抹灰—清理、养护。
（4）墙体拆建示意图：见图2-1-1、图2-1-2。

图 2-1-1　墙体拆改示意图　　　　　　图 2-1-2　墙体新建示意图

【能力拓展】

1　承重墙基本不能拆改

1.1　承重墙不能拆改的原因

承重墙是指支撑楼房上部楼层重量,并将重量传递到下一层的墙体。承重墙不仅关系着自家房屋的稳定性,还关系到整栋楼体的安全。因此在装修工程中,承重墙基本是不能碰的。如果一定要进行拆改,就必须由原设计单位或者与原设计单位具有相同资质的设计单位给出修改、加固设计方案,才可对承重墙进行拆改。

1.2　承重墙的辨别

承重墙一般根据房屋建筑设计图纸上的标记分辨,图中的粗实线部分和圈梁结构中非承重梁下的墙体都是承重墙,外墙以及与邻居共用的墙也属于承重墙;还可以根据墙体的厚度来分辨,一般厚度在 240 mm 以上的墙体基本都是承重墙;此外,框架结构房屋中隔墙一般都不是承重墙,而砖混结构的建筑,除了卫浴和厨房的隔墙外,其他基本都是承重墙。

2　非承重墙不能随意拆改

很多人知道承重墙的重要性,而对非承重墙,则认为可以随意拆改。事实上,并不是所有的非承重墙都是可以随意拆改的。

2.1 非承重墙的概念

由钢筋混凝土的柱阵框架组成的房屋内,楼板由横直阵支撑,阵由柱支撑,柱由地基支撑,在柱阵间的墙身多数用空心砖或普通砖填充,这种墙一般为非承重墙。相对于承重墙来说,非承重墙是次要的承重构件。

2.2 非承重墙不能随意拆改

非承重墙虽然不起主要的承重作用,但是它也是承重墙非常重要的支撑。非承重墙通常要承受两部分荷载:一部分是墙体的自重;另一部分是地震作用,也就是说,如果发生地震,这些非承重墙将和承重墙一起承受地震作用。所以,随意拆改非承重墙也会影响到房屋的稳定性与抗震安全性。

2.3 非承重墙拆改的选择

一般完全作为隔墙的轻体墙、空心板可以拆改。因为隔墙完全不承担任何荷载,其作用就是分隔空间,拆了也不会对房屋的结构造成任何影响。这些隔墙一般为单墙,厚度一般为120~150 mm。

3 新建墙体的选择

考虑到承重问题,一般新建墙体都是轻质隔墙。如果需要砌筑一个体积和重量都很大的墙,就要通过原设计部门和物业的审批,以免影响楼体安全。

3.1 轻体砖隔墙

轻体砖隔墙是指采用轻体砖砌起来的墙。轻体砖的品种有黏土空心砖、黏土多孔砖、混凝土空心砖、陶粒砖、膨胀加气混凝土砖等,一般家装中常用的是膨胀加气混凝土砖。

3.2 骨架隔墙

骨架隔墙大多用轻钢龙骨或木龙骨作骨架,外面钉石膏板和石棉水泥板。石膏板是以石膏料浆为夹芯,两面用纸作护面的一种轻质板材,强度高、防火、易于加工,常用于内墙、隔墙和吊顶;石棉水泥板以优质高强度水泥为基体材料,配以天然石棉纤维增强,经成型、加压、高温蒸养等处理制成,具有耐压强度高、寿命长、防火、防水、防潮、抗冲击、易加工等优点。

3.3 石膏砌块隔墙

石膏砌块隔墙是指采用石膏砌块做成的隔墙。石膏砌块是以天然石膏与适量功能性掺合料和添加剂，加水搅拌浇筑成型制成的轻质隔墙产品，具有防火、隔热、隔音性能，可增加室内面积，施工也方便，可锯、可钉、可钻，易于加工。

4 新建墙体的施工细节

4.1 注重防裂

新建墙体外侧在抹水泥砂浆之前要加挂铁丝网，以增加墙体和外面所贴瓷砖的稳固性，避免新建轻体墙出现开裂、抹灰层出现脱落等现象。

4.2 注重隔音和保温

一般居室中的隔墙需要墙体隔音，外墙的阳台墙需要做墙体保温。如果阳台改造把里面的门连窗拆除了，就需要对阳台墙体采取保温隔热的措施，一般是在阳台墙里面做保温层，可用苯板或岩棉将龙骨内的空隙尽量塞满，也可砌泡沫砖或用其他保温隔热效果好的材料做保温层。

【技能训练】

（1）识读建筑原始结构图，区别认识承重墙与非承重墙。

（2）识读室内装饰设计施工图，根据墙体饰面效果的要求选择新建墙体的材料和工艺作法。

子任务2　电路工程

【任务准备】

室内电路施工图一份，结合施工现场以确定电路的定位布线。

【任务分析】

（1）识读室内电路施工图，确定开关、插座、灯具等强弱电设备的位置。

（2）根据用电设备的用途，确定强弱电导线的种类和规格。

（3）根据用电设备的位置，确定强弱电线路的走向，同时确定线槽的开设走向和深度、宽度。

（4）根据电路施工要点，逐一完成电路管线的铺设施工。

【任务过程】

（1）电路施工流程：材料验收—电路定位—电路开槽—布线埋线—线槽接线—封槽。

（2）电路施工示意图：见图2-2-1至图2-2-10。

图 2-2-1　地面开槽示意图

图 2-2-2　墙面开槽示意图

图 2-2-3　强电箱定位示意图

图 2-2-4　电路定位示意图

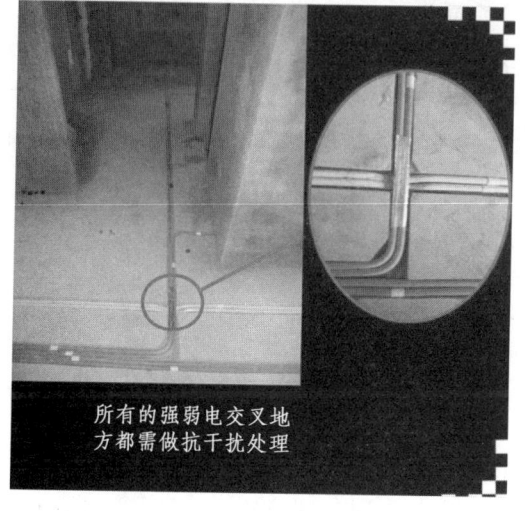
图 2-2-5　强弱电抗干扰处理示意图

图 2-2-6　电路走向示意图

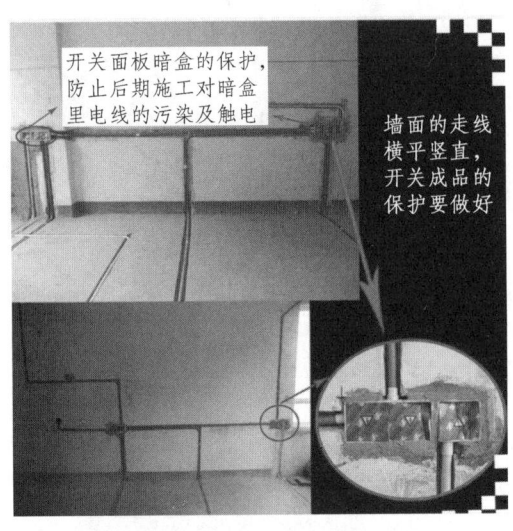

图 2-2-7　电路成品保护示意图

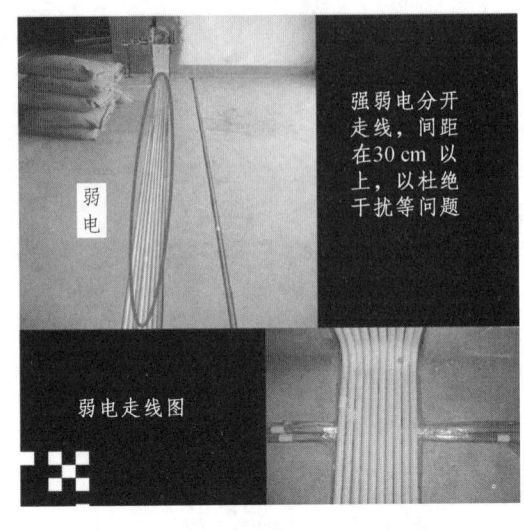

图 2-2-8　弱电走线示意图

图 2-2-9　空调布线示意图

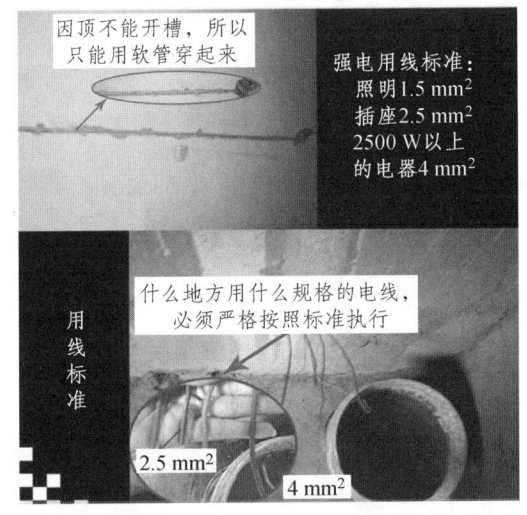

图 2-2-10　用线标准示意图

【能力拓展】

1　电路工程施工规范标准

（1）电工进场前先配备临时线板 1 只（漏电保护器 1 只）。

（2）由设计师、项目经理陪同客户放样，电工协助以达到合理位置。

（3）所有墙体暗盒须打水平线后再安装，固定暗盒前先浇湿墙面。

（4）强、弱电线管分红、白双色，1 m 以上敷设间距在 30 cm 以上，不得走同根线管，交叉处采取分隔措施（可用锡纸等抗干扰材料）。

（5）线管横平竖直，不得采用斜铺式、放射式等铺设方式，包括顶面线管铺设。

（6）铺设线管的地、墙面开槽深度适中，以确保线管埋入即可。

（7）地面线槽需开槽铺设，线管接头处要用胶水黏结，卫生间、厨房地面不允许走线管。

（8）合理计算每间房的电器功率来分配线路，家用线管一般有直径 20 mm 和 16 mm 两种，线管穿线数量不超过 5 根，如多余则需另加线管。

（9）空调等大功率电器必须设置专用供电回路。立式空调采用 4 mm² 线，插座采用 2.5 mm² 线，照明采用 1.5 mm² 线。

（10）每个房间必须是一个回路以上，电器如多则增回路（空调是单独回路）。

（11）厨房电源一路 4 mm² 和一路 2.5 mm² 进线，冰箱及插座为 2.5 mm²。

（12）电路施工前，应查看原进户电源线径大小，电话线、电视线、网络线是否连接到位。

（13）电路管线改造完工后及时让客户、公司人员验收，并仔细拍下电路隐蔽工程照片，刻录光盘，完工后交与业主，以便日后维修。

2　开关插座安装高度

开关插座常规安装高度（以地坪为地点）见表 2-2-1。

表 2-2-1　开关插座常规安装高度表　　　　　　　　mm

类型	普通开关	普通插座	分体空调	立式空调	房间电视	床头灯插	厨房插座	油烟机插座	特殊插座
高度	1 300 左右	300	2 200	300	700	600	1 100	2 200	按实际

【技能训练】

（1）识读并绘制室内装饰电路施工图。

（2）结合室内装饰电路施工现场，能明确指出各部分的施工要点和工艺标准。

子任务 3　水路工程

【任务准备】

室内水路施工图一份，结合施工现场以确定水路管线的定位铺设。

【任务分析】

（1）识读室内水路施工图和室内装饰施工平面图，以确定施工图内容与各用水设备是否对应。

（2）结合室内水路施工图和施工现场，以确定施工现场的主给排水管道与施工图内容是否对应。

（3）根据各用水设备的给排水量大小，确定管线种类和规格。

（4）根据室内水路施工图和施工要点，逐一完成水路管线的铺设施工。

【任务过程】

（1）水路施工流程：材料验收—水路定位—水路开槽—管路铺设—接头阀门安装—封槽。

（2）水路施工示意图：见图 2-3-1 至图 2-3-5。

图 2-3-1　给水管路施工细节图 1

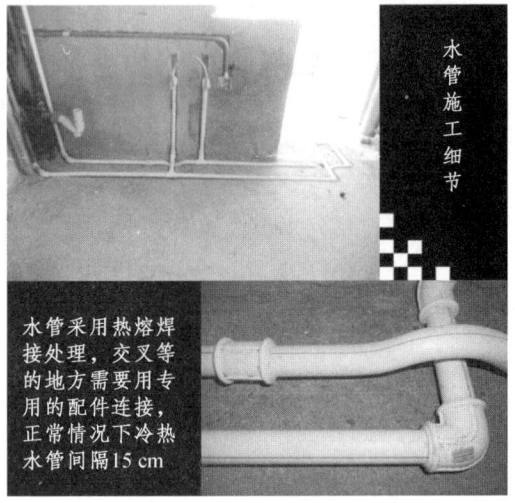

图 2-3-2　给水管路施工细节图 2

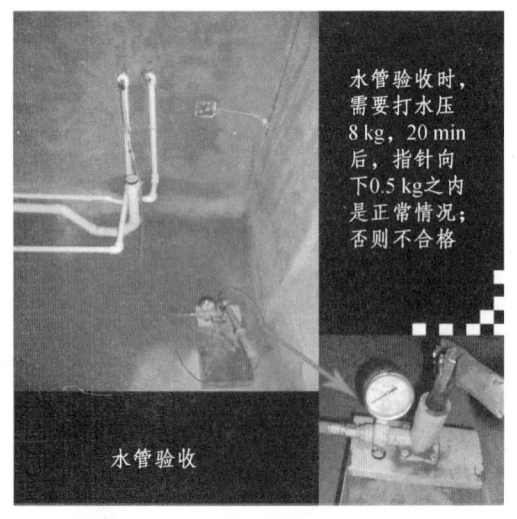

图 2-3-3　给水管路验收示意图

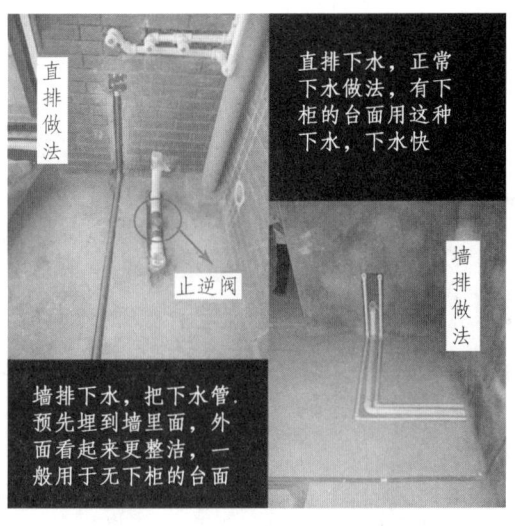

图 2-3-4　排水作法示意图

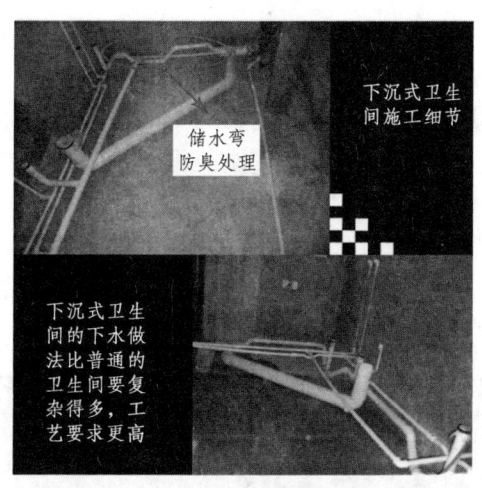

图 2-3-5 卫生间排水作法示意图

【能力拓展】

1 水路工程施工规范标准

（1）管道施工前，检查原有给排水管是否畅通无堵。

（2）现场核对厨房、卫生间等的用水设备的位置、尺寸及型号等。

（3）主水管管道直径统一为 20 mm（PP-R 管为 25 mm），目前使用比较普遍的即为 PP-R 管道。

（4）PP-R 管采用热熔连接，所用的 PP-R 管熔接工具应与水管材质相符。热熔前应去除管道上的杂物，工作温度控制在 250～270 ℃。

（5）水管走向布局合理，横平竖直，不可斜铺，冷热水管交叉处应使用过桥器，如果水管走顶必须间隔 600 mm 左右设固定吊，热水管要用保温棉包好。

（6）冷热水管双出水龙头口应平行，平面基本上与墙饰面齐平，冷热水管间距 150 mm 以上。

（7）给水管道试验压力为 0.8 MPa，PP-R 管恒压 20 min，允许最大下降压力为 0.05 MPa，同时检查管道各连接处，以无渗水为标准。

（8）水路管线改造完工后及时让客户、公司人员验收，并仔细拍下水路隐蔽工程照片，刻录光盘，完工后交予业主，以便日后维修。

2 外露出水口常规高度

外露出水口常规高度（以地坪为起点，特殊情况可按实际情况调整）见表 2-3-1。

表 2-3-1 外露出水口常规高度表　　　　　　　　　　　　　　　　mm

部位	普通浴房	淋浴房	浴缸	洗脸盆	厨房水池	热水器	洗衣机
高度	1100	1100	650	600	600	1200～1600 或现场定	1100 或机高加 200 或洗衣机侧面

3　洗衣机排水与地漏移位问题处理

实际施工中经常遇到在同一个地坪面上洗衣机的排水与地面排水安装的地漏共同使用一个原有的主排水管,造成洗衣机排水过量时,地面排水地漏出现翻水的现象。解决方法可参考如下:

(1)在地面排水地漏处安装一个止逆阀,控制水流只能从单面流出。不过施工中不建议这种做法,因为止逆阀处排水口较细,会造成排水速度下降,堵塞管道的机会也会增加(图2-3-6)。

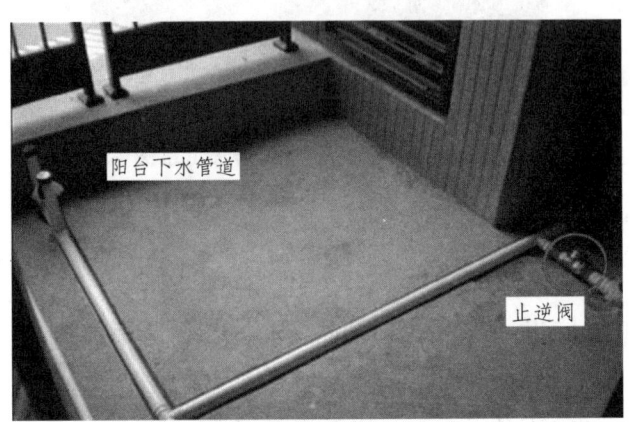

图 2-3-6　止逆阀安装示意图

(2)将连接地面排水地漏的管道施工成 U 型反水弯设计,增加洗衣机排水到达地面排水地漏处的路径,降低地漏翻水的可能性。(图 2-3-7)

图 2-3-7　U 形反水弯施工示意图

【技能训练】

(1)识读并能绘制室内装饰水路施工图。

(2)结合室内装饰水路施工现场,能明确指出各施工部位的施工要点。

(3)结合室内装饰水路施工现场,能提出可行的水路施工方案。

子任务 4　防水工程

【任务准备】

室内装饰施工平面图一份，根据空间的使用功能，以确定需要进行防水处理的部位。

【任务分析】

（1）识读室内装饰施工平面图，确定需要进行防水处理的空间部位。
（2）根据现场施工条件，确定准备使用的防水材料种类。
（3）熟悉防水施工要求规范，确定现场防水施工部位的尺寸。
（4）根据防水材料的使用要求，完成相应部位的防水施工处理。

【任务过程】

1　防水施工流程

（1）涂膜防水施工流程：基层处理—细部处理—涂刷底层涂料—涂刷第一道涂膜防水层—涂刷第二道涂膜防水层—涂刷第三道涂膜防水层—防水保护层—闭水试验。

（2）砂浆防水施工流程：基层处理—细部处理—刷水泥素浆—抹底层砂浆—刷水泥素浆—抹面层砂浆—刷水泥砂浆—闭水试验。

2　防水施工示意图

防水施工示意见图 2-4-1 和图 2-4-2。

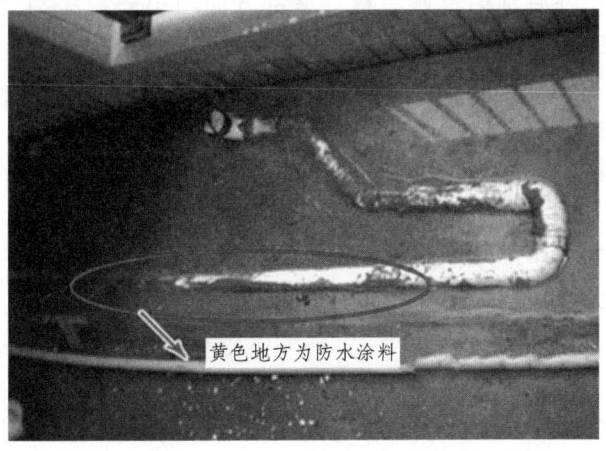

图 2-4-1　细部处理示意图

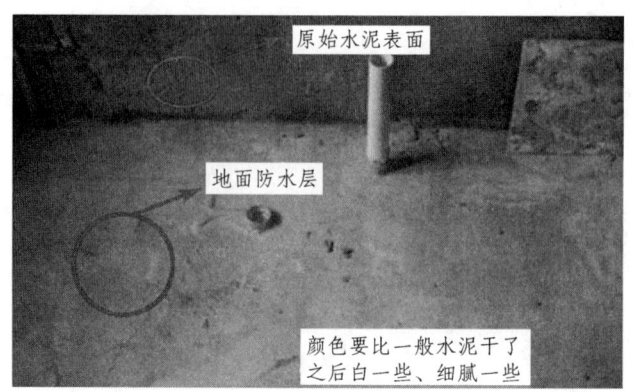

图 2-4-2 防水层对比示意图

【能力拓展】

1 涂膜防水施工注意要点

（1）涂刷涂膜防水层时，涂刷的顺序应先垂直面，后水平面；先阴阳角、细部，后大面，而且每一道涂膜防水的涂刷顺序都应相互垂直。

（2）在需要重点处理的细部，要增加一道增强涂布或玻璃丝布，特殊部位如阴阳角处要做尺寸为 50 mm 的聚合物水泥砂浆圆弧，再做附加防水层，宽度为 300 mm。

（3）涂刷涂膜防水层时要待前一层涂膜固化干燥后进行，并应先检查其上有无残留的气孔或气泡。

（4）在底胶干燥固化后，用塑料或橡皮刮板均匀涂刷一层厚约为 0.6 mm 的涂料，涂刮时用力要均匀一致。平面或坡面施工后在防水层未固化前不应踩踏，涂抹过程中要留出施工退路，或采用分区、分片后退法施工。

（5）在第一遍涂膜固化 24 h 后，对所涂膜的空鼓、气孔、砂、卷进涂料的灰尘、涂层伤痕和固化不良等进行修补后刮第二遍涂料，涂刮方向与第一遍涂刮方向垂直，厚度控制在 0.7 mm 左右，涂膜顺序先立面后平面。

（6）在第二层涂膜固化 24 h 后，第三遍涂膜，厚度应控制在 0.7 mm 左右，涂膜总厚度按照设计要求控制在 2 mm 左右。

（7）在最后一道涂膜防水层固化前，要先在其表面稀撒粒径细小的石渣，再做保护层，以增强涂膜与保护层的黏结能力。

（8）闭水试验持续时间不低于 24 h，闭水高度不低于 20 mm。

（9）当涂料黏度过大不宜涂刷时，加入少量乙烯或二甲苯稀释。

（10）当涂料固化太快，影响施工时，可以加入少量磷酸或苯磺酸等缓凝剂，其加入量不大于甲料的 0.5%。

（11）当涂料固化太慢，加入少量二月桂酸二丁基锡做促凝剂，其加入量不大于涂料的 0.3%。

（12）防水层应从地面延伸到墙面，高出地面 100 mm；浴室墙面的防水层不得低于 1 800 mm。

2 砂浆防水施工注意要点

（1）防水剂应随时配比随时使用，在存放与施工中切勿与白灰接触，同时存放温度需要在 0 ℃ 以上。防水剂如出现沉淀，摇匀后使用不影响效果，其保质期一般为两年。

（2）施工时，对现场的管件、地漏、柱体根部及阴阳角处要进行压实操作，同时避免在暴晒的阳光下作业，以免发生龟裂。

（3）如需做闭水试验，须在施工后 36 h 进行操作，且闭水持续时间不低于 24 h，闭水高度不低于 20 mm。

（4）水泥砂浆防水剂配料表见表 2-4-1。

表 2-4-1 水泥砂浆防水剂配料表

面积	防水砂浆厚度	水泥用量	砂子用量	稀释后的防水剂用量
1 m²	10～15 mm	8 kg	18～20 kg	4.5 kg
每袋水泥 50 kg 用稀释后的防水剂 25 kg				

【技能训练】

（1）结合室内装饰施工现场，能指出需要进行防水处理的施工部位。

（2）结合室内装饰施工现场的条件，能选取合理的防水材料种类，并提出相应的施工处理流程。

任务三 主体工程

【学习目标】

（1）掌握地砖地面、石材地面、木地板地面、地毯地面、塑料地面的构造作法和施工工艺；了解现浇水磨石地面、塑料地板地面及其他特殊地面的构造作法。

（2）掌握陶瓷面砖墙面、陶瓷锦砖墙面、涂料墙面、石材墙面、裱糊墙面、软包墙面、木质墙面及隔墙隔断、包柱工程的构造作法和施工工艺；了解装饰抹灰墙面、玻璃幕墙的构造作法。

（3）掌握常规木龙骨吊顶、轻钢龙骨吊顶、铝合金龙骨吊顶的构造作法和施工工艺；了解金属装饰板吊顶、开敞式吊顶的构造作法。

（4）掌握装饰木门窗、铝合金门窗、塑钢门窗的材料选用、构造作法及制作安装工艺；了解玻璃门、转门、隔声门、卷帘门的基本构造作法。

（5）掌握一般柜体家具的拼装作法及工艺要点。

子任务1 楼地面工程

【任务准备】

收集不同饰面材料的楼地面装饰施工图纸，特别是施工中常见的地砖地面、石材地面、木地板地面、地毯地面、塑料地面方面的地面装饰施工图纸，或结合实地现场认识各种材质的地面，同时查阅相关资料了解各自的构造作法和施工工艺。

【任务分析】

（1）根据所收集楼地面装饰施工图纸或装饰地面实际现场，归纳不同材质楼地面装饰工程的共同点、构造层次及楼地面装修的基本要求。

（2）识读地砖地面、石材地面、木地板地面、地毯地面、塑料地面方面的地面装饰施工图纸，从中读取相应的地面材质种类、规格及加工尺寸。

（3）查阅相关资料，熟悉几种楼地面的装饰施工工艺及要点，完成相应地面的铺设施工。

【任务过程】

1 认识楼地面装饰工程

1.1 楼地面构造组成

楼地面是建筑物的楼层地面和底层地面的总称。无论何种饰面材料的地面，其构造组成如图 3-1-1。

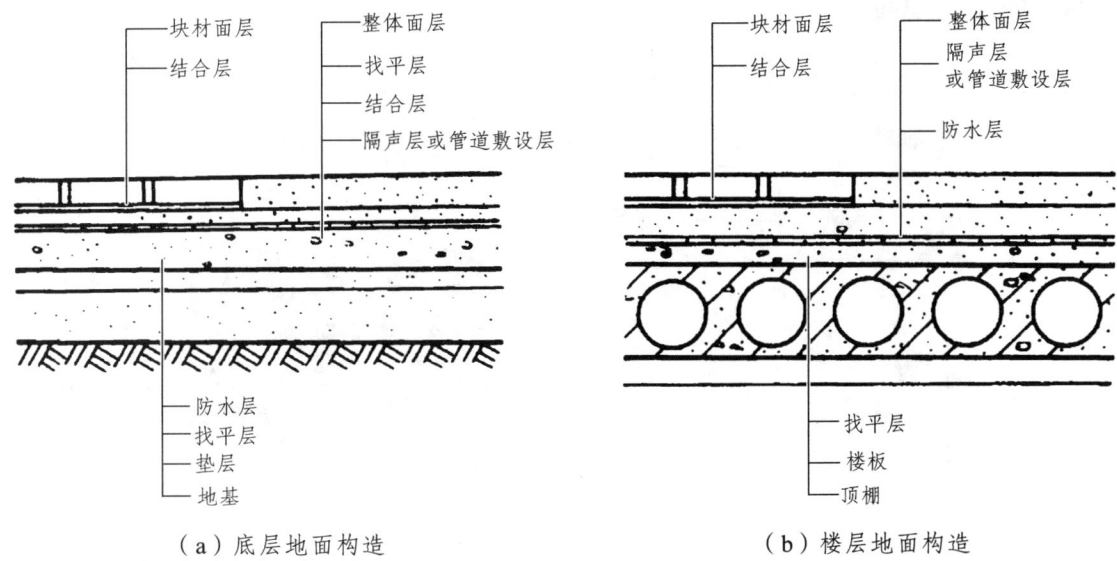

(a)底层地面构造　　　　　　　(b)楼层地面构造

图 3-1-1　楼地面构造组成

1.2　楼地面的构造层次及作用

楼地面从构造组成来看，总体包括结构层、中间层、面层三个部分，对于楼层地面来说，也可以把楼板下的吊顶部分看作其构造组成部分。各部分都承担了相应的使用功能。

结构层（基层）：承受并传递荷载。楼层为楼板层，底层为垫层（有刚性和非刚性两种）。
中间层：包括功能层（防潮、防水、管线敷设等）、找平层、结合层等。
面层：耐磨、防腐蚀、舒适、美观，同时承受各种化学、物理作用。
顶棚：美观，遮挡管线，安装灯具等。

1.3　楼地面饰面的分类

楼地面饰面的种类很多，可从不同的角度进行分类，见表 3-1-1。

表 3-1-1　楼地面饰面分类

分　类	种　类
按面层材料分	水泥砂浆楼地面、细石混凝土楼地面、水磨石楼地面、地砖楼地面、马赛克楼地面、石材楼地面、木地板地面、塑料地板地面、地毯地面、涂料地面等
按使用功能分	防静电楼地面、发光楼地面、防油楼地面、防腐蚀楼地面、综合布线楼地面等
按装饰效果分	美术楼地面、拼花楼地面等
按构造方法和施工工艺分	整体式楼地面、块材式楼地面、卷材式楼地面等

2 陶瓷地砖楼地面

陶瓷锦砖楼地面实物图片见图 3-1-2。

图 3-1-2 实物图片认识

2.1 构造作法（图 3-1-3）

（1）在基层上刷一道素水泥浆（内掺 107 胶）。
（2）铺 20 厚 1∶3 干硬性水泥砂浆找平层。
（3）浇素水泥浆一道。
（4）铺贴块材面层。
（5）干水泥擦缝（或稀水泥浆灌缝）。

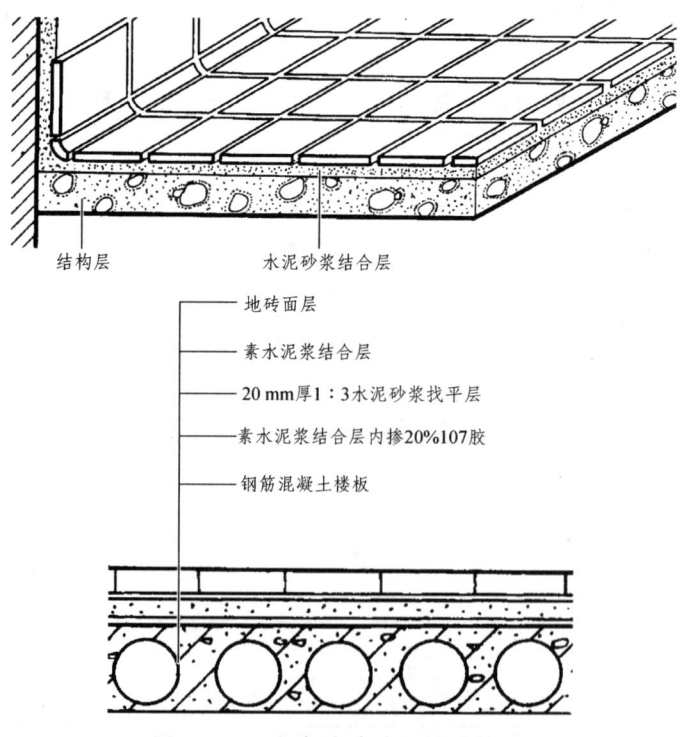

图 3-1-3 陶瓷地砖地面铺设构造

2.2 施工工艺

2.2.1 施工准备

（1）材料准备。

地砖：符合施工要求的陶瓷地砖，对有裂缝、掉角、翘曲、明显色差、尺寸误差大等缺陷的块材应剔除。

水泥：水泥宜采用强度等级在 32.5 MPa 以上的普通硅酸盐水泥、矿渣硅酸盐水泥、白水泥。

找平层水泥砂浆采用过筛的中砂、粗砂，嵌缝宜用中、细砂。

（2）施工机具准备。

木抹子、铁抹子、木拍板、方尺、钢卷尺、筛子、喷壶、墨斗、长短刮杠、小水桶、扫帚、橡皮锤、合金錾、开刀、手提式切割机等。

（3）施工条件准备。

墙面粉刷完毕，暗管线已敷设完毕且验收合格。

2.2.2 工艺流程

方法一：基层处理—铺找平层—弹线（瓷砖浸水湿润）—安装标准块—铺贴地面砖—勾缝—清洁—养护。

方法二：基层处理—弹线—瓷砖浸水湿润—摊铺干硬性水泥砂浆—安装标准块—铺贴地面砖—勾缝—清洁—养护。

2.2.3 操作要点

（1）基层处理：混凝土地面应将基层凿毛，凿毛深度为 5~10 mm，凿毛痕的间距为 30 mm 左右。清净浮灰、砂浆、油渍，冲洗地面并晾干。

（2）铺找平（坡）层：根据墙面水平 + 50 cm 基准线，在相应墙立面弹出地面标高线，并依此在房间四周做灰饼。灰饼表面标高与铺贴材料厚度之和应符合地面标高要求，依据灰饼做标筋。在有地漏和排水孔的部位，用 50~100 mm 厚 1∶2∶4 细石混凝土从门口向地漏处按双向 0.5%~1% 坡度找泛水，但最低处不小于 30 mm 厚。

铺砂浆前，基层应浇水湿润。刷一道水灰比为 0.4~0.5 的水泥素浆，随刷随铺 1∶（2~3）（体积比）的干硬性水泥砂浆。根据标筋标高，用木拍子拍实，短刮杠刮平，再用长刮杠通刮一遍。检测平整度误差不大于 4 mm。拉线测定标高和泛水，符合要求后用木抹子搓成毛面。有防水要求时，找平层需采用防水水泥砂浆或涂膜防水处理。

（3）弹线：如果施工楼地面为不规则的大面积铺贴地面砖，需要在已有一定强度的找平层上弹出与门道口成直角的基准线，弹线应考虑板块间隙，弹出纵横定位控制线。弹线从门口开始，以保证进口处为整砖，非整砖置于阴角或家具下面。

（4）板块浸水：如果地砖材质为陶质类地砖，在铺贴前应先将板块浸水湿润，阴干后使用。如果地砖材质为炻器类地砖，可不用浸水湿润直接铺贴（如市场上的玻化砖、微晶砖、精工砖等）。

（5）铺贴地砖板块：铺贴操作时，先用方尺找好规矩，依标准块和分块位置，每行依次挂线，按线铺贴。此挂线起到面层标筋的作用，以便使板块铺贴平直。铺贴中用水灰比为 0.4~0.5 水泥素浆或 1∶2 水泥砂浆摊抹在板块背面，再粘贴到地面上，并用橡皮锤敲实，同时，用水平尺检查校正，擦净表面水泥砂浆。铺贴的平整度以相邻的四块地砖的邻角是否在同一平面上为准，对板块低的部分应起出瓷砖用水泥砂浆垫高找平后再铺。板缝如为密缝，可以插入开刀片不倒为参考标准，如为离缝则以专门规格的十字塑料卡来控制，如板缝有误差可用开刀拨缝。

（6）压平拨缝：每铺完一段或 8~10 块后，用喷壶略洒水，15 min 左右用橡皮锤（木槌）按铺砖顺序锤铺一遍，不得遗漏，边压实边用水平尺找平。压实后拉通线，先竖缝后横缝调拨缝隙，使缝口平直、贯通。

（7）嵌缝养护：铺贴完 2~3 h 后，用白水泥或普通水泥浆擦缝，缝要填充密实，平整光滑，再用棉丝将表面擦净，擦净后铺撒锯末屑或纸板进行养护，3~4 d 后方可上人。

2.2.4 陶瓷地砖铺贴施工示意图（图 3-1-4）

基层清理

预铺

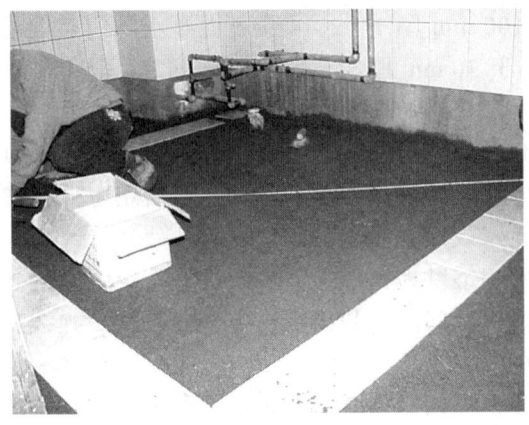

套方检查

抹黏结砂浆

铺贴

清理地面

清理砖缝

素水泥浆擦缝

压缝

施工完毕

图 3-1-4　陶瓷地砖铺贴示意图

3 陶瓷锦砖（马赛克）楼地面

陶瓷锦砖实物楼地面见图 3-1-5。

图 3-1-5 实物图片认识

3.1 构造作法

陶瓷锦砖的构造作法同陶瓷地砖，见图 3-1-6、图 3-1-7。

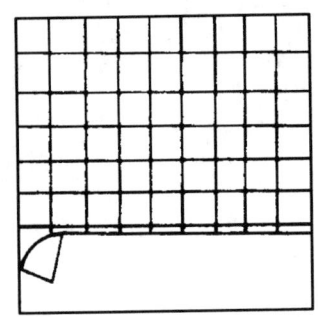 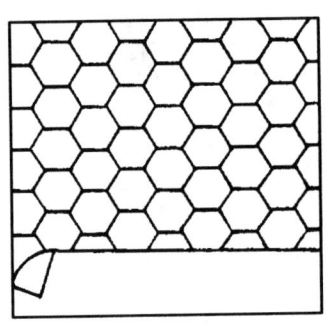

（a）小方格型形　　　　　　　　　（b）六角形

图 3-1-6 陶瓷锦砖形式

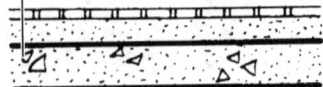

—4厚陶瓷锦砖铺实拍平浇水。4h后去纸。用纯水泥浆扫缝理缝，湿锯末擦残浆、养护
—20厚1:2水泥砂浆
—60厚C10混凝土或楼板

注：也可用1.5厚1:1:5水泥砂浆底层，3厚素水泥浆掺5%107胶黏结。

图 3-1-7 陶瓷锦砖铺设构造

3.2 施工工艺

3.2.1 施工准备

陶瓷锦砖施工准备工作与陶瓷地砖相同。

3.2.2 工艺流程

基层处理—弹线、标筋—摊铺水泥砂浆—铺贴—拍实—洒水、揭纸—拨缝、灌缝—清洁—养护。

3.2.3 操作要点

陶瓷锦砖地面铺贴除了要遵循普通陶瓷地砖地面铺贴的操作要点外,还得注意以下三点。

（1）锦砖铺贴前,背面应洁净,并刷水湿润,先刮（刷）一遍素水泥浆,随即抹 3～4 mm 厚 1∶1.5 水泥砂浆,随刷、随抹、随铺贴锦砖。为保持铺贴完整性,应按线对位仔细铺贴,用木板拍实。每联锦砖之间、与结合层之间,以及在墙角、镶边和靠墙处,均应紧密贴合、粘牢,并随时调整其平整度,与其他锦砖平齐。在靠墙处,不得采用砂浆填补。

（2）锦砖铺完后约 30 min,即用水喷湿透面纸,两手扯纸边与地面平行,轻轻揭去面纸。若缝隙不均,用开刀将缝隙调匀,然后将表面不平部分揩平、拍实,再用 1∶2 干水泥砂浆灌缝,最后用开刀再次调缝。

（3）铺好的锦砖表面应平整,接缝均匀,颜色一致,无砂浆痕迹。地面铺贴完毕后,在其表面铺一层锯木屑,3～4 d 天之内禁止上人。

4 块状石材楼地面

块状石材楼地面实物见图 3-1-8。

图 3-1-8　实物图片认识

4.1 构造作法（图 3-1-9）

块状石材楼地面构造作法同陶瓷地砖地面。

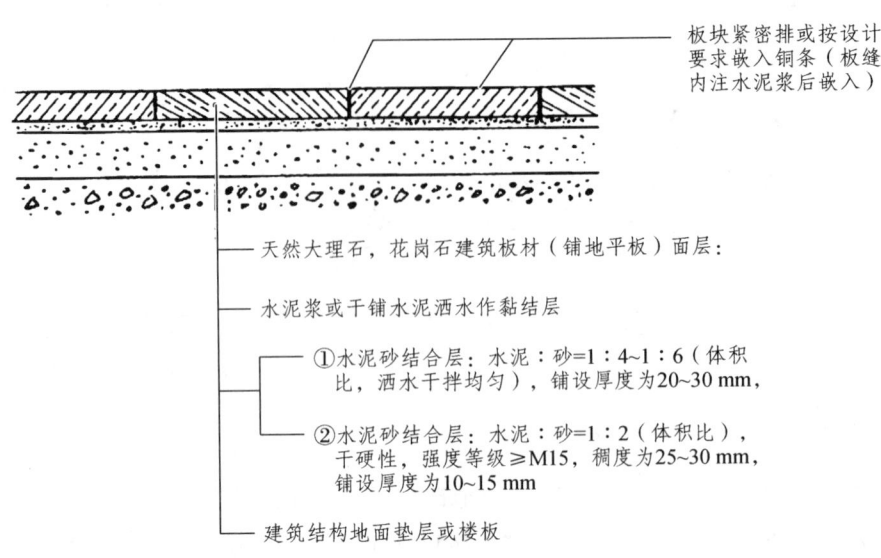

图 3-1-9　石材地面铺设构造

4.2　施工工艺

4.2.1　施工准备

（1）材料准备。

石材：材料按要求的品种、规格、颜色进场。凡有翘曲、歪斜、厚薄偏差太大以及缺边、掉角、裂纹、隐伤和局部污染变色的石材应予剔除，完好的石材板块应套方检查，规格尺寸如有偏差，应磨边修正。用草绳等易褪色材料包装花岗岩石板时，拆包前应防止受潮和污染。材料进场后应堆放于施工现场附近，下方垫木，板块叠合之间应用软质材料垫塞。

碎拼大理石要进行清理归类，把颜色、厚薄相近的放在一起施工，板材边长不宜超过 300 mm。

黏结材料：水泥的强度等级不低于 32.5 MPa。结合层用砂采用过筛的中砂、粗砂；灌缝选用中、细砂，建筑密封胶或 801 胶水；颜料选用矿物颜料，一次备足。

同一楼地面工程应采用同一厂家、同一批次的产品，不宜混用。

（2）施工机具准备。

石材切割机、钢卷尺、水平尺、方尺、墨斗线、尼龙线靠尺、木刮尺、橡皮锤或木槌、抹子、喷水壶、灰铲、合金扁錾、钢丝刷、台钻、砂轮、磨石机等。

（3）施工条件准备。

块状石材楼地面的施工准备条件同陶瓷地砖地面。

4.2.2　工艺流程

基层清理—弹线—选料—石材浸水湿润—安装标准块—摊铺水泥砂浆—铺贴石材—擦缝—清洁—养护—上蜡。

4.2.3 操作要点

（1）基层清理：基层处理要干净，高低不平处要先凿平和修补，基层应清洁，不能有砂浆，尤其是白灰砂浆灰、油渍等，并用水湿润地面。

（2）弹线：根据设计要求，并考虑结合层厚度与板块厚度，确定平面标高位置后，在相应立面弹线，再按板块的尺寸加预留缝放样分块。一般大理石板地面缝宽 1 mm，花岗岩石板地面缝宽小于 1 mm。与走廊直接相通的门口应与走道地面拉通线，板块布置要以十字线对称，若室内地面与走廊地面颜色不同，其分界线应安排在门口或门窗中间。在十字线交点处对角安放两块标准块，并用水平尺和角尺校正。

（3）选材：铺贴前将板材进行试拼，对花、对色、编号，以使铺设出的地面花色一致。试拼调试合格后，可在房间主要部位弹相互垂直的控制线，并引至墙上，用以检查和控制板块位置。

（4）浸水湿润：大理石、花岗岩板块在铺贴前应先浸水湿润，阴干擦净后使用，以免影响其凝结硬化，引起空鼓、起壳等问题，一般以板块的底面内潮外干为宜。

（5）铺水泥砂浆结合层：水泥砂浆结合层，又是找平层。结合层宜采用配合比为 1∶1～1∶3（水泥∶砂，体积比）的干硬性水泥砂浆，铺设厚度为 10～15 mm。铺设时稠度标准，可用手捏成团，在手中掂后即散开为宜。干硬性水泥砂浆具有水分少（不干不湿）、强度高、密实度好、成形早及凝结硬化过程中收缩率小等优点，是保证板块料楼地面平整度、密实度的一个重要措施。

（6）铺板：在石材板块背面薄抹一层水灰比为 0.4～0.5 的水泥浆，或在结合层上均匀撒布一层干水泥粉，并洒一遍水，同时在板背面洒水，再作正式铺贴。铺装操作时要每行依次挂线，将板块四角对准纵横缝后，同时平稳落下，用橡皮锤（木槌）轻敲振实，并用水平尺找平，锤击板块时注意不要敲砸边角，也不要敲打已铺贴完毕的板块，以免造成空鼓。

（7）擦缝、养护：铺板完成 2 d 后，经检查板块无断裂及空鼓现象后，方可进行擦缝。

根据板块颜色，用白水泥或与板面颜色相同的勾缝剂调配好以后擦缝，或按设计要求在板缝内注入水泥浆后嵌入铜条。

待缝内水泥色浆或勾缝剂凝结后，将板面清洗干净，再覆盖锯末或纸板保护 24 h 后洒水养护，2～3 d 内不得上人。

（8）上蜡：板块铺贴完工后，待其结合层砂浆强度为设计强度的 60%～70%时即可打蜡抛光。

5 碎拼石材楼地面

碎拼石材楼地面实物见图 3-1-10。

图 3-1-10　实物图片认识

5.1　构造作法（图 3-1-11、图 3-1-12）

（1）在基层上刷一道素水泥浆（内掺107胶）。
（2）铺20厚1∶3干硬性水泥砂浆找平层。
（3）浇素水泥浆一道。
（4）碎拼石材。
（5）水泥砂浆灌缝、擦缝。

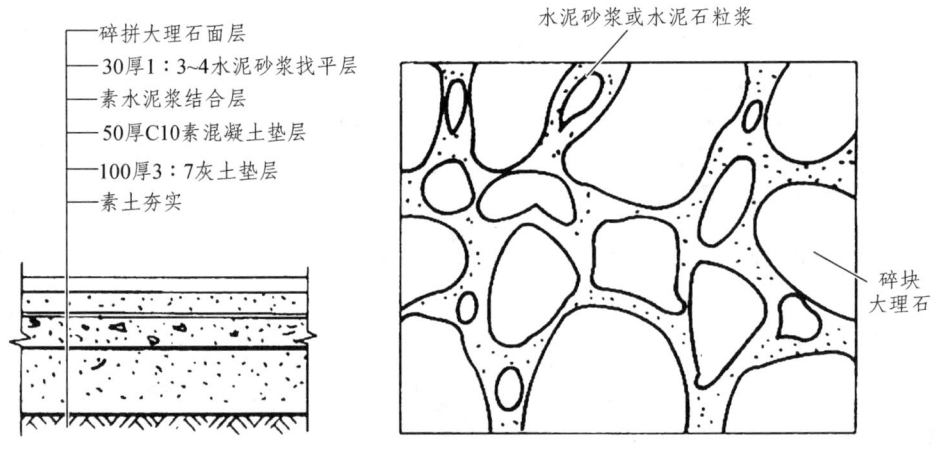

图 3-1-11　碎拼石材地面铺设构造

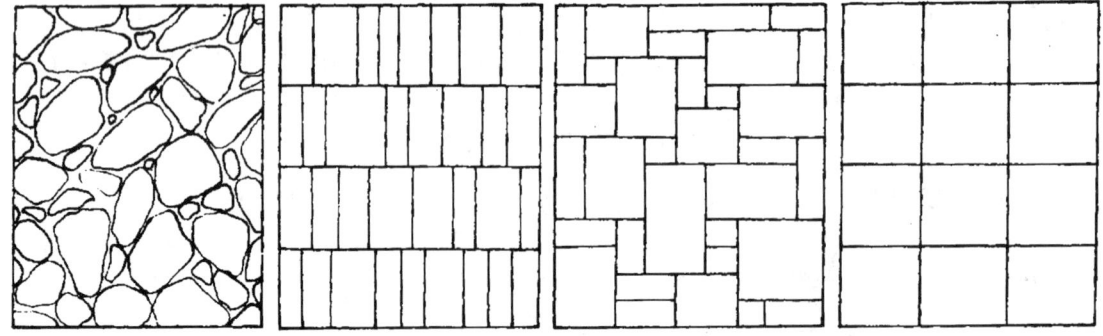

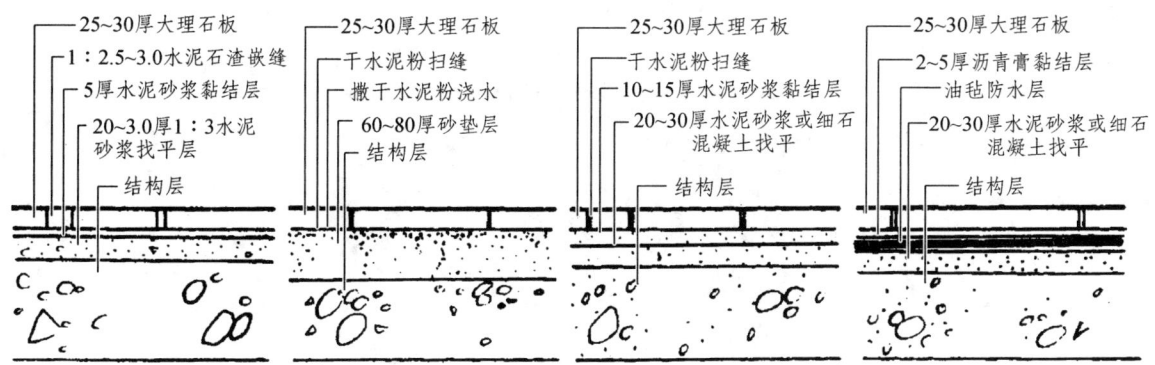

图 3-1-12 常见碎拼石材地面构造形式

5.2 施工工艺

5.2.1 施工准备

碎拼石材楼地面施工准备同块状石材地面。

5.2.2 工艺流程

基层清理—抹找平层灰—铺贴—浇石渣浆—磨光—上蜡。

5.2.3 操作要点

（1）基层清理：同块状石材地面。

（2）抹找平层灰：碎拼大理石应在厚度为 10～30 mm 的 1:3 水泥砂浆找平层上进行铺贴，大理石间隙应用普通水泥砂浆或用带颜色的水泥砂浆黏结嵌缝。

（3）铺贴：铺贴前，应在铺贴饰面上拉线找方找平，在找平层上刷素水泥浆一遍，用 1:2 水泥砂浆镶贴碎大理石做灰饼、标筋，在临界面应注意留出镶贴块材的宽度尺寸。镶铺碎大理石块时，用橡皮锤轻轻敲击，使其平整、牢固，并随时用靠尺检查表面平整度。

（4）浇石渣浆：将缝中积水、杂物清除干净，刷素水泥浆一遍，然后嵌入彩色水泥石渣浆，嵌抹应凸出大理石表面 2 mm，面层石渣浆铺设后，在表面要均匀撒一层石渣，用钢抹刀拍实压平，出浆后再用钢抹刀压光，次日养护。

（5）磨光：饰面养护 2～3 d 开始磨光。第一遍用 80～100 号金刚石，第二遍 100～160 号金刚石，第三遍用 240～280 号金刚石，第四遍用 750 号或更细的金刚石。

5.2.4 石材拼花加工工艺

石材拼花（图 3-1-13）的加工原理：利用计算机辅助绘图软件（CAD）和计算机数控编程软件（CNC）将人们设计好的图案通过 CAD 转化为 NC 程序，然后将 NC 程序传输给数控水切割机，将各种不同的材料用数控水切割机切割成不同的图案部件。最后再由人工将各个石材图案部件拼接、并黏结成整体，完成水刀拼花的加工。

图 3-1-13 石材拼花

6 格栅空铺木地板地面

格栅空铺木地板地面实物见图 3-1-14。

图 3-1-14 实物图片认识

6.1 构造作法（图 3-1-15 至图 3-1-17）

格栅空铺木地板基层采用梯形或矩形截面木搁栅（俗称龙骨），木搁栅的间距一般为 400 mm，中间可填一些轻质材料，以减低人行走时的空鼓声，并改善保温隔热效果。格栅又分单层铺设和双层铺设两种方式。双层铺设是指为增强整体性，木搁栅之上铺钉毛地板，最后能在毛地板上下打接或黏结木地板。单层铺设是指木地板直接铺钉于地面木搁栅上，而不设毛地板的构造作法。

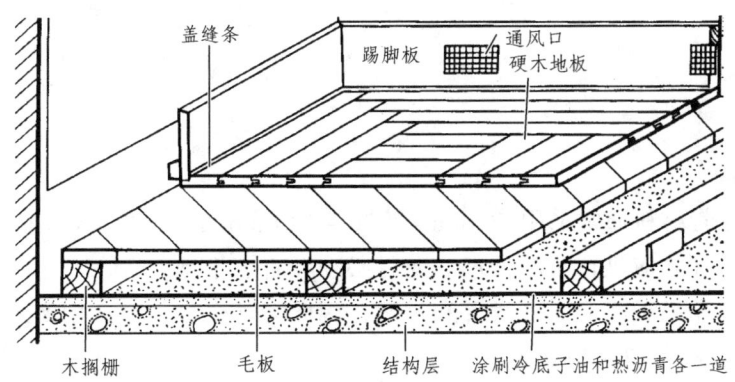

图 3-1-15　双层铺设方式

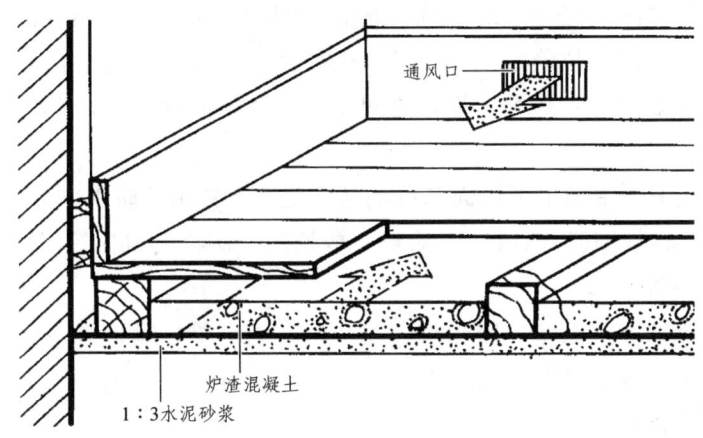

图 3-1-16　单层铺设方式

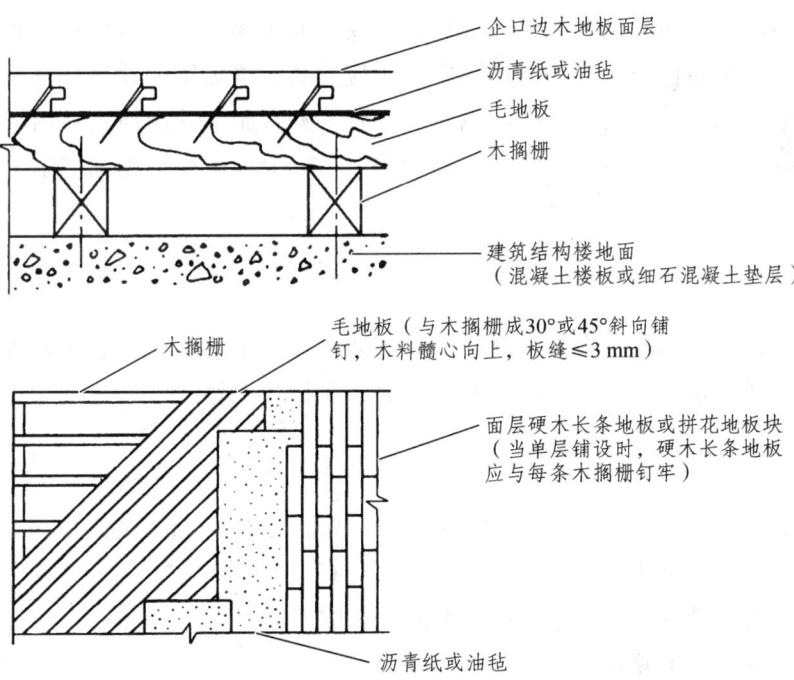

图 3-1-17　格栅空铺木地板铺设构造

6.2 施工工艺

6.2.1 施工准备

（1）材料准备。

龙骨材料：龙骨材料通常采用 50 mm×（30~50）mm 的松木、杉木等不易变形的树种，木龙骨、踢脚板背面均应进行防腐处理。龙骨必须顺直、干燥，含水率小于 16%。

毛板材料：铺贴毛板是为面板找平和过渡，因此无须企口。可选用实木板、厚胶合板、大芯板或刨花板，板厚 12~20 mm。

面板材料：采用普通实木地板面层材料（格栅空铺式不适用于复合木地板、强化地板等面板）。面板和踢脚板材料一般是工厂成品，应使用具有商品检验合格证的产品。按设计要求进行挑选，剔除有明显质量缺陷的不合格品。选择面板、踢脚板应平直，无断裂、翘曲，尺寸准确，板正面无明显疤痕、孔洞，板条之间质地、色差不宜过大，企口完好。板材的含水率应为 8%~12%。

地面防潮防水材料：主要用于地面基础的防潮处理。常用的防水剂有再生橡胶-沥青防水涂料、JM-811 防水涂料及其他高级防水涂料，或炉渣、矿物类岩棉等。

（2）施工机具准备。

电动圆锯、冲击钻、手电钻、磨光机、刨平机、锯、斧、锤、凿、螺丝刀、直角尺、量尺、墨斗、铅笔、撬杆及扒钉等。

（3）施工条件准备。

木地板施工前应完成顶棚、墙面的各种湿作业工程且干燥程度在 80%以上。对铺板前地面基层应做好防潮、防腐处理，而且在铺设前要使房间干燥，并须避免在气候潮湿的情况下施工。水暖管道、电器设备及其他室内固定设施应安装油漆完毕，并进行试水、试压检查，对电源、通信、电视等管线进行必要的测试。复合木地板施工前应检查室内门扇与地面间的缝隙能否满足复合木地板的施工。通常空隙为 10~15 mm，否则应刨削门扇下边以适应地板安装。

6.2.2 工艺流程

基层清理—弹线—钻孔、安装预埋件—地面防潮、防水处理—安装木龙骨—垫保温层—弹线、钉装毛地板—找平、刨平—钉木地板—装踢脚板—上蜡。

6.2.3 操作要点

（1）龙骨安装：施工中龙骨安装也称为打地垄（图 3-1-18）。木搁栅（龙骨）常用 30 mm×40 mm 到 40 mm×50 mm 木方，使用前应作防腐处理。龙骨的安装方法是在地面根据面板规格弹出龙骨布置线，沿龙骨每隔 800 mm 用 $\phi16$ 冲击钻在楼面钻 40 mm 深的孔，打入木塞，再用木螺钉或地板钉将木龙骨固定。

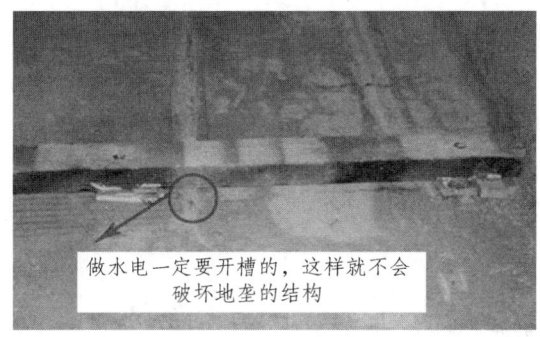

图 3-1-18　地垄安装

（2）铺钉毛地板：双层木地板面层下层的基面板，即为毛地板，可用钝棱料铺设，现在常用 9～12 mm 厚耐水胶合板或使用大芯板做毛地板。在铺设前，应清除已安装的木龙骨间的刨花等杂物，铺设时，毛地板应与木搁栅呈 30°或 45°角并应使其髓心朝上，用钉斜向钉牢。毛地板与墙之间，应留有 10～15 mm 的缝隙，板间缝隙不应大于 3 mm，接头应错开。每块毛地板应在每根木龙骨上各钉 2 枚钉子固定，钉子的长度应为毛地板厚度尺寸的 2.5 倍。毛地板铺钉后，应刨平直后清扫干净，可铺设一层沥青纸或油毡，以利于防潮。

（3）铺设面板：空铺木地板通常用钉结法，有明钉和暗钉两种。明钉法是将钉帽砸扁后斜向钉入板内，现在已很少采用。暗钉法是用专用地板钉，钉与表面成 45°或 60°斜角，从板边企口凸榫侧边的凹角处斜向钉入，钉帽冲进不露面，如图 3-1-19 所示。地板长度不大于 300 mm 时，侧面应钉 2 枚钉子，长度大于 300 mm 时，每 300 mm 应增加 1 枚钉子，板块的顶端部位应钉 1 枚钉子，钉长为板厚的 2～3 倍。（图 3-1-19、图 3-1-20）

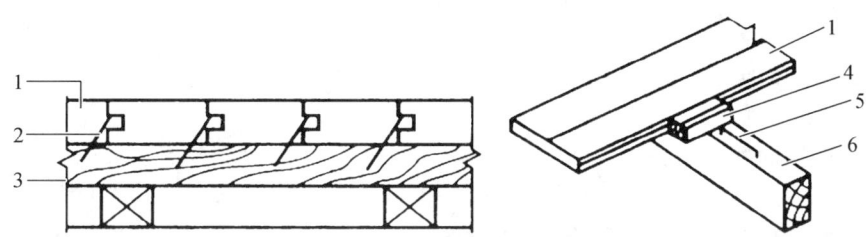

图 3-1-19　企口地板钉接示意图

1—企口木地板；2—地板钉；3—木龙骨；4—木楔；5—扒钉（扒锅）；6—木搁栅

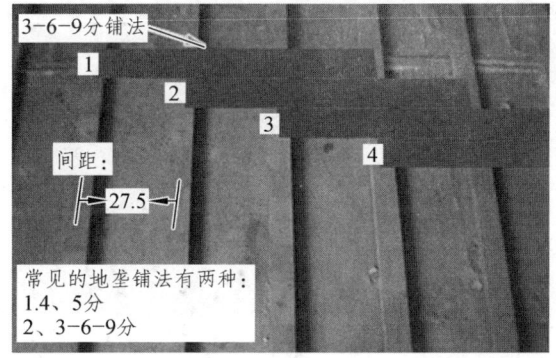
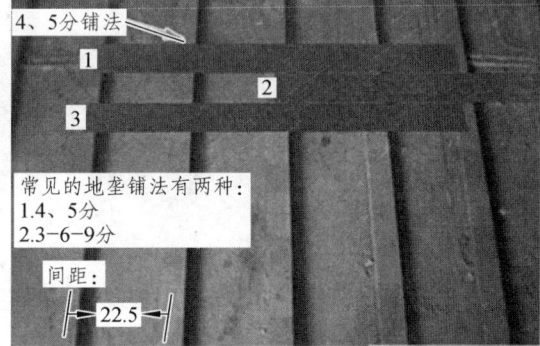

图 3-1-20　面板铺设方式示意图

- 35 -

（4）踢脚板安装：在木地板与墙的交接处，要用踢脚板压盖，踢脚板一般是在地板安装完成后进行。木踢脚板有提前加工好的成品，内侧开凹槽，为散发潮气，每隔 1 m 钻 6 mm 通风孔。也可用胶合板或大芯板裁成条状做踢脚板，面层钉饰面板，用线条压顶，上漆。（图3-1-21）

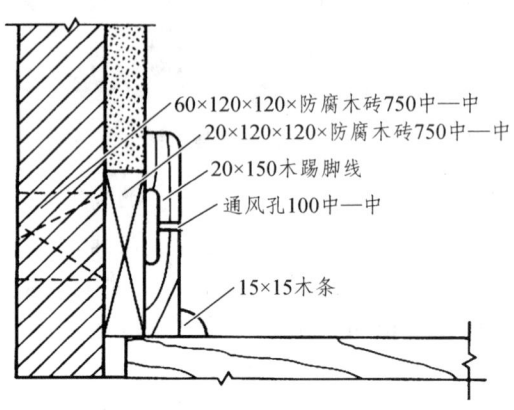

图 3-1-21　木踢脚板安装示意图

（5）上蜡：地板打蜡，首先都应将它清洗干净，完全干燥后开始操作。至少要打三遍蜡，每打一遍，待干燥后，用非常细的砂纸打磨表面，擦干净，再打第二遍。每次都要用不带绒毛的布或打蜡器摩擦地板以使蜡油渗入木头。每打一遍蜡都要用软布轻擦抛光，以达到光亮的效果。

7　浮铺木地板地面

浮铺木地板地面实物见图 3-1-22。

图 3-1-22　实物图片认识

7.1 浮铺式木地板的构造作法

施工中，浮铺式木地板有三种铺设方式：

（1）将木地板直接浮铺于建筑地面基层上，采用这种方法较普遍。

（2）空铺式作法，先装设木搁栅及铺钉毛地板，在其上用浮铺作法装设木地板。木搁栅可采用矩形截面的木方，也可用厚胶合板条所取代。要求毛板下木龙骨间距要密，一般小于 300 mm。其安装方法与格栅木地板龙骨安装方法相同。然后按木搁栅方格尺寸锯裁厚胶合板或木芯板，逐块将其铺钉在木搁栅表面，作为毛地板构造层。

（3）用成型好的塑料龙骨，直接拼装于平整的地面上，再在其上铺设垫层及新木地板的作法。

7.2 施工工艺

7.2.1 施工准备

（1）材料准备。

龙骨材料：木龙骨必须顺直、干燥；成型好的塑料龙骨要检查有无破损。

毛板材料：可选用耐潮及耐水胶合板或木芯板，厚度为 9~12 mm。

面板材料：新型木地板、薄型泡沫塑料底垫以及黏结胶带和地板胶。

其他材料：各种过桥、收口扣板、木楔等。

（2）施工机具准备。

冲击钻、手电钻、锯、锤、直角尺、量尺、墨斗、铅笔、连系钩、撬杆及扒钉等。

（3）施工条件准备。

浮铺木地板地面的施工条件准备同格栅木地板铺设。

7.2.2 工艺流程

基层清理—弹线、找平—（安装木搁栅—钉毛地板）—铺垫层—试铺预排—铺地板—安装踢脚板—清洁表面

7.2.3 操作要点

（1）基层处理：基本同格栅木地板。由于采用浮铺式施工，复合地板基层平整度要求很高，要求平整度 3 m 内误差不得大于 2 mm。基层必须保持洁净、干燥。铺贴前，可刷一层掺防水剂的水泥浆进行基层防水。

（2）弹线：同格栅木地板。

（3）铺垫层：先在地面铺上一层 2 mm 左右厚的高密度聚乙烯地垫，接缝处用胶带封住，不采用搭接；地热地面应先铺上一层厚度 0.5 mm 以上聚乙烯薄膜，接缝处重叠 150 mm 以上，并用胶带密封。（图 3-1-23）

垫层为宽 1 000 mm 卷材，起防潮、缓冲作用，可增加地板的弹性并增加地板稳定性和减少行走时地板产生的噪声。按房间长度净尺寸加长 120 mm 以上裁切，四周边缘墙面与地

相接的阴角处上折 60～100 mm（或按具体产品要求）。

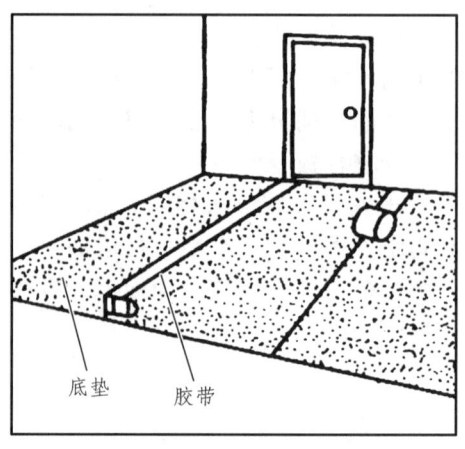

图 3-1-23　垫层铺设

（4）预铺：先进行测量和尺寸计算，确定地板的布置块数，尽可能不出现过窄的地板条。地板块铺设时通常从房间较长的一面墙边开始，也可长缝顺入射光方向沿墙铺放。板面层铺贴应与垫层垂直，铺装时每块地板的端头之间应错开 300 mm 以上，错开 1/3 板长则更为美观。

预铺从房间一角开始，第一行板槽口对墙，从左至右，两板端头企口插接，直到第一排最后一块板，切下的部分若大于 300 mm，则可以作为第二排的第一块板铺放（其他排也是如此）。第一排最后一块的长度不应小于 500 mm，否则可将第一排第一块板切去一部分，以保证最后的长度要求。（图 3-1-24）

端头地板划线

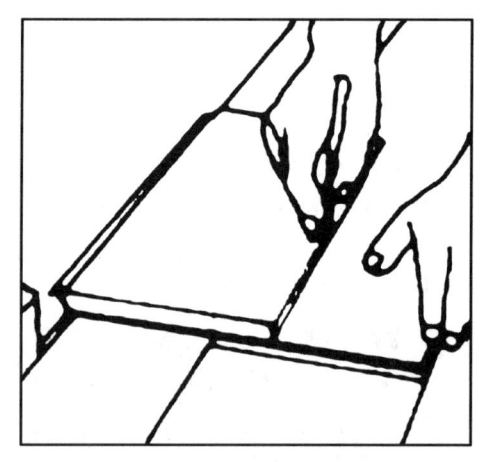
边部地板划线

图 3-1-24　地板裁切划线方法示意图

（5）铺装地板：依据产品使用要求，按预排板块顺序铺装地板。如带胶安装，用胶黏剂（或免胶）涂抹地板的榫头上部，涂抹量必须足够，先将短边连接，然后略抬高些小心轻敲榫槽木垫板，将地板装入前面的地板榫槽内，用木槌敲击使接缝处紧密，胶水应从缝隙中挤出，

一般要求将专用胶黏剂涂于槽与榫的朝上一面，挤出的胶水在 15 min 后用刮刀去除。（图 3-1-25）

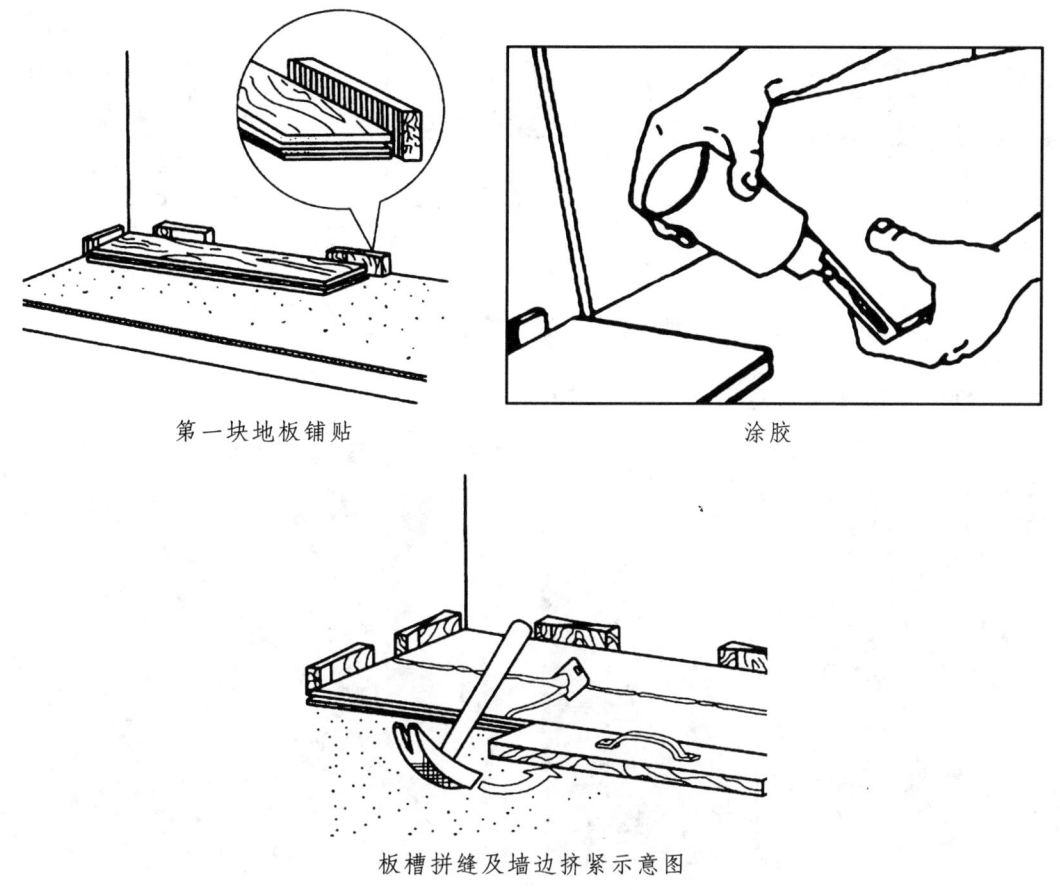

第一块地板铺贴　　　　　　　　　　涂胶

板槽拼缝及墙边挤紧示意图

图 3-1-25　地板铺装过程示意图

（6）安装踢脚板：复合木地板四边的墙根伸缩缝，用配套的踢脚板贴盖装饰。一般选用复合木踢脚板，其基材为防潮环保中密度纤维板，表面饰以豪华的油漆纸。目前，复合木地板的款式丰富多彩，通常流行的踢脚板的尺寸有 60 mm 的高腰型与 40 mm 的低腰型。踢脚板除了用专用夹子安装外，也可用无头（或有头）水泥钢钉和硅胶均匀钉粘在墙面上。安装时，应先按踢脚板高度弹水平线，清理地板与墙缝隙中杂物。接头尽量设在拐角处。

（7）过桥及收口扣板的使用：当地面面积大于 100 m² 或边长大于 10 m 时，应使用过桥。在房间的门槛相连接处有高低不平之处时，也应使用过桥。不同的过桥可解决不同程度的高低不平以及和其他饰面的连接问题。（图 3-1-26）

收口扣板条可利用坡度缓缓地自上而下搭接不同高度的地面，既解决收口，又富流线舒畅的美感。

（8）清扫、擦洗：每铺完一间，待胶干后扫净杂物，用湿布擦净。铺装好后 24 h 内不得在地板上走动。

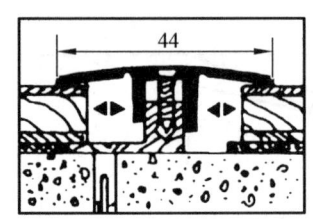  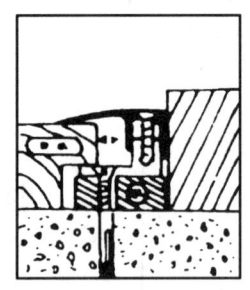

（a）T型过桥（超宽、超长连接使用）　（b）与其他饰面材料连接的过桥　（c）与高于复合地面的材料连接的过渡桥

图 3-1-26　过桥固定示意图

7.2.4　木地板浮铺施工示意图（图 3-1-27）

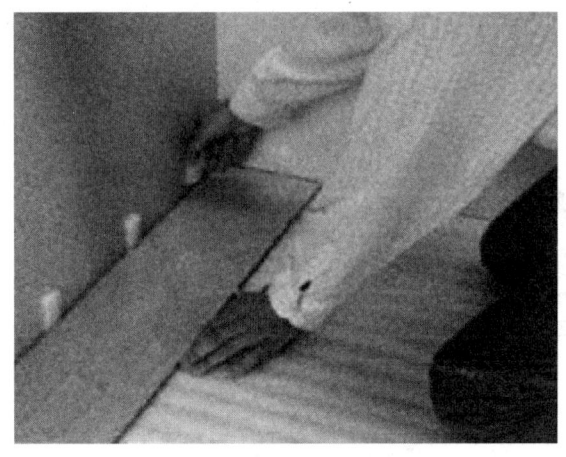 

第一块地板铺贴　　　　　　　　　　　地板块加工

涂　胶　　　　　　　　　　　　　收边地板裁切

地板块取孔　　　　　　　　　地板块安装完毕

图 3-1-27　木地板浮铺施工

8　地毯地面

地毯地面的实物见图 3-1-28。

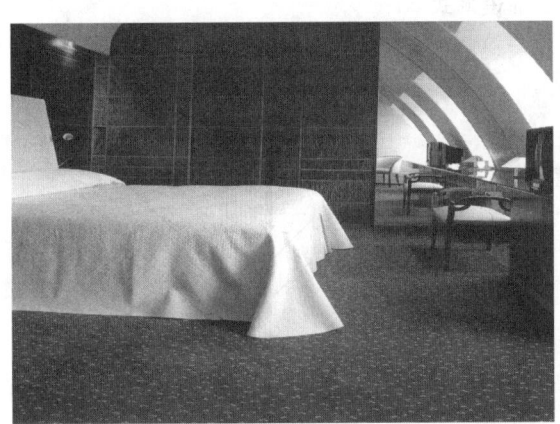 

图 3-1-28　实物图片认识

8.1　构造作法

（1）地毯按规格分类：块材、卷材。
（2）铺设形式：局部铺、满铺（图 3-1-29）。
（3）固定方式：不固定（直接铺设）；固定（粘贴固定、倒刺板固定）（图 3-1-30）。

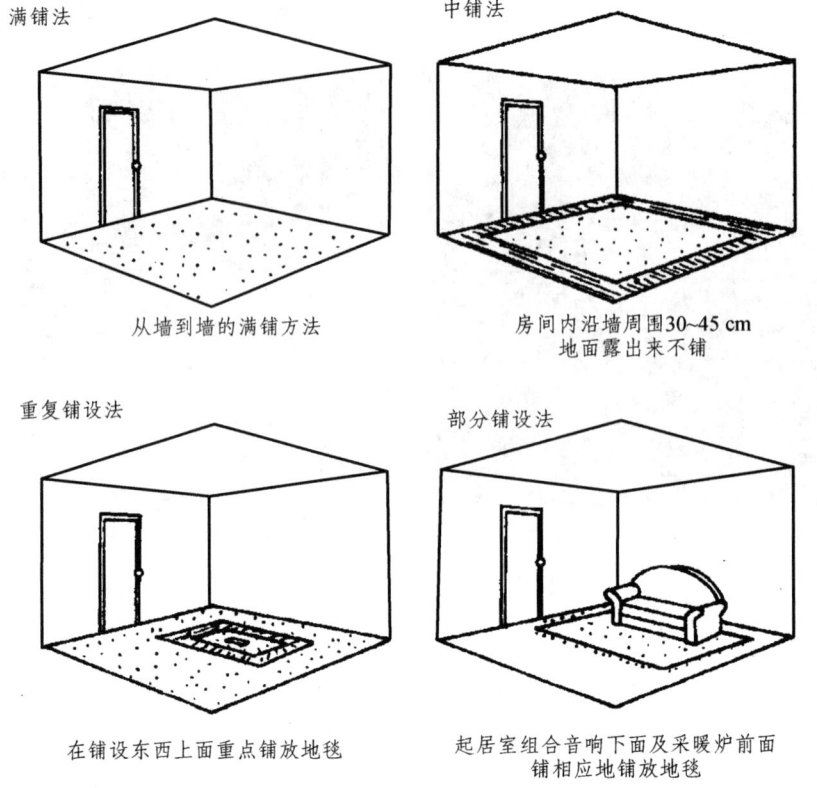

图 3-1-29 地毯铺设形式

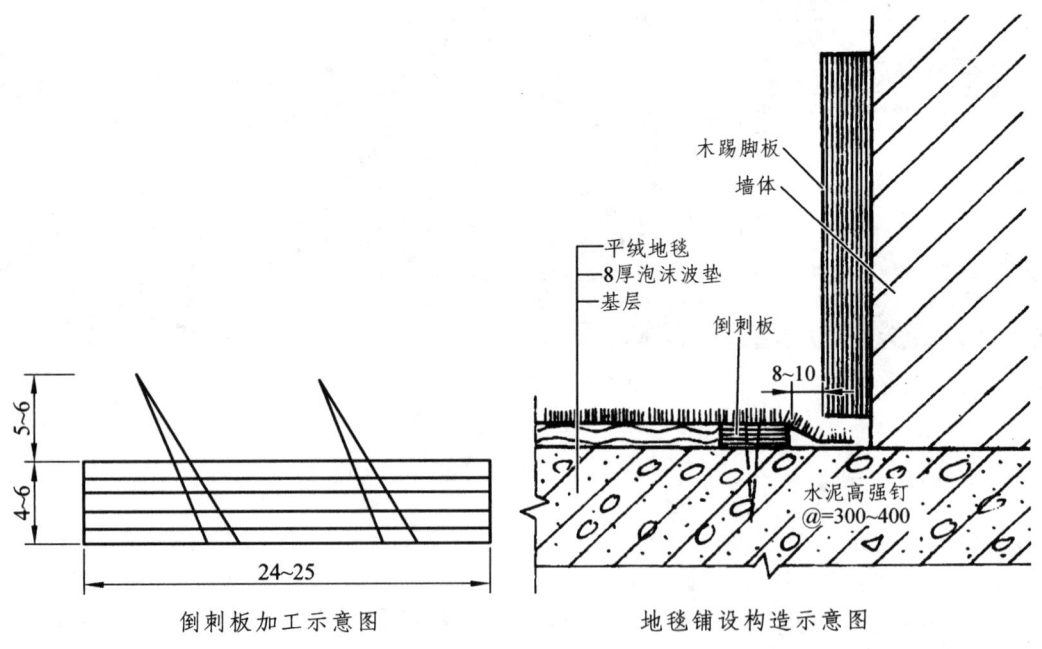

图 3-1-30 地毯固定示意图

（4）地毯常见收边及节点构造示意图见图 3-1-31。

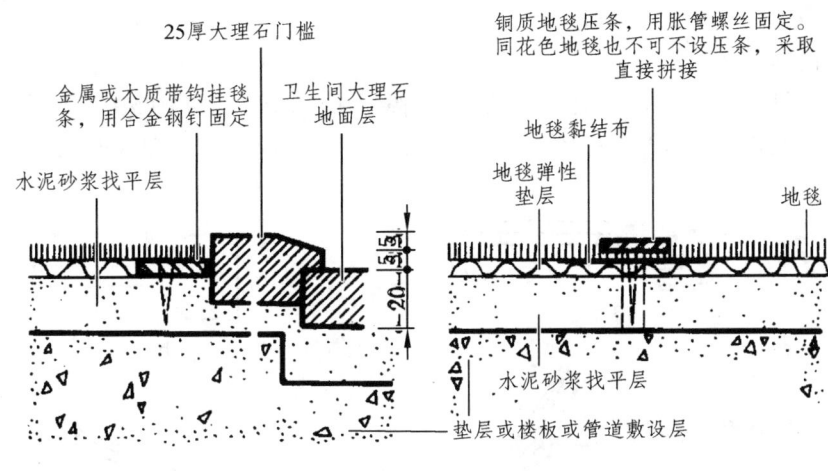

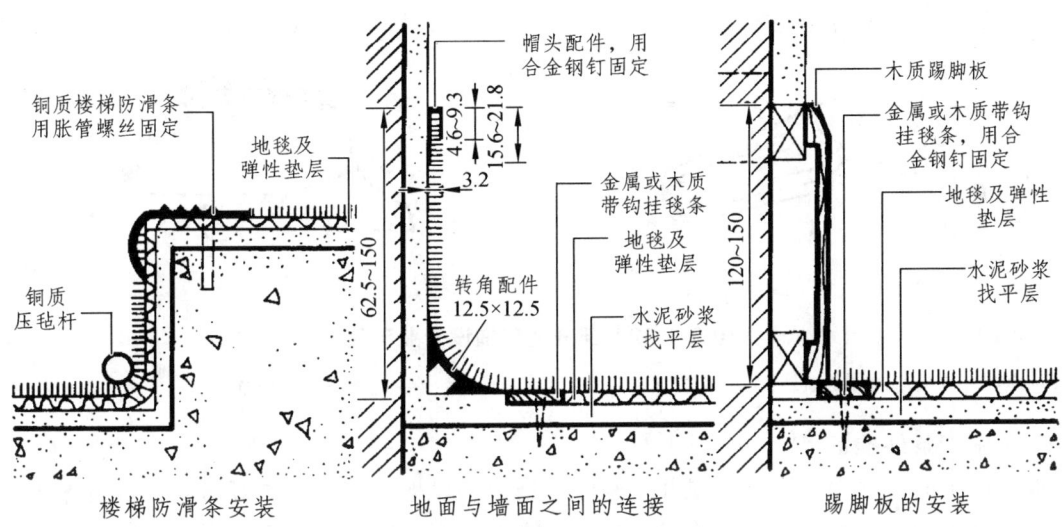

图 3-1-31　地毯铺设节点构造图

8.2　施工工艺

8.2.1　施工准备

（1）材料准备。

地毯：主要是根据铺设部位、使用功能和装饰等级与造价等因素进行综合权衡选用。拼缝的地毯，如有花纹应对称完整，地毯面平整，无脏污、空鼓、死折、翘边。施工单位应按设计要求及现场实测，按设计要求的品种和铺设面积一次备足，放置于干燥房间，不得受潮或水浸。

辅助材料：垫层、胶黏剂（有聚醋酸乙烯胶黏剂和合成橡胶黏结剂两类，选用时要与地毯背衬材料相配套确定胶黏剂品种）、接缝带、倒刺板条、金属收口条、门口压条、尼龙胀管、木螺钉、金属防滑条、金属压杆等。

（2）施工机具准备。

常用施工机具有搪刀（切边器）、张紧器（撑子）、扁铲、墩拐（用于压倒刺）、裁毯刀、电熨斗、裁刀、电铲、角尺、冲击钻、吸尘器等。部分专业工具见图3-1-32。

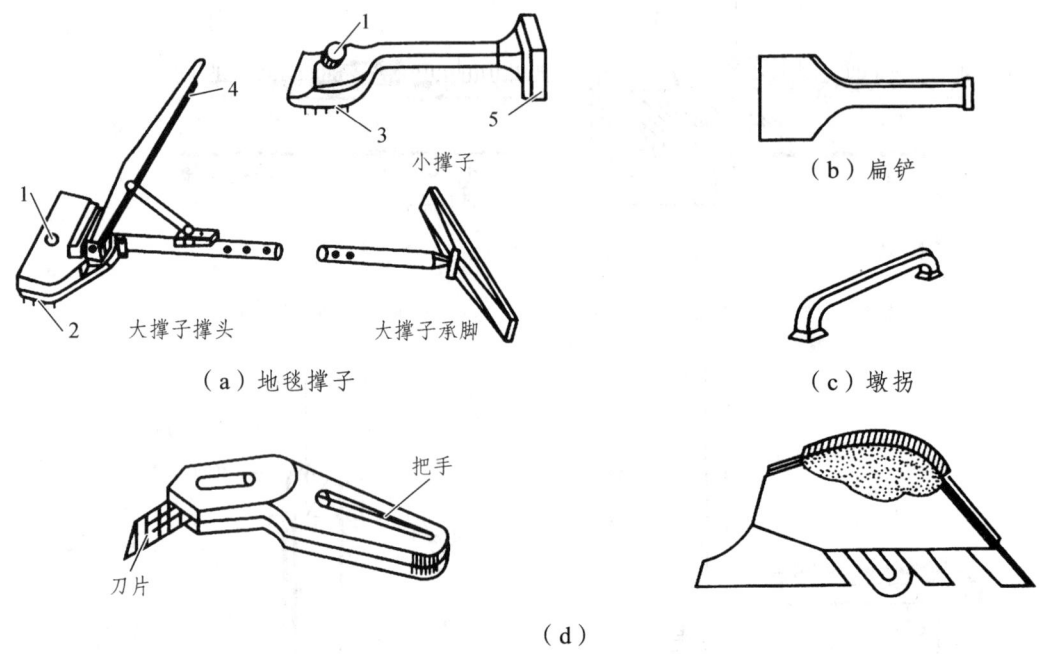

图3-1-32 部分地毯铺设专业工具

1—撑头扒齿深度调节旋钮；2—大撑子扒齿；3—小撑子扒齿；4—大撑子长度调节手柄；5—小撑子承脚

（3）施工条件准备。

地毯施工前，室内装饰已完成并经验收合格。铺设地毯前，应做好房间、走道等四周的踢脚板。踢脚板下口均应离开地面8mm，以便将地毯毛边掩入踢脚板下。大面积施工前，应先放样并做样板，经验收合格后方可施工。

8.2.2 工艺流程

（1）卡条式（倒刺板）固定工艺流程：

基层处理—弹线定位—裁割地毯—固定踢脚板—安装倒刺板—铺设垫层—铺设地毯—固定地毯—收口—修理地毯面—清扫。

（2）粘贴法固定工艺流程：

基层处理—实量放线—裁割地毯—刮胶晾置—铺设辊压—清理、保护。

（3）活动铺设工艺流程：

基层处理—裁割地毯—（接缝缝合）—铺贴—收口、清理。

8.2.3 操作要点

卡条式固定操作要点：

（1）基层处理：地毯铺装对基层地面的要求较高，要求基层表面坚硬、平整、光洁、干燥。基层表面水平偏差应小于 4 mm，含水率不大于 8%，且无空鼓或宽度大于 1 mm 的裂缝。如有油污、蜡质等，需用丙酮或松节油擦净，并应用砂轮机打磨清除钉头和其他突出物。

（2）弹线定位：应严格按图纸要求对不同部位进行弹线、分格。若图纸无明确要求，应对称找中弹线，以便定位铺设。

（3）裁割地毯：在铺装前必须进行实测量，检查墙角是否规方，准确记录各角角度，并确定铺设方向。根据计算的下料尺寸在地毯背面弹线，用手推剪刀进行裁割，然后卷成卷并编号运入对号房间。化纤地毯的裁割备料长度应比实需尺寸长出 20~50 mm，宽度以裁去地毯边缘后的尺寸计算。

裁割地毯时应沿地毯经纱裁割，只割断纬纱，不割经纱。对于有背衬的地毯，应从正面分开绒毛，找出经纱、纬纱后裁割，应注意切口处要保持其绒毛的整齐。如系圈绒地毯，裁割时应是从环卷毛绒的中间剪断。

（4）固定踢脚板：铺设地毯前要安装好踢脚板。铺设地毯房间的踢脚板多采用木踢脚板，也有采用带有装饰层的成品踢脚线。可按设计要求的方式固定踢脚板，踢脚板下沿至地面间隙应比地毯厚度高 2~3 mm，以便地毯在此处掩边封口（采用其他材质的踢脚板时亦在此位置安装）。

（5）安装倒刺钉板：固定地毯的倒刺板（木卡条）沿踢脚板边缘用水泥钢钉（或采用塑料胀管与螺钉）钉固于房间或大厅的四周墙角，间距 400 mm 左右，并离开踢脚板 8~10 mm，以地毯边刚好能卡入为宜。

（6）铺设垫层：对于加设垫层的地毯，垫层应按倒刺板间净距下料，要避免铺设后垫层过长或不能完全覆盖。裁割完毕应对位虚铺于底垫上，注意垫层拼缝应与地毯拼缝错开 150 mm。

（7）铺设地毯：

① 地毯拼缝：拼缝前要判断好地毯编织方向并用箭头在背面标明经线方向，以避免两边地毯绒毛排列方向不一致。拼缝方法主要有缝合接缝法和胶带接缝法两种。

缝合接缝法：纯毛地毯多用缝接。先用直针在毯背面隔一定距离缝几针作临时固定，然后再用大针满缝。背面缝合拼接后，于接缝处涂刷 50~60 mm 宽的一道胶黏剂，粘贴玻璃纤维网带或牛皮纸。将地毯再次平放铺好，用弯针在接缝处做正面绒毛的缝合，以使之不显拼缝痕迹为标准。

麻布衬底化纤地毯多用黏结，即在麻布衬底上刮胶，再将地毯对缝粘平。

胶带接缝法：具体操作是在地毯接缝位置弹线，依线将宽 150 mm 的胶带铺好，两侧地毯对缝压在胶带上，然后用电熨斗（加热至 130~180 °C）使胶质熔化，自然冷却后便把地毯粘在胶带上，完成地毯的拼缝连接。

接缝后注意要先将接缝处不齐的绒毛修齐，并反复揉搓接缝处绒毛，至表面看不出接缝痕迹为止。

② 地毯的张紧与固定：地毯铺设后务必拉紧、张平、固定，防止以后发生变形。

将裁好的地毯平铺在地上，先将地毯的一边用撑子撑平固定在相应的倒刺板条上，用扁铲将其毛边掩入踢脚板下的缝隙，再用地毯张紧器对地毯进行拉紧、张平。可由数人从不同方向同时操作，用力适度均匀，直至拉平张紧。地毯张拉步骤如图 3-1-33 所示。

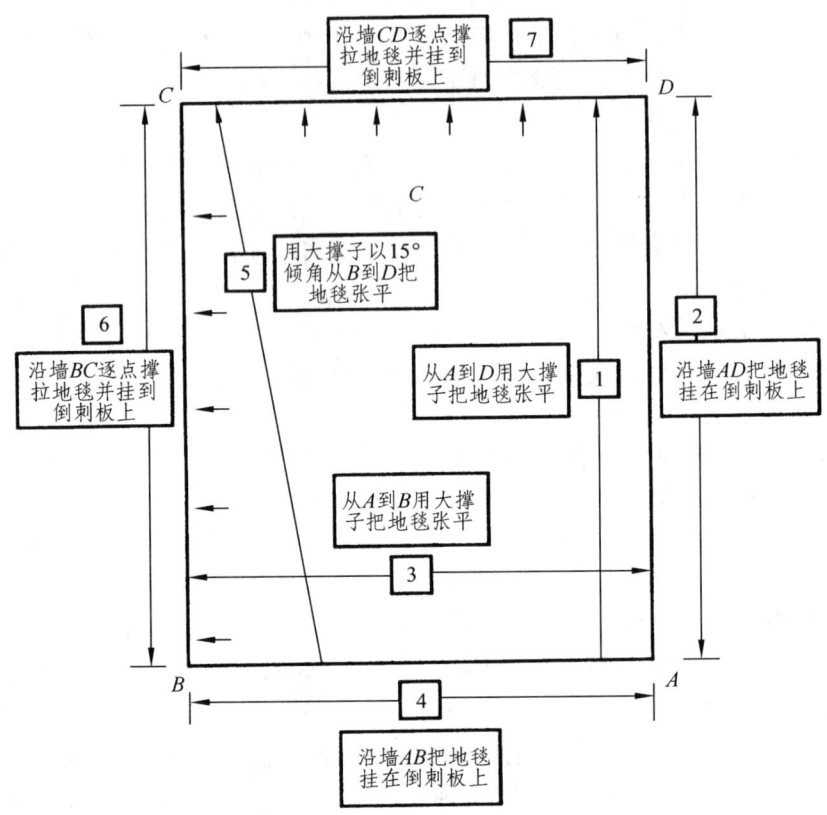

图 3-1-33 地毯张拉步骤示意图

若小范围不平整可用小撑子通过膝盖配合将地毯撑平，如图 3-1-34 所示。然后将其余三个边均牢固稳妥地勾挂于周边倒刺板朝天钉钩上并压实，以免引起地毯松弛。再用搪刀将地毯边缘修剪整齐，用扁铲把地毯边缘塞入踢脚板和倒刺板之间的缝隙内。

对于走廊等处纵向较长的地毯铺设，应充分利用地毯撑子使地毯在纵横方向呈"V"形张紧，然后再固定。

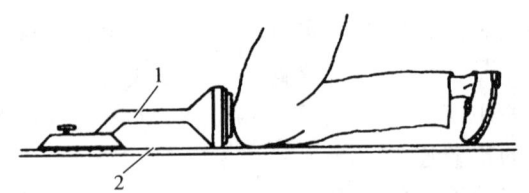

图 3-1-34 地毯张平方法示意图

1—膝撑；2—地毯

（8）收口清理：在门口和其他地面分界处，可按设计要求分别采用铝合金 L 形倒刺收口条、带刺圆角锑条或不带刺的铝合金压条（或其他金属装饰压条）进行地毯收口。收口方法是弹出线后用水泥钢钉（或采用塑料胀管与螺钉）固定铝压条，再将地毯边缘塞入铝压条口内轻敲压实，如图 3-1-35 所示。

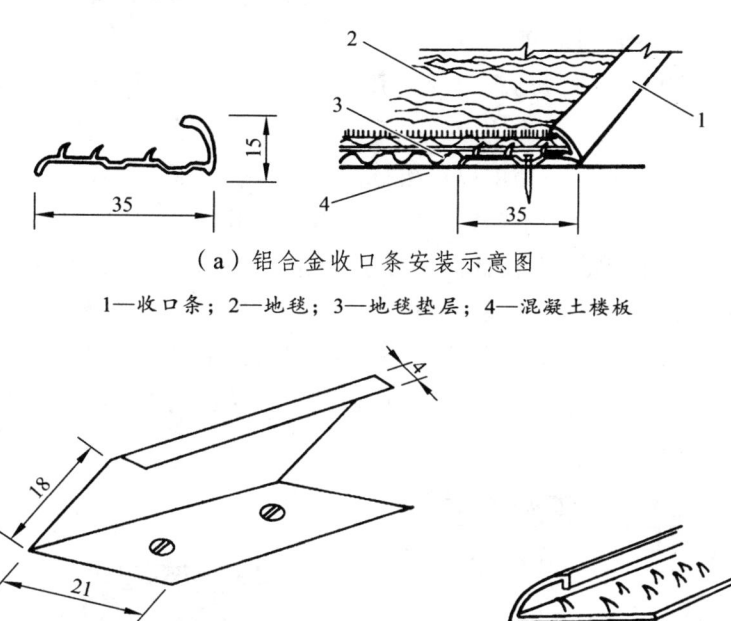

（a）铝合金收口条安装示意图

1—收口条；2—地毯；3—地毯垫层；4—混凝土楼板

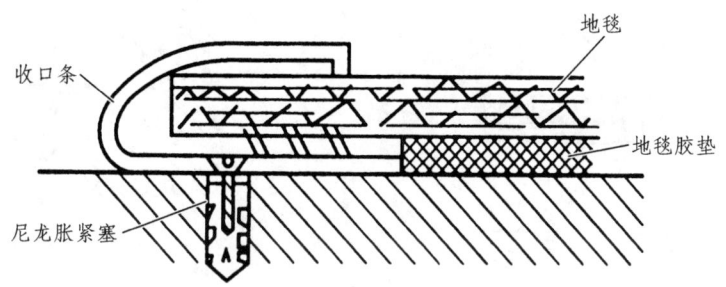

（b）铝合金压条与锑条

（c）门口处收口条安装示意图

图 3-1-35　地毯收口构造示意图

固定后检查完，将地毯张紧后将多余的地毯边裁去，清理拉掉的纤维，用吸尘器将地毯全部清理一遍。用胶粘贴的地毯，24 h 内不许随意踩踏。

（9）楼梯地毯铺设（图 3-1-36）。

① 测量楼梯所用地毯的长度，在测得长度的基础上，再加上 450 mm 的余量，以便挪动地毯，转移调换常受磨损的位置。如所选用的地毯是背后不加衬的无底垫地毯，则应在地毯下面使用楼梯垫料增加耐用性，并可吸收噪声。衬垫的深度必须能触及阶梯竖板，并可延伸至每阶踏步板外 5 cm，以便包覆。

② 将衬垫材料用地板木条分别钉在楼梯阴角两边，两木条之间应留 1.5 mm 的间隙。用预先切好的地毯角铁倒刺板钉在每级踢板与踏板所形成转角的衬垫上。由于整条角铁都有突

起的爪钉，故能不露痕迹地将整条地毯抓住。

③ 地毯首先要从楼梯的最高一级铺起，将始端翻起在顶级的踢板上钉住，然后用扁铲将地毯压在第一套角铁的抓钉上。把地毯拉紧包住梯阶，循踢板而下，在楼梯阴角处用扁铲将地毯压进阴角，并使地板木条上的爪钉紧紧抓住地毯，然后铺第二套固定角铁。这样连续下来直到最下一级，将多余的地毯朝内折转，钉于底级的踢板上。

④ 所用地毯如果已有海绵衬底，那么可用地毯胶黏剂代替固定角钢。将胶黏剂涂抹在压板与踏板面上粘贴地毯，铺设前将地毯的绒毛理顺，找出绒毛最为光滑的方向，铺设时以绒毛的走向朝下为准。在梯级阴角处用扁铲敲打，地板木条上都有突起的爪钉，能将地毯紧紧抓住。在每阶踢、踏板转角处用不锈钢螺钉拧紧铝角防滑条。

⑤ 楼梯地毯的最高一级是在楼梯面或楼层地面上，应固牢，并用金属收口条严密收口封边。如楼层面也铺设地毯，固定式铺贴的楼梯地毯应与楼层地毯拼缝对接。若楼层面无地毯铺设，楼梯地毯的上部始端应固定在踢面竖板的金属收口条内，收口条要牢固安装在楼梯踢面结构上。楼梯地毯的最下端，应将多余的地毯朝内格转钉固于底级的竖板上。

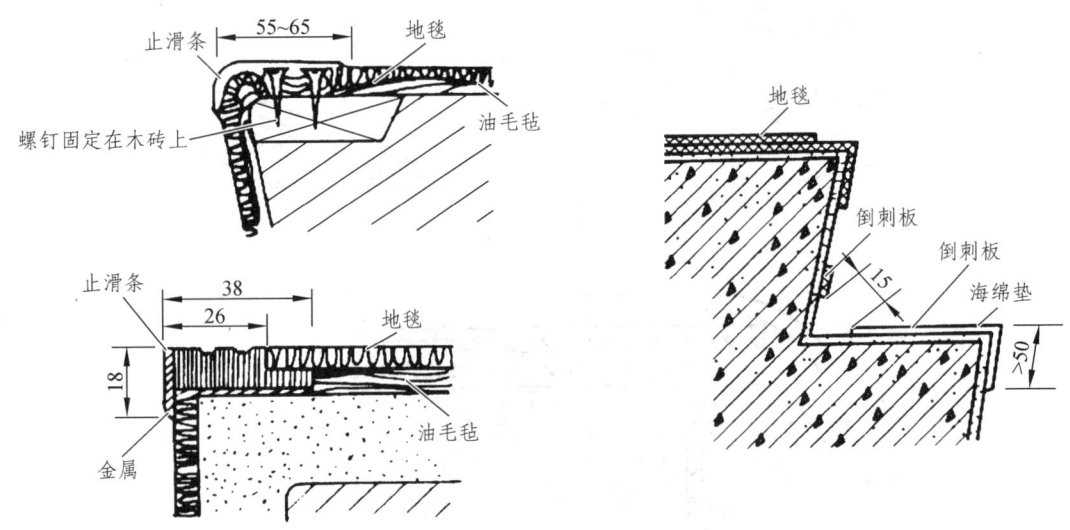

图 3-1-36 部分楼梯地毯铺设构造示意图

粘贴法固定操作要点：

（1）基层处理：铺设地毯的地面需具有一定的强度，地面要严整，无凸包、麻坑、裂缝等。施工时地面应扫除干净，并保持干燥。

（2）刮胶晾置：用胶结固定地毯，一般不放垫层，在基层上胶刷，然后将地毯固定在基层上。胶刷好后应晾置 5~10 min，待胶液变得干粘时铺放地毯。

胶可选用铺贴塑料地板用的地板胶。

（3）铺设辊压：对面积不大的房间，可采用局部刷胶，先在地面的中间刷一块面积的胶，然后将地毯铺放，再用地毯撑子往四边撑拉，再沿墙边刷两条胶，将地毯压平掩边。对狭长的走廊或过道，宜从一端铺向另一端。铺平后用毡辊压出气泡。

（4）接缝拼合：当地毯需要拼接时，在拼缝处刮一层胶，将地毯拼密实。对缝不允许偏差，不离缝，不搭缝。

其他铺设要求与卡条式固定铺设方法相同。

活动铺设操作要点：

（1）基层要求：要求基层平整光洁，不能有突出表面的堆积物，其平整度要求用 2 m 直尺检查时偏差不大于 2 mm。

（2）铺贴地毯：按地毯方块在基层弹出分格控制线。从房间中央向四周展开铺排，逐块就位放稳服帖并相互靠紧。

（3）收口：至收口部位按设计要求选择适宜的收口条收口，将地毯的毛边伸入收口条内，再将收口条端部砸扁，即起到收口和边缘固定的双重作用。

9　塑料地面

塑料地面实物图片见图 3-1-37。

图 3-1-37　实物图片认识

9.1　构造作法（图 3-1-38）

（1）直接铺设：适用于大面积卷材。

（2）粘贴铺设：适用于小规格块材。

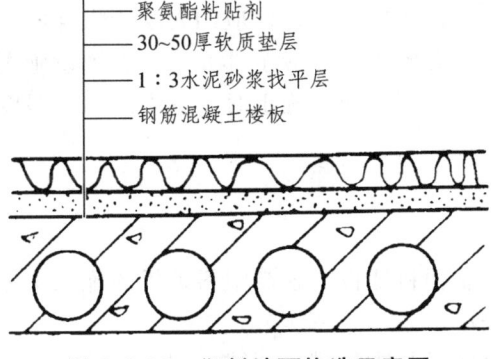

图 3-1-38　塑料地面构造示意图

9.2 施工工艺

9.2.1 施工准备

（1）材料准备。

塑料地板：塑料地板饰面采用的板块（片）应平整、光洁、无裂纹、色泽均匀，厚薄一致，边缘平直；板内不应有杂物和气泡，并应符合产品的各项技术指标。塑料地板使用前，应贮存于干燥、洁净的库房，并距热源 3 m 以外，其环境温度不宜大于 32 ℃。

胶黏剂：塑料地板粘合铺贴施工所用的胶黏剂，应根据基层材料和面层材料的使用要求，通过试验确定。可采用乙烯类（聚醋酸乙烯乳液）、聚氨酯、环氧树脂、合成橡胶溶液型、沥青类和多功能建筑胶等。胶黏剂应存放在阴凉通风、干燥的室内；超过生产期 3 个月的产品，应取样检验，合格后方可使用；超过保质期的产品，不得使用。

（2）施工机具准备。

梳形刮板、划线器、橡胶滚筒、橡胶压边滚筒、大压辊、裁切刀、墨斗、8～10 kg 砂袋、棉纱、橡胶锤、油漆刷、钢尺等常用工具。部分机具如图 3-1-39 所示。

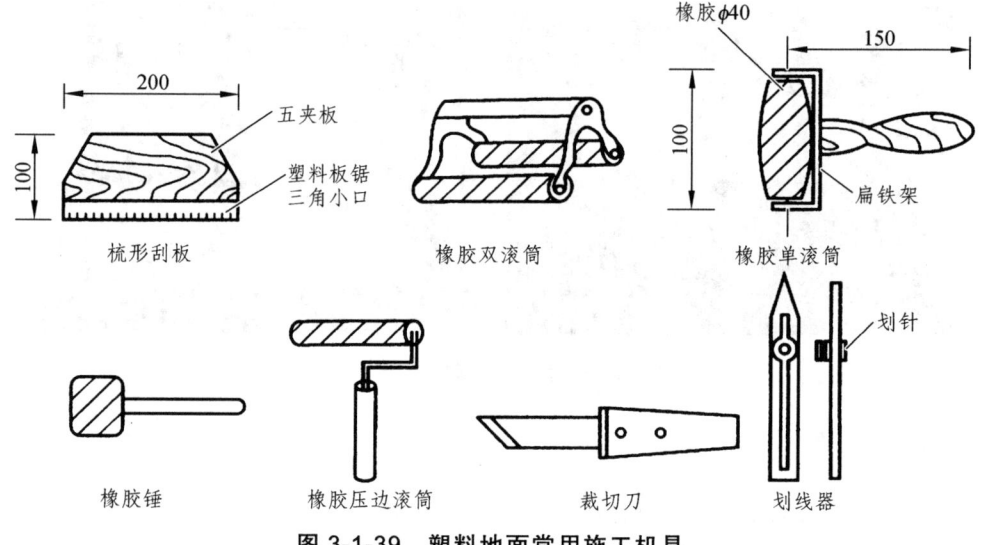

图 3-1-39 塑料地面常用施工机具

（3）施工条件准备。

施工前要做好样板间，有拼花要求的地面应预先绘制大样图。其他如顶面、墙面的装饰施工等可能造成建筑地面潮湿的施工工序应全部完成。在铺设施工前，应使房间干燥，避免在潮湿的环境中进行铺装施工。塑料地板施工时，室内的相对湿度不应大于 80%。施工作业温度不得低于 10 ℃。

9.2.2 工艺流程

塑料地面按硬制、半硬制塑料地板与软制塑料地板的施工工艺有所不同。

（1）半硬质塑料地板块：

基层处理—弹线—塑料地板脱脂除蜡—预铺—刮胶—粘贴—滚压—清理养护。

（2）软质塑料地板块：

基层处理—弹线—塑料地板脱脂除蜡—预铺—坡口下料—刮胶—粘贴—接缝焊接—滚压—养护。

（3）卷材塑料地板：

裁切—基层处理—弹线—刮胶—粘贴—滚压—养护。

9.2.3 操作要点

（1）基层处理：基层应达到表面不起砂、不起皮、不起灰、不空鼓、无油渍。手摸无粗糙感。基层的表面还应平整、干燥。不符合要求的，应先处理地面。

（2）弹线：拼花铺贴的地面，在基层处理后应按设计要求进行弹线、分格和定位。以房间中心为中心，弹出相互垂直的两条定位线。定位线有十字形、丁字形和对角线形几种形式。然后按板块尺寸，每隔 2~3 块弹一道分格线，以控制贴块位置和接缝顺直，如图 3-1-40 所示。可在地面周边距墙面 200~300 mm 处作为镶边。其他形式的拼花与图案，也应弹线或画线定位，确定其分色拼接和造型变化的准确位置。

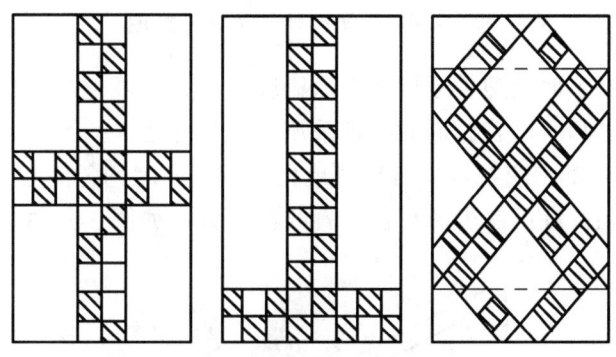

图 3-1-40 弹线分隔示意图

对于相邻两房间铺设不同颜色、图案塑料地板，分隔线应在门框踩口线处，分格线应设在门中，使门口的地板对称，但门口板块条宽度必须在 1/2 板宽以上。缝格要顺直，避免错缝。如图 3-1-41 所示。

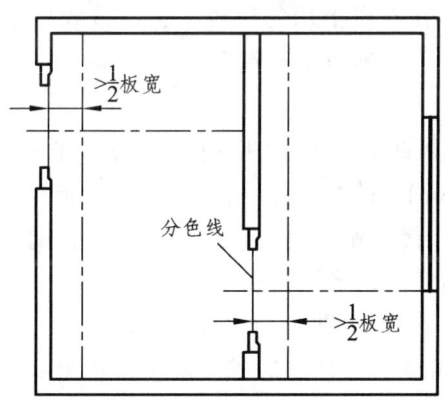

图 3-1-41 房间交接处铺贴设置示意图

（3）塑料地板脱脂除蜡：硬质、半硬质地板，应先用棉丝蘸丙酮与汽油混合溶液（丙酮：汽油=1∶8）进行脱脂除蜡处理，称为硬板脱脂。

对于软质塑料地板块，则应作预热处理：放入 75 ℃ 的热水中浸泡 10~20 min，待板面全部松软伸平后，取出晾干备用，称为软板预热，但不得用炉火或电热炉预热。

（4）预铺：塑料地板试铺前，按设计图案要求及地面画线尺寸选择相应颜色的塑料地板块，依拼花图案预铺。合格后按顺序编号，为正式铺装施工做好准备。对于不是整块的地板裁切可采取图 3-1-42 所示的方法进行。

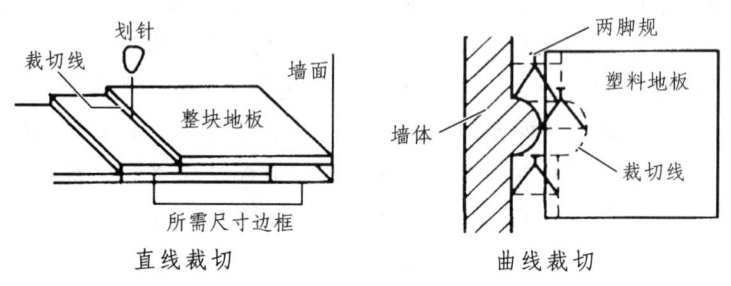

图 3-1-42　塑料地板裁切示意图

（5）刮胶：在基层表面及塑料地板背面涂刷胶黏剂，以及地板到位铺贴的操作，应根据塑料地板产品使用要求和所用胶黏剂的品种采用不同的方法。

① 采用乳液型胶黏剂：应在基层与塑料地板块背面同时均匀涂胶。刮胶方式有直线刮胶和八字形刮胶两种，刮胶宜用锯齿形刮板，直线刮胶方法如图 3-1-43 所示。

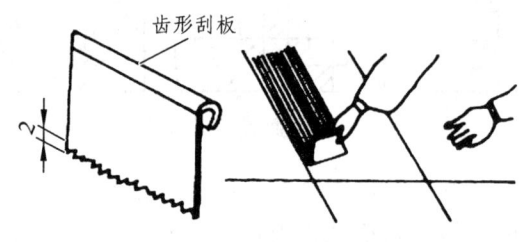

图 3-1-43　直线刮胶示意图

② 采用溶剂型胶黏剂：在基层上均匀涂胶一道，待胶层干燥至不粘手时（一般在室温 10~35 ℃ 时，静停 5~15 min），即可进行铺贴。

（6）粘贴、滚压。

① 硬质、半硬质塑料地板铺贴从十字中心或对角线中心开始，逐排进行，丁字形可从一端向另一端铺贴。铺贴时，双手斜拉塑料板从十字交点开始对齐，再将左端与分格线或已贴好的板边比齐，顺势把整块板慢慢贴在地上，用手掌压按，随后用橡皮锤（或滚筒）从板中向四周锤击（或滚压），赶出气泡，确保严实。

按弹线位置沿轴线由中央向四周铺贴，排缝可控制在 0.3~0.5 mm，每粘一块随即用棉纱（使用溶剂型胶黏剂时，可蘸少量松节油或汽油）将挤出的余胶揩净。板块如遇不顺直或不平整，应揭起重铺，铺贴示意见图 3-1-44、图 3-1-45 所示。

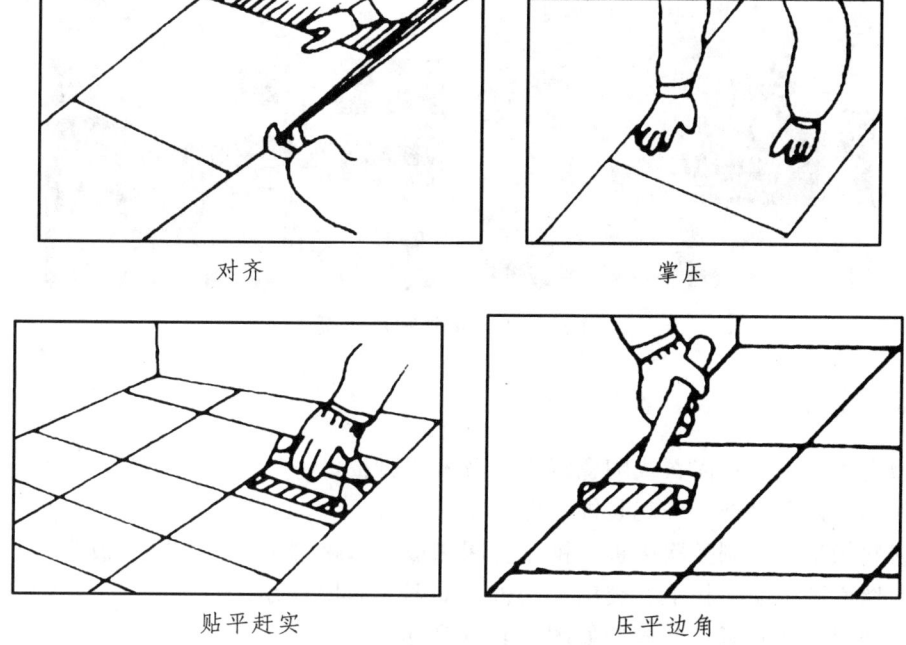

图 3-1-44　塑料地板块铺贴示意图

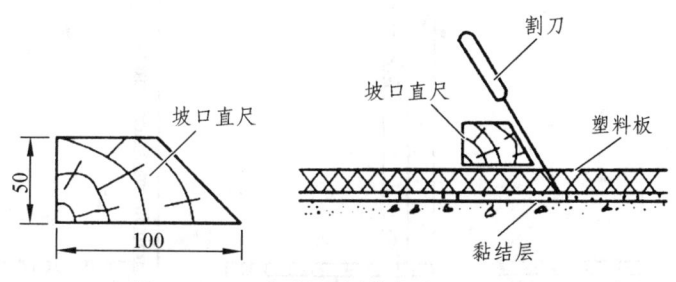

图 3-1-45　塑料地板裁切加工示意图

② 塑料卷材地面粘贴铺贴时，按预先弹完的线，四人各提起卷材一边，先放好一端，再顺线逐段铺贴。若离线偏位，立即掀起调整正位放平。放平后用手和滚筒从中间向两边赶平，并排尽气泡。如有气泡赶压不出，可用针头插入气泡，用针管抽空，再压实粘牢。卷材边缝搭接不少于 20 mm，沿定位线用钢板直尺压线并用裁刀裁割。一次割透两层搭接部分，撕上下层边条，并将接缝处掀起部分铺平压实、粘牢。

（7）清理养护：铺贴完毕用清洁剂全面擦拭干净。至少三天内不得上人行走。平时应避免 60 ℃ 以上的物品或一些溶剂与塑料地板接触。

（8）铺踢脚板：踢脚板的铺贴要求同木地板。在踢脚线上口挂线粘贴，做到上口平直，铺贴顺序先阴、阳角，后大面，做到粘贴牢固。踢角板对缝与地板缝做到协调一致。

10　踢脚板工程

踢脚板实物图片见图 3-1-46。

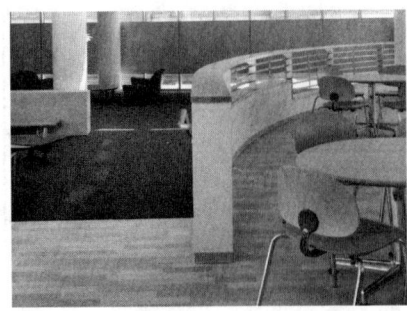 

图 3-1-46　实物图片认识

10.1　构造作法

踢脚板有大理石、花岗石或陶瓷踢脚板及木踢脚板。
（1）作用：遮盖接缝、美观装饰、保护墙根。
（2）材料做法：粉刷类踢脚板、铺贴类踢脚板、木踢脚板、塑料踢脚板。
（3）与墙面的关系：相平、突出、凹进，如图 3-1-47 所示。
（4）不同材质踢脚板安装构造如图 3-1-48 所示。

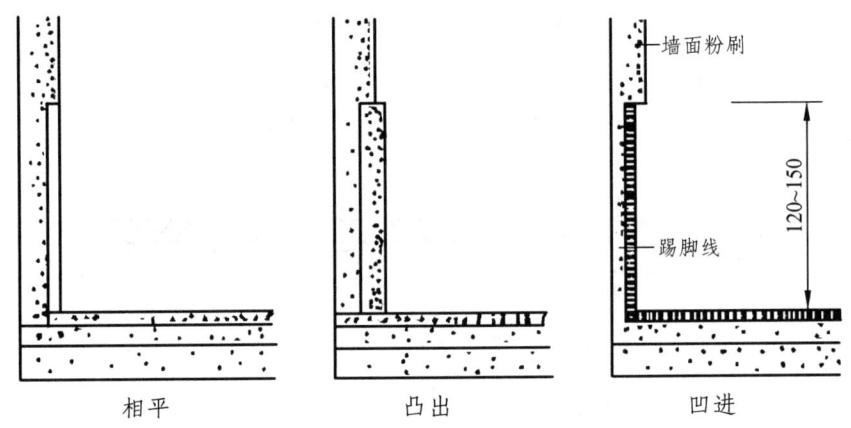

图 3-1-47　踢脚板与墙面关系示意图

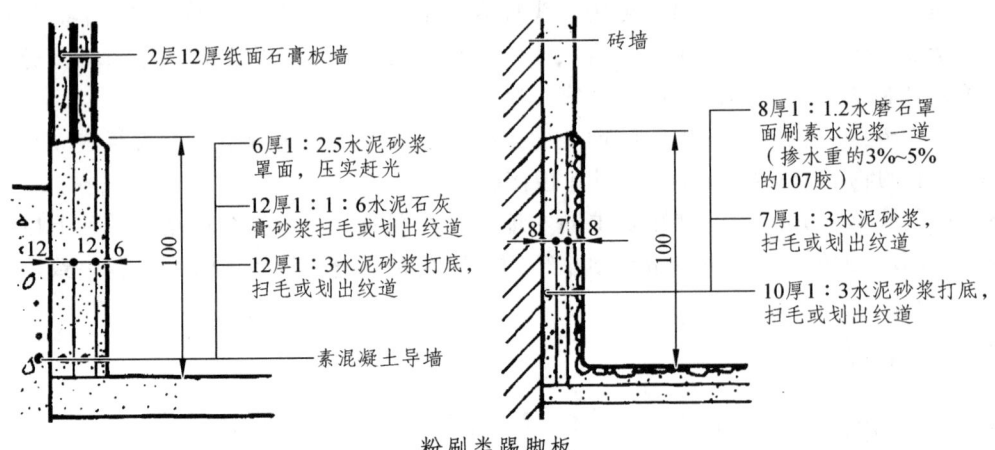

粉刷类踢脚板

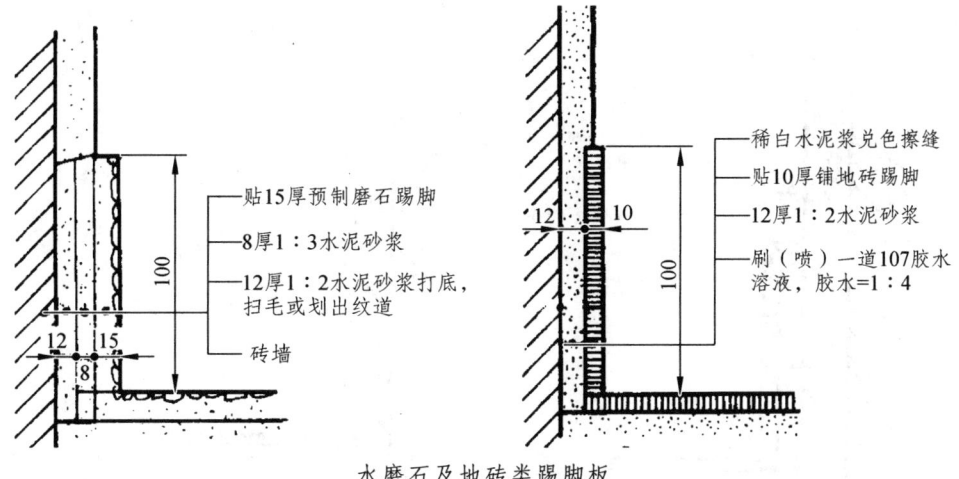

水磨石及地砖类踢脚板

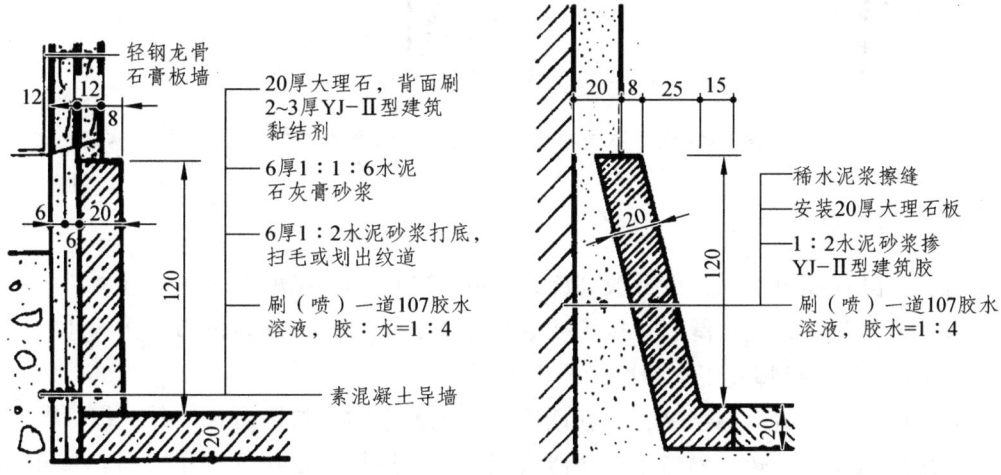

石材类踢脚板

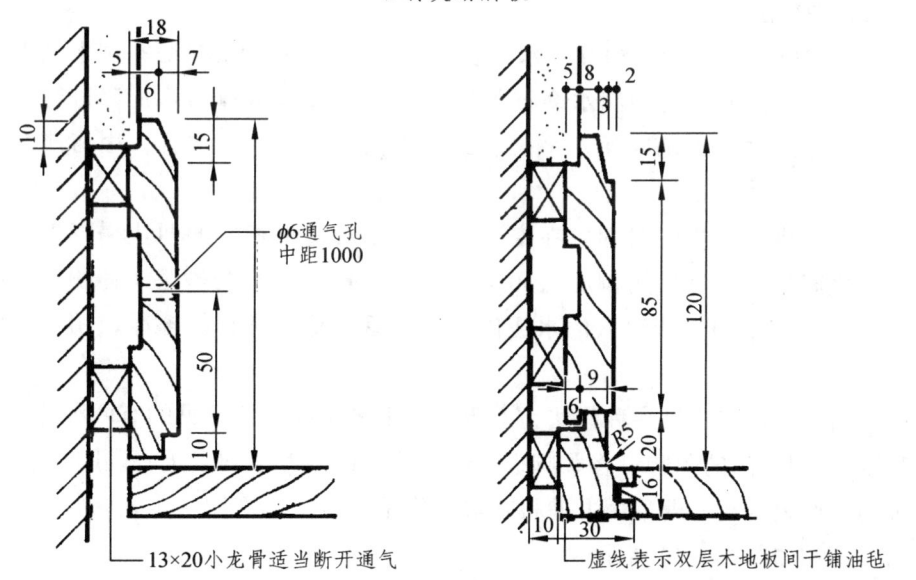

木质类踢脚板

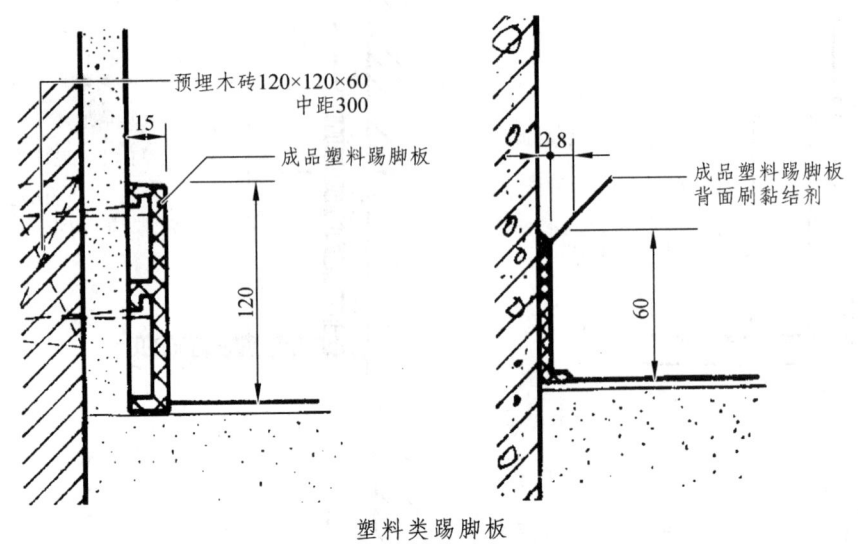

塑料类踢脚板

图 3-1-48　不同材质踢脚板安装构造示意图

10.2　施工工艺及操作要点

大理石、花岗石或陶瓷踢脚板一般高度为 100～200 mm，厚度为 10～20 mm。施工前应认真清理墙面，提前一天浇水湿润，按需要数量将阴、阳角处的踢脚板的一端端面，用无齿锯切成 45°斜角，并将踢脚板用水刷净，阴干备用。

镶贴时由阳角开始向两侧试贴，先在墙面两端先各镶贴一块踢脚板，其上沿高度在同一水平线上，出墙厚度要一致，然后沿两块踢脚板上沿拉通线，逐块依顺序安装。踢脚板施工可采用粘贴法和灌浆法。

（1）粘贴法：根据墙面标筋和标准水平线，用 1：2 水泥砂浆抹底并刮平划毛，待底层砂浆干硬后，将已湿润阴干的预制水磨石踢脚板抹上 2～3 mm 厚素水泥浆进行粘贴，同时用橡皮锤敲击平整，并注意随时用水平尺、靠尺板找平、找直。次日，用与地面同色的水泥浆擦缝。

（2）灌浆法：将踢脚板临时固定在安装位置，用石膏将相邻的两块踢脚板以及踢脚板与地面、墙面之间稳牢，然后用稠度 100～150 mm 的 1：2 水泥砂浆（体积比）灌缝，并随时把溢出的砂浆擦干净。待灌入的水泥砂浆凝固后，把石膏铲掉擦净，用与板面同色水泥浆擦缝。

施工中采用得比较多的另一种作法为木踢脚。木踢脚的安装常见的有两种方式：一种为成品踢脚安装，即用专门的踢脚钉将踢脚板射钉到墙上或用专门的卡子将踢脚板卡固在墙上；另一种为现场制作踢脚板，即采用九厘板在墙角作基层，上端面用实木线条收边，踢脚面用饰面板贴面处理，如图 3-1-49 所示。

图 3-1-49　木质踢脚板制作示意图

【能力拓展】

1　现浇水磨石地面构造

现浇水磨石地面实物图片见图 3-1-50。

 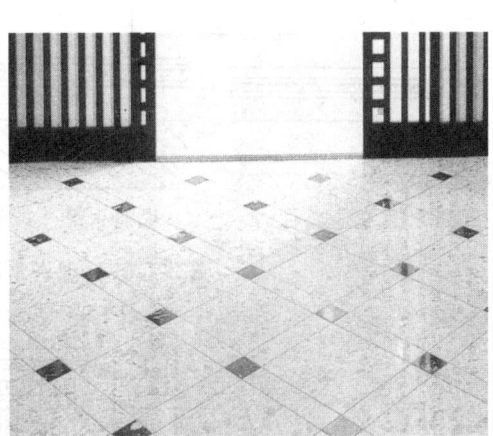

图 3-1-50　实物图片认识

现浇水磨石地面是在水泥砂浆或混凝土垫层上，按设计要求分格并抹水泥石子浆，凝固硬化后，磨光露出石渣，并经补浆、细磨、打蜡即成水磨石地面。水磨石地面在配制上分普通水磨石面层（普通水泥）和彩色美术水磨石面层（白水泥掺颜料）两类，主要用于工厂车间、医院、办公室、厨房、过道或卫生间地面等，对清洁度要求较高或潮湿的场所较合适。水磨石地面的优点是美观大方、平整光滑、坚固耐久、易于保洁，整体性好；缺点是施工工序多、施工周期长、噪声大、现场湿作业、易形成污染。

水磨石地面的构造作法见图 3-1-51 至图 3-1-53。

（1）刷素水泥浆一道（内掺建筑胶）。

（2）20 厚 1∶3 水泥砂浆找平。

（3）按设计图案固定分格条（玻璃条、铝条、铜条）。

（4）浇注 10 厚 1∶2.5 水泥石渣浆抹平。

（5）硬结后用磨石子机和水磨光，打蜡养护。

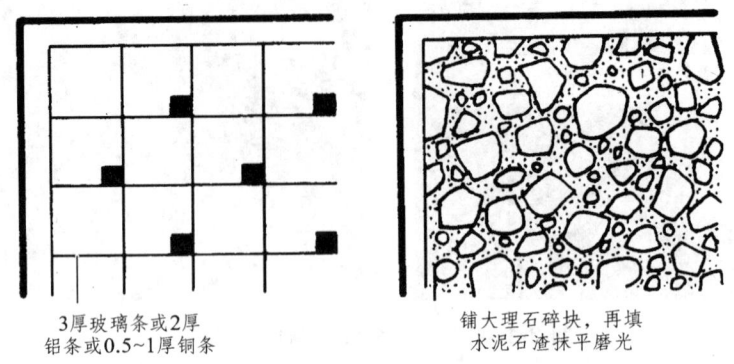

图 3-1-51　现浇水磨石地面形式

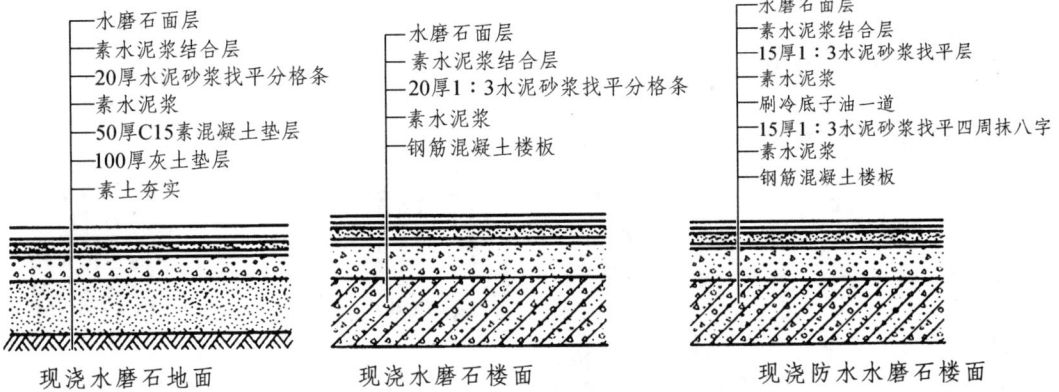

图 3-1-52　现浇水磨石地面构造示意图

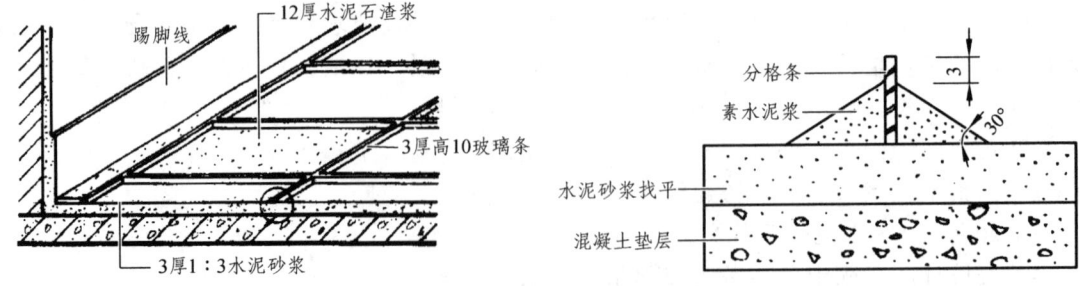

图 3-1-52　分格条固定示意图

2　高架空木地板地面构造

高架空木地板地面是在地面先砌地垄墙，四周基础墙上敷设通长的沿椽木，然后安装木搁栅、毛地板、面层地板。因家庭居室高度较低，这种架空式木地板一般是在建筑底层室内使用，很少在家庭装饰中使用。其构造作法见图 3-1-54。

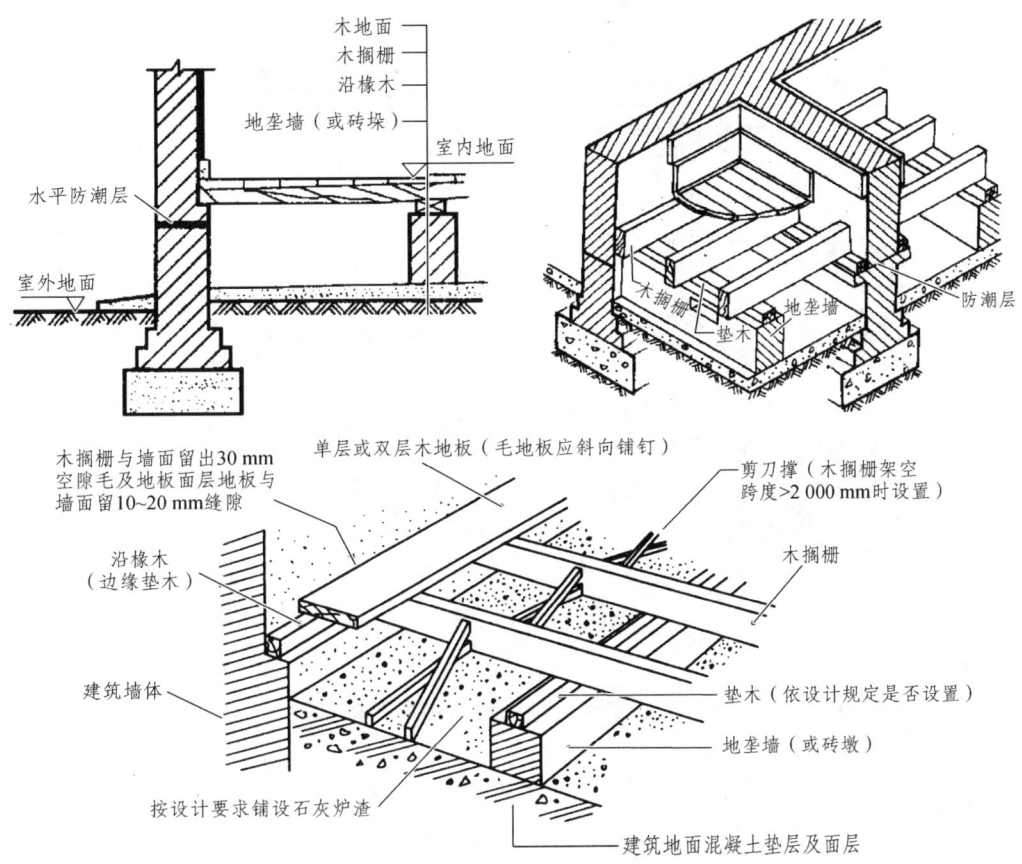

图 3-1-54　高架空木地板地面构造示意图

3　活动地板地面构造

活动地板也称装配式地板，是一种架空地面，是由面板、横梁（龙骨）、可调支架、底座等组成的地面构造，如图 3-1-55 所示。构造上分有横梁和无横梁两种。面板材质有铝合金框基板塑料贴面板、全塑面板、高压刨花板表面贴塑料装饰面等，有抗静电和不抗静电两种。

（1）组成：活动面板、可调支架。
（2）面板形式：复合胶合板、抗静电铸铅活动地板、复合抗静电活动地板。
（3）设计要点：
活动地板面标高尽量与走廊地面标高保持一致。
活动地板上设置重物时，应加设支架。
金属活动面板应设接地线。

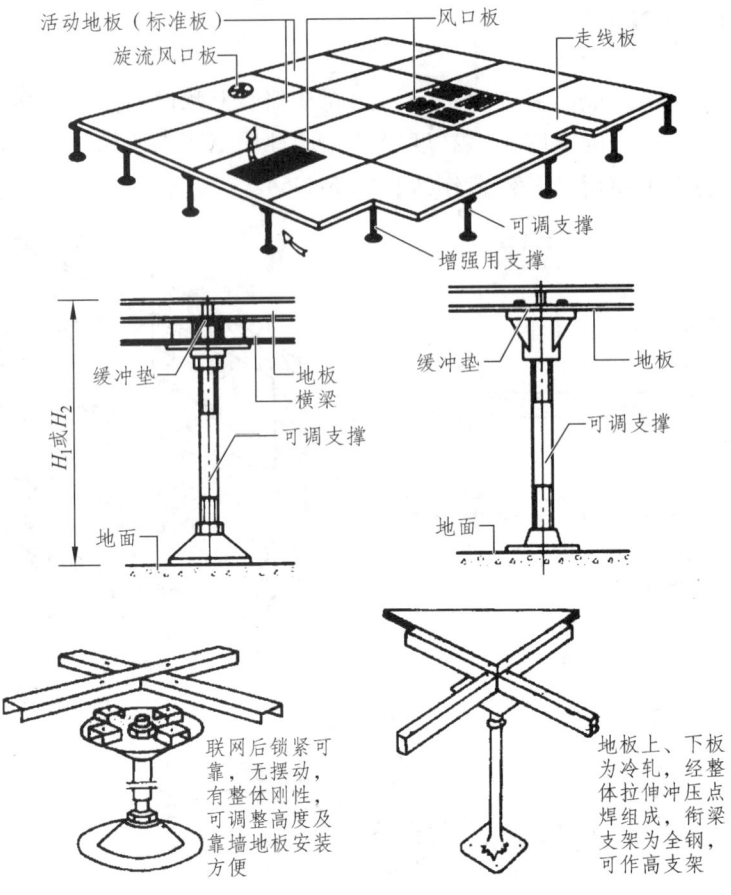

图 3-1-55 活动地板地面构造示意图

4 发光楼地面

发光楼地面实物图片见图 3-1-56。

图 3-1-56 实物图片认识

构造作法：

将楼地面架空，在架空层内设置灯具，铺设透光面板，如图 3-1-57 所示。

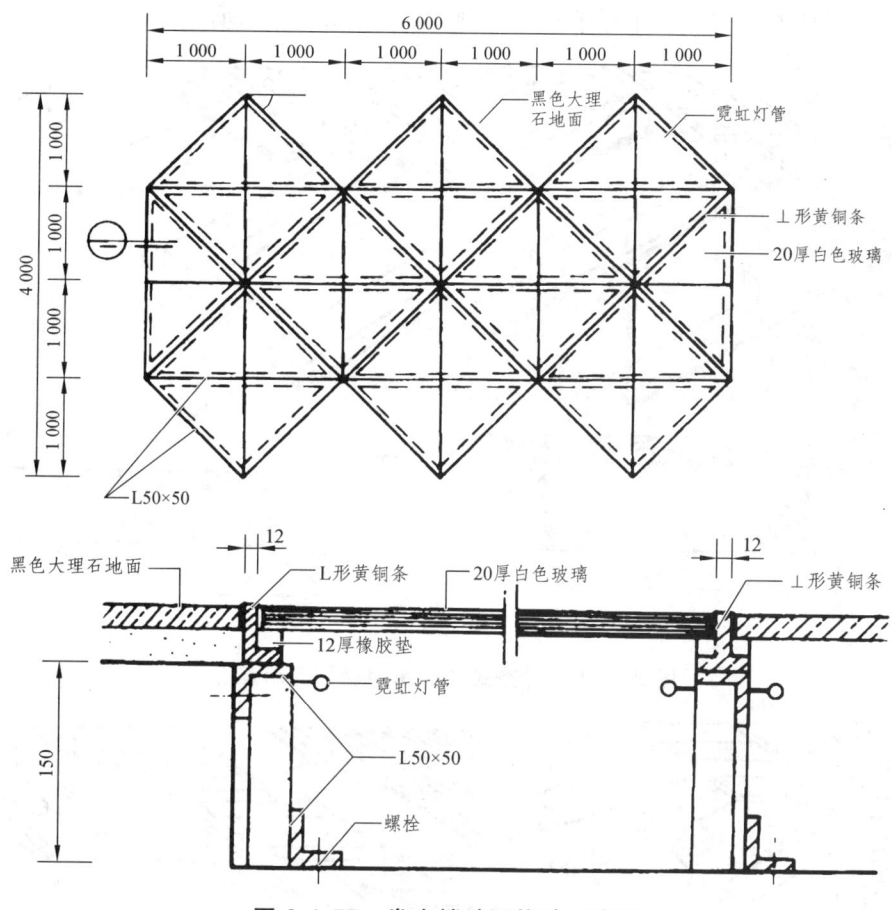

图 3-1-57 发光楼地面构造示意图

5 弹性木地板地面

弹性木地板地面实物图片见图 3-1-58。

图 3-1-58 实物图片认识

构造作法：

衬垫式弹性木地板：用橡皮等弹性材料作衬垫，如图3-1-59所示。

（2）弓式弹性木地面：用木弓或钢弓作衬垫，如图3-1-60所示。

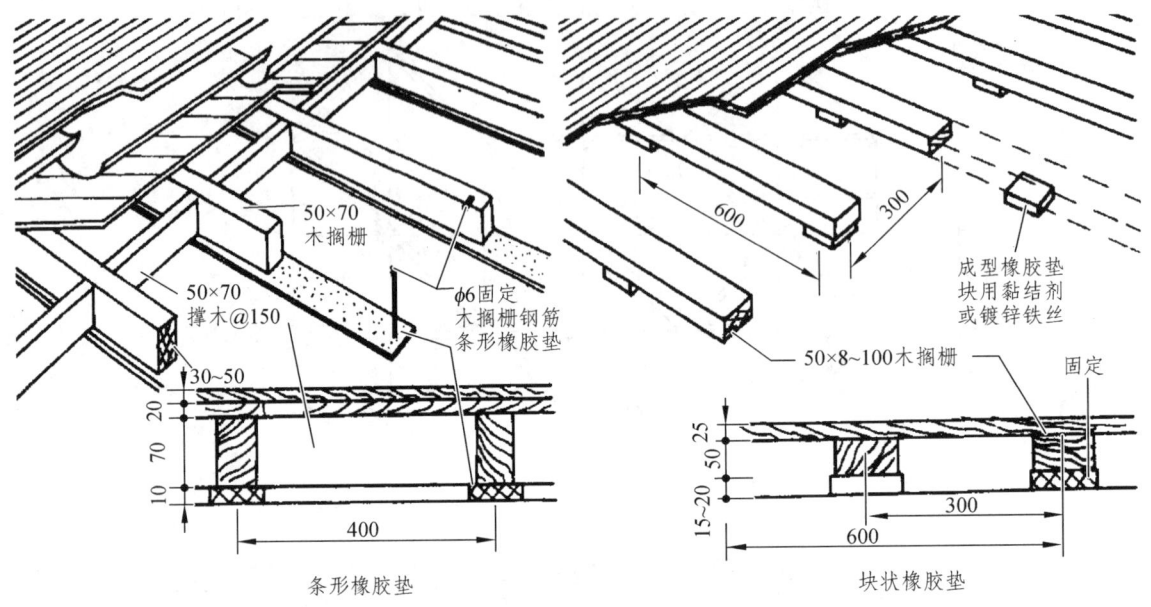

图3-1-59 衬垫式弹性木地板构造示意图

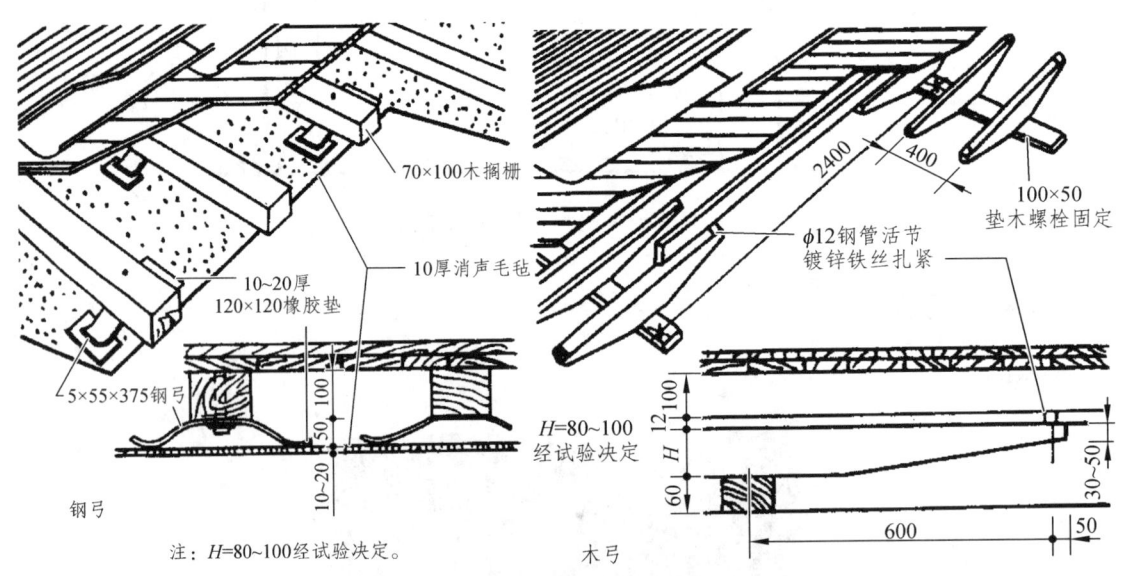

图3-1-59 弓式弹性木地板构造示意图

6 弹簧木地板地面

构造作法：

由弹簧支承的整体骨架木地板，如图3-1-61所示，多用于舞池、电话间地面等。

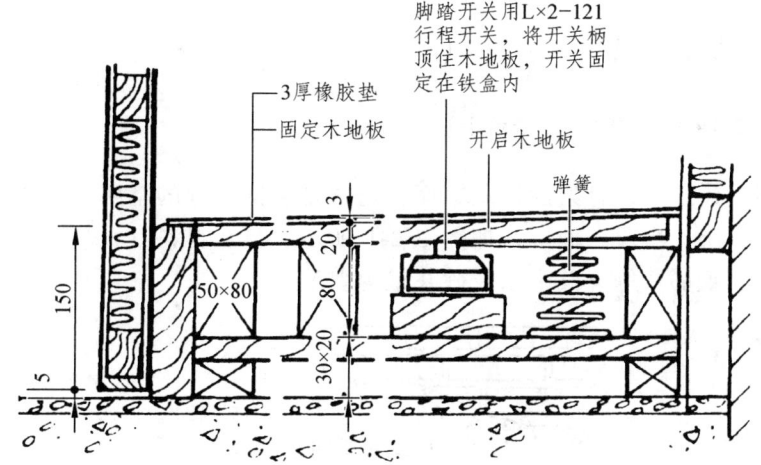

图 3-1-61　弹簧木地板构造示意图

【技能训练】

（1）识读并绘制常见室内楼地面装饰施工图。

（2）结合室内装饰施工现场，能根据楼地面使用的不同材料，明确指出各部分的施工要点和工艺标准。

子任务2　墙柱面工程

【任务准备】

收集不同饰面材料的墙柱面装饰施工图纸，特别是施工中常见的陶瓷面砖墙面、陶瓷锦砖墙面、涂料墙面、石材墙面、裱糊墙面、软包墙面、木质墙面及隔墙隔断、包柱工程方面的墙柱面装饰施工图纸，或结合实地现场认识各种材质的墙面，同时查阅相关资料了解各自的构造作法和施工工艺。

【任务分析】

（1）根据所收集楼地面装饰施工图纸或装饰地面实际现场，归纳不同材质墙柱面装饰工程的共同点、构造层次及墙柱面装修的基本要求。

（2）识读陶瓷面砖墙面、陶瓷锦砖墙面、涂料墙面、石材墙面、裱糊墙面、软包墙面、木质墙面及隔墙隔断、包柱工程方面的墙柱面装饰施工图纸，从中读取相应的墙柱面材质种类、规格及加工尺寸。

（3）查阅相关资料，熟悉几种墙柱面的装饰施工工艺及要点，完成相应墙柱面的制作施工。

【任务过程】

1 认识墙柱面装饰工程

1.1 墙柱面抹灰基层构造层次及作用

抹灰基层即对建筑主体骨架的抹灰罩面，通常是装饰工程的基层。抹灰墙面的基本构造层次分为三层：底层、中层、面层，如图 3-2-1 所示。抹灰材料有石灰砂浆、水泥砂浆、混合砂浆、麻刀灰、纸筋灰等，其中水泥砂浆最为普遍。

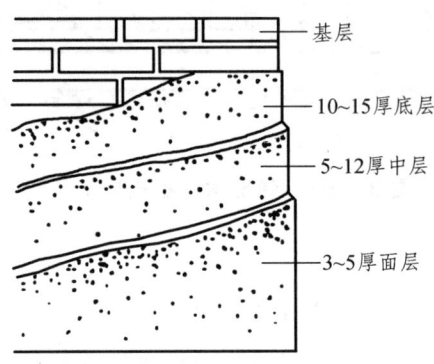

图 3-2-1 墙体抹灰构造层次示意图

（1）底层：底层抹灰主要起与墙体表面黏结和初步找平作用。不同的墙体底层抹灰所用材料及配比也不相同，多选用质量比为 1∶2.5～3 的水泥砂浆或 1∶1∶6 的混合砂浆。

（2）中间层：中层抹灰主要起进一步找平作用和减小由于材料干缩引起的龟裂缝，它是保证装饰面层质量的关键层。其用料配比与底层抹灰用料基本相同。

（3）面层：抹灰面层首先要满足防水和抗冻的功能要求，一般用质量比为 1∶2.5～3 的水泥砂浆。该层也可以直接设计为装饰层，如进行拉毛、扒拉面、拉假面、水刷面、斩假面等。

1.2 不同墙体基层的抹灰处理

抹底层灰前，应对墙体进行基层的表面处理，清扫干净墙体的浮灰、砂浆残渣，清洗掉油污以及模板隔离剂。

（1）砖墙基层抹灰：砖墙面由于手工砌筑，一般平整度较差，且灰缝中砂的饱和程度不一样，也造成了墙面凹凸不平。所以在做抹底灰前，要重点清理基层浮灰、砂浆等杂物，然后浇水湿润墙面。

这种施工方法必须用清水润湿墙体基面，既费工、费水，又容易造成污染，同时也不利于文明施工，目前已有工程采用直接刮聚合物胶浆处理基层的施工方法，无须用水润湿基面。

（2）混凝土墙基层抹灰：混凝土墙体表面比较光滑，平整度也比较高，甚至还带有剩余的脱模油，这会对抹灰层与基层的黏结带来一定的影响，所以在饰面前应对墙体进行特殊的处理。

对混凝土墙体进行特殊的处理方法：

  a. 将混凝土表面凿毛后用水湿润，刷一道聚合物水泥砂浆。

  b. 将1∶1水泥细砂浆（内掺适量胶黏剂）喷或甩到混凝土基体表面作毛化处理（甩浆）。

  c. 采用界面处理剂处理基体表面。

（3）加气混凝土基层抹灰：轻质混凝土墙体表观密度小，孔隙大，吸水性极强，所以在抹灰时砂浆很容易失水导致无法与墙面有效黏结。处理方法是：用聚合物水泥浆进行封闭处理，再进行抹底层；也可以在加气混凝土墙上满钉镀锌钢丝网并绷紧，然后进行底层抹灰，效果比较好，整体刚度也大大增强。

（4）纸面石膏板或其他轻质墙体材料基体内墙：应将板缝按具体产品及设计要求做好嵌填密实处理，并在表面用接缝带（穿孔纸带或玻璃纤维网格布等防裂带）黏覆补强处理，使之形成稳固的墙面整体。

1.3 墙柱面饰面的分类

墙柱面饰面按饰面材料与施工工艺的不同，可分为抹灰类、贴面类、罩面板类、卷材类、清水墙面类、幕墙类等，其中卷材类用于内墙面，清水墙面及幕墙多用于外墙面。

2 内墙釉面砖墙面

内墙釉面实物图片见图3-2-2。

图3-2-2 实物图片认识

2.1 构造作法

釉面砖又称瓷砖，多用于厨房、卫生间等墙面。要求粘贴紧密，不留缝隙。其常规构造作法如图3-2-3所示。

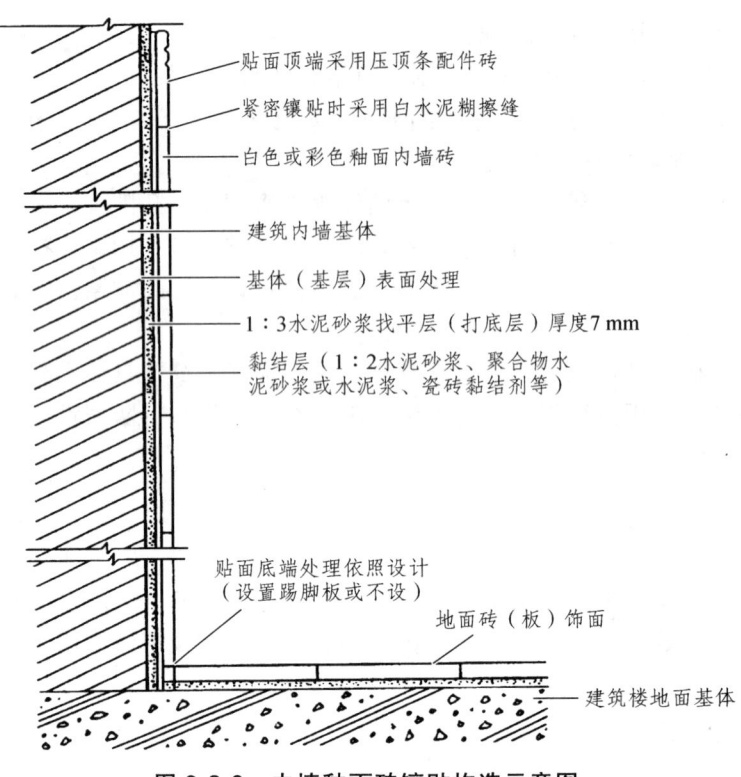

图 3-2-3　内墙釉面砖镶贴构造示意图

2.2　施工工艺

2.2.1　施工准备

（1）材料准备。

釉面砖：釉面砖的产品质量等级应符合现行有关标准，必须有产品合格证；对掉角、缺棱、开裂、夹层、翘曲和遭受污染的产品应剔除。对不易观察的细裂纹和夹层缺陷的最有效而简捷方法是用小金属棒轻轻敲击砖背面，若听到沙哑的声音则必是夹层砖或裂纹砖。

辅助材料：水泥、砂子、水等各种辅助材料符合常规使用要求。

（2）施工机具准备。

常用机具有手提切割机、橡皮锤（木槌）、手锤、水平尺、靠尺、开刀、托线板、硬木拍板、刮杠、方尺、墨斗、铁铲、拌灰桶、尼龙线、薄钢片、手动切割器、细砂轮片、棉丝、擦布、胡桃钳等。

（3）施工条件准备。

① 完成墙顶抹灰、墙面防水层、地面防水层和混凝土垫层。

② 做好内隔墙和水电管线，堵好管洞。

③ 堵好脚手眼，窗台板安装完毕。

④ 铝合金门窗框边缝所用嵌塞材料符合设计要求，且应塞堵密实并事先粘贴好保护膜。

⑤ 弹好墙面+500 mm水平线。

2.2.2 工艺流程

基层处理—抹底子灰—弹线、排砖—浸砖—贴标点—镶贴—擦缝。

2.2.3 操作要点

（1）基层处理：在抹底子灰前，应根据不同的基体进行不同的处理，以解决找平层与基层的黏结问题。基层表面要求达到净、干、平、实。基层清理干净后，洒水湿润，再抹底子灰。

（2）抹底子灰：基体基层处理好后，用 1∶2.5～3 水泥砂浆或 1∶1∶4 的混合砂浆打底。打底时要分层进行，每层厚度宜为 5～7 mm，并用木抹子搓出粗糙面或划出纹路，用刮杠和托线板检查其平整度和垂直度，隔日浇水养护。如果抹灰层为处理完善的墙面，此过程可忽略。

（3）弹线排砖：待底层灰六七成干时，按图纸设计图案要求，结合釉面砖规格进行弹线、排砖。排砖形式主要有直缝和错缝（俗称"骑马缝"）两种，如图 3-2-4 所示。

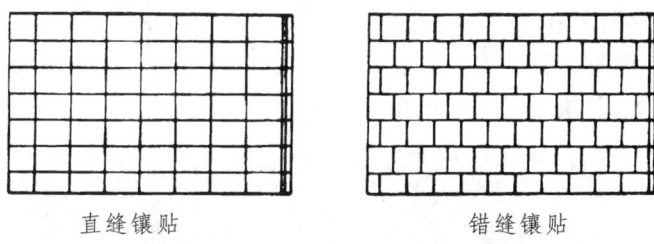

图 3-2-4　内墙釉面砖排砖示意图

先量出镶贴瓷砖的尺寸，在墙面从上往下弹出若干条水平线，控制水平皮数，再按整块瓷砖的尺寸弹出竖直方向的控制线。瓷砖铺贴的方式有离缝式和无缝式两种。无缝式铺贴要求阳角转角铺贴时要倒角，即将瓷砖的阳角边厚度用瓷砖切割机打磨成 45°角，以便对缝。依砖的位置，排砖有矩形长边水平排列和竖直排列两种方式。

弹线时要考虑接缝宽度应符合设计要求，并注意水平方向和垂直方向的砖缝一致。在同一墙面上的横竖排列，不宜有一行以上的非整砖，且非整砖要排在次要位置或阴角处。当遇有墙面盥洗镜等装饰物时，应以装饰物中心线为准向两边对称排砖，排砖过程中在边角、洞口和突出物周围常常出现非整砖或半砖，也应并注意对称和美观，如图 3-2-5 所示。

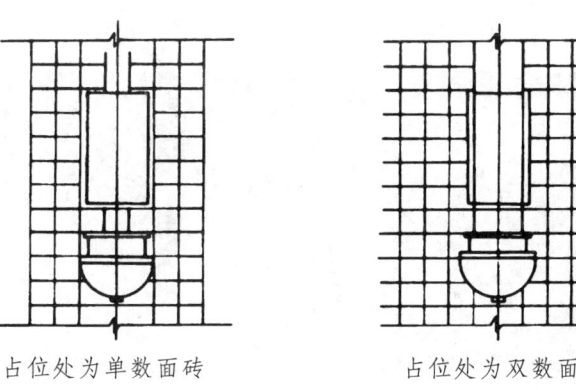

图 3-2-5　墙面设备或装饰物处排砖示意图

（4）浸砖：釉面砖在镶贴前应在水中充分浸泡，以保证镶贴后不致因吸灰浆中的水分而粘贴不牢或使砖面浮滑。一般浸水时间少于 2 h，取出阴干备用，阴干时间通常为 3~5 h，以手摸无水为宜。

（5）贴标准点：正式镶贴前，用混合砂浆将废瓷砖按粘贴厚度粘贴在基层上作标志块，用托线板上下挂直，横向拉通，用以控制整个镶贴瓷砖表面的平整度。在地面水平线嵌上一根八字尺或直靠尺，这样可防止瓷砖因自重或灰浆未硬结而向下滑移，以确保其横平竖直。

（6）镶贴：铺贴釉面砖宜从阳角开始，先大面，后阴阳角和凹槽部位，并自下向上粘贴。用铲刀在瓷砖背面刮满刀灰，贴于墙面用力按压，用铲刀木柄轻轻敲击，使釉面砖紧密粘于墙面，再用靠尺按标志块将其校正平直。取用釉面砖及贴砖要注意浅花色釉面砖的顺反方向，不要粘贴颠倒，以免影响整体效果。铺贴要求砂浆饱满，厚度 6~10 mm，若亏灰时，要取下重贴，不得在砖口处塞灰，防止空鼓。

一般每贴 6~8 块应用靠尺检查平整度，随贴随检查，一般以相邻砖块的四角为检查标准，如图 3-2-6 所示。有高出标志块者，可用铲刀木柄或木槌轻锤使之平整；如有低于标志者，则应取下重贴。同时要保证缝隙宽窄一致。当贴到最上一行时，上口要成一直线，上口如没有压条，则应镶贴一面有圆弧的瓷砖。其他设计要求的收口、转角等部位，以及腰线、组合拼花等均应采用相应的砖块（条）适时就位镶贴。

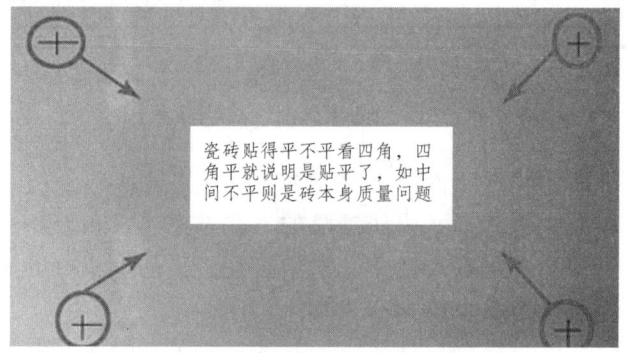

图 3-2-6 釉面砖平整度检查示意图

水管处应先铺周围的整块砖，后铺异型砖。此时，水管顶部镶贴的釉面砖应用胡桃钳钳掉多余的部分，一次不要钳得太多，以免釉面砖碎裂。对整块釉面砖打预留孔，可先用打孔器打孔，再用胡桃钳加工至所需孔径，如图 3-2-7 所示。

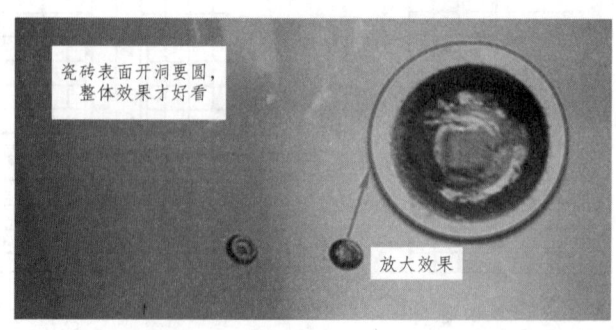

图 3-2-7 釉面砖表面开孔示意图

切割非整块砖时，应根据所需要的尺寸在瓷砖背面划痕，用专用瓷片刀沿木尺切割出较深的割痕，将瓷砖放在台面边沿处，用手将切割的部分掰下，再把断口不平和切割下的尺寸稍大的瓷砖放在磨石上磨平。

（7）擦缝：镶贴完毕，自检无空鼓、不平、不直后，用棉丝擦净。然后把白水泥加水调成糊状，用长毛刷蘸白水泥浆在墙砖缝上刷，待水泥浆变稠，用布将缝里的素浆擦匀，砖面擦净。不得漏擦或形成虚缝。对于离缝的饰面，宜用与釉面砖颜色相同的水泥浆嵌缝或按设计要求处理。若砖面污染严重，用稀盐酸刷洗，再用清水刷洗干净。

2.3 内墙釉面砖镶贴流程（图 3-2-8）

基层处理

弹水平控制线

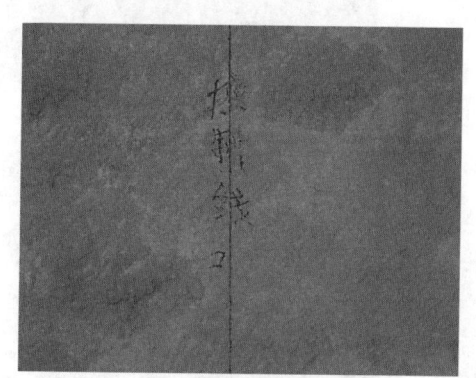
弹垂直控制线

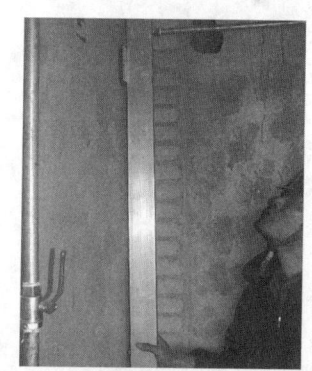
检查灰饼垂直度

检查灰饼水平度

选砖

图 3-2-8 内墙釉面砖镶贴流程示意图

3 外墙面砖墙面

外墙面砖墙面实物图片见图 3-2-9。

图 3-2-9 实物图片认识

3.1 构造作法

室外墙柱面装饰采用外墙面砖进行镶贴时,既要注重美观要求,也要注重安全性,施工时多采用"满贴法"施工。镶贴厚度相对比内墙釉面砖厚些,有上釉和不上釉之分。其常见构造作法如图 3-2-10 所示。

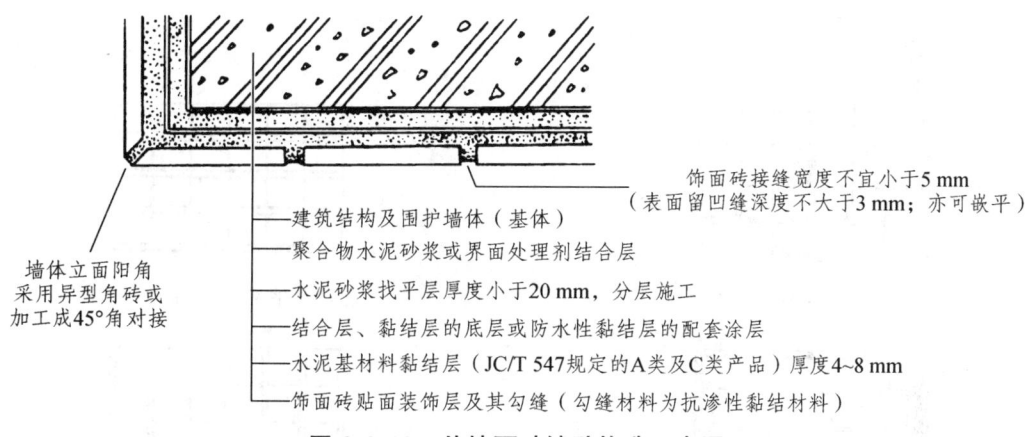

图 3-2-10 外墙面砖镶贴构造示意图

3.2 施工工艺

3.2.1 工艺流程

基层处理—抹底子灰—刷结合层—弹线分格、排砖—浸砖—贴标准点—镶贴面砖—勾缝—清理表面—交工验收。

3.2.2 施工准备

外墙面砖施工准备基本上同内墙釉面砖镶贴相同。

3.2.3 操作要点

(1)基层处理:清理墙、柱面,将浮灰和残余砂浆及油渍冲刷干净,再充分浇水湿润,并按设计要求涂刷结合层（采用聚合物水泥砂浆或其他界面处理剂），再根据不同基体进行基层处理（同内墙）。

（2）抹底子灰：打底时应分层进行，每层厚度不应大于 7 mm，以防空鼓。第一遍抹后扫毛，待 6~7 成干时，可抹第二遍，随即用木杠刮平，木抹搓毛，终凝后浇水养护。多雨地区，找平层宜选用防水、抗渗性水泥砂浆，以满足抗渗漏要求。

（3）刷结合层：找平层经检验合格并养护后，宜在表面涂刷结合层，这样有利于满足强度要求，提高外墙饰面砖粘贴质量。

（4）弹线分格、排砖：按设计要求和施工样板进行排砖、确定接缝宽度及分格，同时弹出控制线，做出标记。排砖须用整砖，对于必须用非整砖的部位，非整砖的宽度不宜小于整砖宽度的 1/3。一般要求阳角、窗口都是整砖。若按块分格，应采取调整砖缝大小的方法排砖、分格，如图 3-2-11 所示。

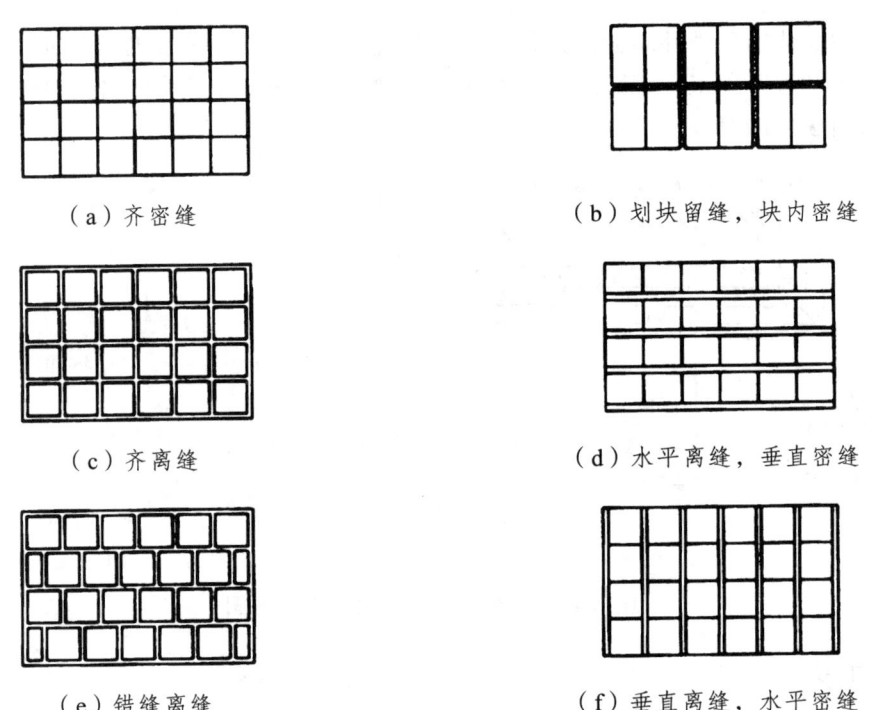

图 3-2-11　外墙面砖排砖与布缝示意图

凸出墙面部位，如窗台、腰线、阳角及滴水线等的饰面层排砖方法，可按图 3-2-12 所示处理，其正面砖要往下凸出 3~5 mm，底面砖要做出流水坡度等。

（5）浸砖：与内墙釉面砖镶贴相同。

（6）贴标准点：在镶贴前，应先贴若干块废面砖作为标志块，上下用托线板吊直，作为黏结厚度的依据。横向每隔 1.5~2.0 m 做一个标志块，用拉线或靠尺校正平整度，靠阳角的侧面也要挂直，称为双面挂直。

（7）镶贴面砖：外墙饰面砖宜自上而下顺序镶贴，并先贴墙柱后贴墙面再贴窗间墙。铺贴用砂浆与内墙要求相同。粘贴时，先按水平线垫平八字尺或直靠尺，再在面砖背面满铺黏结砂浆，粘贴层厚度宜在 4~8 mm。粘贴后，用小铲柄轻轻敲击，使之与基层粘牢，并随时用直尺找平找方，贴完一行后，需将面砖上的灰浆刮净。

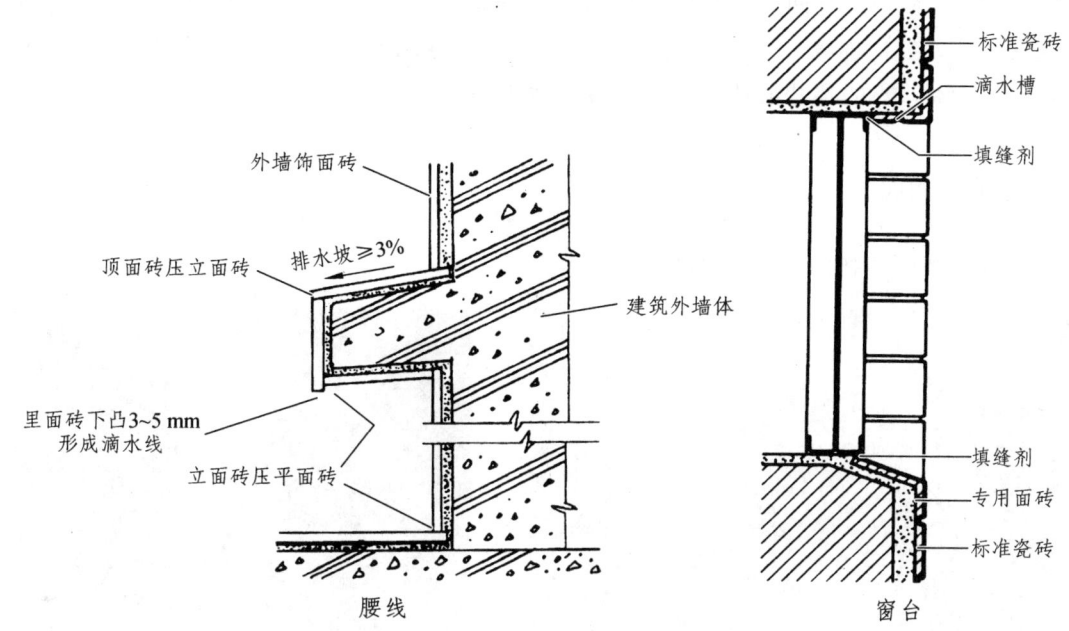

图 3-2-12 腰线、窗台面砖镶贴构造示意图

对于有设缝要求的饰面，可按设计规定的砖缝宽度制备小十字架，临时卡在每四块砖相邻的十字缝间，以保证缝隙精确；单元式的横缝或竖缝，则可用分隔条；一般情况下只需挂线贴砖。分隔条在使用前应用水充分浸泡，以防胀缩变形，在粘贴面砖次日（或当日）取出，取条时应轻巧，避免碰动面砖。

转角处镶贴饰面砖的作法见图 3-2-13 所示。

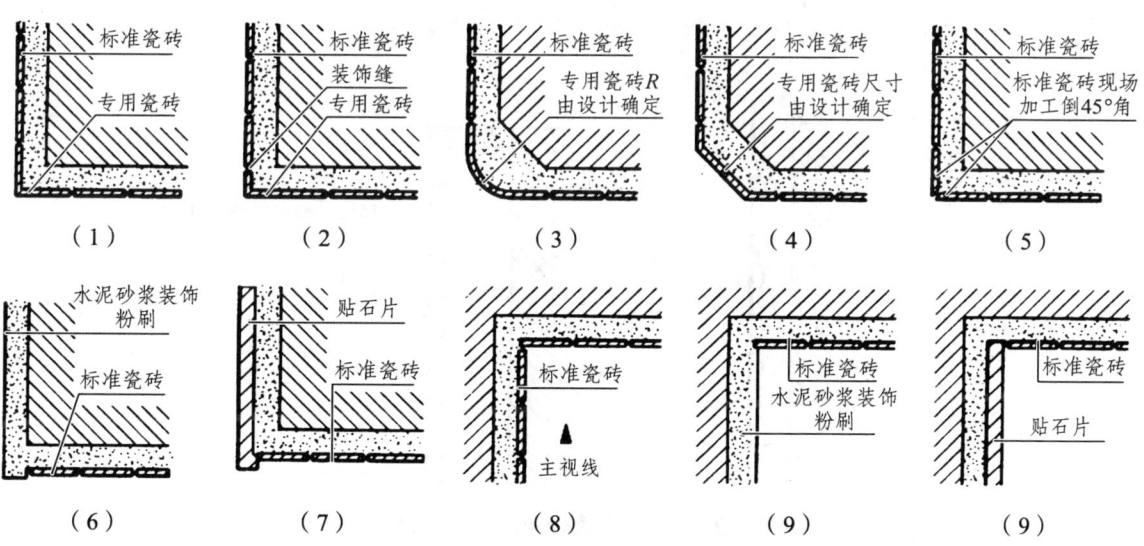

图 3-2-13 外墙面砖转角处理示意图

（8）勾缝、清理表面：贴完一个墙面或全部墙面并检查合格后进行勾缝。表面留设的凹缝的深度不宜大于 3 mm，也可采用平缝。勾缝应用水泥砂浆分皮嵌实，并宜先勾水平缝，后勾竖直缝。勾缝一般分两遍，头遍用 1∶1 水泥细砂浆，第二遍用与面砖同色的彩色水泥砂浆擦成凹缝。勾缝应连续、平直、光滑、无裂纹、无空鼓。勾缝处残留的砂浆，必须清除干净。最后用 3%～5%的稀盐酸清洗表面，并用清水冲洗干净。

4　陶瓷锦砖墙面

陶瓷锦砖墙面实物图片见图 3-2-14。

图 3-2-14　实物图片认识

4.1　构造作法

锦砖又称马赛克、纸皮石，有陶瓷锦砖和玻璃锦砖两种，两者的粘贴方法基本相同。马赛克由各种形状、片状的小块拼成各种图案贴于牛皮纸上，一般尺寸 305 mm×305 mm 为一联（张）。施工时，以整联镶贴。其饰面构造如图 3-2-14 所示。

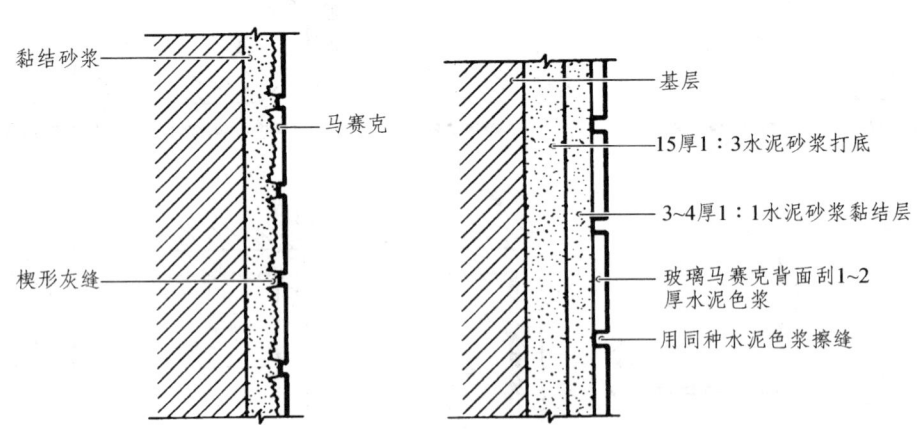

图 3-2-15　陶瓷锦砖镶贴构造示意图

4.2 施工工艺

4.2.1 施工准备

（1）材料准备。

锦砖：陶瓷锦砖有挂釉和不挂釉两种，质地坚硬，色泽多样；玻璃锦砖是一种浊状半透明的玻璃质饰面材料，透明光亮，性能稳定。为保证接缝平直，粘贴前要逐张对其尺寸、颜色、完整性进行挑选。

黏结材料：同内墙釉面砖镶贴。

（2）施工机具准备。

灰匙、胡桃钳、木板（150～300 mm）、木抹子、墨斗线、钢抹子、水平尺、方尺、托线板、鬃刷、排笔、拨缝刀等。

（3）施工条件准备。

陶瓷锦砖墙面施工准备条件同内墙釉面砖镶贴。

4.2.2 工艺流程

陶瓷锦砖镶贴方法有三种：软贴法、硬贴法和干缝洒灰湿润法。其差别在于弹线与粘贴顺序不同。硬贴法由于在基底上刮结合层会使找平层的弹线分格被水泥素浆遮盖，陶瓷锦砖镶贴时无线可依，易影响粘贴效果，所以很少使用。

（1）软贴法施工工艺流程。

基层处理—抹底子灰—排砖、弹线、分格—镶贴—揭纸—检查调整—闭缝刮浆—清洗—喷水养护。

（2）干灰洒缝湿润法施工操作程序。

干灰洒缝湿润法是在铺贴时，在马赛克纸背面满洒1∶1细砂水泥干灰充满拼缝，然后用灰刀刮平，并洒水使缝内干灰润湿成水泥砂浆，再按软贴法的程序铺贴于墙面。

4.2.3 操作流程

（1）基层处理：同内墙釉面砖镶贴。

（2）抹底子灰：同内墙釉面砖镶贴。

（3）排砖、分格、弹线：根据设计、建筑物墙面总高度、横竖装饰线条的布置、门窗洞口和马赛克品种规格定出分格缝宽，弹出若干水平线、垂直线，同时加工分格条。注意同一墙面上应采用同一种排列方式，预排中应注意阳角、窗口处必须是整砖，而且是立面压侧面。

（4）镶贴：粘贴马赛克一般自下而上进行。按已弹好的水平线安放八字尺或直靠尺，并用水平尺校正垫平。

① 软贴法一般由两人协同操作：一人在前面洒水润湿墙面，先刮一道素水泥浆，随即抹上3～4 mm厚的水泥素浆或1∶1水泥砂浆黏结层，并用靠尺刮平；另一人将马赛克铺在木垫板上，纸面朝下，锦砖背面朝上，先用湿布把底面擦净，用水刷一遍，再刮水泥浆，根据设计要求，也可用白水泥浆或彩色水泥。一边刮浆一边用铁抹子往下挤压，将素水泥浆挤满锦砖的缝格，砖面不要留砂浆。清理四边余灰，将刮浆的纸交给镶贴操作者进行粘贴。

② 干灰洒缝湿润法是在抹黏结层之前，在润湿的墙面上抹 1∶1 的水泥砂浆，分层抹平，同时将联锦砖铺在木垫板上（锦砖背面朝上），如图 3-2-16 所示。缝中灌 1∶1 干水泥砂，并用软毛刷刷净底面浮砂，再用刷子稍刷一点水，刮抹薄薄一层水泥浆（1∶0.3 = 水泥∶石灰膏），随即进行粘贴。

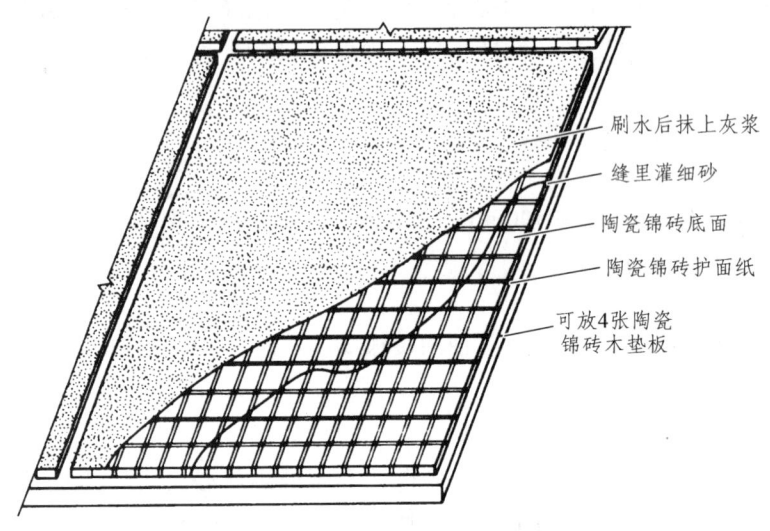

图 3-2-16　干灰洒缝作法示意图

到位镶贴操作时，操作者双手执在锦砖的上方，使下口与所垫直尺齐平，从下口粘贴线向上粘贴砖联，缝要对齐，并且要注意每一大张之间的距离，以保持整个墙面的缝格一致。准确附位后随之压实，并将硬木垫板放在已贴好的马赛克上，用小木槌敲击木拍板，使其平整。

（5）揭纸、拨缝：一般地，一个单元的马赛克铺完后，在砂浆初凝前（20～30 min）达到基本稳固时，用软毛刷刷水润透护面纸（或其他护面材料），用双手轻轻将纸揭下，揭纸宜从上往下撕，用力方向应尽量与墙面平行。

揭纸检查缝的大小，用金属拨板（或开刀）调整弯扭的缝隙，并用黏结材料将未填实的缝隙嵌实，使之间距均匀。拨缝后再在马赛克上贴好垫板轻敲拍实一遍，以增强与墙面的黏结。

（6）闭缝刮浆、清洗墙面：待全部墙面铺贴完，黏结层终凝后，将白水泥稠浆（或与马赛克颜色近似的色浆）用橡胶刮板往缝子里刮满、刮实、刮严，再用麻丝和擦布将表面擦净。遗留在缝里的浮砂可用干净潮湿软毛刷轻轻带出。超出的米厘条分格缝要用 1∶1 水泥砂浆勾严勾平，再用布擦净。

清洗墙面应在黏结层和勾缝砂浆终凝后进行。全面清理并擦干净后，次日喷水养护。

5　内墙涂料墙面

内墙涂料面实物图片见图 3-2-17。

 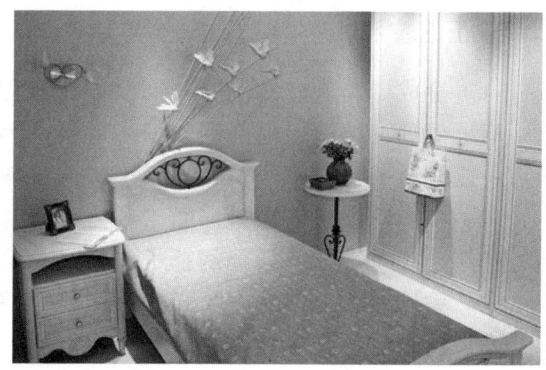

图 3-2-17 实物图片认识

5.1 构造作法

内墙涂料的常规构造作法是在墙体基层处理符合施工要求之后,在其上刮腻子并打磨修整,然后在表面采用相应工艺完成涂料饰面的作法。从饰面效果来说,有合成树脂乳液内墙涂料饰面、多彩花纹内墙涂料饰面、聚氨酯仿瓷涂料饰面等作法。

5.2 施工工艺

5.2.1 施工准备

(1) 材料准备。

备好腻子及底、中、面层涂料等。涂饰工程应优先采用绿色环保产品。涂料的品种、颜色应符合设计要求,并应有产品性能检测报告和产品合格证书。

涂饰工程所用腻子的黏结强度应符合国家现行标准的有关规定。

涂料在使用前应搅拌均匀,并应在规定的时间内用完。

(2) 施工机具准备。

涂刷工具:主要有排笔、棕刷、料桶等。

喷涂工具:主要有空气压缩机、高压无气喷涂机、手持喷斗、挡板或塑料布(供遮挡门窗等用)、棕刷、半截大桶、小提桶、料勺和软质乳胶手套等。

滚涂工具:主要有长毛绒辊、泡沫塑料辊、橡胶辊及压花和印花辊、硬质塑料辊及料筒等。

弹涂工具:主要有弹涂器等。

喷笔:供绘画、彩绘、着色、雕刻等,喷涂颜料或银浆等用。

其他工具:刮铲、锉刀、钢丝刷、砂纸(布)、尖头锤、钢针除锈机、圆盘打磨机等。

(3) 施工条件准备。

涂饰工程应在抹灰、吊顶、细部、地面及电气工程等已完成并验收合格后进行。

施工现场环境温度宜为 5~35 ℃,并应注意通风换气和防尘。

混凝土或抹灰基层涂刷溶剂型涂料时,含水率不得大于 8%;涂刷水性涂料和乳液涂料时,含水率不得大于 10%,木质基层含水率不得大于 12%。

5.2.2 工艺流程

（1）合成树脂乳液内墙涂料饰面工艺流程。

基层处理—填缝、局部刮腻子—磨平—第一遍满刮腻子—磨平—第二遍满刮腻子—磨平—第一遍涂料—复补腻子—磨光—第二遍涂料。

（2）多彩花纹内墙涂料饰面工艺流程。

基层处理—填缝、局部刮腻子—磨平—第一遍满刮腻子—磨平—第二遍满刮腻子—磨光—除尘—涂刷底漆—中涂—喷彩片—辊压—清理浮片—涂刷透明面漆。

（3）聚氨酯仿瓷涂料饰面工艺流程。

基层处理—填缝、局部刮腻子—磨平—第一遍满刮腻子—磨平—第二遍满刮腻子—磨平—施涂封底涂料—施涂主层涂料—滚压—第一遍面层涂料—第二遍面层涂料。

5.2.3 操作要点

（1）基层处理的要求。

新建筑物的混凝土或抹灰基层在涂饰涂料前应涂刷抗碱封闭底漆。

旧墙面在涂饰涂料前应清除疏松的旧装修层，并涂刷界面剂。

基层腻子应平整、坚实、牢固，无粉化、起皮和裂缝。

厨房、卫生间墙面必须使用耐水腻子。

混凝土及水泥砂浆抹灰基层：应满刮腻子、砂纸打光，表面应平整光滑、线角顺直。

纸面石膏板基层：应按设计要求对板缝、钉眼进行处理后，满刮腻子、砂纸打光。

清漆木质基层表面应平整光滑、颜色谐调一致、表面无污染、裂缝、残缺等缺陷。

调和漆木质基层：表面应平整、无严重污染。

金属基层表面应进行除锈和防锈处理。

（2）涂饰基层的清理。

表面硬化不良或分离脱壳：全部铲除脱壳分离部分，并用钢丝刷除去浮渣。

粉末状黏附物：用毛刷、扫帚及电吸尘器清理去除。

电焊喷溅物、砂浆溅物：用刮刀、钢丝刷及打磨机去除。

油脂、脱模剂、密封胶等黏附物：用有机溶剂或化学洗涤剂清除。

锈斑：用化学除锈剂清除。

霉斑：用化学去霉剂清洗。

泛碱、析盐的基层：应先用 3%的草酸溶液清洗，然后用清水冲刷干净或在基层上满刷一遍耐碱底漆，待其干后刮腻子，再涂刷面层涂料。

（3）基层缺陷的修补。

在清理基层后，应及时对其缺陷进行修补。常见基层缺陷及其修补方法有：

混凝土施工缝等造成的表面不平整：清扫混凝土表面，用聚合物水泥砂浆分层抹平，每遍厚度不大于 9 mm，总厚度为 25 mm，表面用木抹子搓平，养护。

混凝土尺寸不准或设计变更等原因造成的找平层厚度增加过大：在混凝土表面固定焊敷金属网，将找平层砂浆抹在金属网上。

水泥砂浆基层空鼓分离而不能铲除者：用电钻钻孔（孔径 $\phi 5\sim\phi 10$ mm），采用不致使砂浆层分离扩大的压力，将低黏度环氧树脂注入分离空隙内，使之固结。表面裂缝用合成树脂或聚合物水泥腻子嵌平并打磨平整。

基层表面较大裂缝：将裂缝切成 V 型，填充防水密封材料；表面裂缝用合成树脂或聚合物水泥砂浆腻子嵌平并打磨平整。

细小裂缝：用基底封闭材料或防水腻子沿裂缝嵌平并打磨平整；预制混凝土板小裂缝可用低黏度环氧树脂或聚合物水泥浆进行压力灌浆压入缝中，表面打磨平整。

气泡砂孔：孔眼 $\phi 3$ mm 以上者用树脂砂浆或聚合物水泥砂将嵌填；$\phi 3$ mm 以下者可用同种涂料腻子批嵌，表面打磨平整。

表面凹凸：凸出部分用磨光机研磨，凹入部分填充树脂或聚合物水泥砂浆，硬化后再行打磨平整。

表面麻点过大：用同饰面涂料相同的涂料腻子分次刮抹平整。

基层露出钢筋：清除铁锈作防锈处理；或将混凝土做少量剔凿，对钢筋作防锈处理后用聚合物水泥砂浆补抹平整。

（4）常见涂料施涂技术介绍。

刷涂：刷涂顺序一般为先左后右、先上后下、先难后易、先边后面。在大面积木材面上刷油时可采用"开油→横油→斜油→竖油→理油"的操作方法。

开油：将刷子蘸上涂料，首先在被涂面上直刷几道（木面应顺木纤维方向），每道间距为 5～6 cm，把一定面积需要涂刷的涂料在表面上摊成几条。

横油、斜油：不再蘸涂料，将开好的油料横向、斜向涂刷均匀。

竖油：看着木纹方向竖刷，以刷涂接痕。

理油：待大面积刷匀刷齐后，将漆刷上的剩余涂料在料桶边上刮净，用漆刷的毛尖轻轻地在涂料面上顺木纹理顺，并且刷匀物面（构件）边缘和棱角上的流漆。

滚涂：

滚涂是利用涂料辊子进行涂饰的一种操作方法。

① 将涂料搅匀，调至施工黏度，取出少许倒入平漆盘中摊开。

② 用辊筒在盘中蘸取涂料，滚动辊筒，使所蘸涂料均匀适量附着于辊筒上。滚涂操作应根据涂料的品种、要求的花饰确定辊子的种类。

③ 在墙面涂饰时，先使辊筒按 W 形运动，将涂料大致涂在墙面上，然后用不蘸取涂料的毛辊紧贴基层上下、左右平稳地来回滚动，让涂料在基层上均匀展开，最后用蘸取涂料的毛辊按一定方向满滚一遍，完成大面。

④ 阴角、上下口采用漆刷、排笔刷涂找齐。

⑤ 滚涂至接槎部位或达到一定段落时，应使用不沾涂料的空辊子滚压一遍，以免接槎部位不匀而露明显痕迹。

喷涂：

喷涂是利用压力或压缩空气将涂料涂布于物面、墙面的机械化施工方法。

① 控制好空压机施工喷涂压力，按涂料产品使用说明调好压力，一般在 0.4～0.8 MPa

范围内。

② 涂料稠度必须适中：太稠，不便施工；太稀，影响涂层厚度，也容易流淌。

③ 喷涂作业时，手握喷枪要稳，涂料出口应与被涂面垂直，喷枪（喷斗）移动时应与喷涂面保持平行。

④ 喷涂时，喷嘴与被涂面距离控制在 40～60 cm，如图 3-2-18（a）所示。

⑤ 喷枪（或喷斗）的运行速度适当且保持一致，一般为 40～60 cm/min。

⑥ 一般直线喷涂 70～80 cm 后，拐弯 180°反向喷涂下一行，两行重叠宽度控制在喷涂宽的 1/2～1/3，喷涂行走路线如图 3-2-18（b）所示。尽量连续作业，争取到分格缝处停歇。

⑦ 室内喷涂一般先喷顶后喷墙，外墙喷涂一般为两遍，高级的饰面为三遍，间隔时间约 2 h。

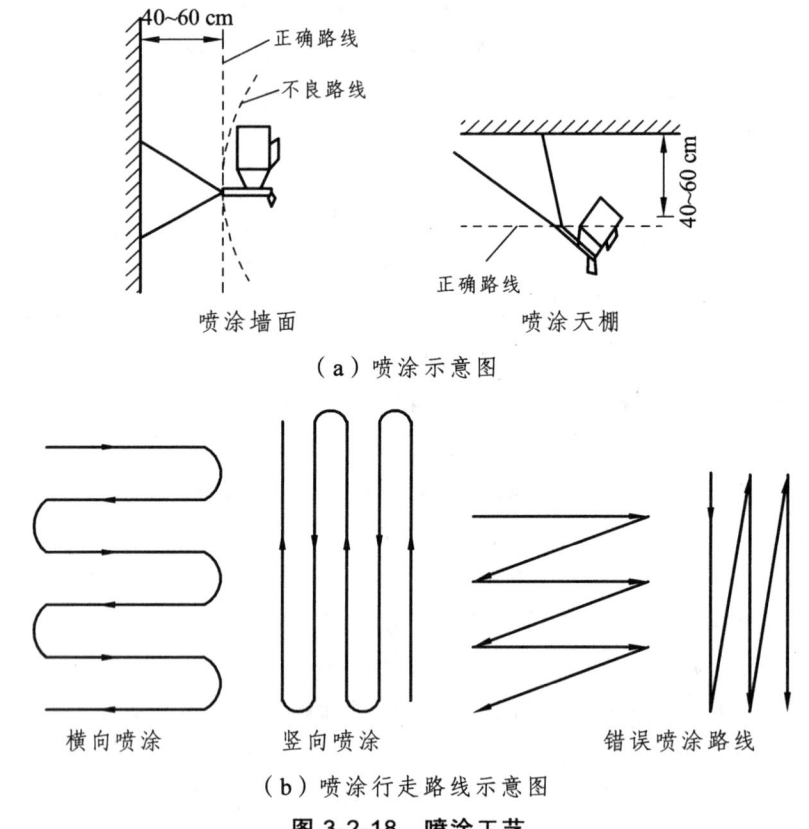

(a) 喷涂示意图

(b) 喷涂行走路线示意图

图 3-2-18　喷涂工艺

抹涂：

抹涂是将纤维涂料抹涂成薄层涂料饰面。其特点是硬度很高，类似汉白玉、大理石等天然石材饰面的装饰效果。

抹涂施工一般包括涂饰底层涂料和抹涂饰面涂料两个过程。

① 涂饰底层涂料操作方法用刷涂或滚涂，达到质量要求即可。当底层质量较差时，可增加刮涂一遍找平。

② 涂抹面层在底涂完成后过 24 h 进行。使用工具应为不锈钢制品，如不锈钢抹子。

③ 涂抹面层一遍成活，不能过多反复抹压。内墙抹涂厚为 1.5~2 mm，外墙抹涂厚 2~3 mm。

④ 抹完后，间隔 1 h 左右，用不锈钢抹子拍抹饰面并压光，使涂料中的胶黏剂在表面形成一层光亮膜。

刮涂：

刮涂是用刮板，将涂料厚浆料均匀地批刮于饰涂面上，形成厚度为 1~2 mm 的厚涂层的施涂方法，多用于地面涂饰。

① 用刮刀（或牛角刀、油灰刀、橡皮刮刀、钢皮刮刀等）与饰涂面成 60°角进行刮涂。

② 孔眼较大的饰面应用腻子嵌实，并打磨平整。每刮一遍腻子或涂料，都应待其干燥后打磨平整。

③ 刮涂时只能来回刮 1~2 次，不能往返多刮，否则会出现"皮干里不干"的现象。

④ 批刮一次厚度不应超过 0.5 mm。待批刮完成的腻子或厚浆料全部干燥后，再涂刷涂料。

5.3 涂料墙面施工操作细节示意图（图 3-2-19）

基层处理

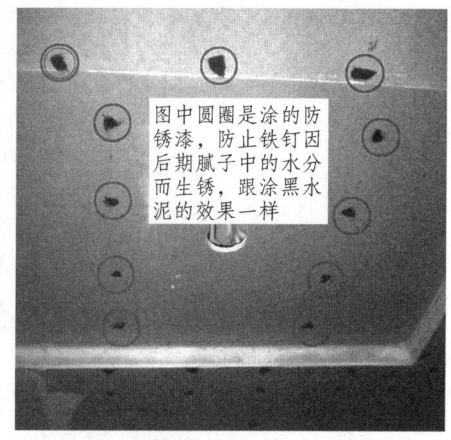

石膏板钉眼处理

石膏板拼缝处理

图 3-2-19 内墙涂料工艺操作细节示意图

6 石材干挂墙面

石材干挂墙面实物图片见图 3-2-20。

图 3-2-20 实物图片认识

6.1 构造作法

石材干挂墙面是通过墙体施工时预埋铁件或金属膨胀螺栓固定不锈钢连接扣件，再用扣件（挂件）钩挂固定已开孔（槽）的饰面板的做法。常见的构造作法有钢销式干挂法、单肢短槽式干挂法、双肢短槽式干挂法、小单元式干挂法、背栓式干挂法等。

总体构造作法：

在基层上按板材高度固定金属锚固件（或预埋铁件固定金属龙骨）；

在板材上下沿开槽口；

将金属扣件插入板材上下槽口与锚固件（或龙骨）连接；

在板材表面缝隙中填嵌防水油膏。

6.1.1 钢销式干挂法

钢销式干挂法又称插针法，是干挂石工艺中最早、最简洁的作法，钢销式又分两侧连接和四侧连接，其结构特点是相邻两块石材面板固定在同一支钢销上，钢销固定在连接板上，连接板再与骨架固定，如图 3-2-21 所示。

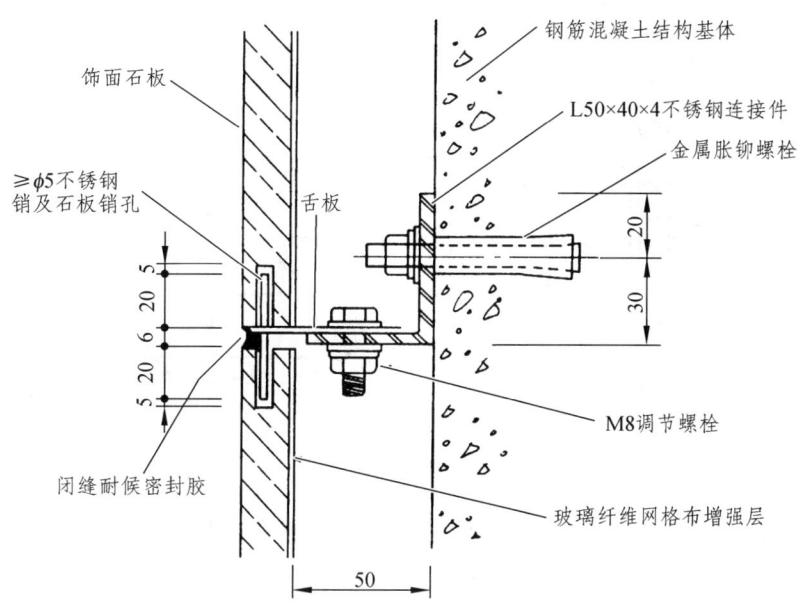

图 3-2-21　钢销式干挂法构造示意图

6.1.2　单肢短槽式干挂法

将相邻两块石材面板共同固定在"T"形卡条上,"T"形卡条为不锈钢或铝合金,卡条再与骨架固定,如图 3-2-22 所示。

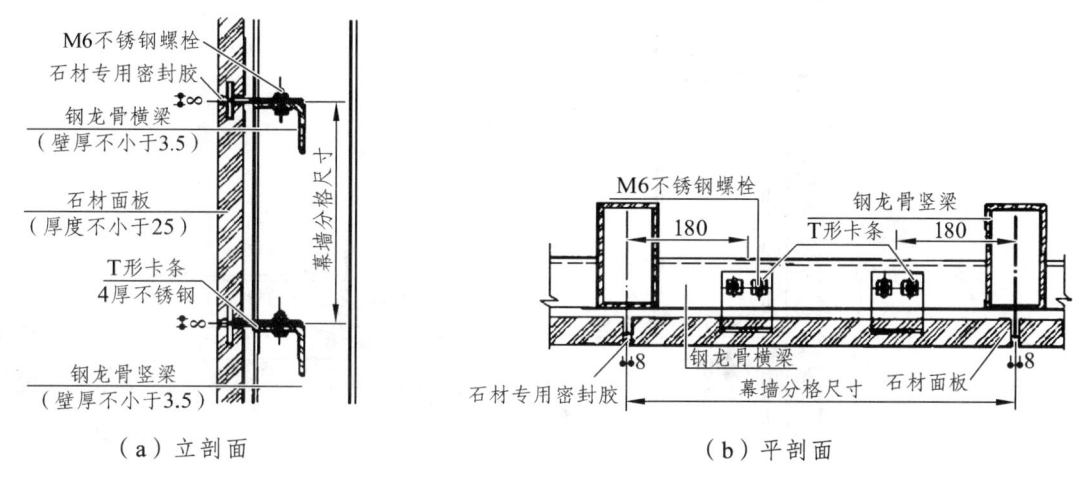

（a）立剖面　　　　　　　　　　　　　　　（b）平剖面

图 3-2-22　单肢短槽式干挂法构造示意图

6.1.3　双肢短槽式干挂法

单肢短槽的改进做法,将相邻的两块石材面板共同固定在"干"形卡条上,"干"形卡条一般采用铝合金挤压成型,与骨架固定,如图 3-2-23 所示。

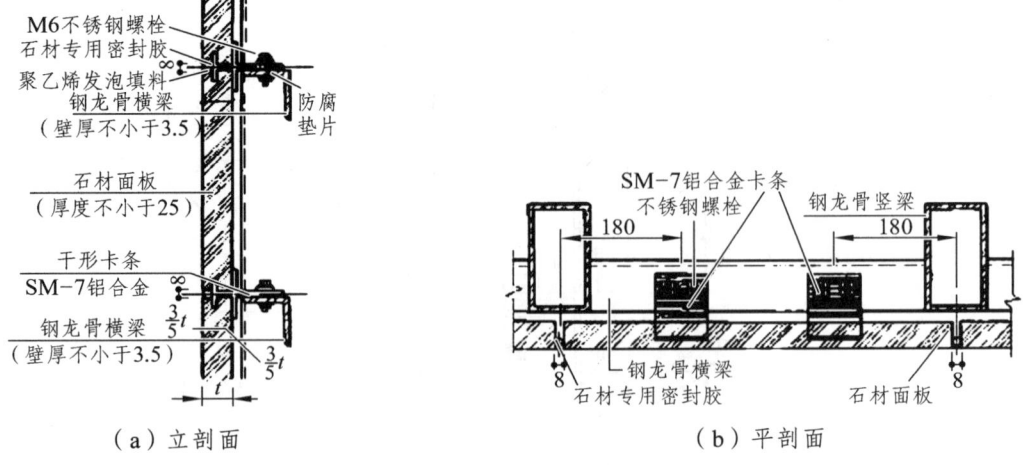

图 3-2-23 双肢短槽式干挂法构造示意图

6.1.4 小单元式干挂法

小单元式干挂法是与上述几种干挂法在设计构思上完全不同的一种设计。石材面板虽然还是通过铝合金卡条与骨架相连，但不同的是相邻石材板均是独立与骨架相连，这一连接方式的改变使干挂石材幕墙的设计方法、加工方法、安装方法、物理性能等都得到了彻底改变，如图 3-2-24 所示。

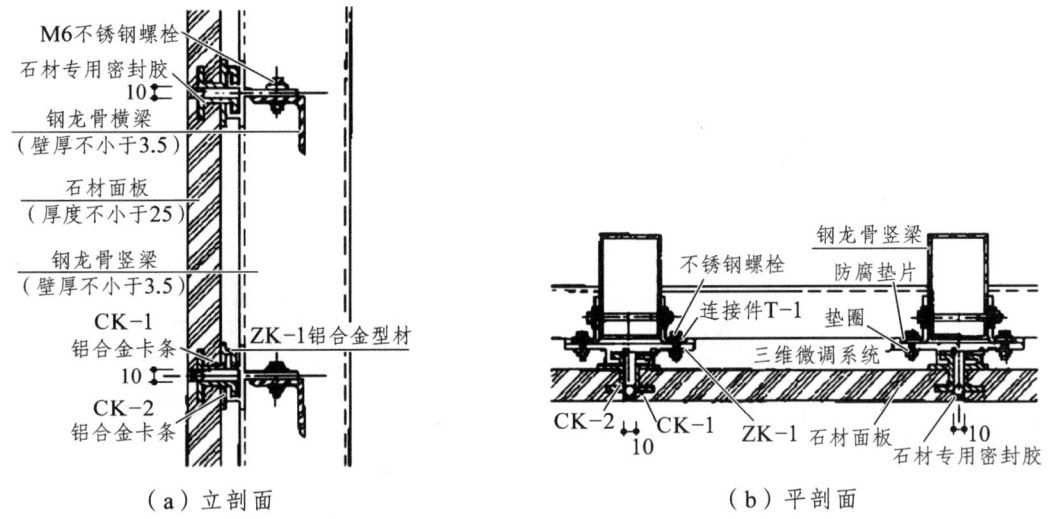

图 3-2-24 小单元式干挂法构造示意图

6.1.5 背栓式干挂法

背栓式干挂法是在石材面板的背面采用专用拓孔设备钻孔、拓孔，然后在石材背面安装无应力螺栓锚固，再通过铝合金卡件与骨架连接，如图 3-2-25 所示。

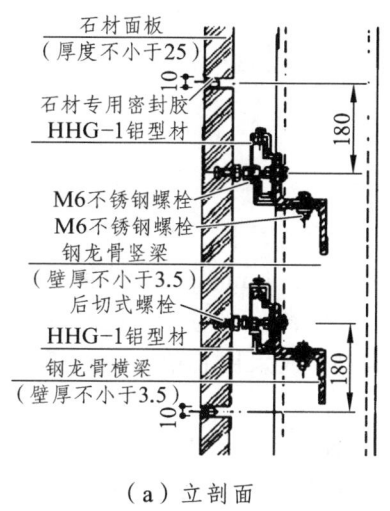
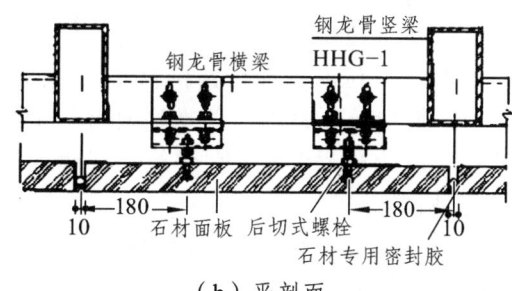

（a）立剖面　　　　　　　　　　（b）平剖面

图 3-2-25　背栓式干挂法构造示意图

6.2　施工工艺

6.2.1　施工准备

（1）材料准备。

选板：按设计要求进行认真挑选。对于变色、局部污染、缺棱掉角的板块要挑出另行堆放。合格的板材按规格、品种、纹理色泽分类码放备用。每个部位的实际安装尺寸应根据板材的规格尺寸、灌浆厚度及设计要求，通过实测实量确定饰面板的块数。需要进行现场切割的部位和尺寸，必须明确并保证其符合造型要求。同时，饰面板的物理力学性质应符合JC205-92的相关要求。此外，天然石材中还含有对人体有害的放射性物质，其放射性应符合安全和环保要求。

连接材料：施工前备好普通水泥、矿渣水泥、白水泥，水泥强度等级为32.5或42.5；过筛粗砂或中砂；其他材料铜丝或镀锌丝、U形钢钉、熟石膏、矿物性颜料、801胶、专用塑料软管、金属连接件等。

（2）施工机具准备。

备好冲击钻、手电钻、砂轮、切割机、手磨机、嵌缝枪、电动扳手、开刀、台钻、铁制水平尺、靠尺、底尺（3 000～5 000）mm×40 mm×（10～15）mm、平凿、沟凿、合金钢扁錾、木抹子、铁抹子、橡皮锤、铅丝、钢丝钳、尼龙线、操作支架及一般常用工具。

（3）施工条件准备。

施工图核对、设计说明已确认，石材样板得到认可；

装饰工程施工方案，石材的排板图均已编制；

对施工人员进行书面技术与安全交底已经完成。

6.2.2 工艺流程

基面处理—弹线—打孔或开槽—固定连接件—镶装板块—嵌缝—清理。

6.2.3 操作要点

不锈钢连接件类的操作要点：

（1）基面处理：对于适于金属扣件干挂石板工程的混凝土墙体，当其表面有影响板材安装的凸出部位时，应予凿削修整，墙面平整度一般控制在 4 mm/2 m，墙面垂直偏差在 $H/1000$ 或 20 mm 以内，必要时做出灰饼标志以控制板块安装的平整度。将基面清洁后进行放线。设计有要求时，在建筑基层表面涂刷一层防水剂，或采用其他方法增强外墙体的防渗漏性能。

（2）弹线：在墙面上吊垂线及拉水平线，控制饰面的垂直度、水平度，根据设计要求和施工放样图弹出安装板块的位置线和分块线，最好用经纬仪打出大角两个面的竖向控制线，确保安装顺利。划线必须准确，一般由墙中心向两边弹放，使墙面误差均匀地分布在板缝中。

放线时注意板与板之间应留缝隙，磨光板材的缝隙除镶嵌有金属条等装饰外，一般可留 1～2 mm，火爆花岗岩板与板间的缝隙要大些，粗磨面、麻面、条纹面留缝隙 5 mm，天然面留缝隙 10 mm。

（3）打孔或开槽：根据设计尺寸在板块上下端面钻孔，孔径 7 mm 或 8 mm，孔深 22～33 mm，与所用不锈钢销的尺寸相适应并加适当空隙余量。打孔的平面应与钻头垂直，钻孔位置要准确无误；采用板销固定石材时，可使用手磨机开出槽位。孔槽部位的石屑和尘埃应用气动枪清理干净。

（4）固定连接件：根据施工放样图及饰面石板的钻孔位置，用冲击钻在结构对应位置上打孔，要求成孔与结构表面垂直。然后打入膨胀螺栓，同时镶装 L 型不锈钢连接件，将扣件固定后，用扳手扳紧。连接板上的孔洞均呈椭圆形，以便于调节。

（5）镶装板块：利用托架、垫楔或其他方法将底层石板准确就位并用夹具作临时固定，用环氧树脂类结构胶黏剂（符合性能要求的石材干挂胶有多种选择，由设计确定）灌入下排板块上端的孔眼（或开槽），插入 $\geq \Phi 5$ mm 的不锈钢销或厚度 ≥ 3 mm 的不锈钢挂件插舌，再于上排板材的下孔、槽内注入胶黏剂后对准不锈钢销或不锈钢舌板插入，然后调整面板水平和垂直度，校正板块，拧紧调节螺栓。如此自下而上逐排操作，直至完成石板干挂饰面。对于较大规格的重型板材安装，除采用此法安装外，尚需在板块中部端面开槽加设承托扣件，进一步支承板材的自重，以确保使用安全。

应拉水平通线控制板块上、下口的水平度。板材从最下一排的中间或一端开始，先安装好第一块石板作基准，平整度以灰饼标志块或垫块控制，垂直度应吊线锤或用仪器检测一排板安装完毕后，再进行上一块板的安装。

（6）嵌缝：完成全部安装后，清理饰面，每一施工段镶装后经检查无误，即按设计要求进行嵌缝处理。对于较深的缝隙，应先向缝底填入发泡聚乙烯圆棒条，外层注入石材专用的耐候硅酮密封胶。一般情况下，硅胶只封平接缝表面或比板面稍凹少许即可。雨天或板材受潮时，不宜涂硅胶。

背栓式干挂操作要点：

其竖龙骨采用固定码（连接件）与建筑结构基体固定，其水平龙骨分为主、副龙骨构件，上面附有挂件（或称挂片）用以安装挂结石板的柱锥式锚检，同时还配有调节水平度的调节螺栓，使安装及调平校正工作简便而精确。

石板的钻孔采用其特制的 FZPB 柱锥式钻头，并采用压力水冲洗冷却系统，配备有现场使用的移动式轻型钻具，也有大批量进行钻孔操作的钻机，可以实现规格化板材加工钻孔和现场装配施工的系统化生产。

FZP 柱锥式锚栓由锥形螺杆、扩压环、间隔套管及六角螺母组成，根据工程需要制成不同型号，如图 3-2-26 所示。FZP 柱锥式锚栓的材质为铝合金及不锈钢，可按所用板材的规格选择锚挂。

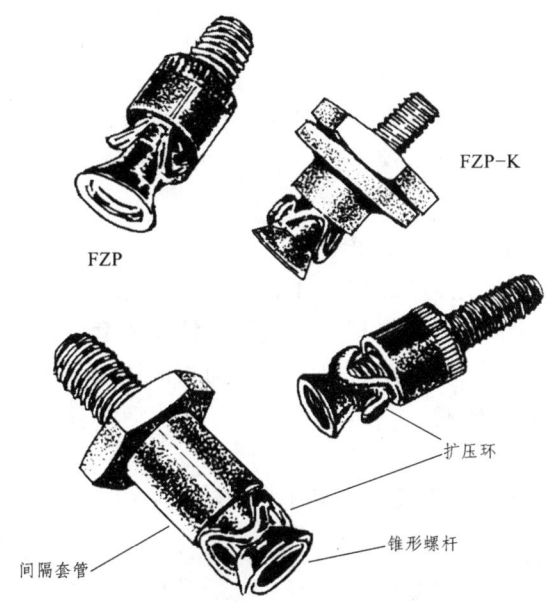

图 3-2-26　FZP 柱锥式锚栓

天然石板的背面钻孔，要与其背挂式锚栓托挂石板的方式相适应，钻孔按如下方法进行（图 3-2-27）。

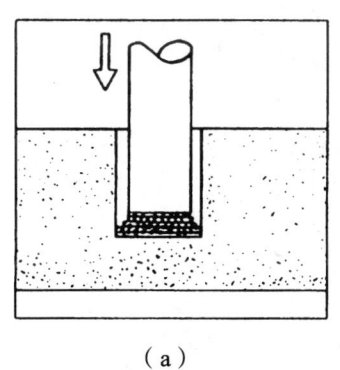 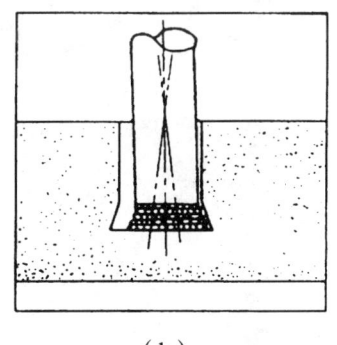

（a）　　　　　　　　　　　　　　（b）

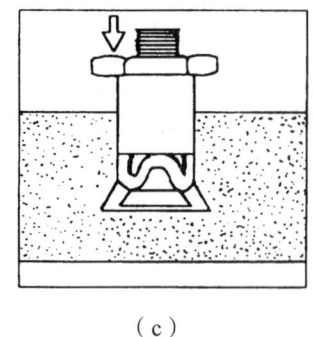 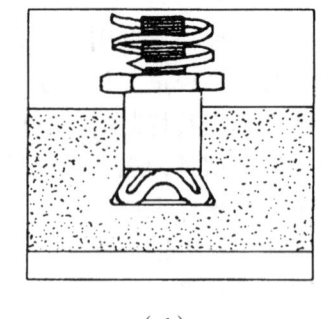

（c）　　　　　　　　　　　　　（d）

图 3-2-27　石板钻孔及锚栓的安装

（1）在石材饰面板背面的上、下设定钻孔孔位，板背面上、下孔位要与龙骨横梁上的锚栓安装垂直位置一致，用 FZPB 特制钻头钻圆孔，孔深约为石板厚度尺寸的 1/2～2/3。

（2）在钻孔过程中，待达到既定深度后，将 FZPB 钻头略作倾斜，使孔底直径得到一定扩大。

（3）退出钻头，向孔内置入 FZP 锚栓。

（4）推进锚栓的间隔套管，锚栓的扩压环沉至孔底即行扩张与孔型密切结合。

采用这种柱锥式锚栓固定石板并与其金属龙骨系统相配套装配的石板幕墙，可做到饰面板准确就位，调节方便、固定简易，并可以消除饰面板的厚度误差。全部饰面安装完成后，可采用其配套的硅胶产品封闭板缝。

6.3　不锈钢连接件类干挂工艺要点示意图（图 3-2-28）

 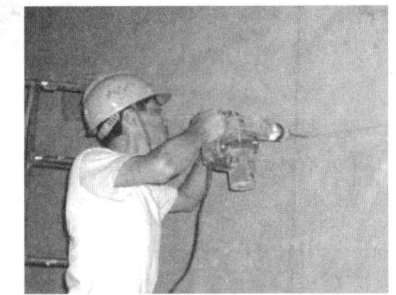

基层清理　　　　　　　　　　　　打孔

安装钢板连接件　　　　　　　　　固定连接件

龙骨安装

确定石材分隔线

弹石材分隔线

确定竖向控制线

焊接横向角钢

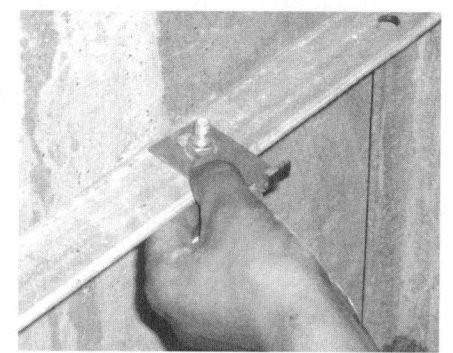
安装挂件

石材临时固定

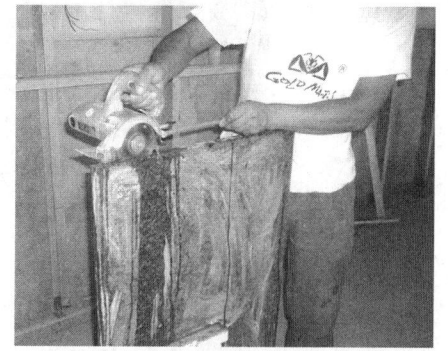
石材侧面开槽

调整面板水平度

调整面板垂直度

调整挂件

调整面板

检查板面高低

图 3-2-28　干挂石材工艺要点示意图

7　石材锚固灌浆墙面

石材锚固灌浆面实物图片见图 3-2-29。

图 3-2-29 实物图片认识

7.1 构造作法

石材锚固灌浆作法也称湿作业法，主要有绑扎固定灌浆和金属件锚固灌浆两种构造作法（图 3-2-30）。它是指先在建筑基体上固定好石材板后再在板材饰面的背面和基层表面所形成的空腔内灌注水泥砂浆或水泥石屑浆，将天然石板整体固定牢固的施工方法，适用于对石材饰面层与墙体结构之间的施工层厚度要求较小的室内墙面。

为防止水泥砂浆石板表面长生花斑（俗称"泛碱"现象），影响装饰效果，在天然石材安装之前，应对石板采用"防碱背涂剂"进行背涂处理。

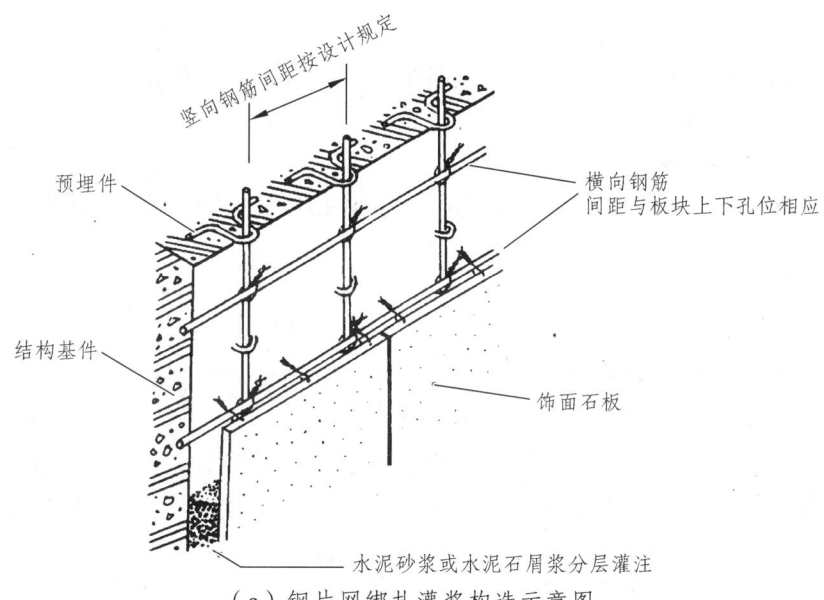

（a）钢片网绑扎灌浆构造示意图

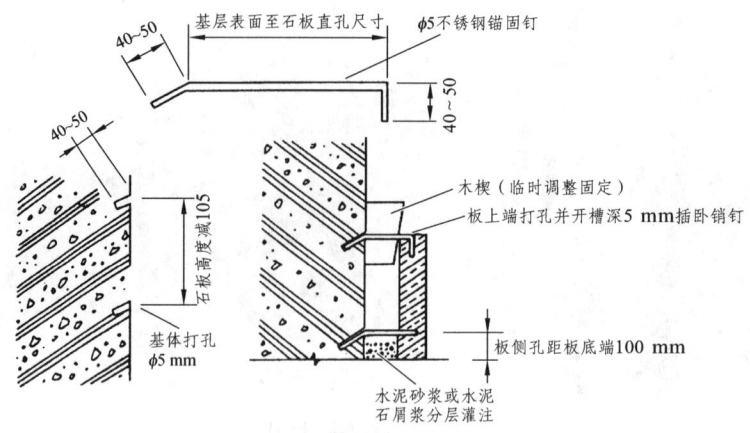

（b）U形钢钉锚固灌浆构造示意图

图3-2-30 石材锚固灌浆

7.2 施工工艺

7.2.1 施工准备

石材锚固灌浆墙面施工准备同石材干挂墙面。

7.2.2 工艺流程

（1）绑扎固定灌浆法工艺流程。

基层处理—绑扎钢筋网—弹线分块、预拼编号—石板钻孔、开槽—绑扎铜丝—安装饰面板—临时固定—灌浆—清理—嵌缝。

（2）金属件锚固灌浆法工艺流程

基层处理—板块钻孔—弹线分块、预拼编号—基体钻斜孔—固定校正—灌浆—清理—嵌缝。

7.2.3 操作要点

绑扎固定灌浆法操作要点：

（1）基层处理：基层应有足够的刚度和稳定性，基层表面应粗糙而清洁，以利于饰面板粘贴牢固。饰面板镶贴前，必须对墙、柱等基体进行认真处理，将基层表面的灰浆、尘土、污垢及油渍等用钢丝刷刷净并用水冲洗。混凝土表面凸出的部分应剔平，光滑的基体表面要凿毛处理，凿毛深度一般为 5~15 mm，间距不大于 3 mm。在镶贴的头一天浇水将基层湿透。

（2）绑扎钢筋网：按照施工大样图要求的横竖距离焊接或绑扎安装用的骨架。

先剔凿出结构施工时墙面的预埋钢筋环或其他预设锚固件，使其外露。然后按设计要求焊接或绑扎直径为 $\phi 6$ mm 或 $\phi 8$ mm、间距为 600~800 mm（具体尺寸按设计规定）的竖向钢筋网片，随后绑扎或焊接横向钢筋，横向钢筋必须与饰面孔网的位置一致，第一道横筋绑在第一层板材下口上面约 100 mm 处，此后每道横筋均绑在比该层板块上口低 10~20 mm 处，如图 3-2-31 所示。钢筋网必须绑扎牢固，不得有颤动和弯曲。目前，为了方便施工，在强度验算合格的前提下，可只拉横向钢筋，取消竖向钢筋。

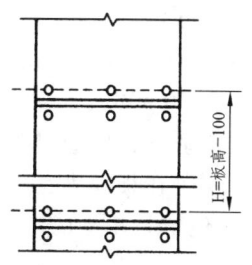 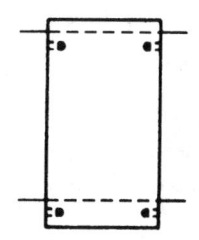 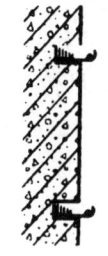 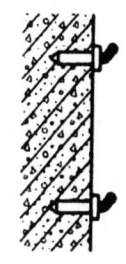

多层板钢筋网及钻孔位置　　单层板钢筋网及钻孔位置　　墙上埋入短钢筋　　墙上埋入膨胀螺栓

图 3-2-31　钢筋网绑扎构造示意图

若没有设置预埋锚固件，可在墙面上钻锚固孔，采用直径≥φ10 mm，长度≥110 mm 的金属胀锚螺栓插入固定作为锚固件，胀锚螺栓的间距为板面宽，上下两排胀锚螺栓的距离为板的高度减去 80～100 mm；也可采用在结构基体上钻φ6～8 mm 孔，再向孔中打入φ6～8 mm 钢筋段，埋入深度不小于 90 mm，外露不小于 50 mm 并做弯钩，作为锚固件。

（3）弹线分块、预拼编号：按设计图和施工放样图要求，在墙面、柱面和门窗位置从上至下吊线锤，考虑板厚、灌浆层厚及钢丝网所占空间尺寸，确定饰面板看面距基面的距离，根据垂线位置，在地面顺墙面或柱面弹出饰面板外轮廓线，作为第一层饰面板镶贴的基准线。随即弹出第一排的标高线。如果有勒脚，则要先将勒脚的标高线弹好，然后再考虑板面的实际尺寸和缝隙，在墙面上弹出饰面石板的纵向分格线。

为了使石材安装好后上下左右花纹一致，纹理通顺，接缝严密吻合，安装前要按设计要求，逐块检查板材的品种、规格、颜色等，并在平地上试拼、预排，进行选色、拼花和尺寸校正。在阴阳角对接处，应磨边卡角，进行拼接，如图 3-2-22 所示。试拼合格后，将板块自下向上按顺序编号，再依次背靠背、面对面竖向码放堆好备用。对于有裂缝、暗痕等缺陷的板材，应镶贴在阴角或靠近地面等不显眼的部位，或改成小料使用。

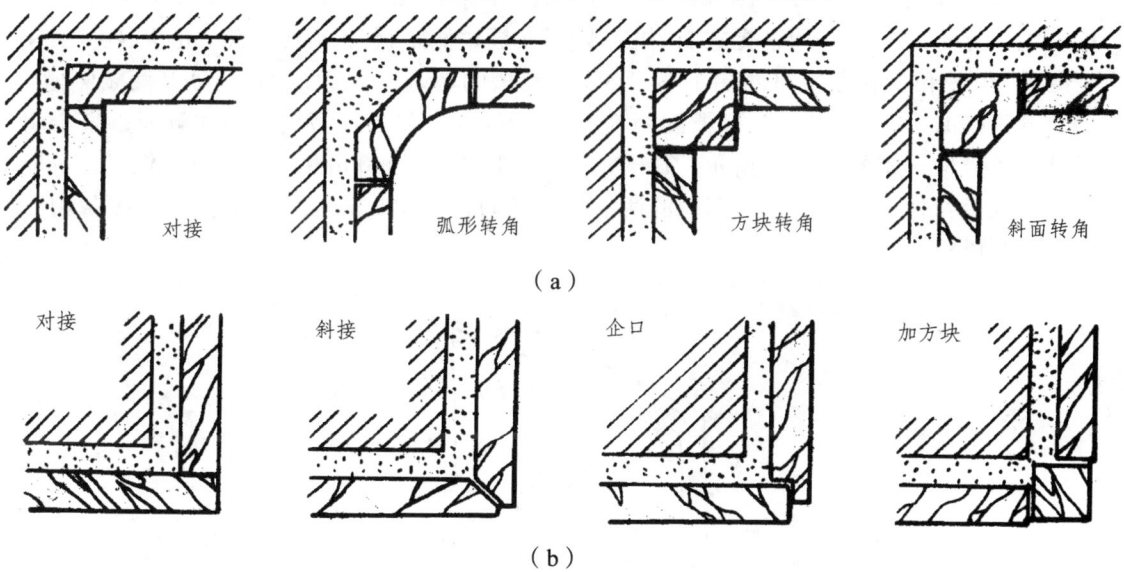

图 3-2-22　墙面阴阳角示意图

（4）钻孔、开槽挂丝：为了挂贴固定饰面板，要求在板块背面钻孔或开槽。

a. 钻直孔：在板材截面上钻孔打眼，一般孔眼直径为 5 mm 左右，孔深为 15～20 mm，孔位距板材两端 1/4～1/3，且位于板厚度的中线上钻孔。如板材的边长≥600 mm，则应在中间加钻一孔，再在板背的直孔位置，距板边 8～10 mm，钻一横孔与直孔垂直，使直孔和横孔连通成"牛轭孔"。为便于挂丝，使石材拼缝严密，钻孔后，用合金钢錾子在板材背面与直孔正面轻轻打凿，剔出 4～5 mm 深的小槽。依次将板材翻转在另一侧对应位置打出"牛轭孔"，如图 3-2-23 所示。

b. 钻斜孔：斜孔与板材背面成 35°角，如图 3-2-33 所示。

钻好孔后，把直径 3 mm 的不锈钢丝或直径 4 mm 的铜丝剪成 300 mm 长，双股穿孔挂丝，以备与钢筋网扭紧。因铁丝和镀锌铝丝易生锈断脱，故不宜作挂丝选用。现场钻孔应设置固定板材的木架，最好是由生产厂家根据设计尺寸加工好。

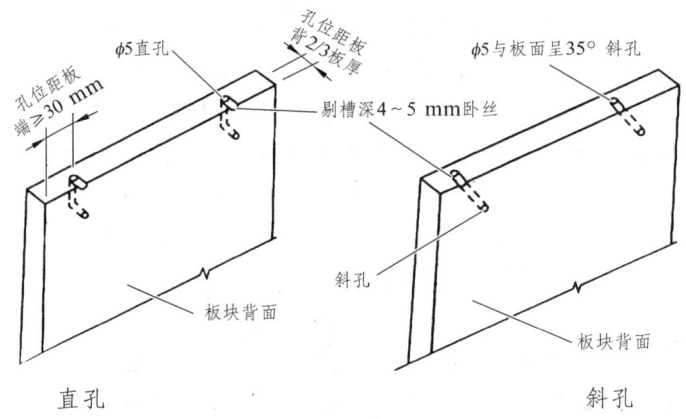

图 3-2-33　石板开孔示意图

c. 开槽：钻孔打眼的方法因其烦琐、工效低，且容易损坏石材而被淘汰。近年来常采用开槽扎丝的方法。开槽时，用手提式石材切割机，在板块侧距板背面 10～20 mm 开 10～15 mm 深度的槽，开槽位置在距板材两端 1/4～1/3 处，在槽的两端，板背面的边角处开两条竖槽（或斜槽，开斜槽时为三道槽），两竖槽间距为 30～40 mm，最后在板块背面和侧面垂直于两条竖槽开二条横槽，如图 3-2-34 所示。开槽完毕，用长 200～300 mm 不锈钢丝或铜丝，弯成 U 形后先套入板背横槽内。钢丝或铜丝的两端从两条斜槽穿出，在板块背面拧紧扎牢备用，注意不要拧断槽口。

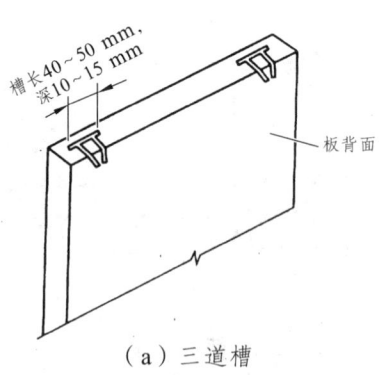

（a）三道槽

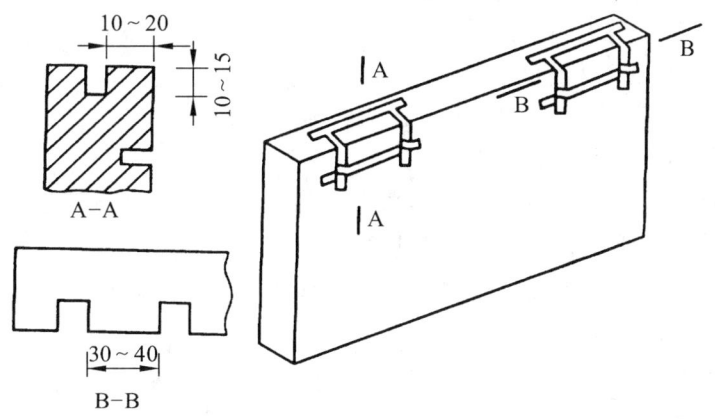

图 3-2-34 石板开槽示意图

（5）安装饰面板：板块安装顺序一般是自下而上进行，每层板块从中间或一端开始，柱面则先从正面开始顺时针进行。开始安装前，把经过钻孔或开槽的板块背面、侧面均清洗洁净并自然阴干。按编号将板块就位，检查并理直穿孔（或套槽）的不锈钢丝（或铜丝），根据找好的水平线和垂直线，在最下一行两头找平，拉上横线，如果地面未做好，就需用垫块把板垫高至地面标高线位置。然后使板块上口外仰，把板块背后下口不锈钢丝（或铜丝）绑在横筋上，拴牢即可，然后绑扎板块上口不锈钢丝（或铜丝），并用木楔垫稳。用靠尺板检查调整后，系紧不锈钢丝（或铜丝）。最下一层板完全定位后，再拉出水平线和垂直线来控制安装垂直度和平整度。上口水平线应待灌浆完毕后方可拆除。

如发现板材尺寸有误或板材间隙不匀，应用铅皮加垫，使板材间隙均匀一致，保持第一层板块上口平直，为第二层板块的平整安装打好基础。

（6）临时固定：板块安装好一层后，即可进行灌浆。用高强石膏（可掺20%水泥，浅色石板可掺白水泥）调成粥状，每隔100～150 mm 贴于板块间的缝隙处。石膏固化后，不易开裂，每一个固定饼成为一个支撑点起到临时固定作用，避免灌浆时，产生板块位移。粥状石膏糊还应同时将两板间其余缝隙堵严；对于设计要求尺寸较宽的饰面接缝，可在缝内填塞15～20 mm 深的麻丝或泡沫塑料条，以防漏浆，待灌浆材料凝结硬化后将堵缝材料清除。

柱面安装石材的临时固定还可用方木或小角钢做成柱箍作为夹具夹牢石板块。小截面柱可用麻绳缠裹达到临时固定的目的。

有脚手架的墙面在安装板块时，则以脚手杆为支撑点，在板面设横称木枋，然后用斜撑木枋支顶横木予以撑牢。较大的块材以及门窗碹脸饰面板应另加支撑，为矫正视觉误差，安装门窗碹脸时应起拱1‰。

临时固定的板块，应用角直尺随时检查板面是否平整，重点保证板与板的交接处四角平直度，发现问题，立即纠正。待石膏硬固后方可进行灌浆。

（7）灌浆：待堵缝石膏灰材料凝结硬化后，将基体表面及板块背面洒水湿润，即用 1：2.5 水泥砂浆（稠度在 10～15 cm）或水泥石屑浆分层灌浆。注意灌注时不要碰动板材，同时要检查板块是否因灌浆而外移，一旦发现外移应拆下板块重新安装。因此，灌浆时应均匀地从几处灌入，且不得猛灌，每层灌注高度一般为 150～200 mm，并应注意不得超过板材高度的 1/3。为防止空鼓，灌浆时可轻轻地插钎捣实砂浆。

待第一层灌浆后，稍停 1~2 h，并经检查板块无移位后，再进行第二层灌浆，高度为 100 mm 左右，即板材的 1/2 高度。第三层灌浆灌至低于板材上口 80~100 mm 处为止，所留余量待上一层板块灌浆时完成，以便上下连成整体。每排板材灌浆完毕，应养护不少于 24 h，再进行上一排板材的绑扎和分层灌浆。

安装白色或浅色板材时，灌浆应用白水泥和白石屑，以避免透底而影响美观。

（8）清理：第一皮灌浆完毕后，待砂浆初凝后，即可清理板块上口余浆，并用棉丝擦干净，隔天再清理板材上口木楔和妨碍安装上层板材的石膏，再依次逐层、逐排向上安装并固定板材，直至完成饰面。

（9）嵌缝：全部板块安装完毕后，将表面清理干净，并按板颜色调制水泥色浆嵌缝，边嵌边擦拭清洁，使缝隙密实干净，颜色一致。有一定宽度尺寸的离缝，在清除临时填、垫材料后用 1:1 水泥细砂浆勾缝；或按设计要求在板缝内垫无黏结胶带（浅缝）或填塞聚氯乙烯塑料发泡条（深缝），于缝隙表面加注硅酮耐候密封胶。

金属件锚固灌浆法操作要点：

（1）板块钻孔及剔槽：在距板两端 1/4~1/3 处的板厚中心钻直孔，孔径 6 mm，孔深 40~50 mm（与 U 形钉折弯部分的长度尺寸一致），如图 3-2-35 所示。

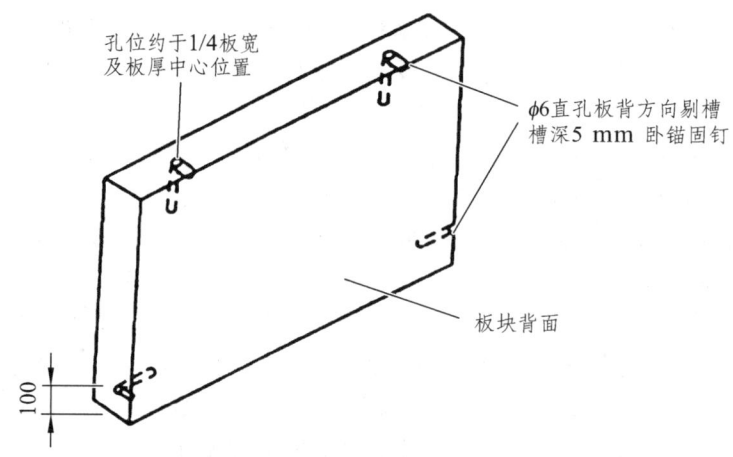

图 3-2-35　U 形销钉钻孔示意图

板宽≤600 mm 时钻 2 个孔，板宽>600 mm 时钻 3 个孔，板宽>800 mm 时钻 4 个孔。然后将板调转 90°，在板块两侧边分别各钻直孔 1 个，孔位距板下端 100 mm，孔径 6 mm，孔深 40~50 mm。上、下直孔口至板背剔出深 5 mm 的凹槽，以便于固定板块时卧入 U 形钉圆杆，而不影响板材饰面的严密接缝。

（2）基体打孔：将钻孔剔槽后的石板按基体表面的放线分格位置临时就位，对应于板块上、下孔位，用冲击电钻在建筑基体上钻斜孔，斜孔与基体表面呈 45°，孔径 5 mm，孔深 40~50 mm。

（3）固定板材：根据板材与基体之间的灌浆层厚度及 U 形件折弯部分的尺寸，制备好 5 mm 直径的不锈钢 U 形钉。板材到位后将 U 形钉一端勾进石板直孔，另一端插入基体上的斜孔，拉线、吊铅锤或用靠尺板等校正板块上下口及板面平整度与水平度，并注意与相临板块接缝严密，即可将 U 形件插入部分用小硬木楔塞紧或注入环氧树脂胶固定，同时将大木楔放在石板与基体之间的空隙中塞稳。

（4）灌浆操作：同绑扎固定灌浆法施工。

7.3 绑扎固定灌浆法工艺要点示意图（图 3-2-36）

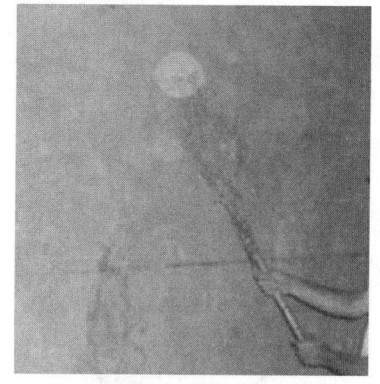
基层清理

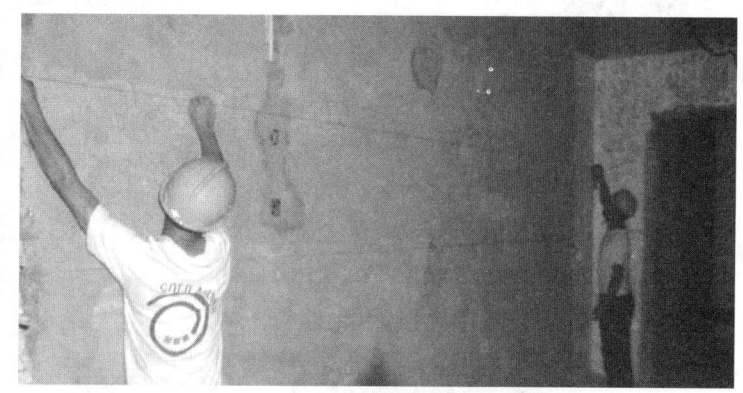
确定石材位置线和分块线

基层湿润

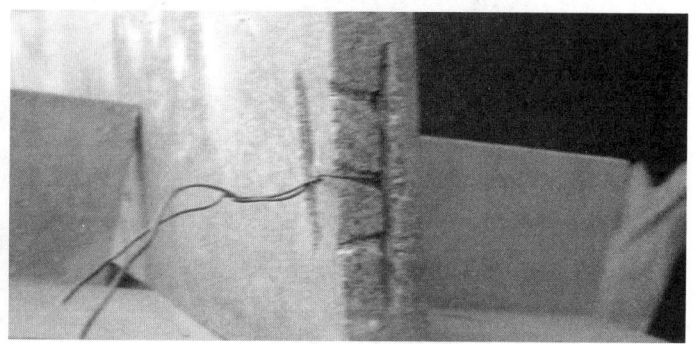
石材钻孔、剔槽、预埋绑扎铜丝

临时绑扎固定

灌浆

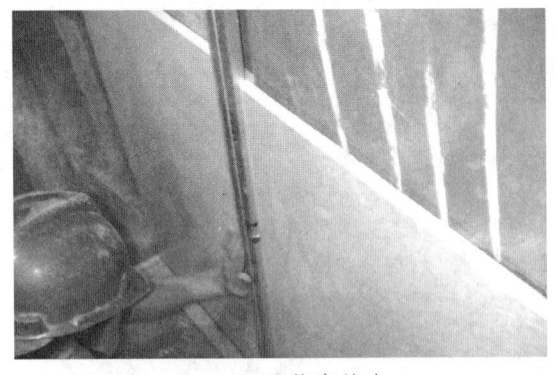
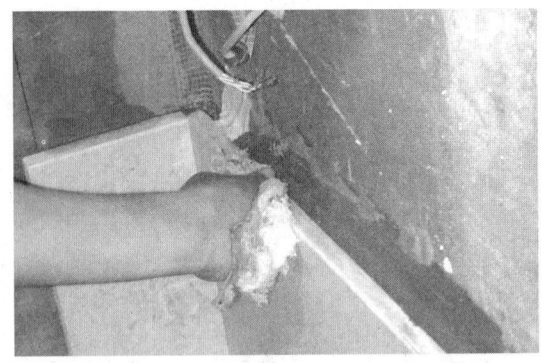

平整度检查　　　　　　　　　嵌缝、擦缝

图 3-2-36　绑扎固定灌浆法工艺要点示意图

8　壁纸（布）裱糊墙面

壁纸（布）裱糊墙面实物图片见图 3-2-37。

图 3-2-37　实物图片认识

8.1　构造作法

（1）基层清理或混合砂浆找平。
（2）满刷一遍稀释的 107 胶水。
（3）满刮腻子两遍，砂子磨光。
（4）裱贴墙纸或墙布（墙纸需浸泡后裱贴）。

8.2　施工工艺

8.2.1　施工准备

（1）材料准备。
壁纸、墙布、胶黏剂、底层涂料。其中裱糊面材的品种、规格、图案、性能等符合建筑装饰设计要求（图3-2-38、表3-2-1、表3-2-2）。胶黏剂、嵌缝腻子应根据设计和基层的设计需要备齐，并满足建筑物的防火要求。

胶黏剂有成品配套胶黏剂和自配胶黏剂。壁纸自配胶黏剂配比为：108胶：羧甲基纤维素溶液（1%~2%）：水=100：20~30：60~80，或108胶：聚醋酸乙烯乳液：水=100：20：50，或聚醋酸乙烯乳液：羧甲基纤维素溶液（1%~2%）：水=100：20~30：适量。墙布自配胶黏剂配比为：聚醋酸乙烯乳液（含量50%）：羧甲基纤维素（2.5%水溶液）=60：40。

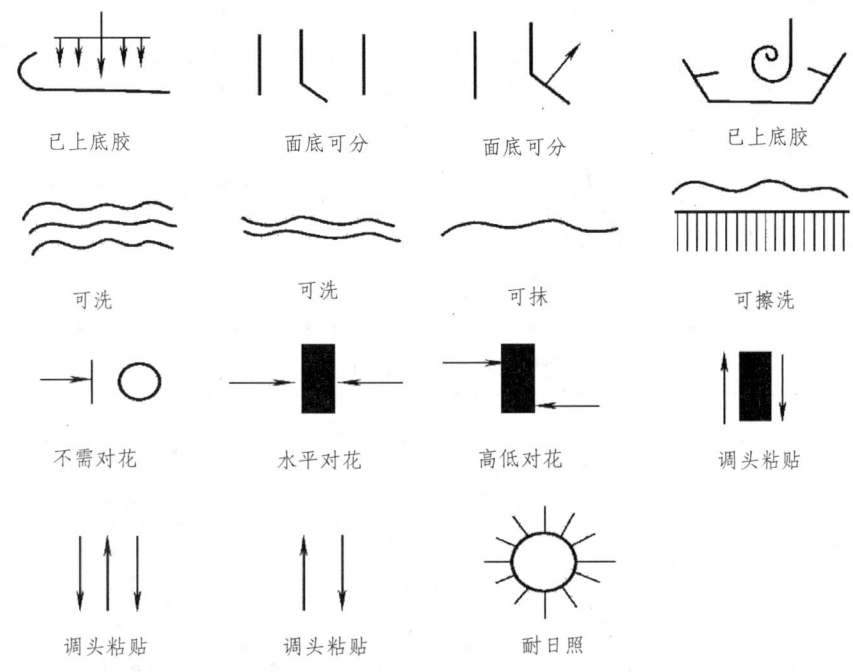

图3-2-38 壁纸、墙布性能的国际通用标志

表3-2-1 裱糊饰面分类

品 种	特 点	适用范围
纸面纸基墙纸	是在纸面上有各种压制和印制的压花或印花花纹图案的饰面材料。其透气性好，价格便宜，但不耐水、不耐擦洗，耐久性差且容易破裂	适用于居住和公共建筑内墙面
塑料墙纸	以纸为基层，用高分子乳液涂布面层，经印花、压纹等工序制成的一种墙面装饰料。它具有防水、耐磨、透气性良好，颜色、花纹、质感丰富多彩等优点，使用方便、操作简单、功效高、成本低	适用于一般的公共建筑、民用住宅的内墙、顶棚、梁、柱等贴面装饰
天然材料墙纸	用草、麻、木材、草席、芦苇等材料制作而成。用它来装饰墙面，会营造出返璞归真、情趣自然的生活氛围	适用于民用住宅
金属墙纸	是在基层上涂金属膜制成的墙纸，具有不锈钢面和黄铜面的质感与光泽，可以给人一种金碧辉煌、豪华贵重的感觉	适用于大厅、大堂等气氛热烈的场所

续表

品　种	特　点	适用范围
装饰墙布	以纯棉平纹布经前期处理、印花、涂层等工序制作而成。此种墙布的特点是强度大、静电小、蠕变形小、无光、吸声、无毒、无味，对施工人员和用户均无害，其花纹、色泽美观大方	可用于宾馆、饭店、公共建筑和高级民用建筑中的装饰
无纺贴墙布	用棉、麻等天然纤维或涤纶、腈纶等合成纤维，经过无纺成形上树脂、印制花纹而成。它具有挺括、富有弹性、不易折断，纤维不老化的特点，对皮肤无刺激作用。其色彩鲜艳、图案雅致、粘贴方便，同时还具有一定的透气性和防潮性，可擦洗不褪色	适用于各种建筑物的室内墙面装饰，特别适用于高级宾馆、高级住宅
玻璃纤维贴墙布	以玻璃纤维布为基材，表面涂以耐磨树脂，印上彩色图案而制成。其色彩鲜艳、花色繁多，不褪色、不老化、防火、耐潮性较强，可用肥皂直接刷洗，施工简单、粘贴方便	适用于宾馆、饭店、商店、展览馆、会议室、餐厅、民用住宅等建筑

表 3-2-2　壁纸处理方法

序号	类别	处理方法
1	无毒塑料壁纸	裱糊前应先在壁纸背面刷清水一遍，立即刷胶；或将壁纸浸入水中 3～5 min 后，取出将水抖净，静置约 15 min 后，再行刷胶
2	复合壁纸	不得浸水，裱糊前应先在壁纸前面涂刷胶黏剂，放置数分钟；裱糊时，应在基层表面涂刷胶黏剂
3	纺织纤维壁纸	不宜在水中浸泡，裱糊前宜用湿布清洁背面
4	金属壁纸	裱糊前浸水 1～2 min，阴干 5～8 min 后在其背面刷胶

（2）施工机具准备。

工作台（用于裁纸刷胶）、活动美工刀、刮板、羊毛滚、2 m 直尺、钢卷尺、水平尺、剪刀、开刀、鬃刷、排笔、毛巾、塑料或搪瓷桶、小台秤、线袋（弹线用）、梯子、高凳等。

（3）施工条件准备。

混凝土和墙面抹灰已完成，经过干燥，含水率不大于 8%；木材基层的含水率不得大于 12%。新建混凝土或抹灰墙面在刮腻子前应涂刷抗碱封闭底漆；旧墙面在裱糊前应清除疏松的旧装修层，并涂刷抗碱封闭底漆。

水电及设备、顶墙上预留预埋件已完。门窗油漆已完成。

房间地面工程、木护墙和细木装修底板已完，经检验符合设计要求。

大面积施工前，应事先做样板间，经业主或监理部门检查鉴定合格后，方可组织班组进行大面积施工。

8.2.2　工艺流程

基层处理—吊直、套方、找规矩、弹线—计算用料、裁纸—刷胶—裱贴—修整。

8.2.3 操作流程

（1）基层处理。

根据基层的不同材质，采用不同的处理方法。

① 混凝土及抹灰基层：基层是混凝土面、抹灰面（如水泥砂浆、水泥混合砂浆、石灰砂浆等），要满刮腻子一遍打磨砂纸。如混凝土面、抹灰面有气孔、麻点、凸凹不平时，为保证质量，应增加满刮腻子和磨砂纸遍数。

刮腻子时，先将混凝土或抹灰面清扫干净，使用胶皮刮板满刮一遍。刮时要有规律，要一板排一板，两板中间顺一板。既要刮严，又不得有明显接槎和凸痕。做到凸处薄刮，凹处厚刮，大面积找平。腻子干固后，打磨砂纸并扫净。需增加满刮腻子遍数的基层表面，应先将表面裂缝及凹面部分刮平，然后打磨砂纸、扫净，再满刮一遍后打磨砂纸，处理好的底层应平整光滑，阴、阳角线通畅、顺直，无裂痕、崩角，无砂眼麻点。

② 木质基层处理：木基层要求接缝不显接槎，接缝、钉眼应用腻子补平，并满刮油性腻子一遍（第一遍），用砂纸磨平。木夹板的不平整主要是钉接造成，在钉接处木夹板往往下凹，非钉接处向外凸。因此，第一遍满刮腻子主要是找平大面，第二遍可用石膏腻子找平，腻子的厚度应减薄，可在该腻子五六成干时，用塑料刮板有规律地压光，最后用干净的抹布轻轻将表面灰粒擦净。

对要贴金属壁纸的木基面处理，第二遍腻子应采用石膏粉调配猪血料的腻子，其配比为10∶3（重量比）。金属壁纸对基层的平整度要求很高，稍有不平处或粉尘，都会在金属壁纸裱贴后凸显。因此，金属壁纸的木基面处理，应与木家具打底方法基本相同，批抹腻子的遍数要求在三遍以上。批抹最后一遍腻子并打平后，用软布擦净。

③ 石膏板基层处理：纸面石膏板批抹腻子，主要是在对缝处和螺钉孔位处。对缝批抹腻子后，需用棉纸带贴缝，防止对缝处的开裂。在无纸面石膏板上，应用腻子满刮一遍，找平大面，然后用第二遍腻子进行修整。

④ 不同基层对接处的处理：不同基层材料的相接处，如石膏板与木夹板、水泥或抹灰基面与木夹板、水泥基面与石膏板之间的对缝，应用棉纸带或穿孔纸带粘贴封口，防止裱糊后的壁纸面层被拉裂撕开。

⑤ 涂刷防潮底漆和底胶：为防止壁纸受潮脱胶，一般对要裱糊塑料壁纸、壁布、纸基塑料壁纸、金属壁纸的墙面，涂刷防潮底漆。防潮底漆用酚醛清漆与汽油或松节油来调配，配比为：清漆∶汽油（或松节油）=1∶3。底漆可涂刷，也可喷刷，漆液不宜厚，要均匀一致。

（2）吊直、套方、找规矩、弹线

在底胶干燥后弹划出水平、垂直线，作好操作时的依据，以保证壁纸裱糊后，横平竖直，图案端正。

① 顶棚：应先将顶子的对称中心线通过吊直、套方、找规矩的办法弹出中心线，以便从中间向两边对称控制。墙顶交接处的处理原则是：凡有挂镜线的按挂镜线弹线，没有挂镜线则按设计要求弹线。

② 墙面：应先将房间四角的阴、阳角通过吊垂直、套方、找规矩，确定从哪个阴角开始按照壁纸的尺寸进行分块弹线控制（习惯做法是进门左阴角处开始铺贴第一张）。有挂镜线的，按挂镜线弹线；没有挂镜线的，按设计要求弹线控制。

③ 具体操作方法：

a. 按壁纸的标准宽度找规矩，每个墙面的第一条纸都要弹线找垂直，作为裱糊时的准线。非整条的裁切纸的安排在墙的阴角等视觉不起眼、次要部位处。

b. 在第一条壁纸位置的墙顶处敲进一枚墙钉，将有粉锤线系上，铅锤下吊到踢脚上缘处，锤线静止不动后，一只手握紧锤头，按垂线的位置用铅笔在墙面划一条短线，再松开铅锤头查看锤线是否与铅笔短线重合。如果重合，就用一只手将锤线按在铅笔短线上，另一只手把锤线往外拉，放手后使其弹回，便可得到墙面的基准垂线（图3-2-39）。弹出的基准垂线越细越好。

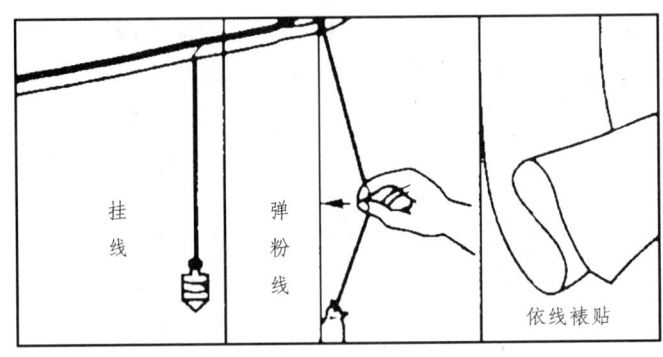

图 3-2-39　弹线示意图

每个墙面的第一条垂线，应该定在距墙角距离小于壁纸幅宽 50~80 mm 处。墙面上有门窗口的应增加门窗两边的垂直线，如图 3-2-40 所示。

对于无门窗口的墙面，可挑一个近窗台的角落，在距壁纸幅宽短 50 mm 处弹垂线。如果壁纸的花纹在裱糊时要考虑拼贴对花，使其对称，则宜在窗口弹出中心控制线，再往两边分线；如果窗口不在墙面中间，为保证窗间墙的阳角花饰对称，则宜在窗间墙弹中心线，由中心线向两侧再分格弹垂线。

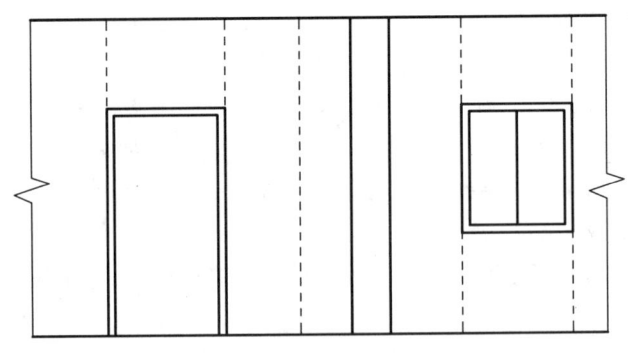

图 3-2-40　门窗洞口划线示意图

（3）裁纸。

按基层实际尺寸进行测量计算所需用量，并在每边增加 20~30 mm 作为裁纸量。一般地，量出墙顶（或挂镜线）到墙脚（踢脚线上口）的高度，考虑修剪的量，剪出第一段壁纸，如图 3-2-41 所示。

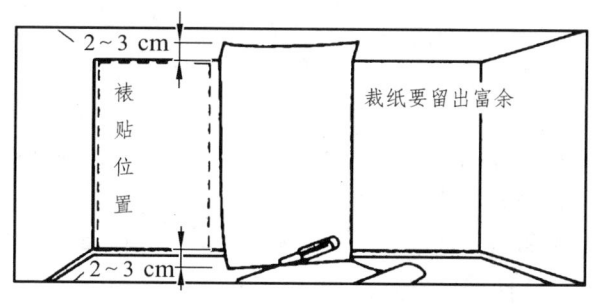

图 3-2-41 裁切示意图

裁剪在工作台上进行。对有图案的材料，特别是主题图形较大的，应将图形自墙的上部开始对花，无论是顶棚还是墙面均应从粘贴的第一张开始对花。边裁边编顺序号，以便按顺序粘贴。

裁纸下刀前应复核尺寸有无出入，确认以后，尺子压紧壁纸后不得再移动，刀刃紧贴尺边，一气呵成，中途不得停顿或变换持刀角度。裁好的壁纸要卷起平放，不得立放。

（4）刷胶。

施工前将 2~3 块壁纸进行刷胶，达到湿润、软化的作用，塑料纸基背面和墙面都应涂刷胶黏剂，刷胶应厚薄均匀，从刷胶到最后上墙的时间一般控制在 5~7 min。

刷胶时，基层表面刷胶的宽度要比壁纸宽约 30 mm。刷胶要全面、均匀、不裹边、不起堆，以防溢出，弄脏壁纸。但也不能刷得过少，甚至刷不到位，以免壁纸黏结不牢。一般抹灰墙面用胶量为 0.15 kg/m² 左右，纸面为 0.12 kg/m² 左右。壁纸背面刷胶后，应是胶面与胶面反复对叠，以避免胶干得太快，也便于上墙，并使裱糊的墙面整洁平整。

金属壁纸的胶液应是专用的壁纸粉胶。刷胶时，准备一卷未开封的发泡壁纸或长度大于壁纸宽的圆筒，一边在裁剪好的金属壁纸背面刷胶，一边将刷过胶的部分向上卷在发泡壁纸卷上，如图 3-2-42 所示。

 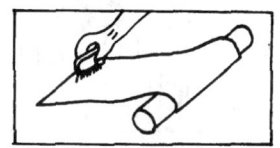

壁纸胶面反复对叠　　　金属壁纸刷胶

图 3-2-42 壁纸刷胶示意图

（5）裱贴。

① 吊顶裱贴：在吊顶面上裱贴壁纸，第一段通常要贴近主窗，与墙壁平行。长度过短时（小于 2 m），则可跟窗户成直角贴。

在裱贴第一段前，须先弹出一条直线。方法是，在距吊顶面两端的主窗墙角 10 mm 处用铅笔做两个记号，在其中的一个记号处敲一枚钉子，按照前述方法在吊顶上弹出一道与主窗墙面平行的粉线。

按前述方法裁纸、浸水、刷胶后，将整条壁纸反复折叠。然后用一卷未开封的壁纸卷或长刷撑起折叠好的一段壁纸，将壁纸端头边缘靠齐弹线，用排笔敷平一段，再依次展开，沿着弹线敷平,直到整截贴好为止。剪齐两端多余的部分,如有必要,应沿着墙顶线和墙角修剪整齐。

② 墙面裱贴:裱贴壁纸时,应先要垂直,后对花纹拼缝,再用刮板用力抹压平整。原则:先垂直面后水平面,先细部后大面。贴垂直面时,先上后下,贴水平面时,先高后低。

先将上过胶的壁纸下半截向上折一半,握住顶端的两角,在四脚梯或凳上站稳后,展开上半截,凑近墙壁,使边缘靠着垂线成一直线,轻轻压平,由中间向外用刷子将上半截敷平,在壁纸顶端作出记号,然后用剪刀修齐或用壁纸刀将多余之壁纸割去。剪刀和长刷可放在围裙袋中或手边。再按上法同样处理下半截,修齐踢脚板与墙壁间的角落。用海绵擦掉沾在踢脚板上的胶糊。壁纸基本贴平后,3~5h内,用小滚轮(中间微起拱)均匀用力滚压接缝处。(图 3-2-43 至图 3-2-45)

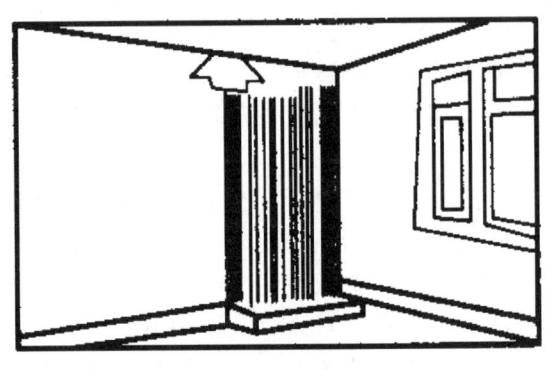

图 3-2-43 对准墙面上端

图 3-2-44 向外赶气泡

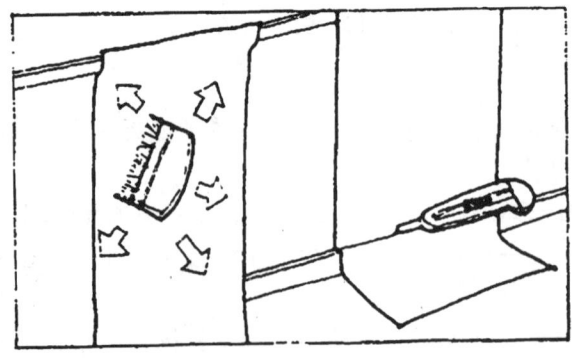

图 3-2-45 裱贴、裁切

③ 拼缝：一般 500 mm 左右幅宽的壁纸，其图案一直到纸边缘，未再留纸边，因此裱贴时采用拼缝贴法。拼贴时先对图案，后拼逢。从上至下图案吻合后，再用刮板斜向刮胶，将拼缝处赶密实，揩干净赶出缝的胶液，用湿毛巾擦干净。一般无花纹的壁纸可采取重叠 20 mm，用钢直尺压在重叠处中间，用壁纸刀自上而下沿钢尺将重叠壁纸切开，将切下的余纸清除，然后将两张壁纸沿刀口拼缝贴牢，如图 3-2-46 所示。

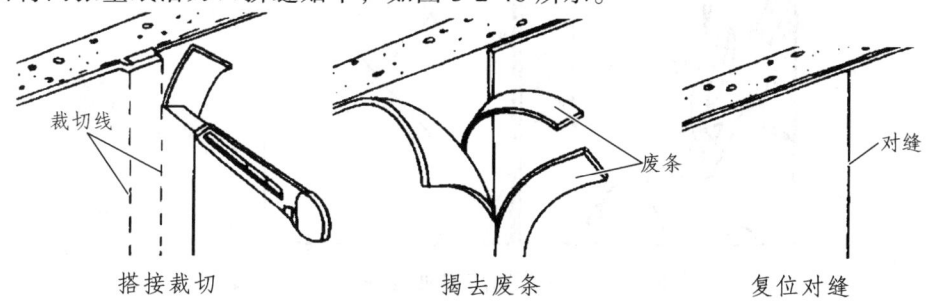

图 3-2-46 搭接裁切示意图

拼缝时，用刀要匀，既要一刀切割两层纸，不要留下毛槎、丝头，又不要用力过猛切破基层，使裱糊后出现刀痕。

对于有花纹的壁纸，应将两幅壁纸花纹重叠，对好花，用钢尺在重叠处拍实，从壁纸搭边中间用壁纸刀沿钢尺自上而下切割。除去切下的余纸后，用刮板刮平。

发泡壁纸、复合壁纸禁止使用刮板赶压，只可用毛巾或板刷赶压，以免赶平花型或出现死褶。

④ 阴、阳角处理：阴、阳角不可拼缝，应搭接。阴角壁纸搭缝应先裱压在里面转角的壁纸，再贴非转角的壁纸。搭接面应根据阴角垂直度而定，一般搭接宽度 20～30 mm，最大不超过 100 mm，并且要保持垂直无毛边。壁纸包裹过阳角的宽度不小于 20 mm，一般也以 20～30 mm 为宜。（图 3-2-47）

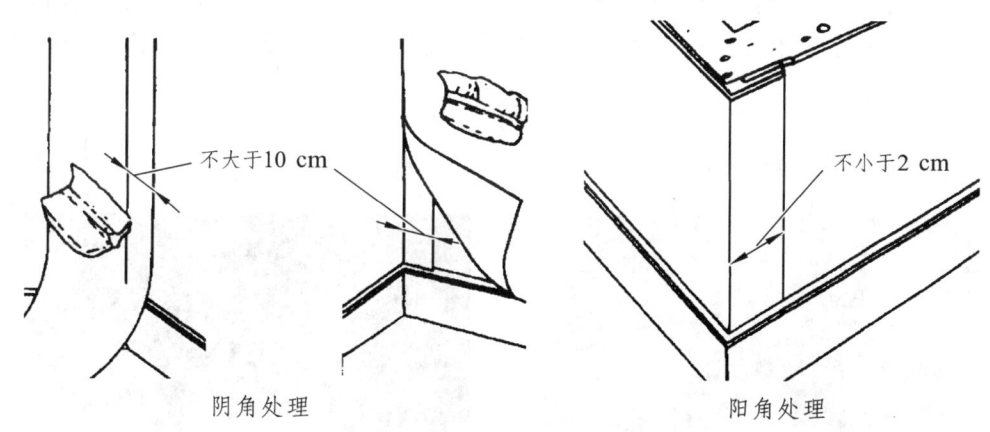

图 3-2-47 阴、阳角处理

⑤ 裱糊前应尽可能卸下墙上物件，在卸下墙上电灯等开关时，先要切断电源，用火柴棒或细木棒插入螺钉孔内，以便在裱糊时识别，以及在裱糊后切割留位。不易拆下来的配件，

采取从中心切"×"字口，然后用手按出开关体的轮廓位置，慢慢拉起多余壁纸，沿边割去，贴牢，如图 3-2-48 示。

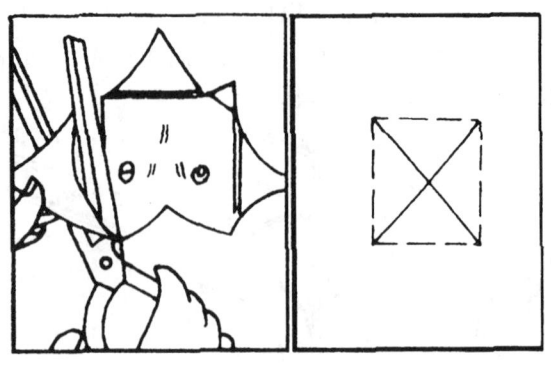

图 3-2-48 开关插座等处处理

⑥ 除了常规的直式裱贴外，还有斜式裱贴。若设计要求斜式裱贴，则在裱贴前的找规矩中应增加找斜贴基准线这一工序。要点是：先在一面墙两上墙角间的中心墙顶处标明一点，由这点往下在墙面上弹上一条垂直的粉笔灰线。从这条线的底部，沿着墙底，测出与墙高相等的距离。由这一点再和墙顶中心点连接，弹出另一条粉笔灰线。这条线即斜贴基准线。斜式裱贴壁纸比较浪费材料。在估计数量时，应预先考虑到这一点。

⑦ 当墙面的墙纸完成 40 m² 左右或自裱贴施工开始 40~60 min 时，需安排一人用滚子，从第一张墙纸开始滚压，直至将已完成的墙纸面滚压一遍，使墙纸与基面更好贴合，对缝处的缝口更加密合。

（6）修整。

壁纸裱糊后，应进行全面检查修补。表面的胶水、斑污应及时擦净，各处翘角、翘边应进行补胶，并用辊子压实；发现空鼓，可用壁纸刀切开，补涂胶液重新压复贴牢；有气泡处，可用注射针头排气，然后注入胶液，重新粘牢修整的壁面均需随手将溢出表面的余胶用洁净湿毛巾擦干净；如表面有皱折时，可趁胶液未干时轻刮。最后将各处的多余部分用壁纸刀小心裁去。

8.3 壁纸裱糊工艺示意图（图 3-2-49）

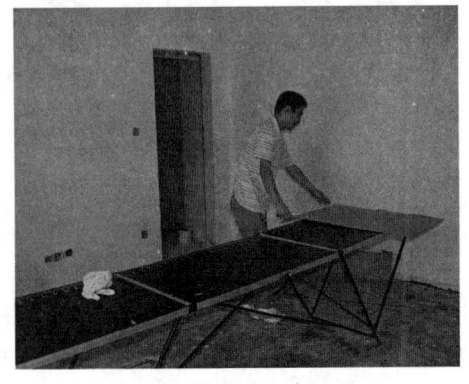

展开裁纸板

核对壁纸

墙体测量

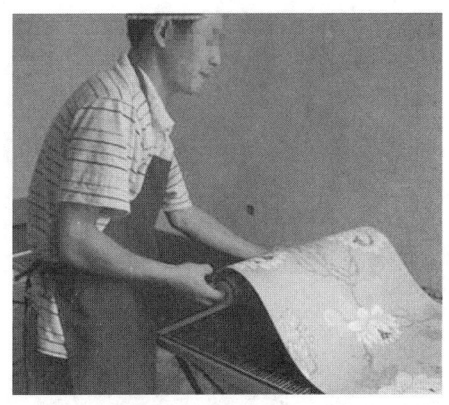
壁纸展开

测量一幅壁纸的高度

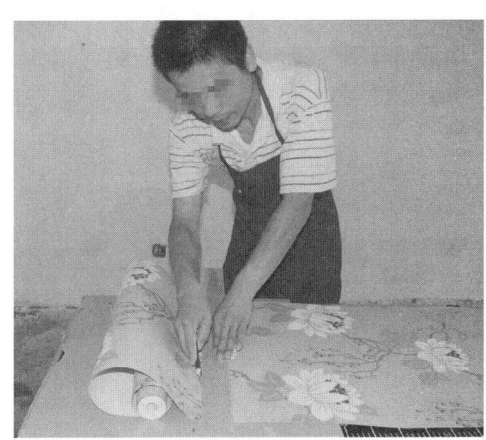
裁切壁纸

确定对花位置

壁纸整理排序

墙体涂刷基膜

壁纸刷胶

第一幅壁纸上墙

上端对齐

对花

壁纸裱贴

裁切多于壁纸

细部处理

裱贴完毕

图 3-2-49　壁纸裱贴示意图

9　软包墙面

软包墙面实物图片见图 3-2-50。

图 3-2-50　实物图片认识

9.1 构造作法

在建筑基体表面进行软包时，其墙筋木龙骨一般采用 30 mm × 50 mm ~ 50 mm × 50 mm 断面尺寸的木方条，钉子预埋防腐木砖或钻孔打入木楔上。木砖或木楔的位置，亦即龙骨排布的间距尺寸，可在 400 ~ 600 mm 单向或双向布置范围调整，按设计图纸的要求进行分格安装，龙骨应牢固地钉装于木砖或木楔上。

皮革和人造革（或其他软包面料）软包有吸声软包和非吸声软包两种做法，其饰面的固定方式可选择成卷铺装或分块固定等不同方式；此外，还有压条法、平铺泡钉压角法等其他做法，由设计选用确定。（图 3-2-51）

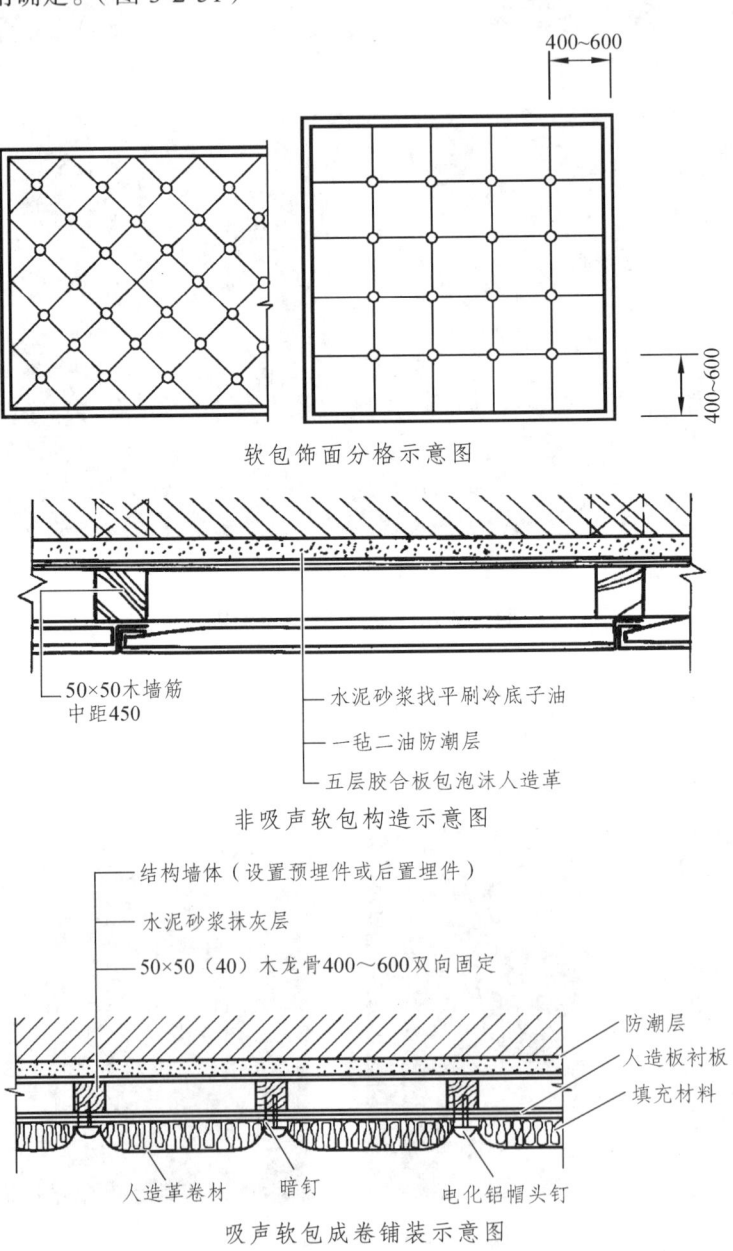

软包饰面分格示意图

非吸声软包构造示意图

吸声软包成卷铺装示意图

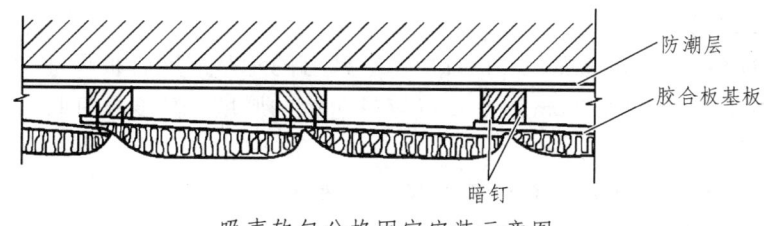

吸声软包分格固定安装示意图

图 3-2-51　常见软包构造示意图

9.2　施工工艺

9.2.1　施工准备

（1）材料准备。

龙骨材料、底板材料、芯材、面材、饰面金属压条及木线、防潮材料、胶黏剂、铁钉、电化铝帽头钉等。

① 龙骨一般用白松烘干料，含水率不大于12%，厚度应根据设计要求，不得有腐朽、节疤、劈裂、扭曲等疵病，并预先经防腐处理。软包墙面木框、龙骨、底板、面板等木材的树种、规格、等级、含水率和防腐处理必须符合设计图纸要求。

② 芯材、边框及面材的材质、颜色、图案、燃烧性能等级应符合设计要求及国家现行标准的有关规定，具有防火检测报告。普通布料需进行两次防火或处理，并检测合格。

芯材通常采用阻燃型泡沫塑料或矿渣棉，面材通常采用装饰织物、皮革或人造革。

③ 胶黏剂的选用一般不同部位采用不同胶黏剂。

（2）施工机具准备。

手电钻、冲击电钻、刮刀、裁织物布和皮革工作台、钢板尺（1 m长）、卷尺、水平尺、方尺、托线板、线坠、铅笔、裁刀、刮板、毛刷、排笔、长卷尺、锤子等。

（3）施工条件准备。

① 结构工程已完工，并通过验收。

② 室内已弹好 + 50 cm 水平线和室内顶棚标高已确定。

③ 墙内的电器管线及设备底座等隐蔽物件已安装好，并通过检验。

④ 室内消防喷淋、空调冷冻水等系统已安装好，且通过打压试验合格。

⑤ 室内的抹灰工程已经完成。

9.2.2　工艺流程

弹线、分格—钻孔、打木楔—墙面防潮—装钉木龙骨—铺钉木基层—铺装芯材、面材—线条压边。

9.2.3　操作要点

软包墙面的作法有预制板组装和现场安装两种。预制板组装是先预制软包拼装块，再拼装到墙上的；现场安装是直接在木基层上做芯材和面材的安装。

（1）预制板组装法施工。

① 弹线、分格：依据软包面积、设计要求、铺钉的木基层胶合板尺寸，用吊垂线法、拉水平线及尺量的办法，借助+50 cm水平线确定软包墙的厚度、高度及打眼位置。分格大小为300～600 mm见方。

② 钻孔、打木楔：孔眼位置在墙上弹线的交叉点，孔深60 mm，用$\phi 16 \sim \phi 20$冲击钻头钻孔。木楔经防腐处理后，打入孔中，塞实塞牢。

③ 墙面防潮：在抹灰墙面涂刷冷底子油或在砌体墙面、混凝土墙面铺油毡或油纸做防潮层。涂刷冷底子油要满涂、刷匀，不漏涂；铺油毡、油纸，要满铺、铺平、不留缝。

④ 装钉木龙骨：将预制好的木龙骨架靠墙直立，用水准尺找平、找垂直，用钢钉钉在木楔上，边钉边找平，找垂直。凹陷较大处应用木楔垫平钉牢。

木龙骨大小一般选用（20～50）mm×（40～50）mm，龙骨方木采用凹槽榫工艺，制作成龙骨框架。做成的木龙骨架应刷涂防火漆。木龙骨架的大小，可根据实际情况加工成一片，或几片拼装到墙上。

⑤ 铺钉木基层：木龙骨架与胶合板接触的一面应平整，不平的刨光。用气钉枪将三夹板钉在木龙骨上。钉固时从板中向两边固定，接缝应在木龙骨上且钉头塞入板内，使其牢固、平整。三夹板在铺钉前，应先在其板背涂刷防火涂料，涂满、涂匀。

⑥ 铺装芯材、面材。

预制板组装法的铺装施工：

预制板组装法是按设计图先制作好一块块的软包块，然后拼装到木基层墙面的指定位置。所用主要材料有：九厘板、泡沫塑料块或矿渣棉块、织物。如图3-2-52所示。

图3-2-52 预制软包块制作示意图

a. 制作软包块：按软包分块尺寸裁九厘板，并将四条边用刨刨出斜面，刨平。

以规格尺寸大于九厘板50～80 mm的织物面料和泡沫塑料块置于九厘板上，将织物面料和泡沫塑料沿九厘板斜边卷到板背，在展平顺后用钉固定。定好一边，再展平铺顺拉紧织物面料，将其余三边都卷到板背固定，为了使织物面料经纬线有顺，固定时宜用码钉枪打码钉，码钉间距不大于30 mm，备用。

b. 安装软包预制块：在木基层上按设计图划线，标明软包预制块及装饰木线（板）的位置。

将软包预制块用塑料薄膜包好（成品保护用），镶钉在软包预制块的位置。用气枪钉钉牢。每钉一颗钉用手抚一抚织物面料，使软包面既无凹陷、起皱现象，又无钉头挡手的感觉。连续铺钉的软包块，接缝要紧密，下凹的缝应宽窄均匀一致且顺直。塑料薄膜待工程交工时撕掉。

（2）现场安装法的铺装施工。

a. 在木基层上铺钉九厘板：依据设计图在木基层上划出墙、柱面上软包的外框及造型尺寸线，并按此尺寸线锯割九厘板拼装到木基层上，九厘板围出来的部分为准备做软包的部分。钉装造型九厘板的方法同钉三夹板一样。

b. 按九厘板围出的软包的尺寸，裁出所需的芯材，并用建筑胶粘贴于围出的部分。

c. 从上往下用面材包覆芯材块：先裁剪面材和压角木线，木线长度尺寸按软包边框裁制，在 90°角处按 45°割角对缝，面材应比芯材块周边宽 50～80 mm。将裁好的面材连同作保护层用的塑料薄膜覆盖在芯材上，用压角木线压住面材的上边缘，展平、展顺面材以后，用气枪钉钉牢木线。然后拉拽展平面材、钉面材下边缘木线。用同样的方法钉左右两边的木线。压角木线要压紧、钉牢，面材面应展平不起皱。最后用裁刀沿木线的外缘（与九厘板接缝处）裁下多余的面材与塑料薄膜。

　　直接用五夹板外包芯材、面材的软包做法：

　　a. 按设计要求尺寸裁割五合板，将板边用刨刨平，并将沿一个方向的两条边刨出斜面（木墙筋的间距应按此尺寸固定于墙上）。

　　b. 以规格尺寸大于纵横向木墙筋中距 50～80 mm 的面材包芯材于五合板上。

　　c. 用刨斜的边压入面材，压长为 20～30 mm，用气枪钉钉于木墙筋上。

　　d. 拉撑面材的另一端，使其平伏在五夹板及芯材上，紧贴木墙筋，用相邻的一块包有芯材和面材的五夹板将其压紧，同时压紧自身的软包面料，一起用气枪钉钉固于木墙筋上。以这种方法铺装整个软包墙墙面，最后一块的另一侧面材拉平后，连同盖压木装饰线钉牢于木墙筋上。

　　e. 在暗钉钉完以后用电化铝帽头钉钉于软包分格的交叉点上。

9.3　型条软包制作（图 3-2-53）

　　（1）放线：在铺有底板的墙面上根据设计要求放线绘制图案。

　　（2）钉型条：将型条按墙面划线铺钉，遇到交叉时在相交位置将型条固定面剪出缺口以免相交处重叠。遇到曲线时，将型条固定面剪成锯齿状后弯曲铺钉。型条相交处要根据面料厚度留出空隙。遇到有电源开关或插座时，可将型条订成与线盒大小相同的方格，空出线盒大小的位置。

　　（3）填充海绵：将面料剪成软包单元的规格，根据海绵的厚度略放大边幅，用插刀将面料插入型条缝隙。插入时不要插到底，待面料四边定型后可边插边调整。如果面料为同一款素色面料，则不需要将面料剪开，先将中间部分夹缝填好，再向周围延展。

　　真丝薄面料需要先铺一层里布，再插面料。其他薄滑面料，如果型条夹不紧时，可在夹缝中填入一条直径为 3~4 mm 的棉绳。插面料的插刀用品质较好的弹簧钢的油漆刀，将角打磨成圆角。插入造革时如果阻力较大，可在刀插入的地方涂些兑水清洁剂，另外插刀也要沾些清洁剂以防磨损。

　　（4）型条收边：紧靠木线条或者相邻墙面时可直接插入相邻的缝隙，插入面料前在缝隙边略涂胶水。如果没有相邻物，则将面料收入型条与墙面的夹缝；若面料较薄，则剪出一长条面料粘贴加厚，再将收边面料覆盖在上面插入型条与墙面的夹缝，这样侧面看上去就会平整美观。

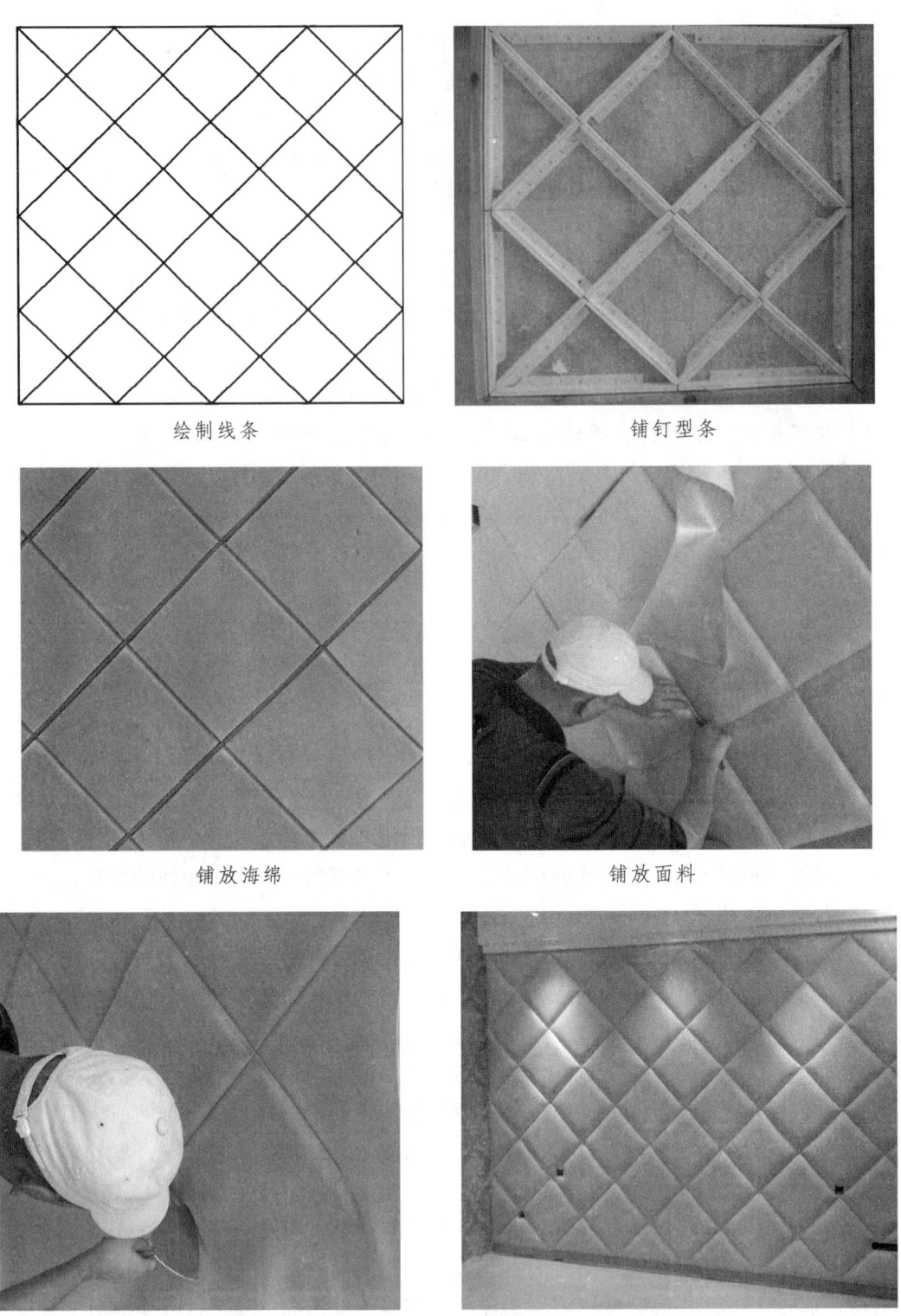

图 3-2-53 型条软包制作示意图

10 木质饰面墙面

木质饰面墙面实物图片见图 3-2-54。

图 3-2-54 实物图片认识

10.1 构造作法（图 3-2-55 至图 3-2-59）

（1）在墙体中预埋木砖或预埋铁件。
（2）刷热沥青或粘贴油毡防潮层。
（3）固定木骨架或金属骨架。
（4）在骨架上钉面板（或钉垫层板再做饰面材料）。
（5）粘贴各种饰面板。
（6）清漆罩面。

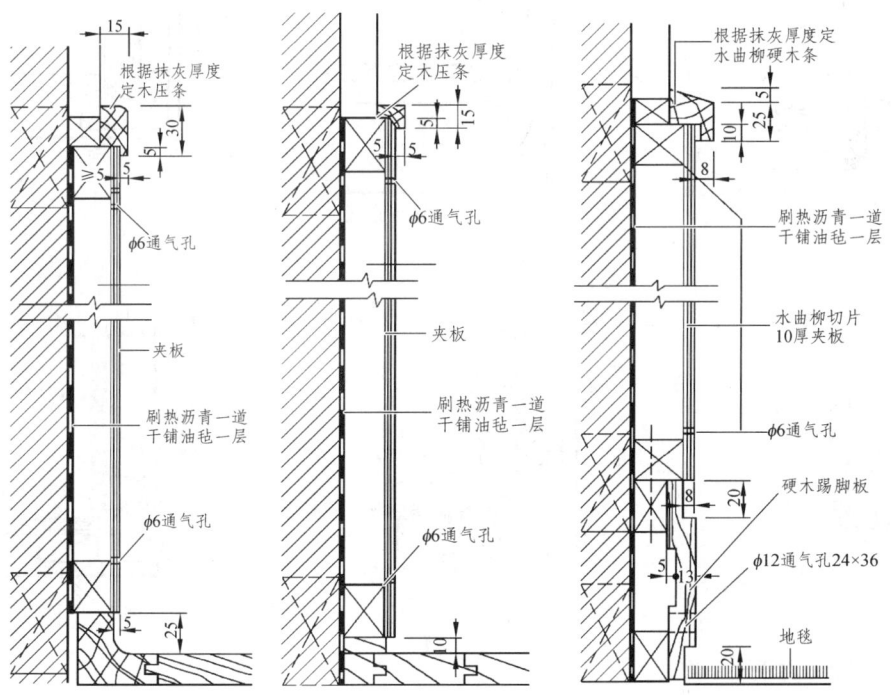

图 3-2-55 木护壁剖面示意图

斜接密封　　平接留缝　　压条盖缝

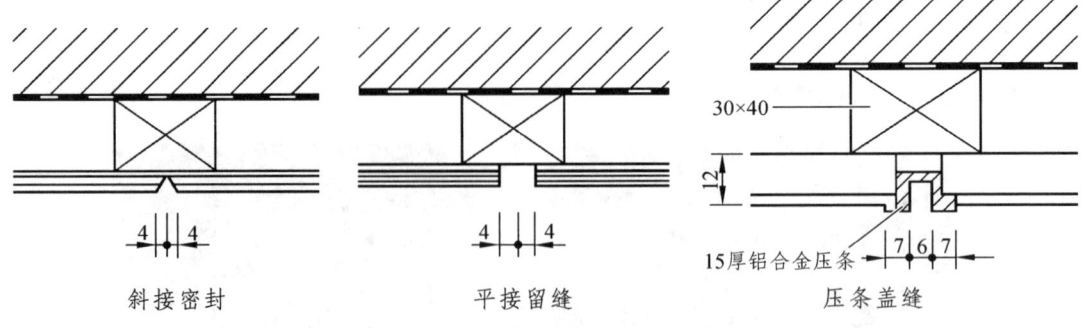

图 3-2-56　木护壁面板拼缝构造

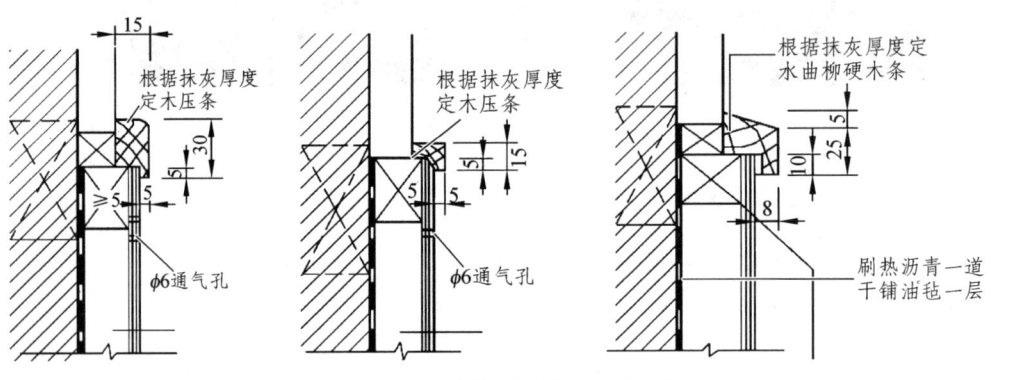

图 3-2-57　木护壁上部压顶构造

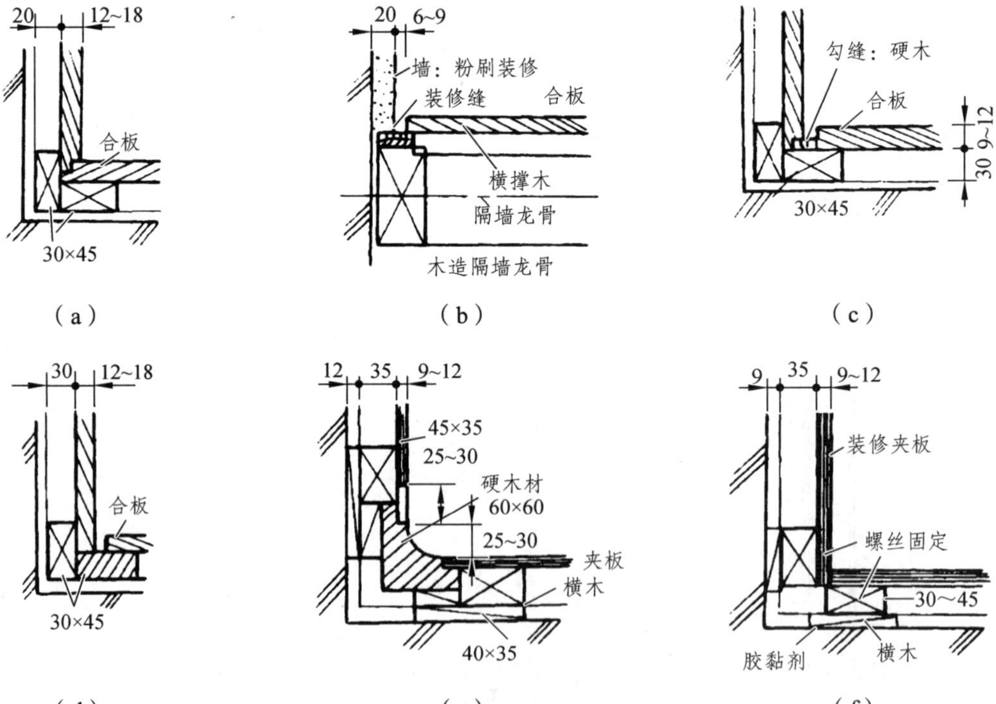

图 3-2-58　木护壁阴角构造

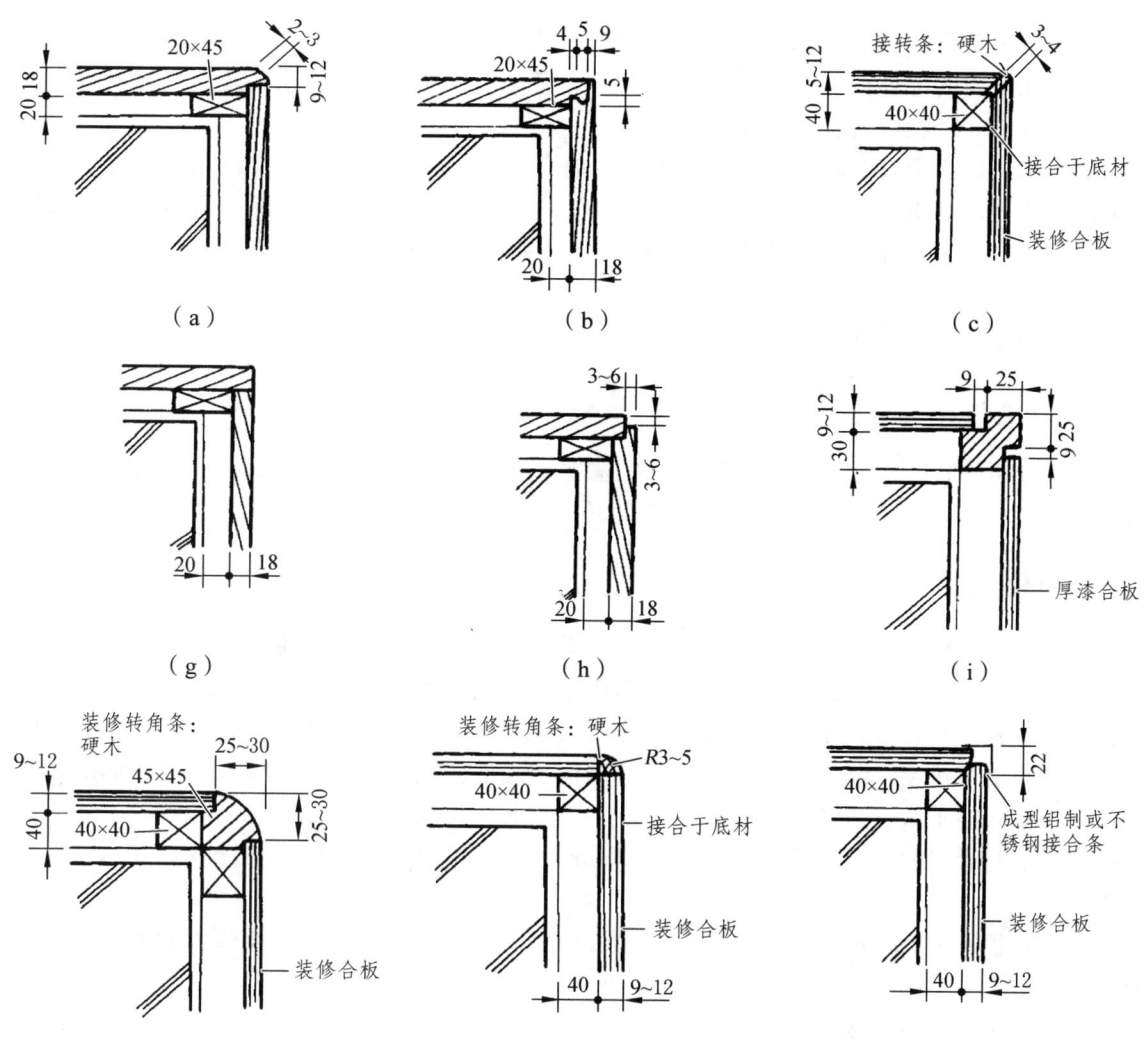

图 3-2-59 木护壁阳角构造

10.2 施工工艺

10.2.1 施工准备

(1) 材料准备。

木质饰面板、木装饰线、龙骨材料、胶合剂、铁钉、枪钉、防火涂料等。

饰面板的品种、规格和性能应符合建筑装饰设计要求。木龙骨、木饰面板的燃烧性能等级应符合设计要求。饰面板表面应平整洁净、色泽一致，无裂缝、缺损等缺陷。木装饰线的品种、规格及外形应符合建筑装饰设计要求。此外，这应检查产品合格证书、性能检测报告和进场验收记录。

(2) 施工机具准备。

冲击钻、气钉枪、锯子、刨子、凿子、平铲、水平尺、线坠、墨斗、平尺、锤子、角尺、花色刨、冲头、圆盘锯、机刨、刷子、美工刀、毛巾等。

（3）施工条件准备。

隐蔽在墙内的各种设备管线、设备底座提前安装到位，装嵌牢固，其表面应与罩面的装饰板底面齐平，经检验符合设计要求。

室内木装修必须符合防火规范，其木结构墙身需进行防火处理，应在成品木龙骨或现场加工的木筋上以及所采用的木质墙板背面涂刷防火涂料（漆）不少于三道。目前常用的木构件防火涂料有膨胀型乳胶防火涂料、A60-1改性氨基膨胀防火涂料和YZL-858发泡型防火涂料等。

室内吊顶的龙骨架业已吊装完毕。

10.2.2 工艺流程

弹线分格—拼装木龙骨架—墙体钻孔、塞木楔—墙面防潮—固定龙骨架—铺钉罩面板—收口处理。

10.2.3 操作要点

（1）弹线分格：依据设计图、轴线在墙上弹出木龙骨的分档、分格线。竖向木龙骨的间距，应与胶合板等块材的宽度相适应，板缝在竖向木龙骨上。饰面的端部必须设置龙骨。

（2）拼装木龙骨架：木墙身的结构通常使用25 mm×30 mm的方木，按分档加工出凹槽榫，在地面进行拼装，制成木龙骨架。在开凹槽榫之前应先将方木料拼放在一起，刷防腐涂料，待防腐涂料干后，再加工凹槽榫。

拼装木龙骨架的方格网规格通常是300 mm×300 mm或400 mm×400 mm（方木中心线距离）。

对于面积不大的木墙身，可一次拼成木骨架后，安装上墙。对于面积较大的木墙身，可分做几片拼装上墙。

木龙骨架做好后应涂刷3遍防火涂料（漆）。

（3）墙体钻孔、塞木楔：用$\phi16$ mm~$\phi20$ mm的冲击钻头，在墙面上弹线的交叉点位置钻孔，钻孔深度不小于60 mm，钻好孔后，随即打入经过防腐处理的木楔。

（4）墙面防潮：在木龙骨与墙之间要刷一道热沥青，并干铺一层油毡，以防湿气进入而使木墙裙、木墙面变形。

（5）固定龙骨架：立起木龙骨靠在墙面上，用吊垂线或水准尺找垂直度，确保木墙身垂直。用水平直线法检查木龙骨架的平整度。待垂直度、平整度都达到后，即可用圆钉将其钉固在木楔上。钉圆钉时配合校正垂直度、平整度，在木龙骨架下凹的地方加垫木块，垫平整后再钉钉。

木龙骨与板的接触面必须表面平整，钉木龙骨时背面要垫实，与墙的连接要牢固。

（6）铺钉罩面板。

① 罩面板应进行挑选，分出不同色泽和残次件，然后按设计尺寸裁割、刨边（倒角）加工。

② 用15 mm枪钉将胶合板固定在木龙骨架上。

③ 企口板护墙板，根据要求进行拼接嵌装，龙骨形式及排布视设计要求作相应处理，新

型的木质企口板材，可进行企口嵌装，依靠异型板卡或带槽口压条进行连接，减少了面板上的钉固工艺，饰面平整美观。

（7）收口处理。

① 罩面板的端部、连接处应作收口细部处理，如图 3-2-60 所示。

② 木护墙用薄实木板、胶合板等板材铺钉，其用木板条和装饰线按分格布置钉成压条，称为：冒头、腰带、立条。

③ 木护墙板顶部收口：可钉冒头处理或与顶棚连接用装饰线收口。

钉冒头时应拉线找平，压顶木线规格尺寸要一致，木纹、颜色近似的钉在一起。压条接头应做暗榫，线条需一致，割角应严密。

压顶木线样式较多，如图 3-2-61 所示。

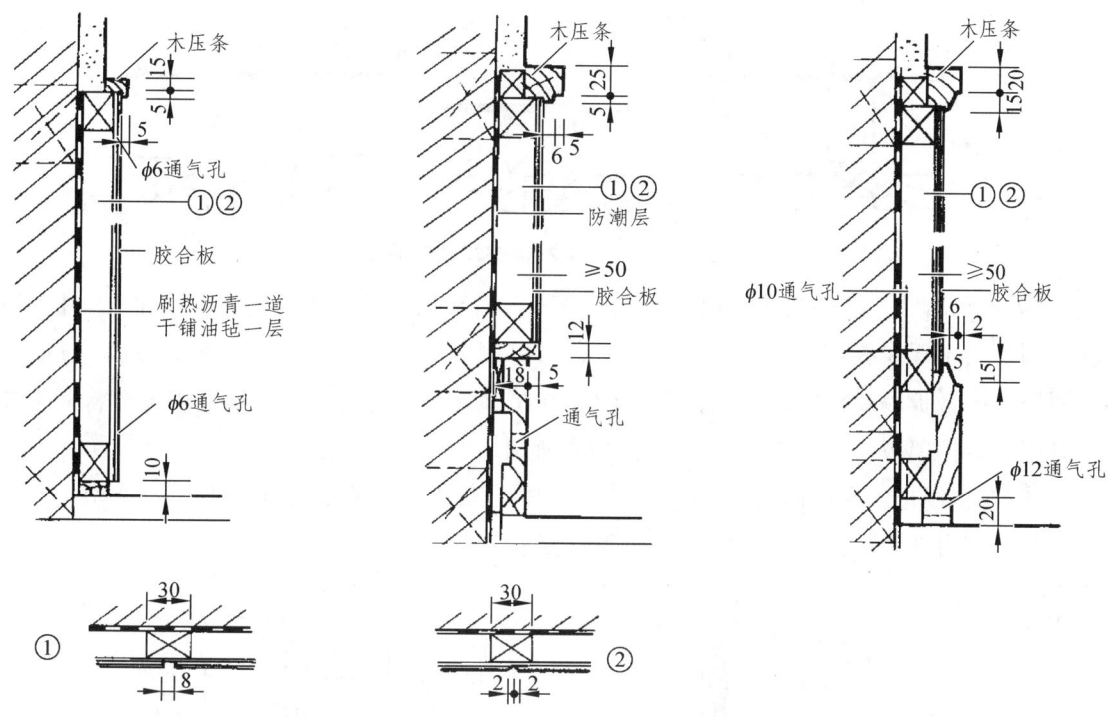

图 3-2-60 木护壁收口处理构造

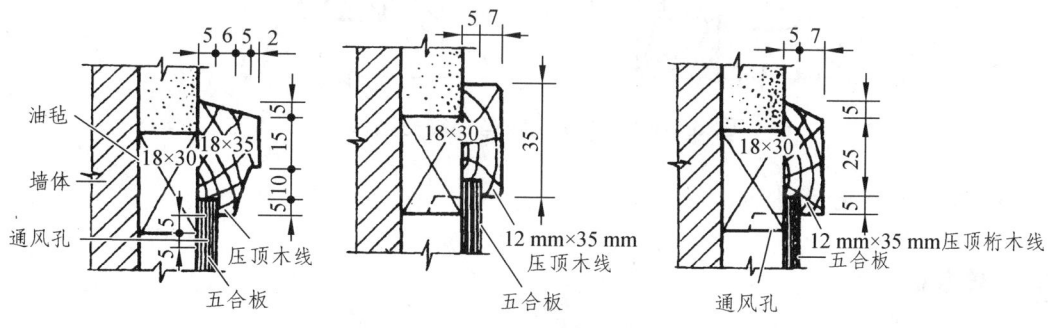

图 3-2-61 木护壁压顶构造

④ 用胶合板做护墙板不设腰带和立条时，应考虑并缝的处理方式。一般有三种方式：平缝、八字缝、装饰压线条压缝，如图 3-2-62 所示。当用实木板做护墙板时，也可采用图 3-2-63 所示的拼缝形式。

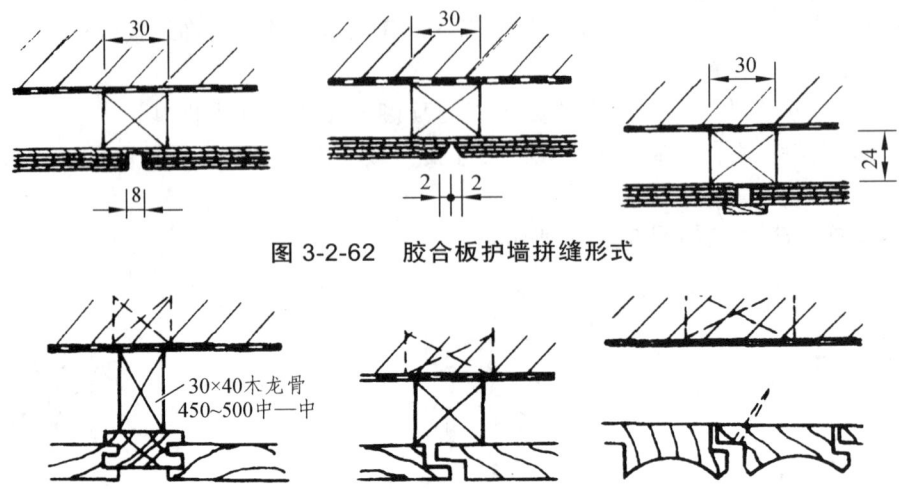

图 3-2-62　胶合板护墙拼缝形式

图 3-2-63　实木板护墙拼缝形式

⑤ 木踢脚线：踢脚线具有保护墙面、分隔墙面和地面的作用，使整个房间上、中、下层次分明。实木踢脚板用圆钉钉于木龙骨上，将钉帽砸扁，顺木纹钉入木踢脚板面 3 mm。当采用原木胶合板踢脚板时，用圆钉将胶合板钉在木龙骨上，然后再在其上用枪钉将薄木装饰板钉牢。木护墙板与踢脚板交接如图 3-2-64 所示。

⑥ 在木墙裙、木墙面的上、下部位应有 $\phi12$ mm 的通气孔；在木龙骨上也要留出竖向的通气孔，使内部水汽排出，避免木墙面受潮变形。

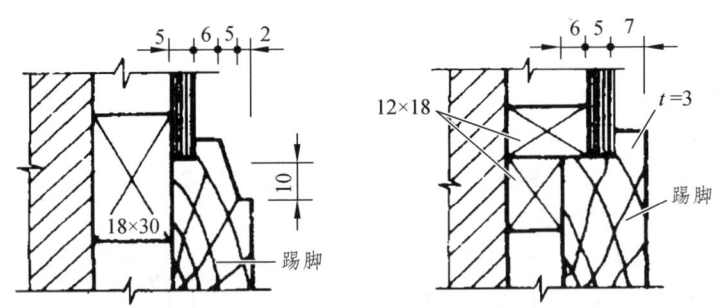

图 3-2-64　木护墙板与踢脚交接构造

10.3　其他木饰面墙面构造

10.3.1　硬木格条墙面

采用特殊断面的硬木条所做的墙面装饰，如图 3-2-65 所示。

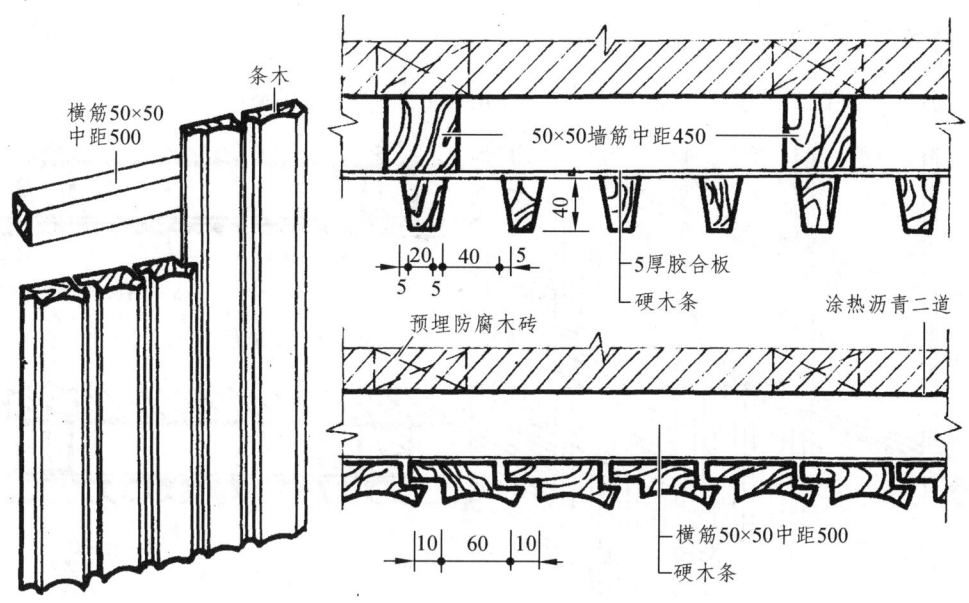

图 3-2-65 硬木格条枪挑构造示意图

10.3.2 吸声木墙面

对于有吸声要求的木护壁，可在面板上打孔，在骨架间填玻璃棉、矿棉、石棉或泡沫塑料等吸声材料，如图 3-2-66 所示。

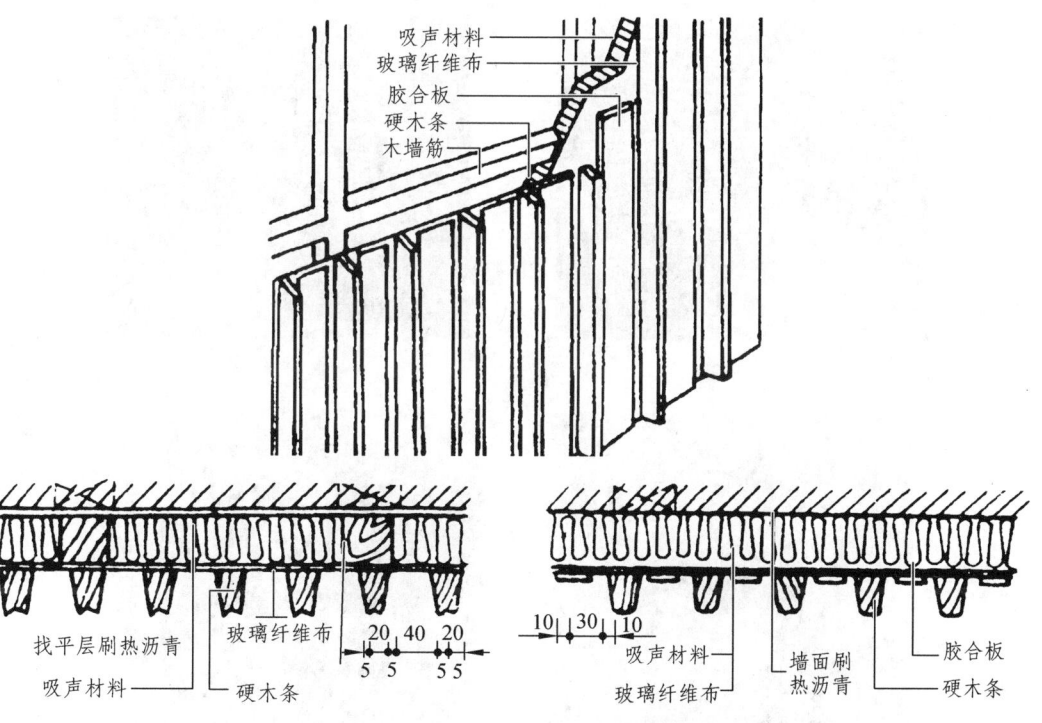

图 3-2-66 吸声木墙面构造示意图

10.3.3 竹护壁

采用圆竹或半圆竹铺钉成席纹或直纹饰面的墙面，如图 3-2-67 所示。

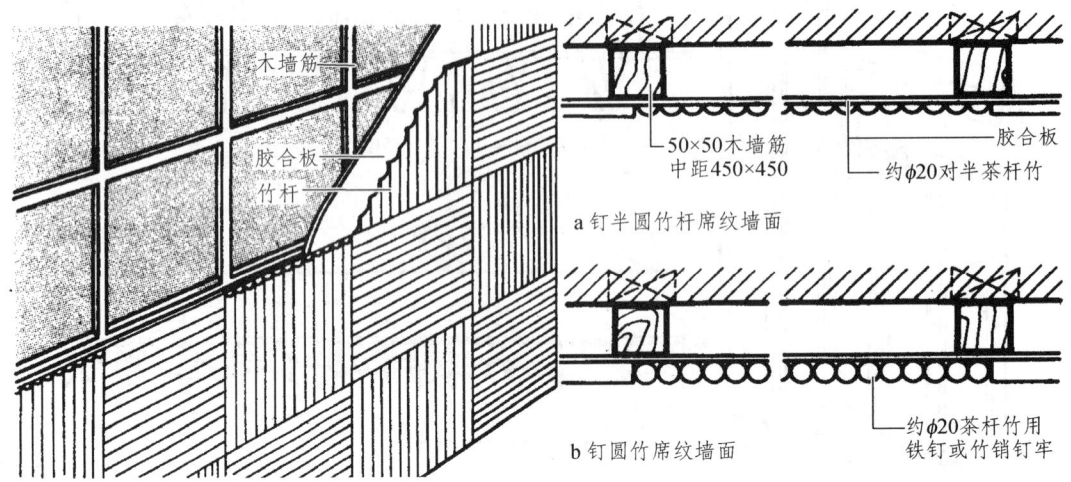

图 3-2-67 竹护壁构造示意图

10.3.4 干挂木饰面墙面

木饰面板是在工厂定型加工，现场安装，只有钢结构部分和部分板材需要现场进行修整处理的一种新型墙面装饰做法，其安装示意图如图 3-2-68 所示。

烘干面漆

板材编号

木基层定位

挂条安装

 固定挂条
 预留工艺槽
 安装工艺条
 工艺条安装效果

安装完毕后效果

图 3-2-68　木饰面干挂示意图

11 金属板饰面墙面

金属板饰面墙面实物图片见图 3-2-69。

图 3-2-69 实物图片认识

11.1 构造作法

金属板墙面所使用的饰面材料涉及彩色涂层钢板、彩色不锈钢板、镜面不锈钢板、铝合金花纹板、波纹板、压型板等,其构造作法一般为:

(1)在墙体中打膨胀螺栓或预埋件。
(2)固定金属骨架(型钢、铝管等)。
(3)固定金属薄板。
(4)密封胶嵌缝或压条盖缝。

金属板与骨架连接方式有直接固定、卡压固定等方式,如图 3-2-70、图 3-2-71 所示。

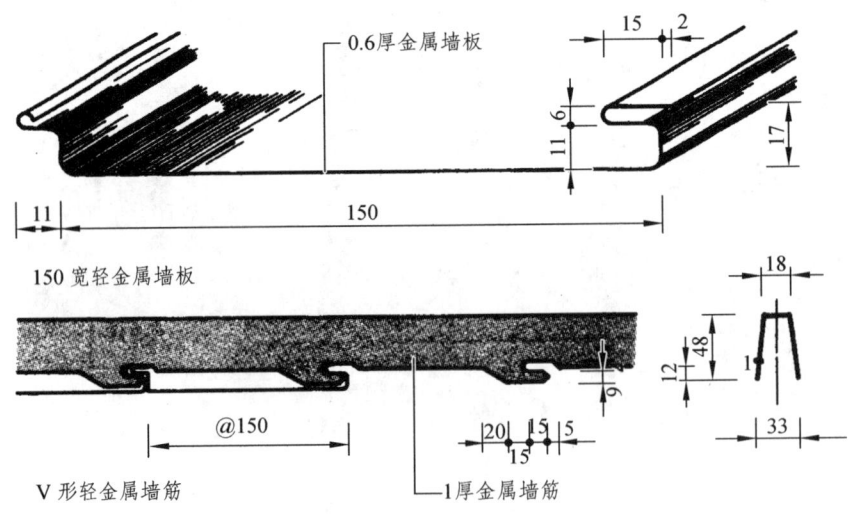

图 3-2-70 卡压固定

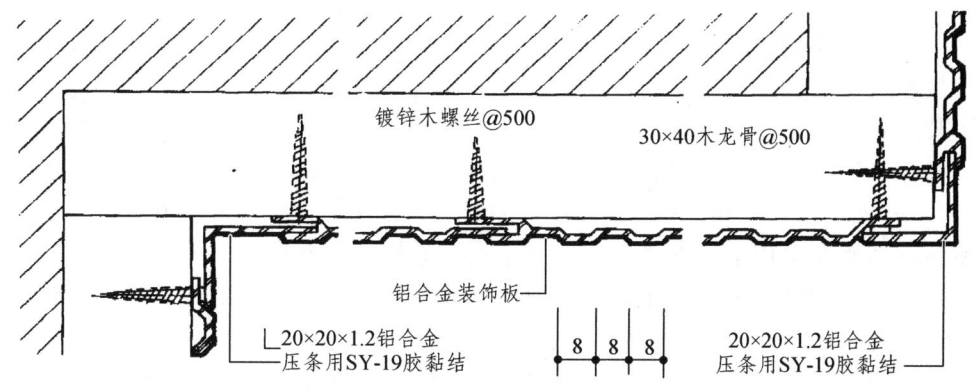

图 3-2-71 直接固定

11.2 施工工艺

11.2.1 施工准备

（1）材料准备。

金属饰面板、骨架材料（结构构件、型钢或木材）、胶合板、厚木芯板、防水密封膏、万能胶、螺钉、螺栓等。

面板、骨架材料和连接件材料、防水密封膏的规格、型号和颜色应符合设计要求。饰面板表面无划伤。饰面板应分类堆放，防止碰坏变形。检查产品合格证书、性能检测报告和进场验收记录。曲面板的弧度应用圆弧样板检查是否符合要求。

（2）施工机具准备。

电动冲击钻、手枪电钻、型材切割机、电焊机、角尺、水平尺、钢皮尺、直尺、划线铁笔、粉线袋、扳手、凿子、刮刀、截剪刀、线坠等。

（3）施工条件准备。

①主体结构预埋件设置的位置符合设计、施工要求。

②主体结构的垂直度和强度符合设计要求。

③水暖、电气管道安装符合设计要求。

④骨架和连接件应进行防腐、防火、防锈处理。

11.2.2 工艺流程

放线—固定骨架—安装金属饰面板—细部处理。

11.2.3 操作要点

金属饰面板钉接安装操作要点：

（1）放线：依照装饰设计图纸和现场实测尺寸，确定金属板支承骨架的安装位置。根据控制轴线、水平标高线，将支撑骨架安装位置准确地按设计图要求弹至主体结构上，并详细标注固定件位置。龙骨的布置方向与条形扣板的长度方向相垂直，龙骨间距尺寸按设计要求，一般竖向龙骨间距为 900 mm，横向龙骨间距为 500 mm。如果装修的墙面面积较大或安装金属方板，固定金属板的龙骨（构件）应横竖焊接成网架，放线时应依据网架的尺寸弹放。放线的同时应对主体结构尺寸进行校核，如发现较大误差应进行修理，使基层的平整度、垂直度满足骨架安装的平整度、垂直度要求。

（2）金属条形扣板的钉接安装。

① 固定骨架：当采用木龙骨时，墙面木龙骨可以是木方（30 mm×50 mm）或厚夹板条，用木楔螺钉法或直接采用水泥钢钉与墙体固定；当采用金属龙骨时，一般为建筑墙体轻钢龙骨，与主体结构的固定可采用膨胀螺栓或射钉（混凝土墙体）通过金属连接件等构造措施。

在砖墙体中可埋入带有螺栓的预制混凝土块或木砖。在混凝土墙体中可埋入 $\phi 8$ mm ~ $\phi 10$ mm 钢筋套扣螺栓，也可埋入带锚筋的铁板。所有预埋件的间距应按墙筋间距埋入。

在墙角、窗口等部位，必须设龙骨，以免端部板悬空。骨架安装质量决定金属饰面板的安装质量，安装骨架位置要准确，结合要牢固。要注意保证垂直度和平整度，同时处理好变截面、沉降、变形缝处细部。

所有骨架表面应作防锈、防腐处理，连接焊缝必须涂防锈漆。

② 安装金属条形扣板：金属条形扣板的钉接安装方式，如图 3-2-72 所示。从墙面的一端开始，第一条板材就位，将条形扣板长度方向的一个延伸边用木螺钉固定于木龙骨上，再将下一条板的扣接延伸边卡入前一条板的延伸边凹口内，将前一条板的钉件掩盖，利用金属薄板的弹性使之自行咬接严密，再用螺钉固定该条板的另一延伸边。如此逐条板顺序到位钉固、卡装、固定，直至完成全部条形扣板饰面的安装。

若采用金属龙骨时，也可采用抽芯铆钉或自攻螺钉固定金属条形扣板；若采用角钢（∟ 30 mm×3 mm）、槽钢（[25 mm×12 mm×14 mm）及工字钢等型钢建材作骨架，固定金属饰面板时应采用螺栓连接。

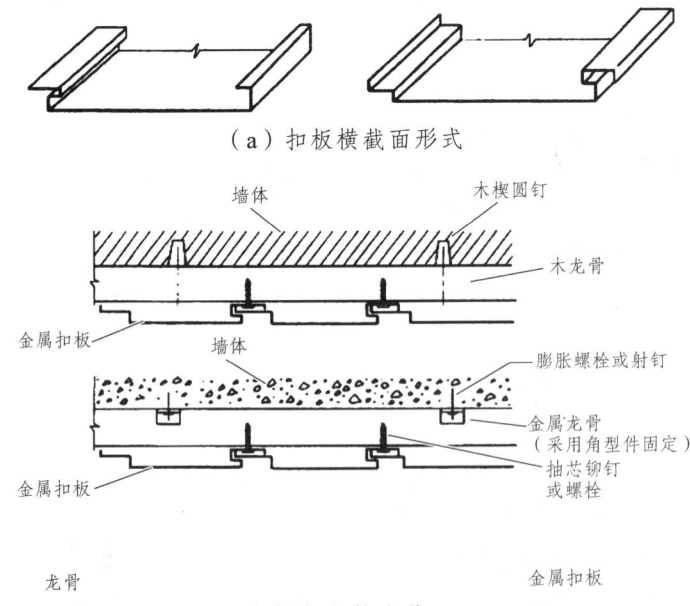

(a) 扣板横截面形式

(b) 钉接安装

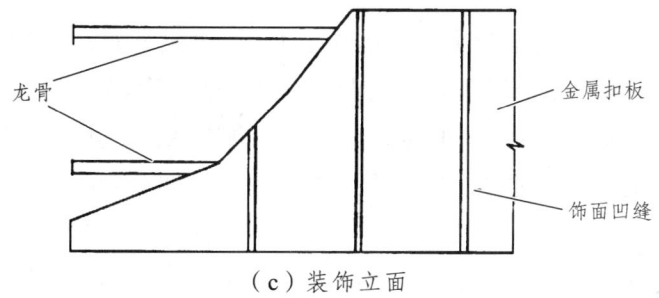

（c）装饰立面

图 3-2-72　金属条形扣板安装

（3）金属装饰墙板钉接安装。

① 固定骨架。

a. 固定角型支座：可用预埋件与结构基体连接，或是用金属胀铆螺栓将角型支座直接锚固于建筑结构基体；支座与金属骨架的连接可按设计要求的方式进行，该支座一方面与结构基体连接，同时与幕墙骨架连接。如图 3-2-73 所示。

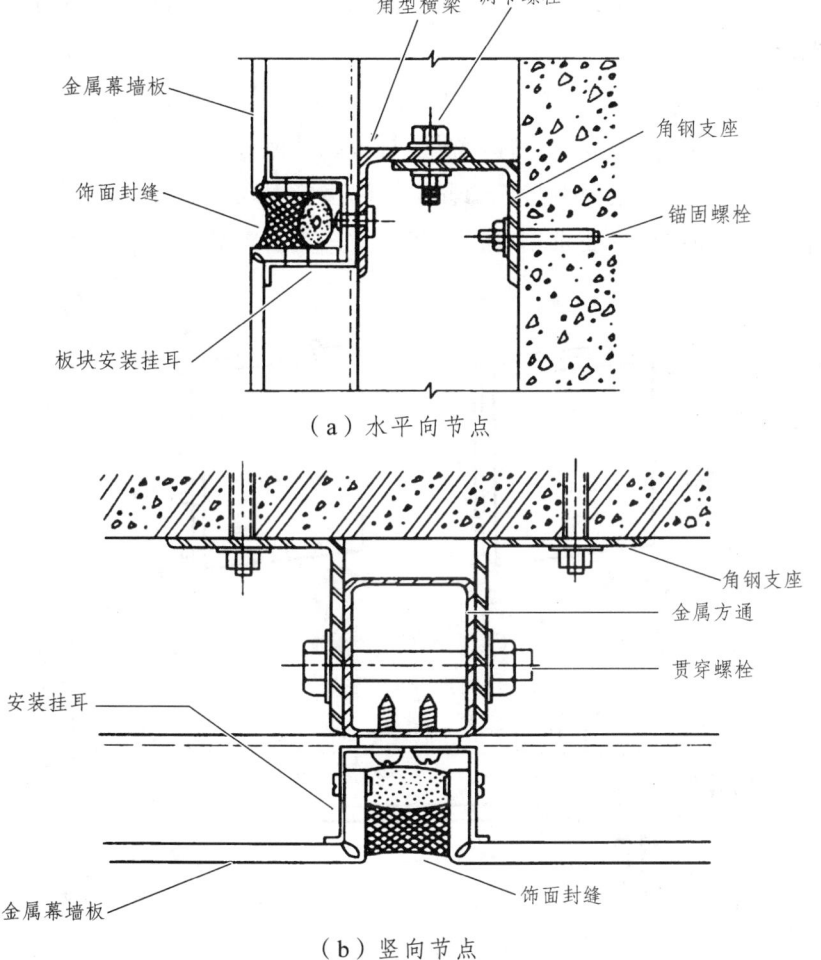

（a）水平向节点

（b）竖向节点

图 3-2-73　金属装饰墙板骨架安装示意图

b. 安装金属骨架：可采用轻钢龙骨、铝合金龙骨、型钢骨架，采用铝合金及薄壁型钢 C 型龙骨、方通，或是采用角型金属横梁，通过金属板上的挂耳固定幕墙板，同时与支座连接。骨架的安装应符合所用板材产品的具体要求，一般均规定四边固定，即要求骨架的横竖杆件均应设在板块与板块的搭接或挂耳对接边缘的中线处。骨架杆件的垂直度与水平度，应采用吊线及经纬仪贯通。

墙面骨架立柱（或称立梃、竖龙骨）在高度方向的接长，应按有关规定设置内衬套管及胀缩缝。套管(或称芯柱)与立柱的内壁密接并滑动配合,上下立柱端头之间留出不小于 15 mm 的间隙，芯柱总长度不小于 400 mm。套臂与立柱的固定，采用不锈钢贯穿螺栓。活动接头的设置部位，可与幕墙立柱同建筑结构连接的角型件相结合，即用贯穿螺栓固定下立柱的同时亦固定好角型连接件。

②金属板固定：较大面积建筑外墙饰面的轻金属墙板，根据其应用特点和方便固定的要求，一般都将其边部折弯加工出安装边，或另行加设金属成型件作安装连接件，称为挂耳，或称"直角型铝"等，如图 3-2-74 所示；施工时，可采用自攻螺钉或抽芯铆钉等紧固件将板材固定于墙体金属龙骨上。

墙面骨架经检查验收合格，即按设计规定的方式将金属墙板就位。根据幕墙骨架的材质，将金属幕墙板边的挂耳、延伸卷边、蜂窝板包封边或其他安装措施与配件用自攻螺钉、抽芯铆钉、螺钉加垫圈或螺栓等紧固件与幕墙骨架杆件连接固定，如图 3-2-74 所示。对于设计要求填充保温材料时，应按设计要求填塞，不留空隙，其材料品种、堆集密度及导热性等均应符合设计规定。

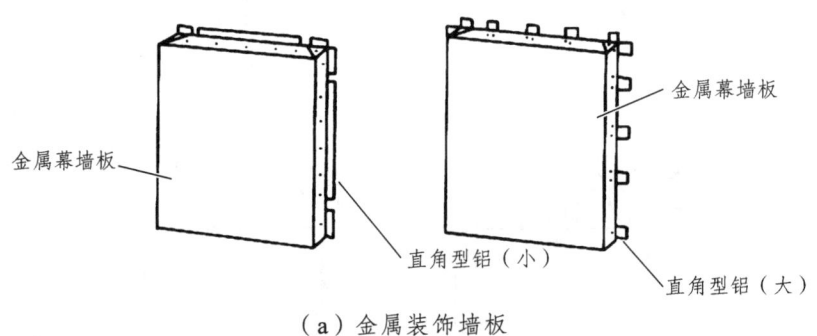

（a）金属装饰墙板

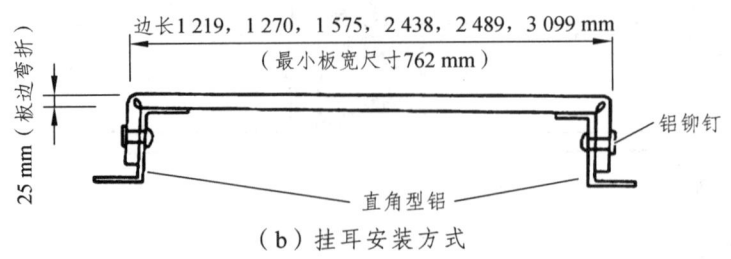

（b）挂耳安装方式

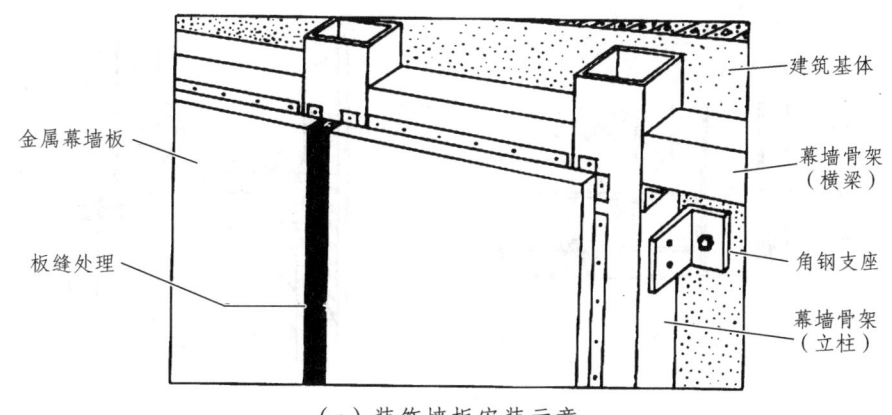

(c)装饰墙板安装示意

图 3-2-74　金属装饰墙板面板安装示意图

（4）细部处理：对于金属板装饰墙面的阳角转角板、凸出墙面部位上部平面或坡面的压顶板等特殊局部处理，包括搭接方向、流水坡度、防漏防渗、收口封边，以及各种留缝部位的嵌填、密闭等，均按设计要求的装饰构件、装饰线脚或其他做法进行施工。

① 转角收口处理：如图 3-2-75 所示，是在转角部位收口的常用做法。转角收口应用金属装饰板相同材料制作，并使收口连接板的颜色与墙面金属装饰板颜色一致。

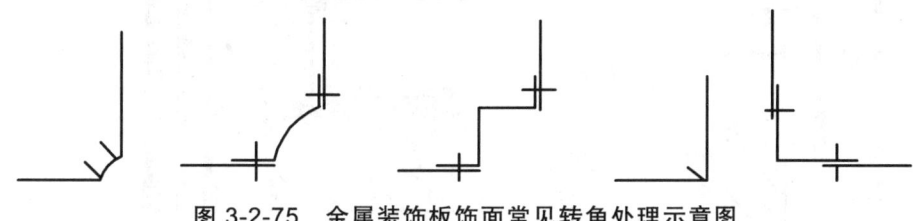

图 3-2-75　金属装饰板饰面常见转角处理示意图

② 墙面边缘部位收口处理：采用金属装饰成型板将墙板的端部及龙骨部位封住，如图 3-2-76 所示。铝合金条板转角如图 3-2-77 所示。

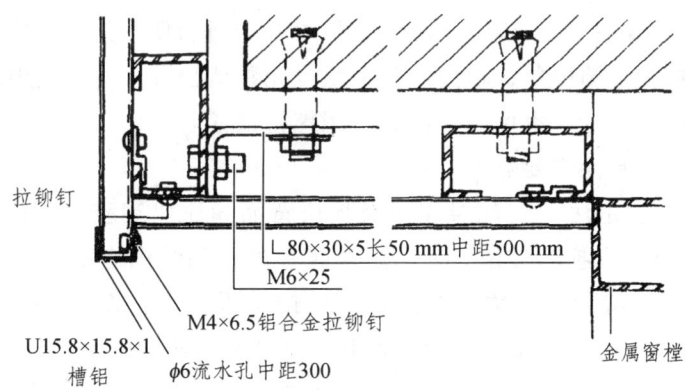

图 3-2-76　墙面端头处理构造示意图

③ 墙面下端收口处理：用一长条特制的披水板，将板的下端封住，同时将板与墙之间的间隙盖住，防止雨水渗入室内，如图 3-2-78 所示。

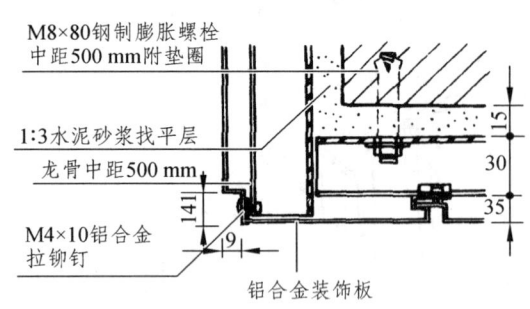
图 3-2-77 铝合金条板墙面转角处理示意图

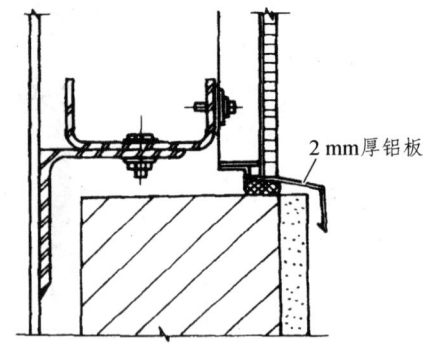
图 3-2-78 墙面下端收口构造示意图

④ 窗台、女儿墙上部收口处理：为能阻挡风雨浸透，窗台、女儿墙的上部应做水平盖板压顶处理，如图 3-2-79 所示。女儿墙上的金属盖板应做防水，即在板的接长部位用胶密封。

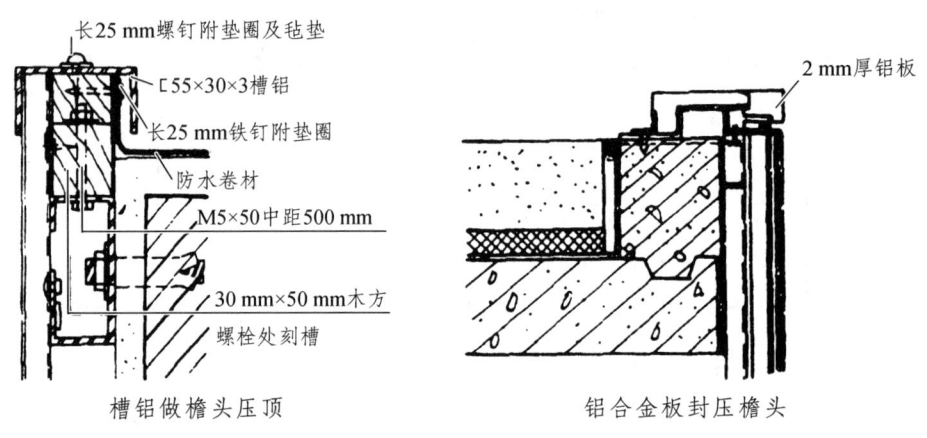

图 3-2-79 窗台、女儿墙上部收口处理构造示意图

⑤ 变形缝的收口处理：在外墙伸缩缝、沉降缝处要进行防水处理，处理方法是在较深缝隙的底部填塞聚乙烯发泡圆棒条，较浅缝隙中垫设无黏结胶带，然后使用防水耐候密封胶及硅酮结构密封胶等注胶闭缝，也可以用压板、用螺钉顶紧。

金属饰面板黏结安装操作要点：

（1）胶黏剂黏结固定法：在基层表面及板块背面满涂建筑胶黏剂或采用打梅花点胶、条形注胶或蛇形注胶等施胶的方法，对饰面金属板进行黏结固定的做法，主要适用于室内墙面的小型饰画工程，特别是包覆圆柱的贴面装饰工程。多年来最常用的施工方法是在墙面、柱面或装饰造型体表面设置木龙骨，采用预埋防腐木砖或在无预埋的基层上钻孔打入木楔，用木螺钉或普通圆钢钉将木龙骨（木方龙骨或厚夹板条龙骨）固定在基层上，然后在龙骨上固定胶合板或硬质纤维板等基面板，再于基面板上粘贴金属饰面板，如图 3-2-80 所示。

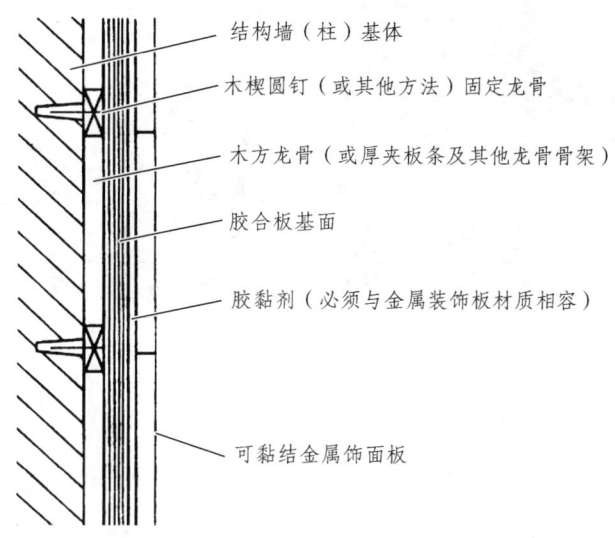

图 3-2-80　金属饰面板粘接构造示意图

（2）双面胶带黏结固定法：在建筑基层表面或装饰造型体的基面上采用泡沫质地的双面黏结胶带固定金属饰面板，应按饰面板产品所指定的双面黏结胶带品种或与板材相配套的双面黏结胶带。按金属饰面板的板块尺寸在基层上纵横设置双面黏结胶带，当饰面板的规格尺寸较大时，其胶带布置需适当加密。板材就位时，要求饰面板的四个边均应落在双面黏结胶带上，以确保黏结牢固、平整，如图 3-2-81 所示。

金属饰面板安装完毕，在易于被污染的部位，注意成品保护。可采用塑料薄膜覆盖保护；易碰、划部位，应设安全防护。

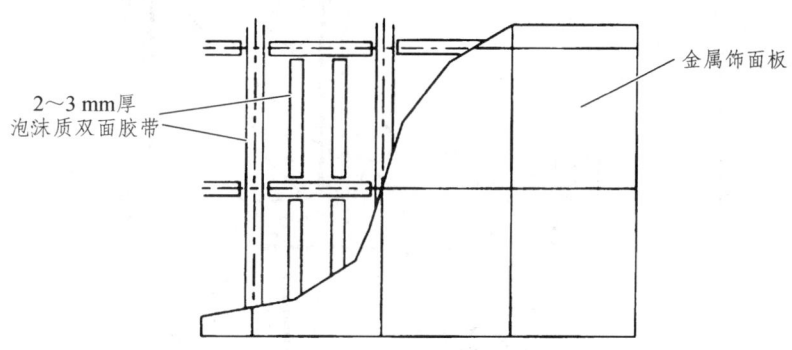

图 3-2-81　金属饰面板双面胶带粘接示意图

12　金属饰面板包柱

金属饰面板包柱实物图片见图 3-2-82。

图 3-2-82 实物图片认识

12.1 构造作法

同金属板饰面墙面，如图 3-2-83 所示为铝合金包柱构造示意图。

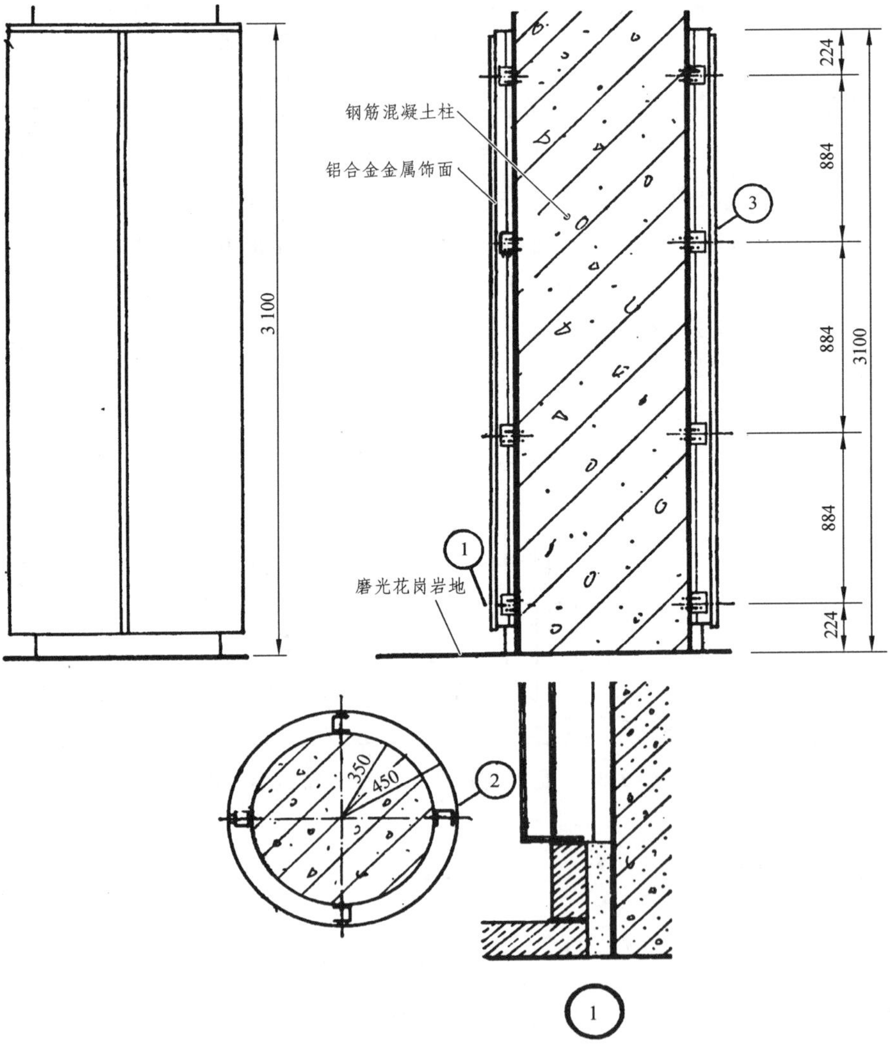

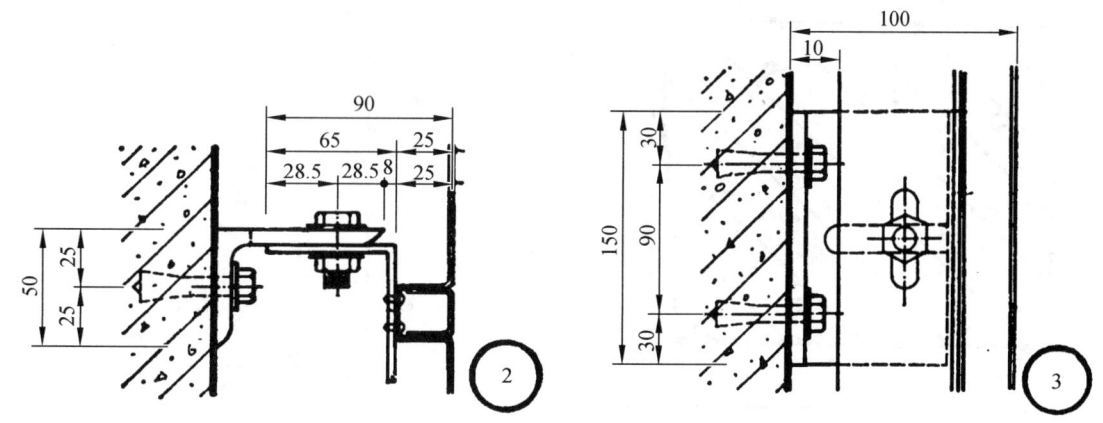

图 3-2-83 铝合金包柱构造示意图

12.2 施工工艺

12.2.1 施工准备

金属饰面板主柱施工准备同金属板饰面墙面。

12.2.2 工艺流程

放线—制作、安装骨架—安装衬板—安装不锈钢饰面板—板缝处理—抛光。

12.2.3 操作要点

（1）放线：在拟装修的柱上弹放所需要的标高线（地面标高、顶棚标高）和位置线（方柱或圆柱）。放线前应检查结构柱位置、标高是否准确，并根据现场情况，通过剔凿或调整轴线消除结构施工中产生的尺寸误差。方柱装饰成圆柱一般用切圆法放线。

① 确立方柱基准底框：测量方柱的底边尺寸，找出最长的一条边；以该边为边长，用直角尺在方柱底画出一个正方形。该正方形即基准方框，如图 3-2-84 所示，并标出正方形各边中点。

② 制作圆弧样板：在一张三合板上，以设计的装饰圆柱的半径画一个半圆，再以基准底框边长的 1/2 为长度，画一条平行于半圆直径的平行线，然后沿这条"平行线"和半圆弧裁割，得到的圆弧板，就是装饰圆柱的圆弧样板，如图 3-2-85 所示，标出圆弧样板的弦边中点。

③ 画装饰柱圆周线：以圆弧样板的弦边，分别靠住方柱基准底框的四条边，将样板弦边的中点对准基准方框边的中心，沿样板的圆弧边画线，依次画完基准底框的四边，得到装饰圆柱的圆周外形——底圆。顶面的圆用同样的方法绘制，绘制时应用吊垂线法来确保上下圆弧线在同一个垂直的圆柱面内。

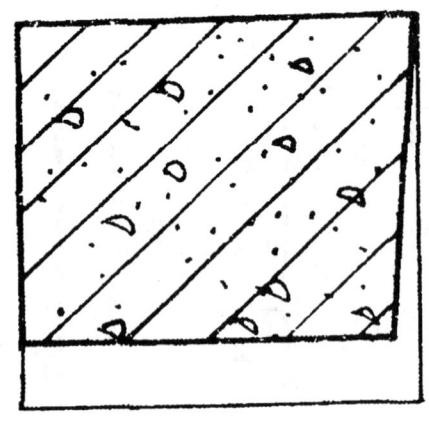
图 3-2-84 方柱基准底框

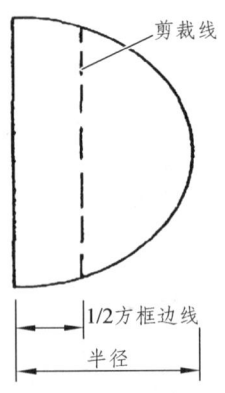
图 3-2-85 圆弧样板示意图

（2）制作、安装骨架：金属板饰面柱的柱体骨架结构的制作工序：竖向龙骨定位固定—横向龙骨与竖向龙骨连接组框—骨架与结构柱连接固定—骨架形体校正。

金属包柱柱面的骨架有木骨架、铁骨架和钢木混合骨架三种。

第一种：木骨架用方木和多层胶合板连接成框架，适用于室内体量较小的柱。

第二种：铁骨架用角钢加工焊接而成，其衬底亦采用钢板衬，适用于室外大体量柱。

第三种：钢木混合骨架用角钢焊接骨架，用原木胶合板作衬板，适用于室内体量较大的柱。

① 竖向龙骨定位固定：在画好装饰柱底圆与顶面的圆弧线后，从顶面线向底面线吊垂线，以垂线为基准，在顶面与地面之间竖起竖向龙骨，校正好位置后，用膨胀螺栓或射钉分别在顶面和底面的建筑结构基体上将连接件固定，再将竖向龙骨与连接件焊接或用螺钉固定，如图 3-2-86 所示。

② 横向龙骨制作：需制作横向龙骨的装饰柱，主要是圆形或半圆形等弧形柱，方形柱主要根据竖龙骨分档间距下料。在弧形柱中，横向龙骨既是龙骨的支撑件，又起着造型作用。

a. 木质横向龙骨制作：木质横向龙骨一般用 15 mm 厚多层胶合板制作。在胶合板上按所需的圆弧半径画弧，在圆弧半径上以减去横向龙骨的宽度后的尺寸为半径画弧，如图 3-2-87 所示，然后用电动直线锯按线锯割出横向龙骨。为节省材料，可在一张多层胶合板上，排列画出若干横向龙骨后，再锯割。横向龙骨的厚度一般为 45~60 mm，可用若干个横向龙骨叠加而成。

b. 铁制横向龙骨制作：在铁骨架中，横向龙骨可用扁铁制作，将扁铁比照模具弯曲加工、成型即可。

③ 横向龙骨与竖向龙骨连接。

a. 木龙骨架：连接前在装饰柱的柱顶与地面布置拉、吊若干控制装饰柱形体的垂线和水平线，以控制圆柱圆度和垂直度。依据控制线将横向龙骨置于两竖向龙骨间，横向龙骨之间的间隔距离通常为 300 mm 或 400 mm 左右。连接方法有对接钉接法和槽口钉接法，如图 3-2-88 所示。对接钉接是用铁钉斜向钉入对接好的横向龙骨与竖向龙骨。槽口钉接是在横向、竖向龙骨上分别开出半槽,两龙骨在槽口处对槽加钉。

b. 钢龙骨架:竖向龙骨与横向龙骨的连接为焊接,焊点与焊缝不得在柱体框架的外表面,否则将影响柱体表面安装的平整性。

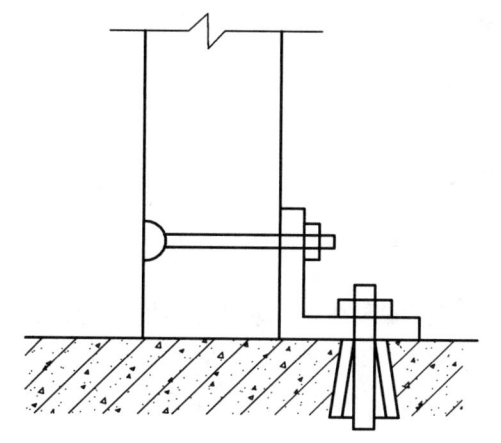

图 3-2-86　竖龙骨固定示意图　　　　图 3-2-87　圆弧形横向龙骨制作示意图

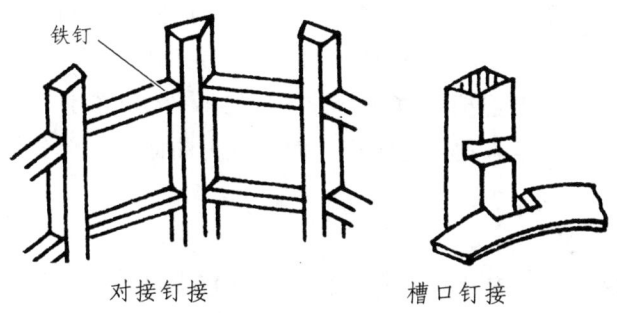

图 3-2-88　木龙骨架连接示意图

c. 混合龙骨架:竖向龙骨同钢龙骨架一样,采用角钢焊接组成。柱体边长或直径小于 300 mm,高度小于 3 000 mm,可选用 L30 mm×30 mm×3 mm ~ L 50 mm×50 mm×5 mm 的角钢;高于 3 000 mm 的柱体采用角钢的规格尺寸应适当加大。横向龙骨若采用角钢,规格尺寸比竖向角钢可小些。焊接好钢骨架后,采用方木作钢木的衔接体,方木的断面一般为 30 mm × 30 mm。将四面刨平的方木紧贴角钢的边,用手电钻钻出 $\phi 6.5$ mm 的孔,钻孔时一并将木方连同角钢同时钻通,然后用 M6 的平头长螺栓把方木固定在角钢上。紧固的同时,应校正方木安装的精确性。

④ 骨架与柱体连接:通常用支撑杆件(方木或角钢制作)将柱体骨架与结构柱体固定和连接,支撑件的一端用膨胀螺栓或射钉与结构固定,另一端与柱体骨架钉接或焊接,支撑件的层间距为 800 ~ 1 000 mm,如图 3-2-89 所示。

支撑件的一端骨架结构采用钢骨架时,竖向龙骨可用角钢或槽钢,横向龙骨采用扁钢加工,横向龙骨与竖向龙骨之间焊接,注意其焊点和焊缝均不能在柱体框架的外表面。

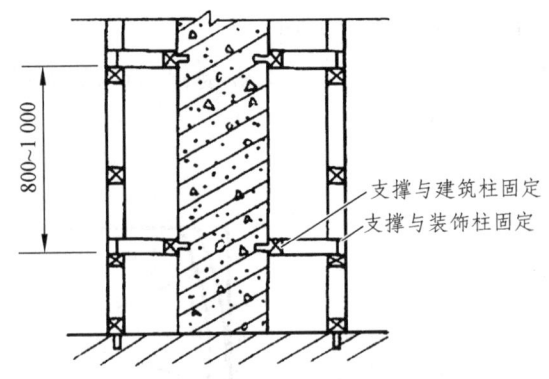

图 3-2-89 支撑杆的连接固定示意图

⑤ 骨架形体校正：柱体骨架与结构固定之后，为保证安装质量，应对柱体框架的歪斜度、不圆度、不方度和龙骨之间的平整度进行检查，不平的地方要进行修边处理。

a. 倾斜度检查：用吊垂线方法检查修正柱体垂直度，每根柱至少垂吊四个点。柱高 3000 mm 以下，允许偏差在 3 mm 以内；柱高 3000 mm 以上，允许偏差在 6 mm 以内。

b. 圆度检查：用吊垂线方法检查柱体骨架的不圆度。将圆柱上下边用垂线相连，用尺测量柱体骨架表面与垂线的缝隙宽度来判定柱体骨架是否凸肚或内凹，其允许偏差为 ±3 mm。

c. 方度检查：用直角铁尺测量检查方柱的四角，允许偏差不大于 3 mm。

d. 平整修边：对柱体骨架连接部位和龙骨本身的不平处进行修平处理，便于保证铺装衬板的质量。对于曲面柱体中竖向龙骨要修边，使之成为曲面的一部分。

（3）安装衬板。

① 木胶合板衬板安装。

常用厚木胶合板做衬板，安装方法有两种：一是直接钉接在骨架的木方上，另一种是安装在角钢骨架上。

直接将厚木胶合板用螺栓固定在钢骨架上的做法：切割好厚胶合板（一般为 12 mm 厚），将胶合板紧贴在钢骨架上，用手电钻将对好位置的胶合板与角钢一并钻通，用等于螺栓头直径的钻头在厚胶合板上刻窝，在孔内穿入螺栓固定。固定时，螺栓头必须沉入板面以下 2~3 mm，常用螺栓为 M4~M6。

②钢板衬板的安装。

体量较大的不锈钢圆柱的衬板，应用钢板做衬板才有足够的刚度。钢衬板一般用厚为 2 mm 的钢板在车间轧制。轧制前应根据圆柱的直径和高度经计算后，将衬板分为若干段和 1/2 或 1/3 或 1/4 的圆弧，再加工。柱状弧形钢板轧制好以后，体积量大的还应安装连接销，然后运到现场组装，并焊接在钢骨架上。

（4）安装金属饰面板（以安装不锈钢饰面板为例）。

① 方柱面（墙面）上安装不锈钢板：在胶合板基层面上用万能胶把不锈钢板面粘贴在胶合板基层上，在转角处用不锈钢型材封边，并用硅酮胶封口，如图 3-2-90 所示。

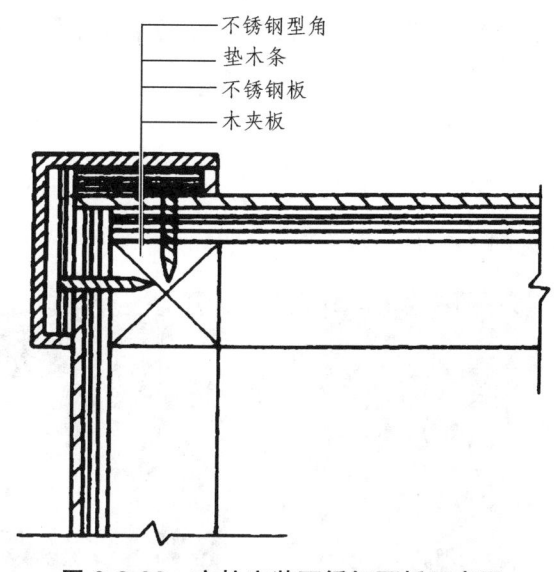

图 3-2-90　方柱安装不锈钢面板示意图

② 圆柱面上安装不锈钢板：通常是将不锈钢板按设计要求加工成曲面。一个圆柱面一般由两片或三片不锈钢曲面组装而成。安装的关键在片与片间衔接处。安装方式有直接卡口式和嵌槽压口式两种，如图 3-2-91 所示。

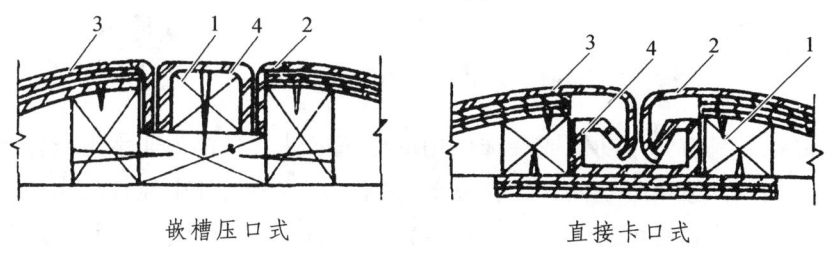

嵌槽压口式　　　　直接卡口式

图 3-2-91　圆柱安装不锈钢面板示意图

1—垫木；2—不锈钢板；3—木夹板；4—不锈钢槽条

（5）板缝处理。

不锈钢嵌槽压口：将不锈钢板在对口处的凹部用螺钉或铁钉固定，再用一条宽度小于凹槽的木衬条固定在凹槽中间，两边空出的间隙相等，宽度约 1 mm。在木衬条上涂胶黏剂，不锈钢槽条内面也涂薄薄一层胶液，待胶面不粘手时，将不锈钢槽条嵌入木条，如图 3-2-91 所示。木衬条尺寸的准确和安装位置的精确，将直接影响镜面不锈钢柱面的质量。木衬条安装前，应先与不锈钢槽条试配，配合应松紧适度，形状准确。木衬条的高度一般不大于不锈钢槽内深度加 0.5 mm。

不锈钢直接卡口：在两片不锈钢板对口处的凹部，安装一个不锈钢卡口槽，卡口槽固定在龙骨架上，然后在木夹板基层上涂刷万能胶，将不锈钢板一端的弯钩钩入卡口槽内，再用力按板的另一端，利用金属板本身的弹性，将其卡入卡入口槽内，如图 3-2-91 所示。最后用手轻轻将不锈钢板压向木基层，使其紧贴在基层上。安装时切忌用铁锤敲打不锈钢饰面，以免造成凹痕，影响装饰效果。

（6）柱面抛光：不锈钢饰面板安装完毕后，将保护层掀掉，并用绒轮抛光机对饰面进行抛光，直至光彩照人为止。

13 隔墙与隔断

隔墙与隔断实物图片见图 3-2-92。

玻璃隔墙　　　　　　　　　　　　　　中式木隔断

图 3-2-92　实物图片认识

隔墙与隔断都是具有一定功能或装饰作用的建筑配件，且都为非承重构件。隔墙与隔断的主要功能是分隔室内或室外空间，设置隔墙与隔断是装饰设计中经常运用的对环境空间重新分割和组合、引导与过渡的重要手段。在构造上，隔墙和隔断要自重轻、厚度薄，且刚度要好。隔墙与隔断的区别见表 3-2-3。

表 3-2-3　隔墙与隔断的区别

项目	隔墙	隔断
高度	隔墙高度是到顶的	隔断高度可到顶或不到顶
分隔程度	完全分隔空间	似隔非隔
分隔要求	隔声、阻隔视线，且防潮、防火	有一定通透性，并有空间的视线交流
灵活性	一经设置便不可更改，不能经常变动	容易拆除，灵活性大、可随时分隔空间

隔墙、隔断的形式目前常见的有立筋式、板材式、砌块式以及配件式等，本部分内容以典型的举例来说明隔墙、隔断的构造作法和施工技术。

13.1 木龙骨隔墙与隔断

13.1.1 构造作法

木龙骨构造有大木方结构和小木方结构两种形式,如图 3-2-93 所示为大木方结构形式,如图 3-2-94 所示为小木方结构形式。

图 3-2-93 大木方结构骨架形式

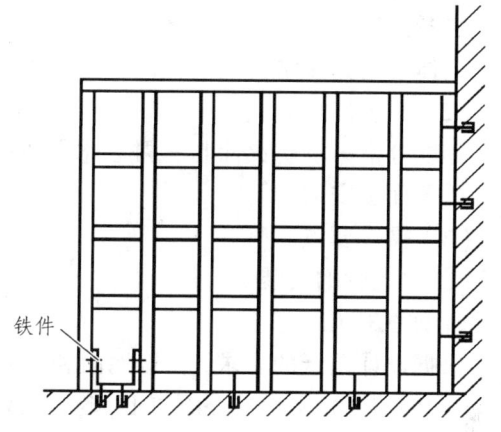

图 3-2-94 小木方结构骨架形式

(1)大木方结构。

这种结构的木隔断墙,通常用 50 mm×80 mm 或 50 mm×100 mm 的大木方制作主框架,框体的规格为 500 mm×500 mm 左右的方框架或 5000 mm×800 mm 左右的长方框架,再用 4~5 mm 厚的木夹板作为基面板。这种结构多用于墙面较高较宽的木龙骨隔断墙。

(2)小木方双层结构。

为了使木隔断墙有一定的厚度,常用 25 mm×30 mm 的带凹槽木方做成两片龙骨的框架,每片规格为 300 mm×300 mm 或 400 mm×400 mm,再将两个框架用木方横杆相连接。这种结构适用于宽度为 150 mm 左右的木龙骨隔断墙。

(3)小木方单层结构。

这种结构常用 25 mm×30 mm 的带凹槽木方组装,常用的框架规格为 300 mm×300 mm。此种结构的木隔断墙多用于高度在 3 m 以下的全封隔断或普通半高矮隔断。

13.1.2 施工工艺

(1)施工准备。

① 材料准备和要求。

骨架:一般可选用松木或杉木,含水率不超过规定的允许值,并经过防腐、防虫、防火处理。

面材:胶合板、纤维板、刨花板、细木工板、企口板。

紧固材料:圆钉、木螺丝、射钉、膨胀螺丝。

② 施工机具准备。

电动锯、小台刨、手电钻、电动气泵、冲击钻、木刨、扫槽刨、线刨、锯、斧、锤、螺丝刀、摇钻、钉枪、线坠、靠尺、直尺等。

③ 施工条件准备。

主体结构已验收，屋面已完成防水层，吊顶龙骨架安装完毕；

室内弹出+50 cm 标高线；

熟悉图纸；

主体结构为砖结构墙、柱时，按 100 cm 间距预埋防腐木砖。

（2）工艺流程。

弹线分格—刷防火涂料—拼装木龙骨架—木骨架在墙、地、顶上的固定—电器底座安装—轻质罩面板安装。

（3）操作要点。

① 木龙骨的安装。

a. 弹线打孔。

根据设计图纸的要求，在楼地面和墙面上弹出隔墙的位置线（中心线）和隔墙厚度线（边线）。同时按 300～400 mm 的间距确定固定点的位置，用直径 7.8 或 10.8 mm 的钻头在中心线上打孔，孔深 45 mm 左右，向孔内放入 M6 或 M8 的膨胀螺栓。

注意打孔的位置与骨架竖向木方错开位。如果用木楔铁钉固定，就需打出直径 20 mm 左右的孔，孔深 50 mm 左右，再向孔内打入木楔。

b. 固定木龙骨。

固定木龙骨的方式有多种。为保证装饰工程的结构安全，在室内装饰工程中，通常遵循不破坏原建筑结构的原则进行龙骨的固定。木龙骨的固定，一般按以下步骤进行：

固定木龙骨的位置，通常是在沿地、沿墙、沿顶等处。

在固定木龙骨前，应按对应地面和顶面的隔墙固定点的位置，在木龙骨架上画线，标出固定点位置，进而在固定点打孔，打孔的直径略微大于膨胀螺栓的直径。

对于半高矮隔墙来说，主要靠地面固定和端头的建筑墙面固定。如果矮隔断墙的端头处无法与墙面固定，常采用铁件来加固端头处。加固部分主要是地面与竖向方木之间。

c. 木骨架与吊顶的连接。

在一般情况下，隔墙木骨架的顶部与建筑楼板底的连接可有多种选择，采用射钉固定联结件，或采用膨胀螺栓，或采用木楔圆钉等做法均可。

对于不设开启门扇的隔墙，当其与铝合金或轻钢龙骨吊顶接触时，只要求与吊顶面间的缝隙要小而平直，隔墙木骨架可独自通过吊顶内与建筑楼板以木楔圆钉固定。当其与吊顶的木龙骨接触时，应将吊顶木龙骨与隔墙木龙骨的沿顶龙骨钉接起来，如果两者之间有接缝，还应垫实接缝后再钉钉子。

对于设有开启门扇的隔墙，考虑到门的启闭振动及人的往来碰撞，其顶端应采取较牢靠的固定措施，一般做法是其竖向龙骨穿过吊顶面与建筑楼板底面固定，需采用斜角支撑。斜角支撑的材料可以是方木，也可以是角钢，斜角支撑杆件与楼板底面的夹角以 60°为宜。斜角支撑与基体的固定方法，可用木楔铁钉或膨胀螺栓，如图 3-2-95 所示。

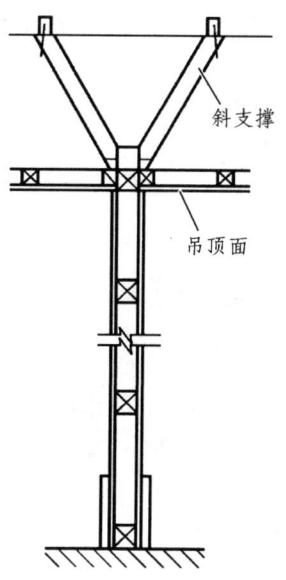

图 3-2-95 带门隔墙与顶棚连接示意图

② 板材固定。

木龙骨隔断墙的饰面基层板，通常采用木夹板、中密度纤维板等木质板材。

木龙骨隔断墙上固定木夹板的方式，主要有明缝固定和拼缝固定两种。

明缝固定是在两板之间留一条有一定宽度的缝隙，当施工图无明确规定时，预留的缝宽以 8～10 mm 为宜。如果明缝处不用垫板，则应将木龙骨面刨光，使明缝的上下宽度一致。在锯割木夹板时，用靠尺来保证锯口的平直度与尺寸的准确性，锯完后用 0 号木砂纸打磨修边。

拼缝固定时，要求木夹板正面四边进行倒角处理（边倒角为 45°）。其钉板的方法是用 25 mm 枪钉或铁钉，把木夹板固定在木龙骨上。要求布钉要均匀，钉距掌握在 100 mm 左右。通常 5 mm 厚以下的木夹板用 25 mm 钉子固定，9 mm 厚左右的木夹板用 30～35 mm 的钉子固定。

对钉入木夹板的钉头，有两种处理方法：一种是先将钉头打扁，再将钉头打入木夹板内；另一种是先将钉头与木夹板钉平，待木夹板全部固定后，再用尖头冲子逐个将钉头冲入木夹板平面以内 1 mm。

③ 木隔墙门窗施工。

木隔墙的门框是以门洞口两侧的竖向木龙骨为基体，配以挡位框、饰边板或饰边线组合而成的。传统的大木方骨架的隔墙门洞竖龙骨断面大，其挡位框的木方可直接固定于竖向木龙骨上。对于小木方双层构架的隔墙，由于其木方断面较小，应该先在门洞内侧钉固 12 mm 厚的胶合板或实木板之后，才可在其上固定挡位框。

如若对木隔墙门的设置要求较高，其门框的竖向木方应具有较大断面，并须采取铁件加固法，如图 3-2-96 所示，这样做可以保证不会由于门的频繁启闭振动而造成隔墙的颤动或松动。

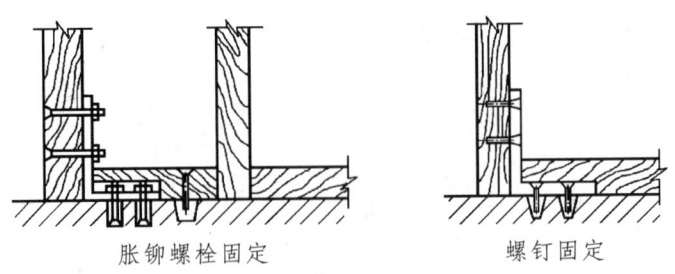

图 3-2-96 木隔墙门框采用铁件加固的构造示意图

木隔断中的窗框是在制作木隔断时预留出的，然后用木夹板和木线条进行压边或定位。木隔断墙的窗有固定式和活动窗扇式，固定窗是用木条把玻璃定位在窗框中，活动窗扇式与普通活动窗基本相同。

13.2 轻钢龙骨隔墙

13.2.1 构造作法

不同类型、不同规格的轻钢龙骨，可以组成不同的隔墙骨架构造，如图 3-2-97 所示为常规轻钢龙骨布置示意图。一般是用沿地、沿顶龙骨与沿墙、沿柱龙骨（用竖龙骨）构成隔墙边框，中间立若干竖向龙骨，它是主要承重龙骨。有些类型的轻钢龙骨，还要加通贯横撑龙骨和加强龙骨；竖向龙骨间距根据石膏板宽度而定，一般在石膏板板边、板中各放置一根，间距不大于 600 mm；当墙面装修层质量较大，如贴瓷砖，龙骨间距不大于 420 mm 为宜；当隔墙高要增高，龙骨间距亦应适当缩小。

轻质隔墙有限制高度，它是根据轻钢龙骨的断面、刚度和龙骨间距、墙体厚度、石膏板层数等方面的因素而定。

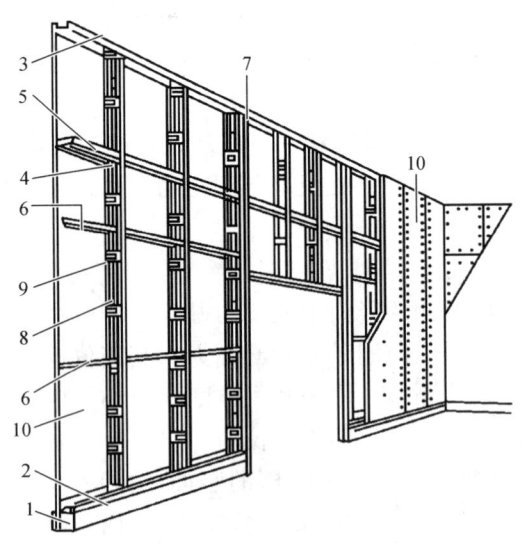

图 3-2-97 轻钢龙骨隔墙布置示意图

1—混凝土踢脚座；2—沿地龙骨；3—沿顶龙骨；4—竖龙骨；5—横撑龙骨；6—通贯横撑龙骨；
7—加强龙骨；8—贯通孔；9—支撑卡；10—石膏板

轻钢龙骨隔墙一般构造说明：

① 沿地龙骨、沿顶龙骨、沿墙龙骨和沿柱龙骨，统称为边框龙骨。边框龙骨和主体结构的固定，一般采用射钉法，即按间距不大于 1 m 打入射钉与主体结构固定，也可以采用电钻打孔打入膨胀螺栓或在主体结构上留预埋件的方法固定（如图 3-2-98 所示）。竖龙骨用拉铆钉与沿地龙骨和沿顶龙骨固定（如图 3-2-99 所示），也可以采用自攻螺钉或点焊的方法连接。

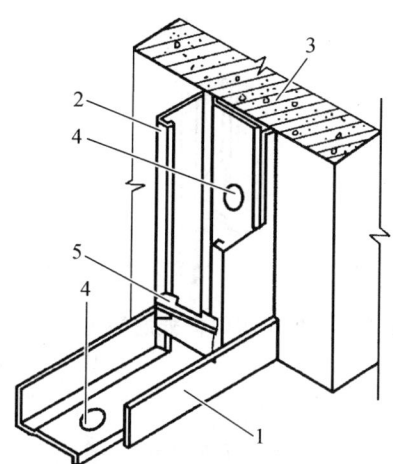

图 3-2-98　沿地、沿墙龙骨与墙、地固定示意图

1—沿地龙骨；2—竖向龙骨；3—墙或柱；4—射钉及垫圈；5—支撑卡

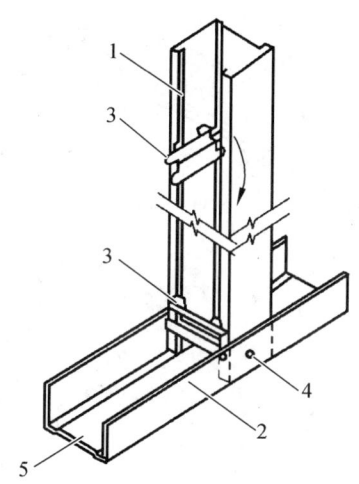

图 3-2-99　竖向龙骨与沿地龙骨固定示意图

1—竖向龙骨；2—沿地龙骨；3—支撑卡；4—铆孔；5—橡皮条

② 门框和竖向龙骨的连接，根据龙骨类型不同有多种做法，有采取加强龙骨与木门框连接的做法，也有将木门框两侧框向上延长，插入沿顶龙骨，然后固定于沿顶龙骨和竖龙骨上的，也可采用其他固定方法（如图 3-2-100 所示）。

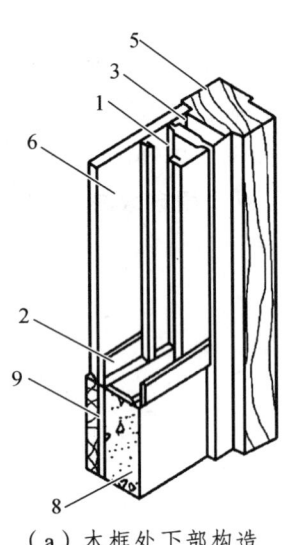 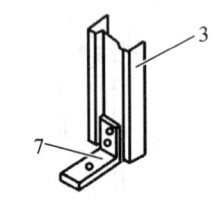 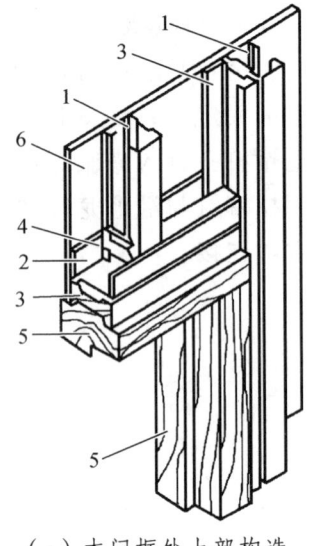

（a）木框处下部构造　　（b）用固定件与加强龙骨连接　　（c）木门框处上部构造

图 3-2-100　木门框处的构造示意图

1—竖向龙骨；2—沿地龙骨；3—加强龙骨；4—支撑卡；5—木门框；6—石膏板；
7—固定件；8—混凝土踢脚座；9—踢脚板

③ 圆曲面隔墙墙体的构造，应根据曲面要求将沿地龙骨、沿顶龙骨切锯成锯齿形，固定在顶面和地面上，然后按较小的间距（一般为 150 mm）排立竖向龙骨（如图 3-2-101 所示）。

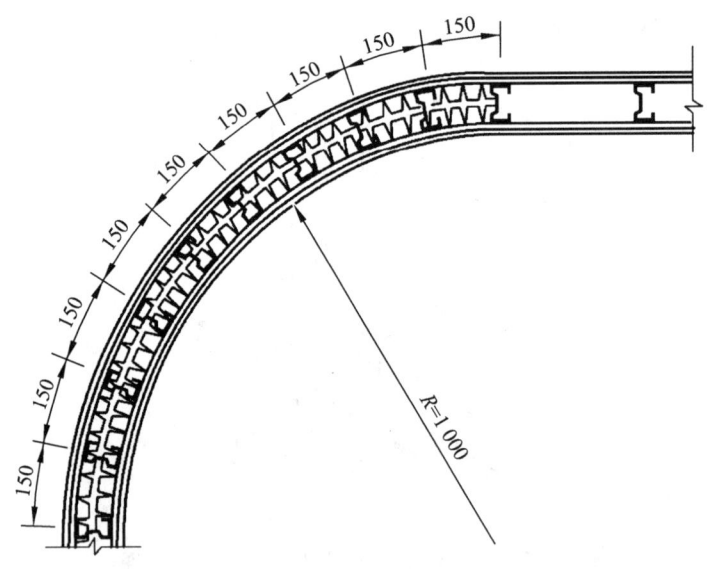

图 3-2-101　圆曲面隔墙轻钢龙骨构造示意图

④ 为增强隔墙轻钢骨架的强度和刚度，每道隔墙应保证最少设置一条通贯龙骨，通贯龙骨穿通竖龙骨而在隔墙骨架横向通长布置。图 3-2-102 为通贯龙骨与竖龙骨以支撑卡锁紧相交的构造示意。通贯龙骨横穿隔墙的全宽，如果隔墙的宽度较大，势必采取接长措施，图 3-2-103 为通贯龙骨使用连接件（接长件）进行接长的示意。

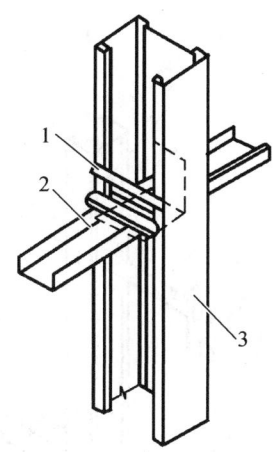 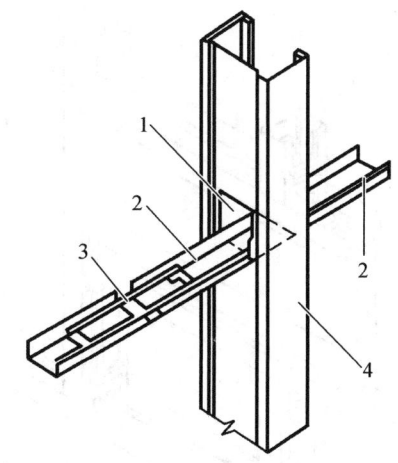

图 3-2-102　通贯龙骨与竖龙骨的连接　　　　图 3-2-103　通贯龙骨的接长

1—支撑卡；2—通贯龙骨；3—竖龙骨　　　1—贯通孔；2—通贯龙骨；3—通贯龙骨连接件；
　　　　　　　　　　　　　　　　　　　　　4—竖龙骨（或加强龙骨）

⑤ 隔墙龙骨在组装时，竖龙骨与横向龙骨（除通贯龙骨作横向布置外，往往需要设置加强龙骨）相交部位的连接采用角托（如图 3-2-104 所示）。

对于轻钢龙骨隔墙内装设的配电箱和开关盒的构造作法，如图 3-2-105 所示。

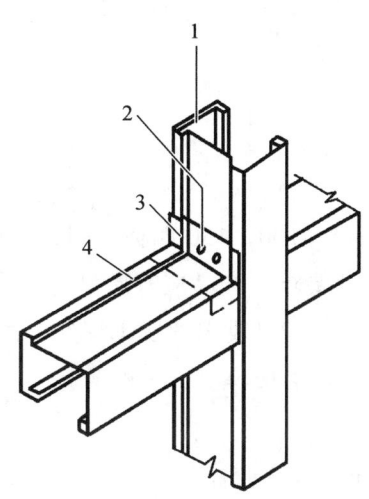

图 3-2-104　竖龙骨与横龙骨或加强龙骨的连接

1—竖龙骨或加强龙骨；2—拉铆钉或自攻螺栓；3—角托；4—横龙骨或加强龙骨

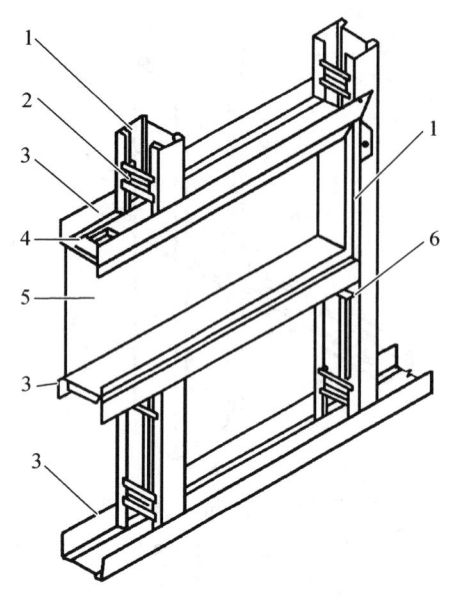 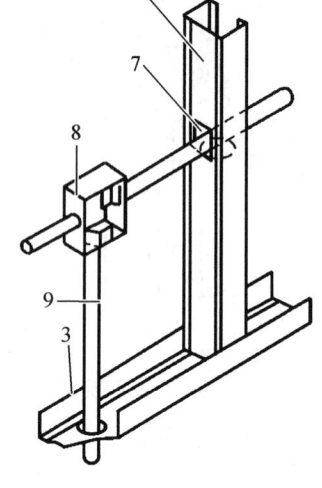

（a）配电箱装设构造　　　　　　　　（b）开关盒装设构造

图 3-2-105　配电箱和开关盒的构造示意图

1—竖龙骨；2—支撑卡；3—沿地龙骨；4—穿管开洞；5—配电箱；
6—卡托；7—贯通孔；8—开关盒；9—电线管

13.2.2　施工工艺

（1）施工准备。

① 材料准备。

墙体龙骨：主件主要有 50、75、100、150 四种系列，其形状尺寸、配件见表 3-2-4、表 3-2-5，龙骨及配置选用应符合设计要求，产品应有质量合格证。

紧固材料：射钉、膨胀螺丝、镀锌自攻螺丝及木螺丝，选用应符合设计要求。

填充材料：玻璃棉、矿棉板、岩棉板等。

罩面板：纸面石膏板。

接缝材料：接缝腻子、白衬布、803 胶。

② 施工机具准备。

板锯、电动剪、电动无齿锯、手电钻、射钉枪、直流电焊机、刮刀、线坠、靠尺等。

③ 施工条件准备。

主体结构已验收，屋面已做完防水层，室内弹出+50 cm 标高线。

主体结构为砖砌体时，应在隔墙交接处，每 1 m 高预埋防腐木砖。

大面积施工前，先做好样板墙，样板墙应得到质检合格证。

表 3-2-4 墙体轻钢龙骨主件规格、形式

名称	类型	断面	Q50 A/mm	Q50 B/mm	Q50 t/mm	Q75 A/mm	Q75 B/mm	Q75 t/mm	Q100 A/mm	Q100 B/mm	Q100 t/mm	Q150 A/mm	Q150 B/mm	Q150 t/mm	备注
横龙骨	U型		50(52)	40	0.8	75(77)	40	0.8	100(102)	40	0.8	150(152)	40	0.8	墙体与竖龙骨及建筑结构的连接构件
竖龙骨	C型		50	45(50)	0.8	75	45(50)	0.8	100	45(50)	0.8	150	45(50)	0.8	墙体的主要受力构件
通贯龙骨	U型		20	12	1.2	38	12	1.2	38	12	1.2	38	12	1.2	竖龙骨的中间连接构件
加强龙骨	C型		47.8	35(40)	1.5	62	35(40)	1.5	72.8(75)	35(40)	1.5	97.8	35	1.5	特殊构造中墙体的主要受力构件
沿顶（地）龙骨	U型		52	40	0.8	76.5	40	0.8	102	40	0.8	152	40	0.8	墙体与建筑结构楼、地面连接构件

注：龙骨断面厚度：0.6 mm、0.8 mm、1.2 mm、1.5 mm。

表 3-2-5 墙体轻钢龙骨配件规格、形式

名称	断面	断面尺寸 t/mm	备注
支撑卡		0.8	设置在竖龙骨开口一侧，用来保证竖龙骨平直和增强刚度
卡托		0.8	设置在竖龙骨开口的一侧，用以与通贯龙骨相连接
角托		0.8	用作竖龙骨背面与通贯龙骨相连接
通贯横撑连接件		1	用于通贯龙骨的加长连接

横龙骨其截面呈 U 型，在墙体轻钢骨架中主要用于沿顶、沿地龙骨，多与建筑的楼板底及地面结构相连接，相当于龙骨框架的上下轨槽，与 C 型竖龙骨配合使用。其钢板的厚度一般为 0.63 mm，重 0.63～1.12 kg/m。

竖龙骨其截面呈 C 型，用作墙体骨架垂直方向的支承，其两端分别与沿顶、沿地横龙骨连接。其钢板的厚度一般为 0.63 mm，重 0.81～1.30 kg/m。

加强龙骨又称盒子龙骨，其截面呈不对称 C 型。它可单独作为竖龙骨使用，也可用两件相扣组合使用，以增加其刚度。其钢板厚度一般为 0.63 mm，重 0.62~0.87 kg/m。

（2）工艺流程。

弹线、分挡—固定龙骨—安装竖向龙骨—安装横撑龙骨和通贯龙骨—电线及附墙设备安装—安装罩面板。

（3）操作要点。

① 墙位放线。

根据设计要求，在楼（地）面上弹出隔墙的位置线，即隔墙的中心线和墙的两侧线，并引测到隔墙两端墙（或柱）面及顶棚（或梁）的下面，同时将门口位置、竖向龙骨位置在隔墙的上、下处分别标出，作为施工时的标准线，而后再进行骨架的组装。如果设计要求设有墙基的，应按准确位置先进行隔墙基座的砌筑。

② 安装沿顶和沿地龙骨。

在楼地面和顶棚下分别摆好横龙骨，注意在龙骨与地面、顶面接触处应铺填橡胶条或沥青泡沫塑料条，再按规定的间距用射钉或用电钻打孔塞入膨胀螺栓，将沿地龙骨和沿顶龙骨固定于楼（地）面和顶（梁）面。

射钉或电钻打孔按 0.6~1.0 m 的间距布置，水平方向应不大于 0.8 m，垂直方向不大于 1.0 m。射钉射入基体的最佳深度：混凝土为 22~32 mm，砖墙为 30~50 mm。

③ 安装竖向龙骨。

竖向龙骨的间距要依据罩面板的实际宽度而定，对于罩面板材较宽者，需要在中间加设一根竖龙骨，比如板宽 900 mm，其竖龙骨间距宜为 450 mm。

将预先切截好长度的竖向龙骨推向沿顶，沿地龙骨之间，翼缘朝向罩面板方向。应注意竖龙骨的上下方向不能颠倒，现场切割时，只可从其上端切断。门窗洞口处应采用加强龙骨，如果门的尺寸大并且门扇较重时，应在门洞口处另加斜撑。

④ 安装横撑龙骨和通贯龙骨。

在竖向龙骨上安装支撑卡与通贯龙骨连接；在竖向龙骨开口面安装卡托与横撑连接；通贯龙骨的接长使用其龙骨接长件。

⑤ 安装墙内管线及其他设施。

在隔墙轻钢龙骨主配件组装完毕，罩面板铺钉之前，要根据要求敷设墙内暗装管线、开关盒、配电箱及绝缘保温材料等，同时固定有关的垫缝材料。

⑥ 板材固定。

在轻钢龙骨上固定纸面石膏板用平头自攻螺丝，其规格通常为 M4×25 或 M5×25 两种，螺钉的间距为 200 mm 左右。固定纸面石膏板应将板竖向放置，当两块在一条竖龙骨上对缝时，其对缝应在龙骨之间，对缝的缝隙不得大于 3 mm（如图 3-2-106 所示）。

固定时，先将整张板材铺在龙骨架上，对正缝位后，用 $\phi 3.2$ 或 $\phi 4.2$ 的麻花钻头，将板材与轻钢龙骨一并钻孔，再用 M4 或 M5 的自攻螺丝进行固定，固定后的螺钉头要沉入板材平面 2~3 mm，板材应尽量整张地使用。不够整张位置时，可以切割，切割石膏板可用壁纸刀、钩刀、小钢锯条。

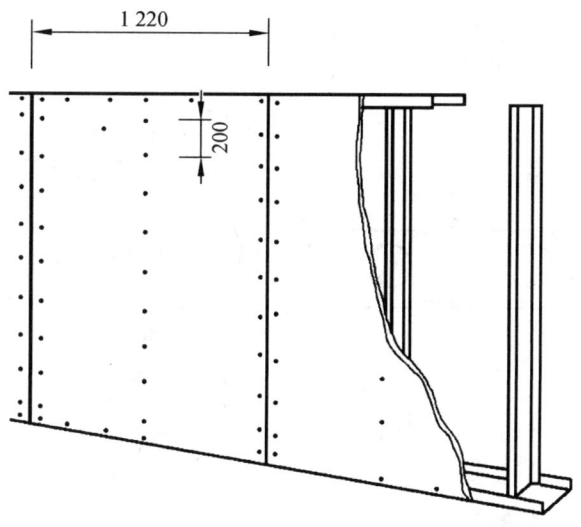

图 3-2-106　板材固定及对缝示意图

13.3　板材隔墙

13.3.1　板材隔墙种类及构造作法

（1）石膏空心条板。

石膏空心条板的一般规格，长度为 2 500～3 000 mm，宽度为 500～600 mm，厚度为 60～90 mm。石膏空心条板表面平整光滑，且具有质轻（表观密度 600～900 kg/m³）、比强度高（抗折强度 2～3 MPa），隔热[导热系数为 0.22W/（m·K）]、隔声（隔声指数＞300 dB）、防火（耐火极限 1～2.25 h）、加工性好（可锯、刨、钻）、施工简便等优点。

其品种按原材料分，有石膏粉煤灰硅酸盐空心条板、磷石膏空心条板和石膏空心条板，按防潮性能可分为普通石膏空心条板和防潮空心条板。常见石膏空心条板见图 3-2-107 所示。

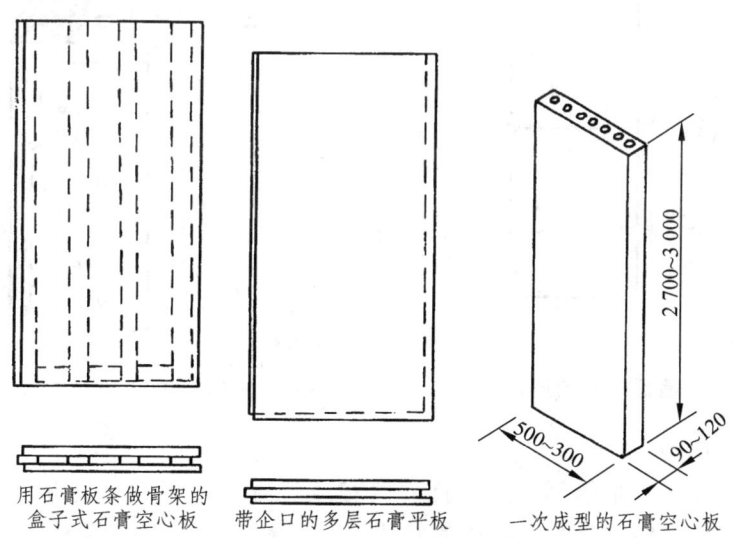

图 3-2-107　常见石膏条板类型

石膏空心板材隔墙构造作法如图 3-2-108 至图 3-2-112。

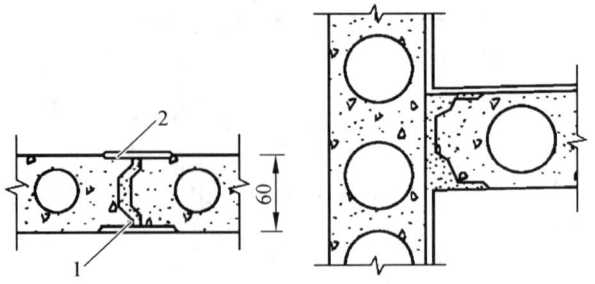

图 3-2-108　墙板与墙板的连接

1—107 胶水泥砂浆黏结；2—石膏腻子嵌缝

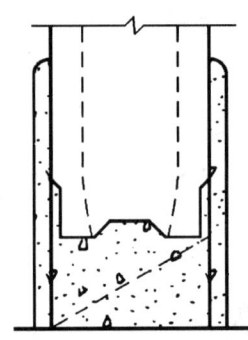

图 3-2-109　墙板与地面的连接

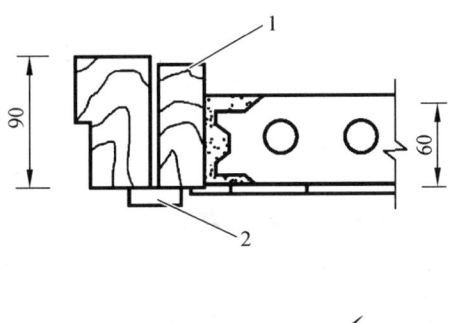

图 3-2-110　墙板与门口的连接

1—通天板；2—木压条

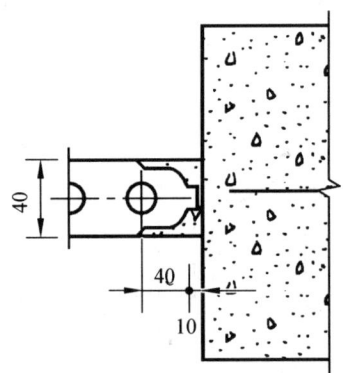

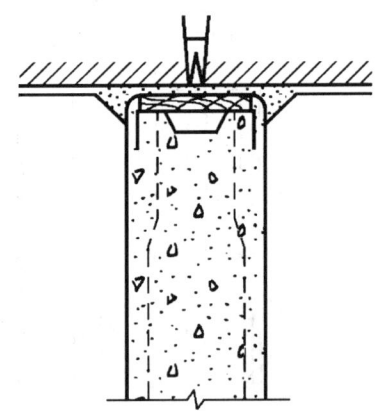

图 3-2-111　墙板与柱的连接　　　图 3-2-112　墙板与顶板的连接（软节点）

（2）石膏复合墙板。

石膏复合墙板，一般是指用两层纸面石膏板或纤维石膏板和一定断面的石膏龙骨或木龙骨、轻钢龙骨，经黏结、干燥而制成的轻质复合板材。常用石膏板复合墙板如图 3-2-113 所示。

石膏复合墙板按其面板不同，可分为纸面石膏板与无纸面石膏复合板；按其隔音性能不同，可分为空心复合板与填心复合板；按其用途不同，可分为一般复合板与固定门框复合板。纸面石膏复合板的一般规格为：长度 1 500～3 000 mm，宽度 800～1200 mm，厚度 50～200 mm。无纸面石膏复合板的一般规格为：长度 3 000 mm，宽度 800～900 mm，厚度 74～120 mm。

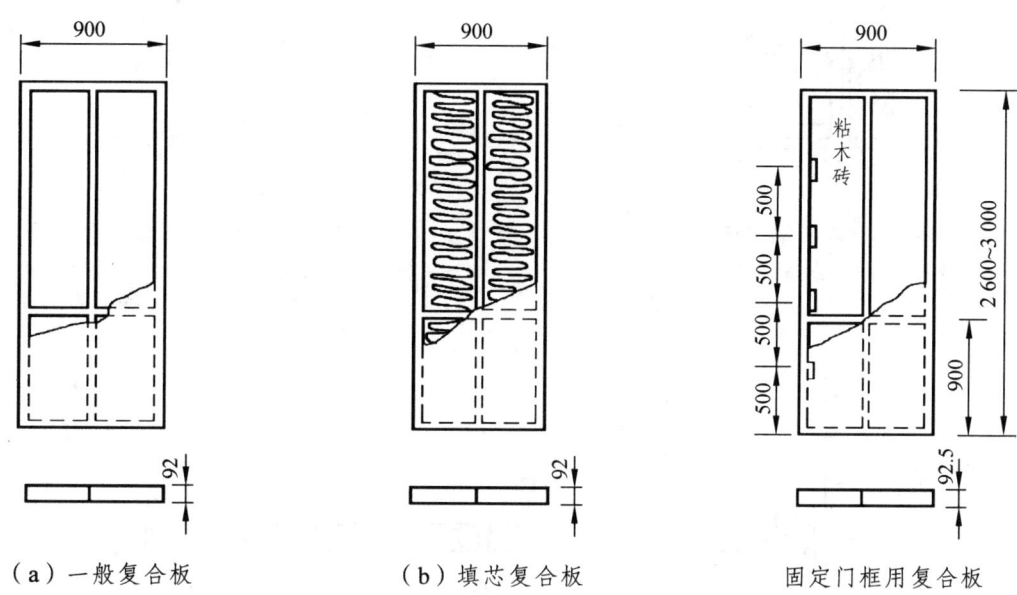

图 3-2-113　常见石膏复合墙板类型

构造作法如图 3-2-114 至 3-2-119。

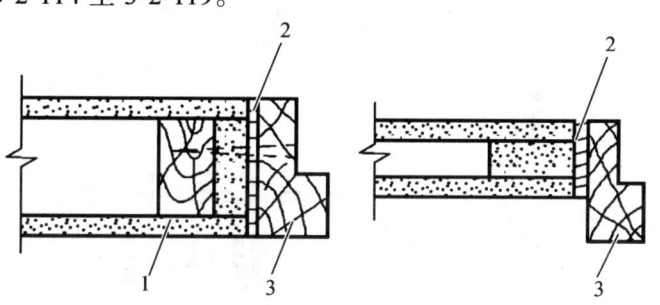

图 3-2-114　墙板与木门框的固定
1—固定门框用复合板；2—黏结料；3—木门框

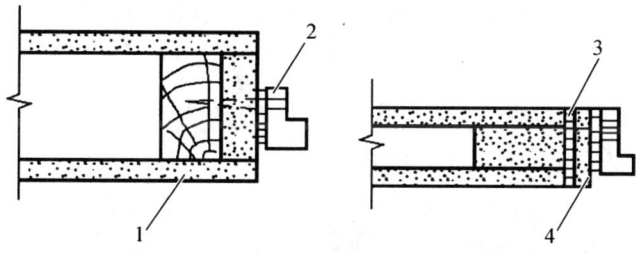

图 3-2-115　墙板与钢门框的固定
1—固定门框用复合板；2—钢门框；3—黏结料；4—水泥刨花板

— 151 —

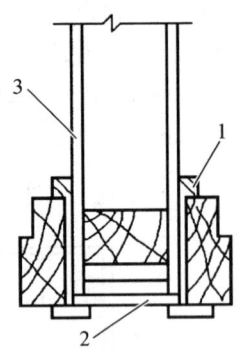
图 3-2-116 墙板端部与木门框固定
1—用 107 胶水泥砂浆粘贴木门口并用铁钉固牢；
2—贴厚石膏板封边；3—固定门框用复合板

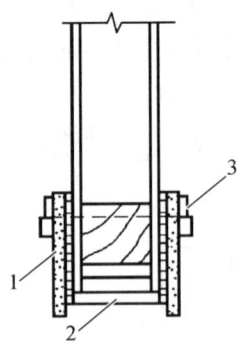
图 3-2-117 墙板端部与钢门框固定
1—用黏结料贴 12×105 水泥刨花板，并用螺丝固定；
2—贴厚石膏板封边；3—用木螺丝固定钢门框

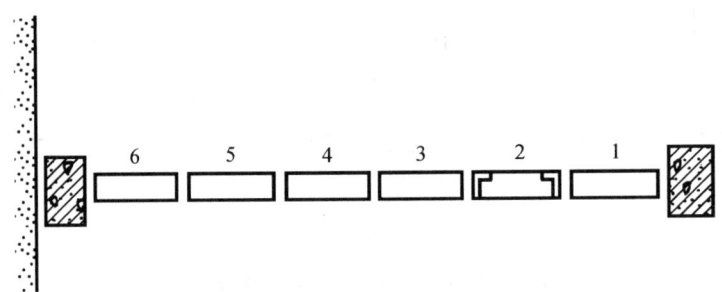
图 3-2-118 石膏复合板隔墙安装次序示意图
1—整板（门口板）；2—门口；3—整板（门口板）；4—整板；5—整板；6—补板

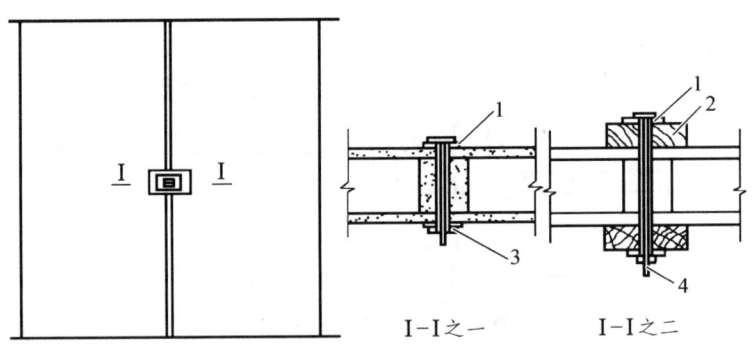
图 3-2-119 石膏复合板板面接缝夹板校正示意图
1—垫圈；2—木夹板；3—销子；4—M6 螺栓

（3）石棉水泥板面层复合板。

用于隔墙的石棉水泥板种类很多，按其表面形状不同有：平板、波形板、条纹板、花纹板和各种异形板；除素色板外，还有彩色板和压出各种图案的装饰板。石棉水泥面板的复合板，有夹带芯材的夹层板、以波形石棉水泥板为芯材的空心板、带有骨架的空心板等，如图 3-2-120 所示。

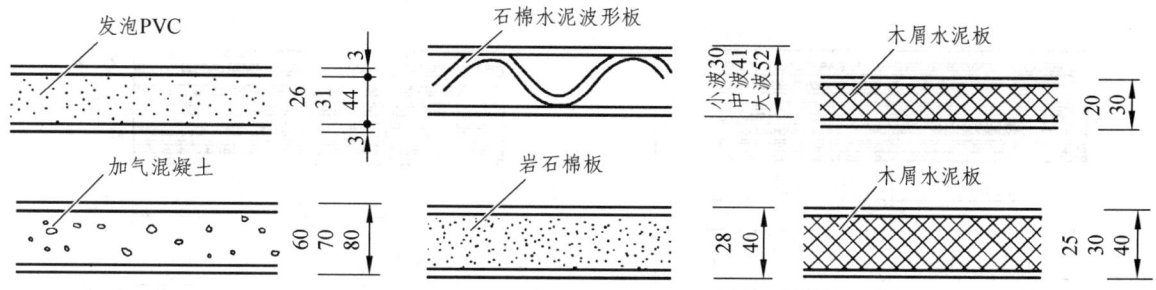

图 3-2-120 常见石棉水泥板面层复合板类型

石棉水泥板是以石棉纤维与水泥为主要原料，经抄坯、压制、养护而制成的薄型建筑装饰板材，具有防水、防潮、防腐、耐热、隔音、绝缘等性能，板面质地均匀，着色力强，并可进行锯割、钻钉加工，施工比较方便。它适用于现场装配板墙、复合板隔墙及非承重复合隔墙。

（4）压型金属板面层复合板。

压型金属板面层复合板常见的有彩色压型钢板复合板、铝合金压型板等。彩色压型钢板复合墙板，是以波形彩色压型钢板为面层板，以轻质保温材料为芯层，经复合而制成的轻质保温墙板，这种复合墙板的尺寸，可根据压型板的长度、宽度、保温设计要求及选用保温材料，而制作不同长度、宽度和厚度的复合板。

复合板的接缝构造，基本上有两种形式：一种是在墙板的垂直方向设置企口边；另一种是不设置企口边。按其夹芯保温材料的不同，复合板可分为聚苯乙烯泡沫塑料板、岩棉板、玻璃棉板、聚氨酯泡沫塑料板等不同芯材的复合板。压型钢板复合板的构造，如图 3-2-121 所示。

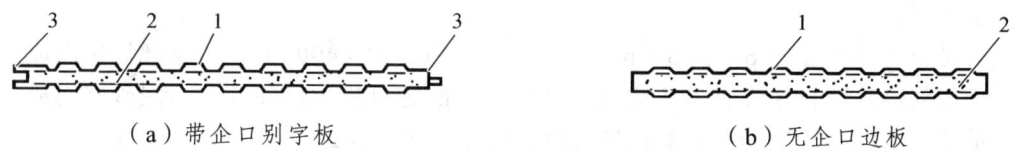

（a）带企口别字板　　　　　　　　　（b）无企口边板

图 3-2-121　压型钢板复合墙板构造

1—压型钢板；2—保温材料；3—企口边

铝合金压型板（如图 3-2-122 所示），一般规格为 3190 mm × 870 mm × 0.6 mm，多与半硬质岩棉板（或其他轻质保温材料）和纸面石膏板组成复合墙板，主要用于预制和现场组装外墙板，有的也可以用于室内隔墙。

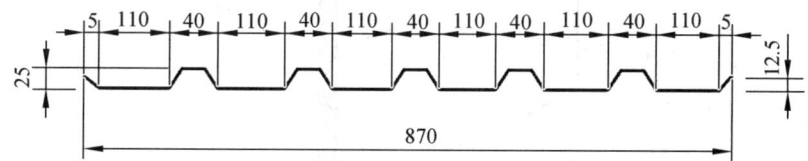

图 3-2-122　铝合金压型板

其复合墙板有两种构造形式：一是带空气间层板，即以铝合金压型板的大波向外，形成 25 mm 厚的空气间层；二是不带空气间层板，即以铝合金压型板小波向外（如图 3-2-123 所示），墙板四周以轻钢龙骨为骨架，龙骨间距纵向为 870 mm，横向为 1 500 mm（带空气间层板）和 3 000 mm（不带空气间层板）。

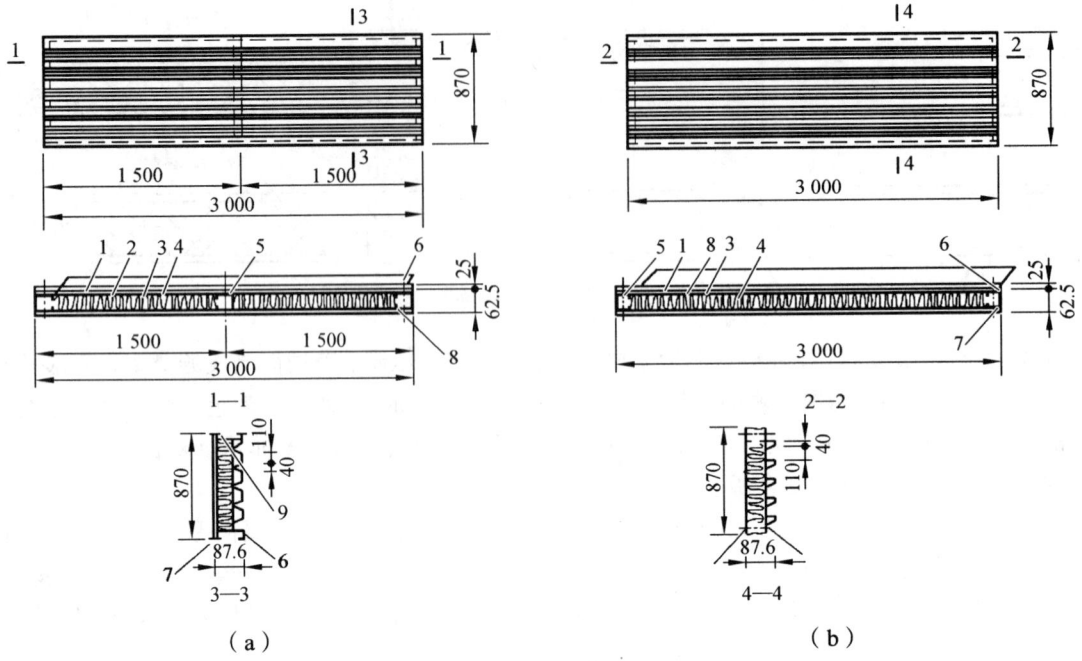

图 3-2-123　铝合金复合墙板构造

1—铝合金板；2—空气间层；3—岩棉板；4—石膏板；5—50×50×0.63 轻钢龙骨；6—抽芯铆钉；
7—自攻螺钉；8—铝合金板小波；9—75×40×0.63 轻钢龙骨

（5）泰柏板。

泰柏板是以直径为（2.06±0.03）mm、屈服强度为 390～490 MPa 的钢丝焊接而成的三维钢丝网骨架与高热阻自熄性聚苯乙烯泡沫塑料组成的芯材板，两面喷涂水泥砂浆而成，适用于自承重墙、内隔墙、屋面板、3 m 跨内的楼板等，如图 3-2-124 所示。

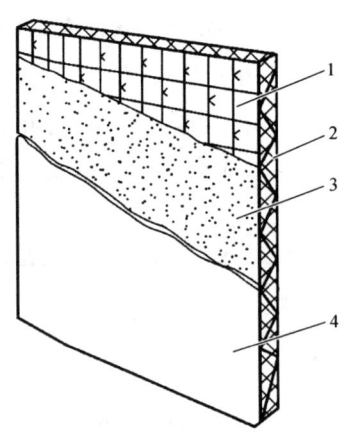

图 3-2-124　泰柏板构造图

泰柏板的标准尺寸为 1.22 m×2.44 m＝3 m²，标准厚度为 100 mm。由于所用钢丝网骨架构造及夹芯层材料、厚度的差别等，该类板材有多种名称，如 GY 板、三维板、3D 板、钢丝网节能板，但它们的性能和基本结构相似。

构造作法如图 3-2-125 至 3-2-136 所示。

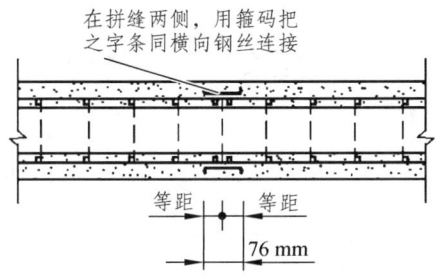

图 3-2-125　泰柏板隔墙板与板连接

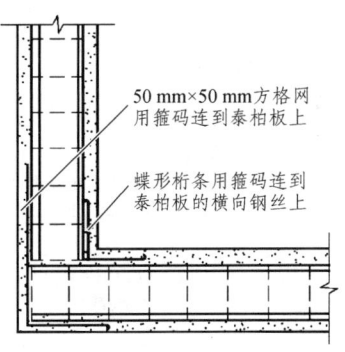

图 3-2-126　泰柏板墙转角的构造

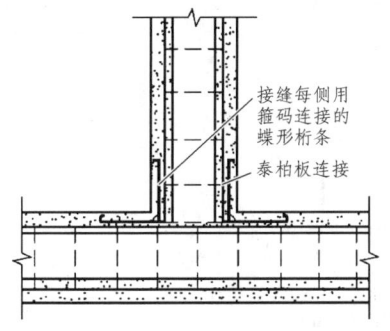

图 3-2-127　泰柏板隔墙丁字墙构造

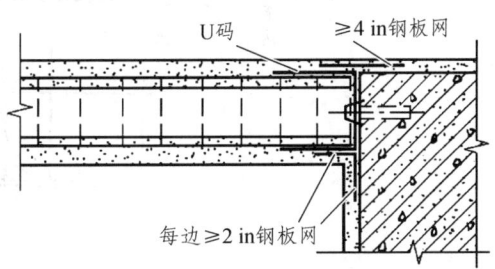

图 3-2-128　泰柏板墙与实体墙连接
（1 in = 25.4 mm）

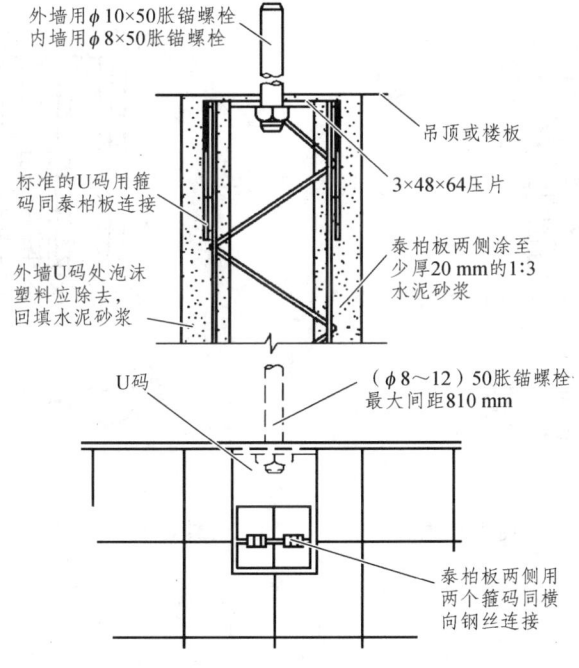

图 3-2-129　泰柏板墙与楼板或吊顶的连接

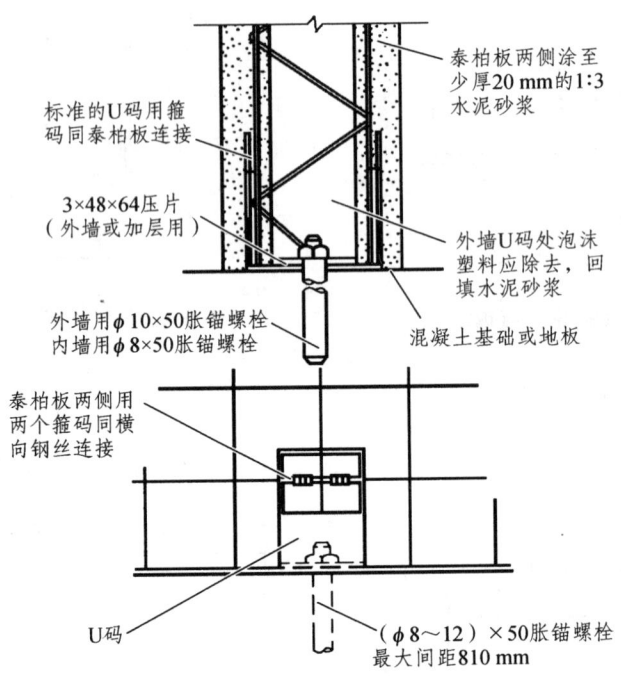

图 3-2-130 泰柏板墙与地板的连接

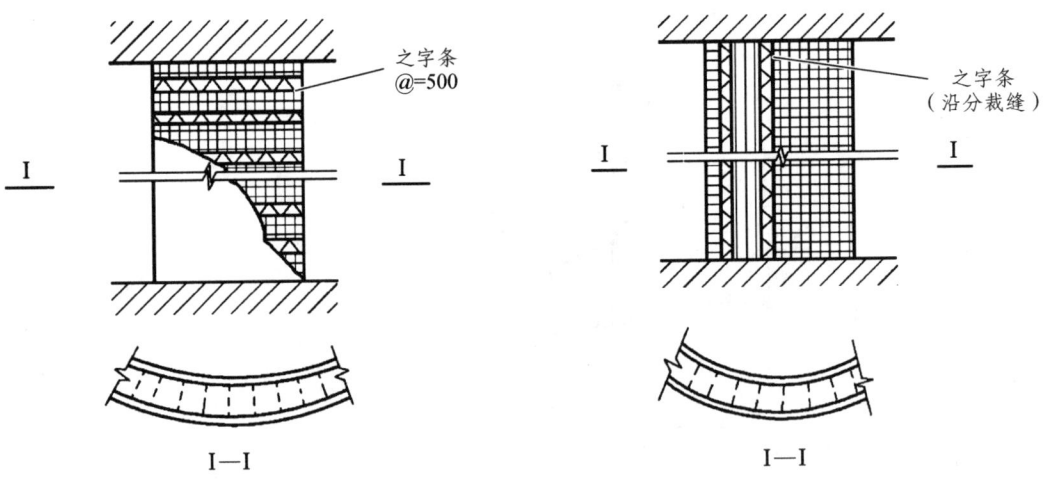

图 3-2-131 $R \leqslant 500$ cm 曲面墙构造　　　图 3-2-132 $R > 500$ cm 曲面墙构造

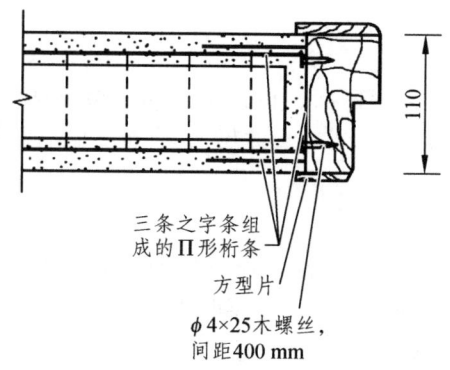
图 3-2-133　泰柏板墙与木窗框的连接

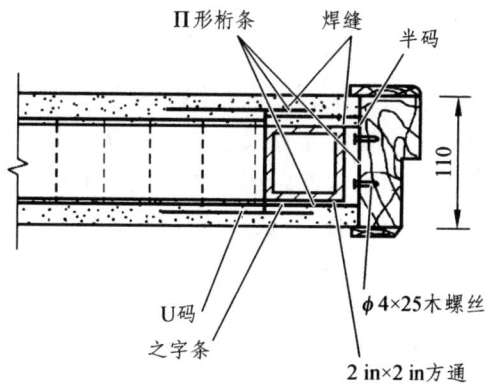
图 3-2-134　泰柏板墙与木门框的连接

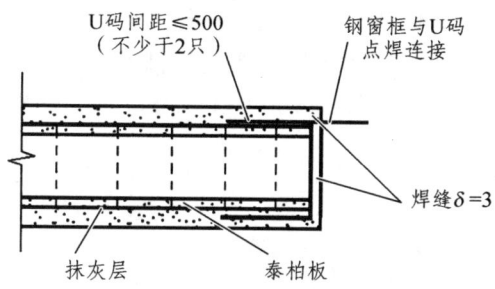
图 3-2-135　泰柏板墙与钢窗框的连接

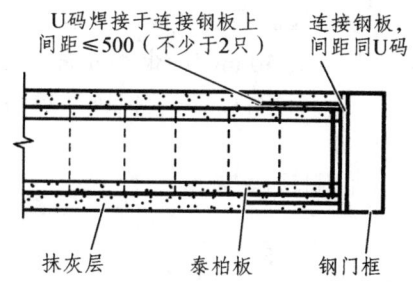
图 3-2-136　泰柏板墙与钢门框的连接

（1 in = 25.4 mm）

13.3.2　施工工艺

（1）施工准备。

① 材料准备。

相应的条板。

1:2 水泥砂浆或细石混凝土用于板下嵌缝。

腻子：一般采用石膏腻子，用于板面嵌缝。

② 施工机具准备。

电动式台钻、锋钢锯和普通手锯、电动慢速钻配以扩孔、直孔钻。

③ 施工条件准备。

屋面防水层及结构已验收，墙面弹出 50 cm 标高线。

样板墙施工、验收合格。

（2）操作要点。

① 做好楼地面及放线。

墙位放线应弹线清楚，位置准确。按放线位置将地面凿毛，清扫干净，洒水润湿。对于吸水性强的条板，应先在板顶及侧边浇水，然后在上面涂刷黏结剂，调整好条板的位置，用撬棍将板从下面撬起，使条板的顶面与梁或楼板的底面挤紧。再从撬起的缝隙两侧打入木楔，并用细石混凝土浇缝。

② 条板的安装及塞缝。

石膏空心条板隔墙：

安装前在板的顶面和侧面刷 803 胶水泥砂浆，先推紧侧面，再顶牢顶面，板下两侧 1/3 处垫两组木楔并用靠尺检查。板缝一般采用不留明缝的做法，其具体做法是：在涂刷防潮涂料之前，先刷水湿润两遍，再抹石膏腻子，进行勾缝、填实、刮平。

石膏板复合墙板：

在复合板安装时，在板的顶面、侧面和门窗口外侧面，应清除浮土后均匀涂刷胶黏剂成"八"状，安装时侧面要严密，上下要顶紧，接缝内胶黏剂要饱满（要凹进板面 5 mm 左右）。接缝宽度为 35 mm，板底空隙不大于 25 mm，板下所塞木模上下接触面应涂抹胶黏剂。为保证位置和美观，木模一般不拆除，但不得外露于墙面。

压型金属板面层复合板墙板：

压型金属板面层复合板墙板是用两层压型钢板中间填放轻质保温材料作为保温层，在保温层中放两条宽 50 mm 的带钢筋箍，在保温层的两端各放三块槽形冷弯连接件和两块冷弯角钢串挂件，然后用自攻螺丝把压型板与连接件固定，钉距一般为 100～200 mm。

13.4 玻璃砌块隔墙

13.4.1 构造作法

玻璃砌块隔墙是指利用白水泥浆或玻璃胶将空心玻璃砖连接为整体的一种隔墙作法，施工中常有砌筑法和胶黏法两种做法。常见的空心玻璃砖规格如图 3-2-137 所示。砌筑法构造见图 3-2-138、图 3-2-139；胶黏法构造见图 3-2-140、图 3-2-141。

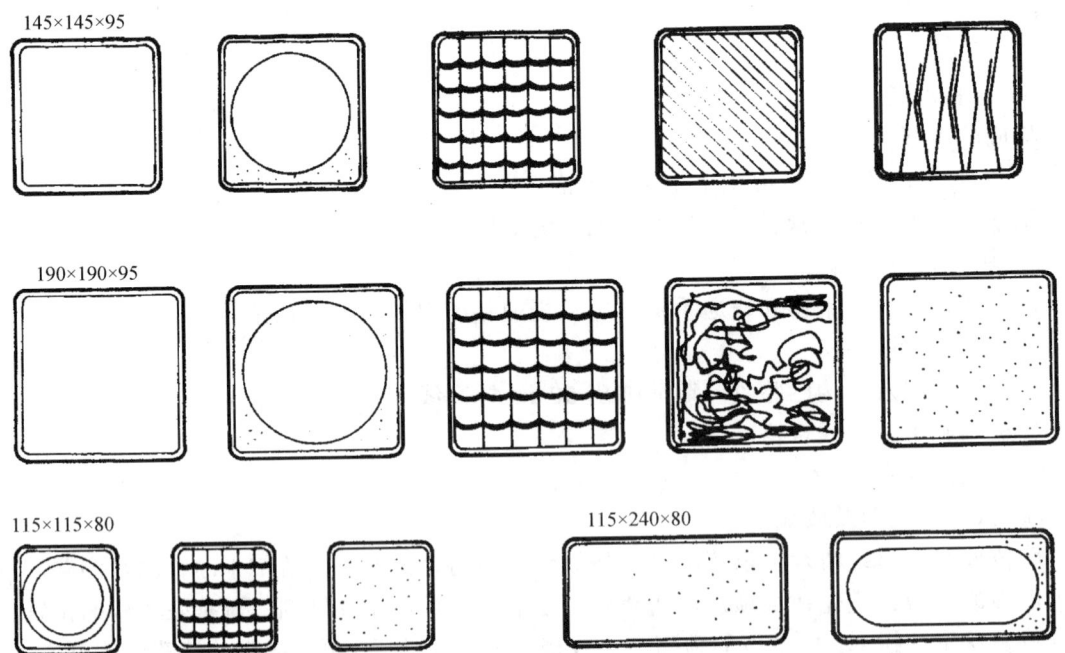

图 3-2-137 常见空心玻璃砖规格形式

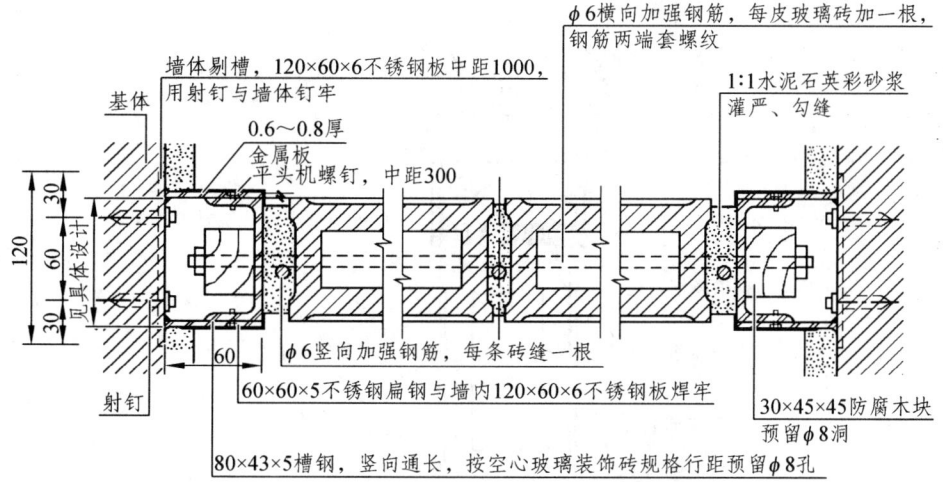

图 3-2-138 砌筑法构造示意图 1

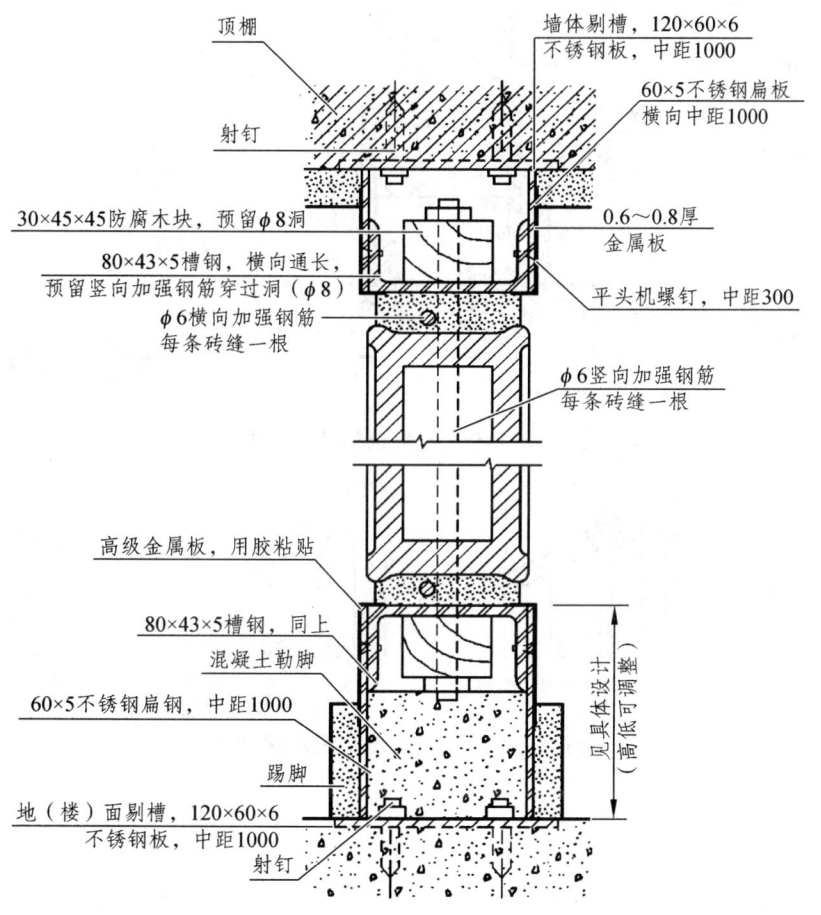

图 3-2-139 砌筑法构造示意图 2

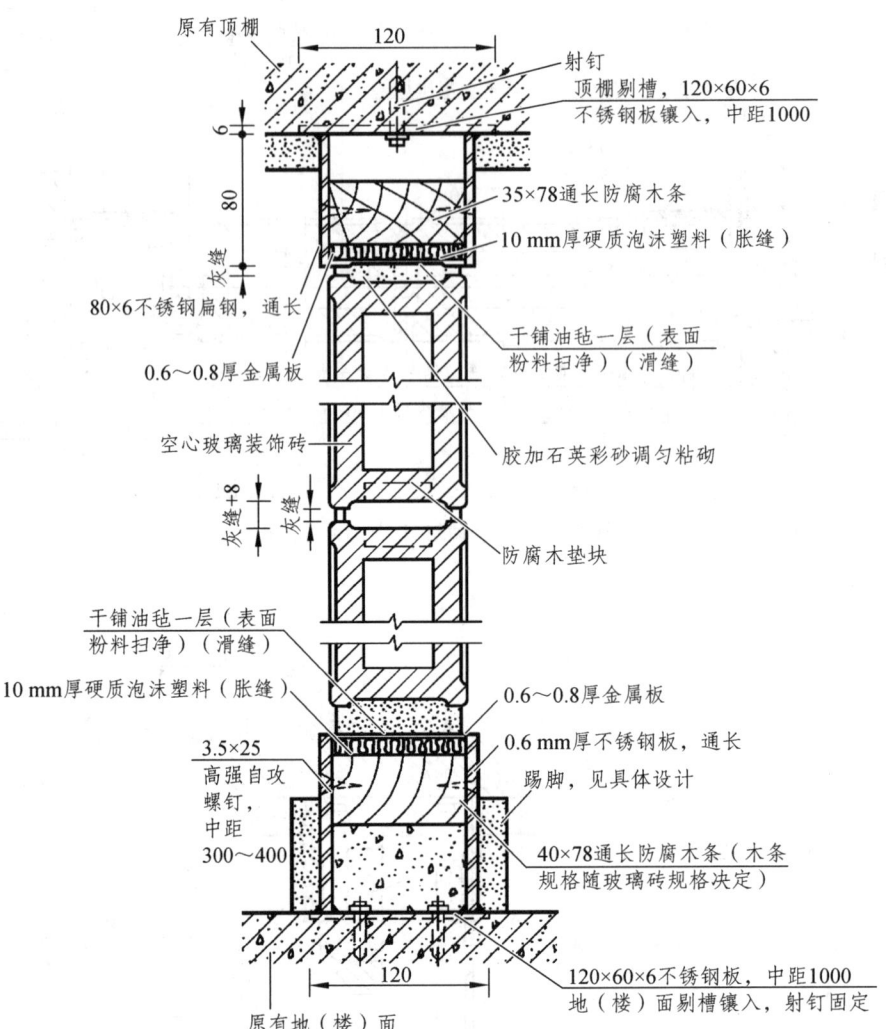

图 3-2-140 胶黏法构造示意图 1

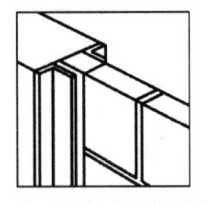 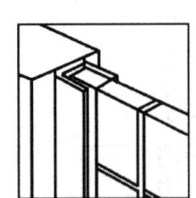 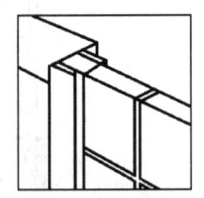 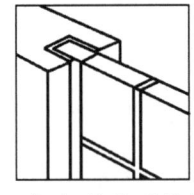

（a）形不锈钢板镶嵌法　　（b）形不锈钢板镶嵌法　　（c）不锈钢平板镶嵌法　　（d）墙体开槽镶嵌法

图 3-2-141 胶黏法构造示意图 2

13.4.2　施工工艺

（1）工艺流程。

玻璃砌块隔墙的施工工艺流程为：基层处理—砌结合层—浇筑勒脚—玻璃砖选择—安装固定件—砌筑玻璃砖—砖缝勾缝—封口与收边—清理表面。

（2）砌筑法操作要点。

① 基层处理。

在要砌筑空心玻璃装饰砖墙之处，将所有的灰尘、垃圾、油污、杂物等均清理干净，并洒水洗刷，以便于玻璃砖与基层黏结牢固。

② 砌结合层。

在基层（地面）清理完毕后，涂上一道配合比为 1∶1 的素水泥浆结合层，每边应比勒脚宽度宽出 150 mm。

③ 浇筑勒脚。

先剔槽做埋件，在地（楼）面上剔槽，用射钉将 120 mm×60 mm×6 mm 的不锈钢钢板钉于槽内。间距 1 000 mm 用 60 mm×h×5 mm 不锈钢扁钢（两块）与以上钢板焊牢，每边焊上一块，供固定槽钢之用。h 为扁钢的高度，由具体设计而确定。待以上工序完成后，浇筑混凝土勒脚。勒脚的高度及混凝土的强度等，按工程设计要求确定。

④ 玻璃砖选择。

根据具体的设计要求和其所处的环境，认真进行空心玻璃装饰砖规格尺寸、花色图案的选择，并在施工现场进行干砌试摆检验设计效果。

如果确定选择的空心玻璃装饰砖后，应将空心玻璃装饰砖墙面按施工大样图排列编号，并再次在施工现场进行试拼。在试拼中要特别注意砖缝宽度及加强钢筋等，校正四边尺寸是否正确，是否与具体设计尺寸相吻合，分析在施工中会出现的砖的模数配套问题。

⑤ 安装固定件。

在空心玻璃装饰砖墙两侧原有砖墙或混凝土墙上剔槽，槽的规格为长 120 mm、宽 60 mm、深 6 mm，在竖向每隔 1 000 mm 距离剔一个。

槽剔完毕后要清理干净，将 120 mm×60 mm×6 mm 不锈钢扁钢放入槽内，用两个射钉将该钢板与墙体钉牢，在每块 60 mm×60 mm×5 mm 不锈钢与该板焊牢，使之形成一个"卡"形固定件，用以固定槽钢之用。

⑥ 砌筑玻璃砖。

在砌筑空心玻璃砖之前先安装槽钢，即将上下左右的 80 槽钢一一安装就位，并用平头机螺钉将槽钢与 60 mm×60 mm×5 mm 不锈钢扁钢拧牢，每块扁钢上一般拧 4 个平头机螺钉。

然后用配合比为 1∶1 的白水泥石英彩砂浆砌筑空心玻璃砖。砌筑时每砌一皮空心玻璃砖，在横向砖缝内加配一根直径为 6 mm 的横向加强钢筋；整个空心玻璃砖每条竖向砖缝内，也加配一根直径为 6 mm 的竖向钢筋。钢筋应拉紧，两端与槽钢用螺钉固定。每砌完一层，须用湿布将空心玻璃砖面上所沾的水泥彩砂浆擦拭干净。

⑦ 砖缝勾缝。

勾缝大小、造型（凸缝、凹缝、平缝、其他缝）、颜色等，均应按照具体设计进行。勾缝时应先勾水平缝，再勾竖直缝，缝应平滑顺直、颜色相同、深度一致。

⑧ 封口与收边。

空心玻璃装饰砖墙的封口与收边，是关系到装饰效果的工序。即用 0.6~0.8 mm 厚的高级金属板或木线饰条，对空心玻璃装饰砖墙进行封口与收边处理。

⑨ 清理表面。

当空心玻璃装饰砖墙体砌完后，应用棉丝将玻璃砖墙表面擦拭干净，并对墙身平整度、垂直度等进行检查。如有不符合有关规范规定之处，应按规范要求修正补救。

⑩ 施工注意事项。

加配的直径 6 mm 的钢筋在安装前，须将两端先行套好螺纹。配制的 1∶1 白水泥石英彩砂浆，其稠度一定要适宜，过稀过干均不得使用。所有用的加强钢筋、钢板及槽钢等，凡不是不锈钢者，均应当进行防锈处理。硬木线脚封边饰条的规格及线脚形式等，均必须按照具体设计进行施工。空心玻璃装饰砖墙不能承受任何垂直方向的荷载，设计、施工时应特别注意。凡砖墙射钉处，均须在墙内预砌 C20 细石混凝土预制块一块（规格按具体设计）。如预砌细石混凝土块有困难时，应将射钉改为不锈钢膨胀螺栓。选空心玻璃砖时，凡有缺棱、掉角、裂纹、碰伤、色差较大、图案模糊、四角不方者，应一律剔除，并运离工地，以免与好砖混淆。玻璃砖墙宜以 1.5 m 高为一个施工段，待下部施工段胶结材料达到设计强度后再进行上部施工。

（3）胶黏法操作要点。

① 安装四周固定件。

将玻璃砖墙两侧原有砖墙或钢筋混凝土墙剔槽，槽剔完毕清理干净，将 120 mm × 60 mm × 6 mm 不锈钢板放入槽内，用射钉与墙体钉牢。

在每块 120 mm × 60 mm × 6 mm 不锈钢板上，将 80 mm × 6 mm 通长不锈钢扁钢与该板焊牢，使之形成固定件，供固定防腐木条及硬质泡沫塑料（胀缝）之用。

② 安装防腐木条及胀缝、滑缝材料。

将四周通长防腐木条用高强自攻螺钉与固定件上的不锈钢扁钢钉牢（扁钢先钻孔），自攻螺钉中距 300～400 mm，胶点涂于防腐木条顶面（即与硬质泡沫塑料粘贴之面），沿木条两边每隔 1 000 mm 点涂 20 mm 胶点一个，边涂边将 10 mm 厚硬质泡沫塑料粘于木条之上，供作玻璃砖墙胀缝之用。

在硬质泡沫塑料之上，干铺一层防潮层，供作玻璃砖墙滑缝之用。

③ 胶筑空心玻璃装饰砖墙墙体。

在空心玻璃装饰砖墙勒脚上皮防潮层上涂石英彩色砂浆（彩色砂浆中掺入胶拌匀）一道，厚度、胶砂配合比及彩砂颜色等均由具体设计决定，边涂边砌空心玻璃砖。

木垫块顶面、底面及与空心玻璃砖凹槽接触面上，均应满涂胶一道，每块玻璃砖上应放木垫块 2～3 块，边放边砌上皮玻璃砖。如此继续由下向上一皮一皮地进行胶黏砌筑，直至砌至顶部为止。

空心玻璃装饰砖墙四周（包括墙的两侧、顶棚底、勒脚上皮等处）均需增加 $\phi 6$ 加强钢筋两根，每隔三条直砖缝，加竖向 $\phi 6$ 加强钢筋一根，钢筋两端套螺纹。

【能力拓展】

1 装饰抹灰

装饰抹灰是指按照不同施工方法和不同面层材料形成不同装饰效果的抹灰。装饰抹灰可分为以下两类：

（1）水泥石灰类装饰抹灰。水泥石灰类装饰抹灰，主要包括拉毛灰、洒毛灰、搓毛灰、扫毛灰和拉条石等。

（2）水泥石粒类装饰抹灰。水泥石粒类装饰抹灰，主要包括水刷石、干黏石、斩假石、机喷石等。

装饰抹灰常见作法见图 3-2-142 至图 3-2-147。

图 3-2-142　喷砂墙面

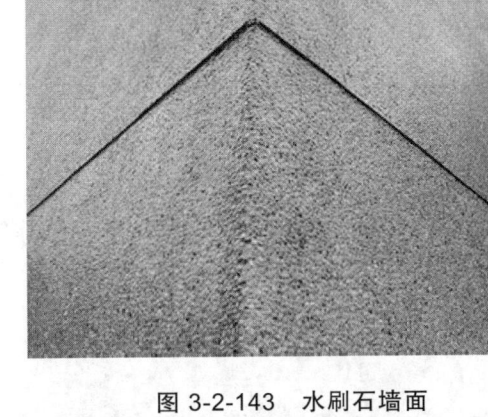

图 3-2-143　水刷石墙面

图 3-2-144　干粘石墙面

图 3-2-145　剁斧石墙面

图 3-2-146　拉毛灰墙面

图 3-2-147　假面砖墙面

2 玻璃幕墙

玻璃幕墙实物图片见图 3-2-148。

图 3-2-148　实物图片认识

玻璃幕墙具有装饰效果好、质量轻（砖墙重量的 1/10）、安装速度快、更新维修方便的优点，但也受到价高、材料及施工技术要求高、光污染、能耗大等因素的约束。

幕墙的基本结构从大的方面来讲包括两个部分：一是饰面，二是固定饰面的框架。其中框架体系分为下面几种基本形式。

（1）明框体系。

① 型钢框架体系。

② 铝合金型材框架体系。

（2）隐框或半隐框体系。

（3）无框体系。

构造作法：

（1）明框式玻璃幕墙。

明框式玻璃幕墙框架结构外露，立面造型主要由外露的横竖骨架决定，构造形式见图 3-2-149。

① 框架安装与连接。

上下相邻的竖框连接通常共用内衬套管或同一连接件接长，两段竖框之间还必须留 15～20 mm 的伸缩缝（图 3-2-150），并用密封胶堵严。

② 玻璃镶嵌。玻璃镶嵌在竖梃、横档等金属框上，并用金属条卡住，如图 3-2-151 所示。目前国内外的金属框接缝构造所采用的方式为密封层、密封衬垫层和空腔构造，如图 3-2-152 所示。

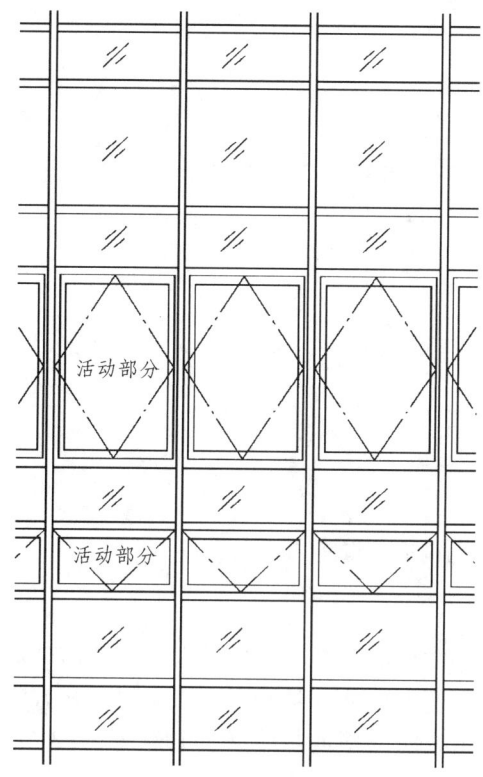

图 3-2-149 明框玻璃幕墙示意图

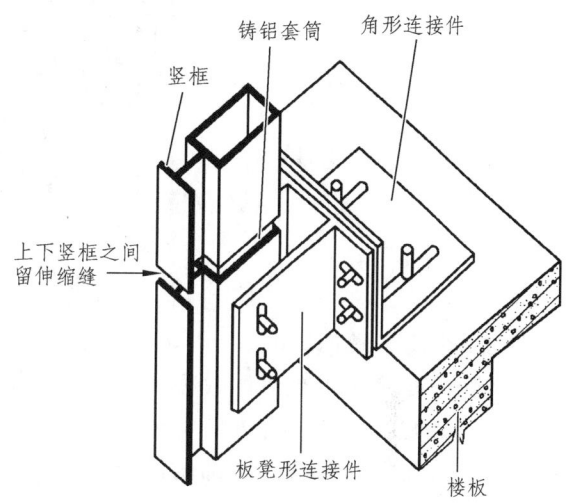

图 3-2-150 明框玻璃幕墙竖框连接示意图

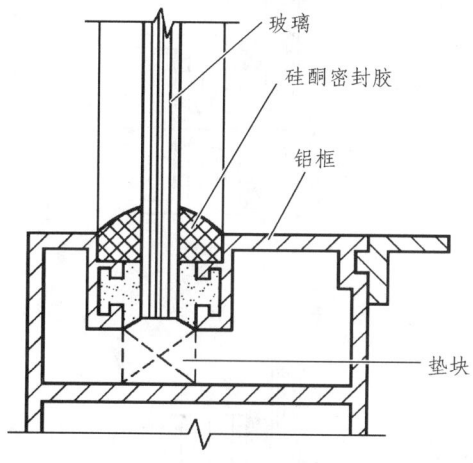

图 3-2-151 明框玻璃与框架连接示意图

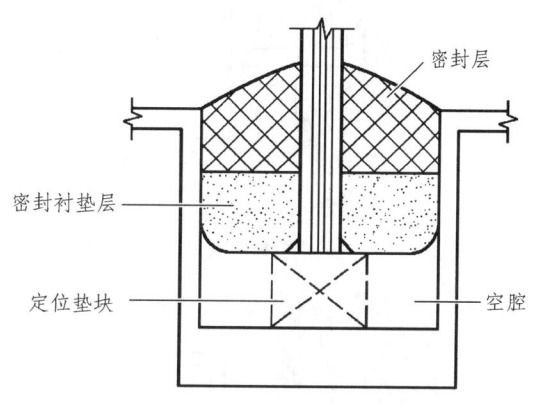

图 3-2-152 明框玻璃安装示意图

（2）全隐框玻璃幕墙。

全隐框玻璃幕墙是采用结构玻璃装配方法安装玻璃的幕墙。其构造如图 3-2-153 所示。全隐框玻璃幕墙从构造上分有整体式和分离式两大类。

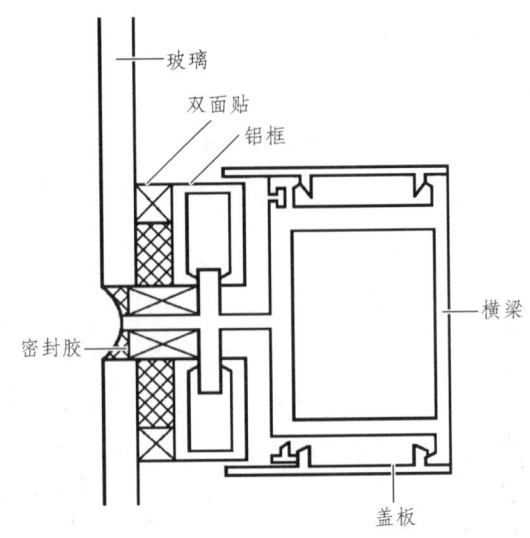

图 3-2-153 全隐框玻璃幕墙构造示意图

（3）半隐框玻璃幕墙。

半隐框玻璃幕墙有两种做法：一种为竖向或横向两组对边中，一组对边使用结构玻璃装配方法安装玻璃，另一对边采用镶嵌槽安装玻璃；另一种为四边都采用结构玻璃装配方法安装玻璃，而在需要有线条装饰的部位加上扣板，可在竖向或横向加线条。扣板如图 3-2-154 所示。

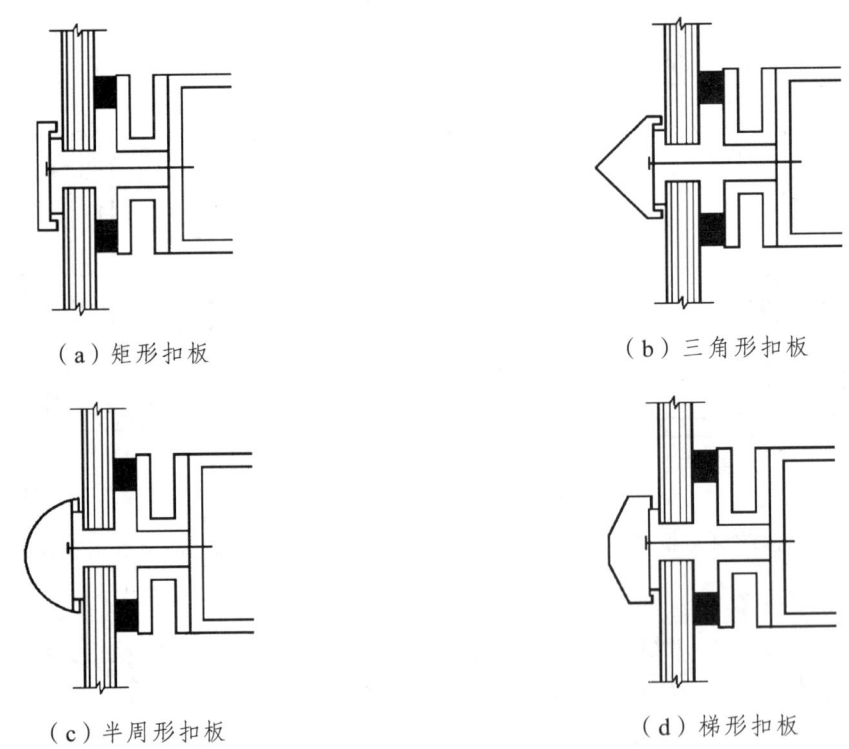

图 3-2-154 半隐框玻璃幕墙扣板安装示意图

（4）无框式玻璃幕墙。

无框式玻璃幕墙又称全玻璃幕墙、玻璃框架玻璃幕墙。它包括玻璃肋胶接全玻璃幕墙、点式连接全玻璃幕墙。

① 玻璃肋胶接全玻璃幕墙。

玻璃肋胶接全玻璃幕墙是指为增强玻璃刚度，每隔一定距离用条形玻璃板作为加强肋板，玻璃板加强肋垂直于玻璃幕墙表面设置的幕墙形式。因其设置位置如板的肋一样，又称为肋玻璃。玻璃幕墙称为面玻璃，面玻璃和肋玻璃有各种形式，如图 3-2-155 所示。玻璃的固定方法有悬挂式（图 3-2-156）和支承式（图 3-2-157）。

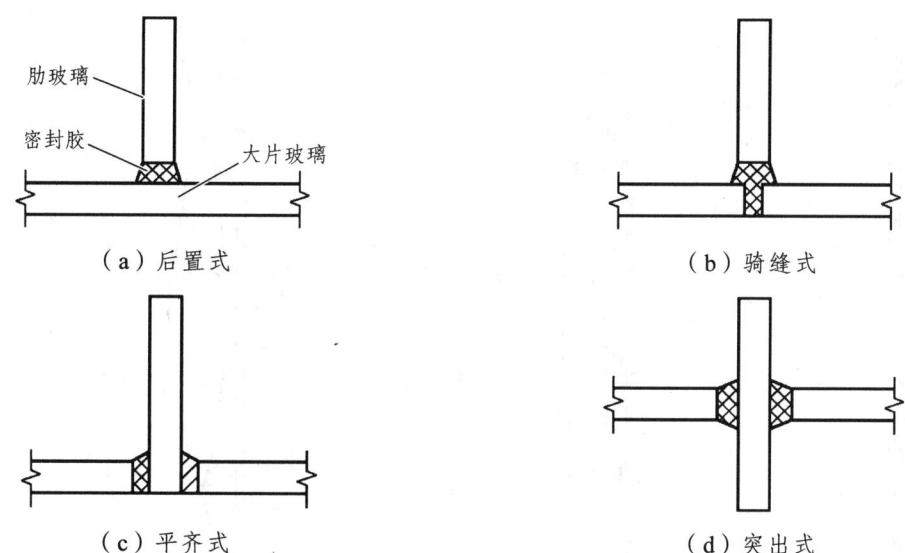

图 3-2-155　面玻璃和肋玻璃连接形式图

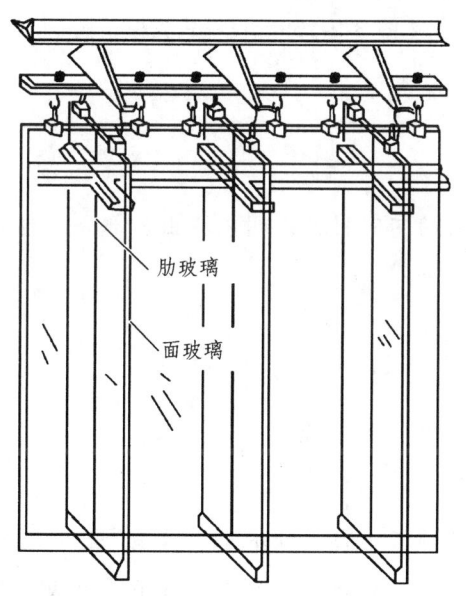

图 3-2-156　上部悬挂式

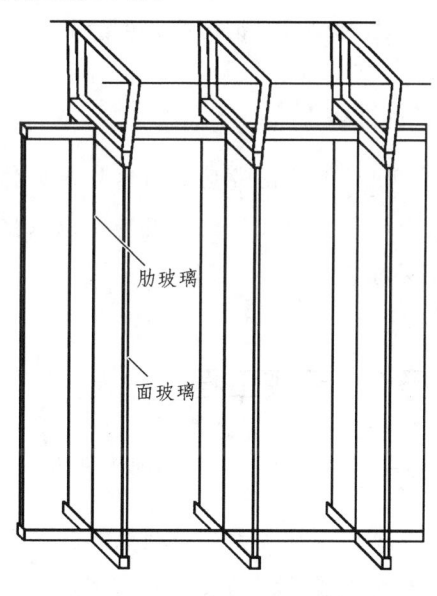

图 3-2-157　下部支撑式

② 点式连接全玻璃幕墙。

点式连接玻璃幕墙的支承结构形式一般可以选用钢构式、拉杆式和拉索式。

钢构式支承结构：单杆式支承结构是点式连接玻璃幕墙较简单的一种结构形式，如图 3-2-158 所示。

拉杆式支承结构：预应力拉杆结构的受力支撑系统是由受拉杆件经合理组合并施加一定的预应力所形成的，如图 3-2-159 所示。

拉索式点连接全玻璃幕墙：拉索式点连接全玻璃幕墙由三个部分组成，即玻璃面板、索桁板、锚定结构。

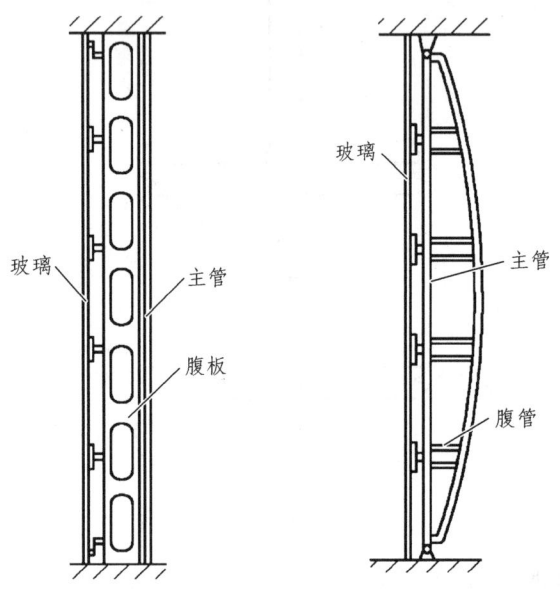

图 3-2-158　钢构式支撑结构

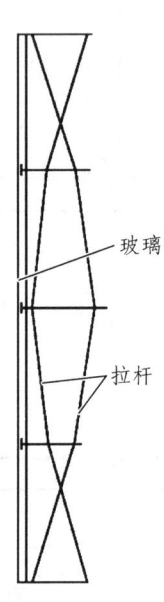

图 3-2-159　拉杆式支撑结构

【技能训练】

（1）识读并绘制常见室内墙柱面装饰施工图。

（2）结合室内装饰施工现场，能根据墙柱面使用的不同材料，明确指出各部分的施工要点和工艺标准。

子任务 3　天棚工程

【任务准备】

收集不同龙骨类型的吊顶装饰施工图纸，特别是施工中常见的木龙骨吊顶、轻钢龙骨吊顶、铝合金龙骨吊顶的装饰施工图纸，或结合实地现场认识各种龙骨类型的吊顶，同时查阅相关资料了解各自的构造作法和施工工艺。

【任务分析】

（1）根据所收集的吊顶施工图纸或实际现场，归纳不同龙骨类型的吊顶工程的共同点、构造层次及吊顶施工的基本要求。

（2）识读木龙骨吊顶、轻钢龙骨吊顶、铝合金龙骨吊顶方面的装饰施工图纸，从中读取相应的吊顶龙骨种类、规格及加工尺寸。

（3）查阅相关资料，熟悉以上三种吊顶的施工工艺及要点，完成相应吊顶的制作施工。

【任务过程】

1 认识天棚工程

1.1 天棚的装饰构造形式

天棚是位于建筑物楼屋盖下表面的装饰构件，其作用一方面是满足使用功能需求，另一方面是装饰室内空间，满足人们的心理需求。其构造形式按饰面与基层的关系有直接式天棚和悬吊式天棚两大类。

1.2 直接式天棚

直接式天棚是在楼板的底面直接进行抹灰、喷浆或者粘贴饰面材料的一种天棚施工形式。该形式构造简单，施工方便，造价较低。直接式天棚一般用于室内标高较低，装饰性要求不高，无空调通风和消防系统等各种管线布置的顶棚，例如教室、普通办公室等。

直接式天棚常见的类型有直接喷刷、粘贴、裱糊类天棚，直接固定装饰板天棚，结构天棚三类，如图 3-3-1 所示。

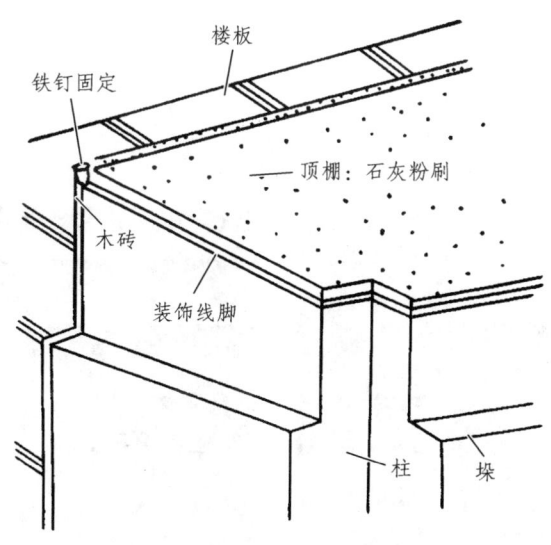

图 3-3-1 直接式天棚

1.3 悬吊式天棚

悬吊式天棚也就是俗称的吊顶，其顶棚面层与楼板结构层底部有一定的距离，通过悬吊构件连接顶棚饰面层与楼板。吊顶可以遮盖楼板下部的空调通风设备、消防系统、照明线路等各种管线和设备，所以广泛用于管线设备较多的公共建筑装饰工程中。吊顶装饰工程可以通过对顶棚的高低、造型、色彩、照明及细部进行处理，改善室内装饰效果，此外吊顶还可以实现保温、隔热、吸声等作用。

悬吊式顶棚一般由基层、面层、吊筋三大基本组成部分组成，如图 3-3-2 所示。

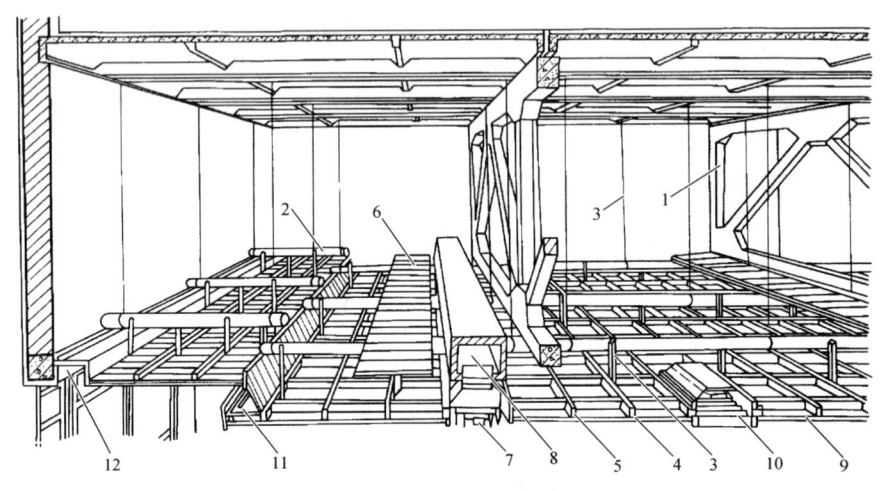

图 3-3-2　悬吊式天棚

1—屋架；2—主龙骨；3—吊筋；4—次龙骨；5—间距龙骨；6—检修走道；7—出风口；8—风道；
9—吊顶面层；10—灯具；11—灯槽；12—窗帘盒

本部分内容主要讲解施工中常见的木龙骨吊顶、轻钢龙骨吊顶、铝合金龙骨吊顶的构造作法及施工工艺。

2　木龙骨吊顶

木龙骨吊顶实物图片见图 3-3-3。

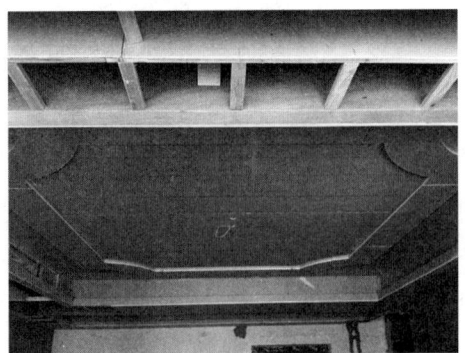

图 3-3-3　实物图片认识

2.1 构造作法

木龙骨是一种传统的吊顶龙骨材料，制作方法是将木材加工成方形或长方形条状，一般采用 50 mm×70 mm 或 60 mm×100 mm 断面尺寸的木方做主龙骨，次龙骨采用 50 mm×50 mm 或 40 mm×40 mm 的木方，采用钉接方式形成网架形式，利用金属吊筋或木吊杆悬吊于楼板下方，表面固定饰面板材。其构造形式如图 3-3-4 至图 3-3-6。

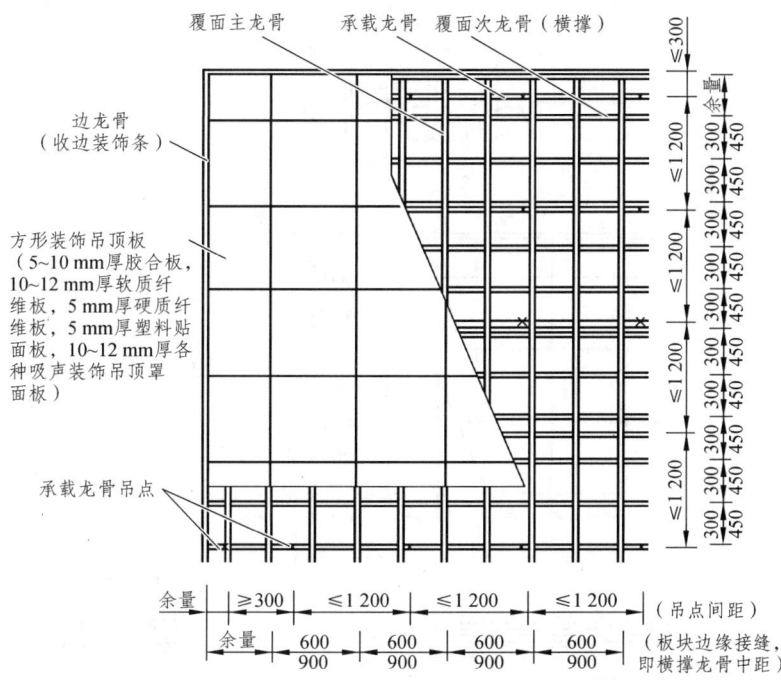

图 3-3-4　木龙骨吊顶（双层）平面布置图

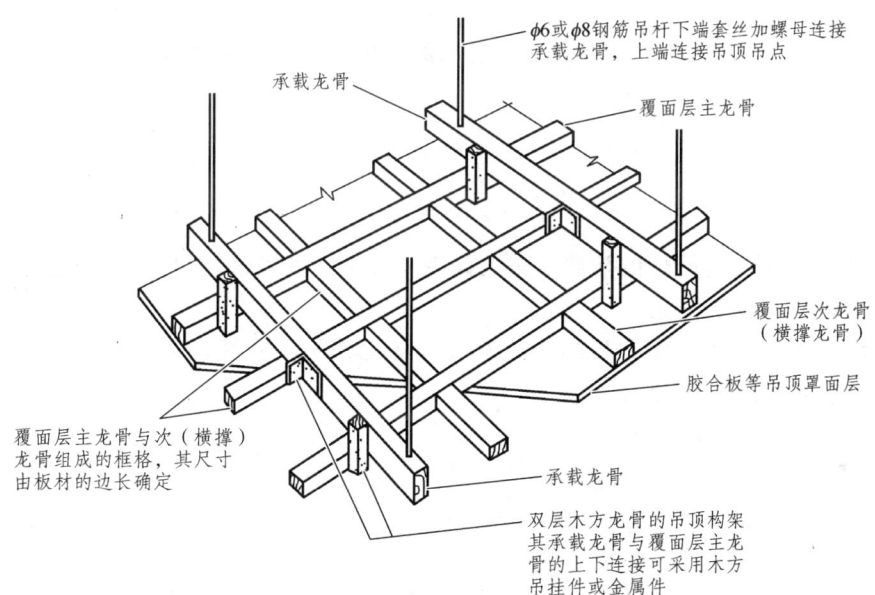

图 3-3-5　木龙骨吊顶（双层）龙骨布置图

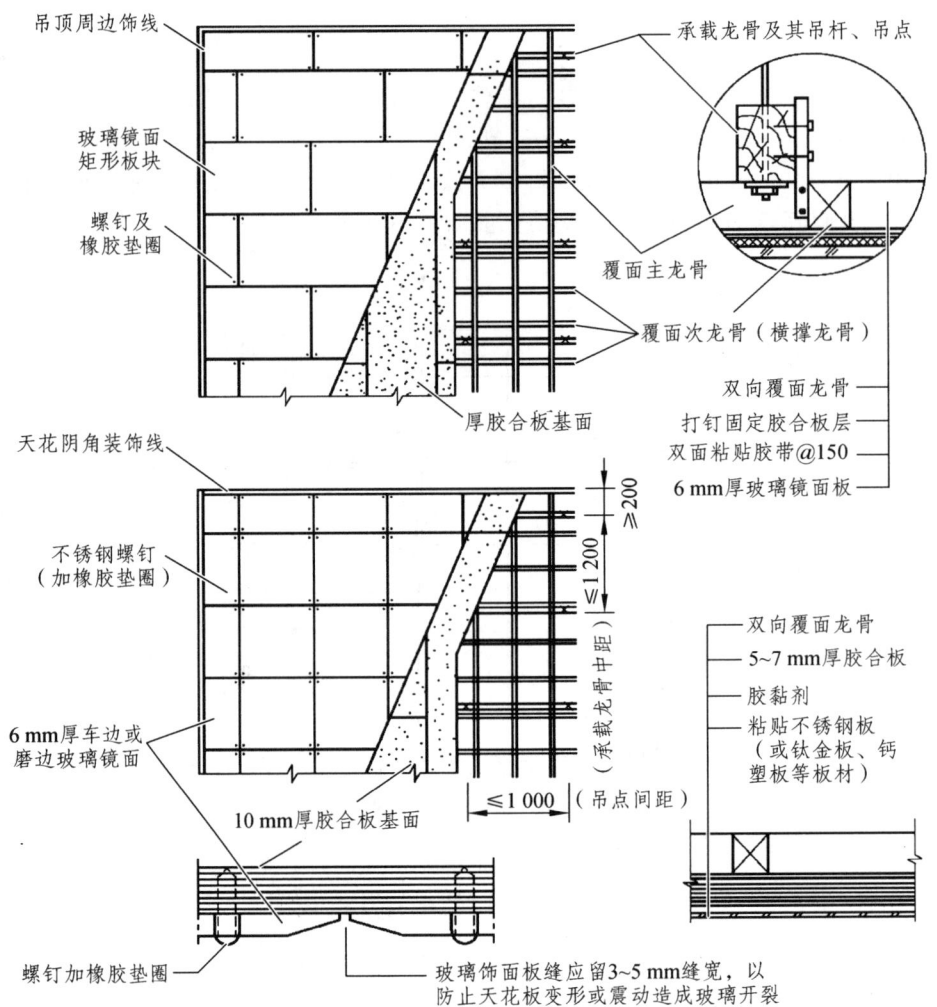

图 3-3-6　木龙骨吊顶（双层）龙骨面层连接示意图

2.2　施工工艺

2.2.1　施工准备

天棚木龙骨必须经过严格的防腐、防火处理。防腐处理可采用氰化钠防腐剂1～2道；防火处理可采用涂防火涂料三道。

使用阻燃型胶合板（表面有阻燃剂，遇火可熔化，隔断氧气，并分解出大量不燃气体排挤板面空气，使板不再继续燃烧）。

2.2.2　工艺流程

弹线—木龙骨处理—拼装龙骨—安装吊点紧固件—固定边龙骨—龙骨吊装—调平—铺钉罩面板。

2.2.3 操作要点

（1）放线：放线是吊顶施工的标准，内容主要包括：标高线、造型位置线、吊点布置线、大中型灯位线等。放线的作用：一方面使施工有了基准线，便于下一道工序确定施工位置；另一方面能检查吊顶以上部位的管道等对标高位置的影响。

① 确定标高线。目前水平标高线的确定可采用激光水平仪测定或传统的注水软管测定（图 3-3-7）。

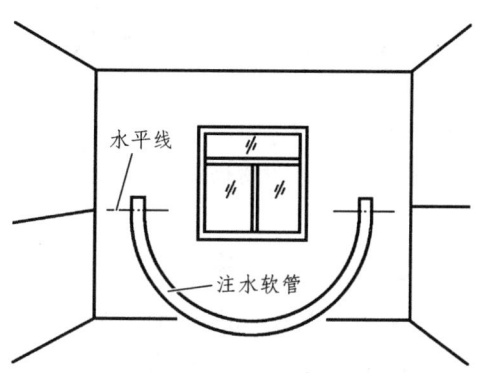

图 3-3-7 注水软管测定水平标高示意图

② 确定造型位置线。对于规则的建筑空间，应根据设计的要求，先在一个墙面上量出吊顶造型位置距离，并按该距离画出平行于墙面的直线，再从另外三个墙面，用同样的方法画出直线，便可得到造型位置外框线，再根据外框线逐步画出造型的各个局部的位置。

对于不规则的建筑空间，可根据施工图纸测出造型边缘距墙面的距离，运用同样的方法，找出吊顶造型边框的有关基本点，将各点连线形成吊顶造型线。

③ 确定吊点位置。在一般情况下，吊点按每平方米一个均匀布置，灯位处、承载部位、龙骨与龙骨相接处及叠级吊顶的叠级处应增设吊点。

木龙骨处理：主要是对木龙骨涂刷氰化钠防腐剂进行防腐处理和涂刷防火涂料进行防火处理，防火涂料的选用规定见表 3-3-1。

表 3-3-1 防火涂料的选用规定

防火涂料种类	每米木材表面所用防火涂料的数量（以千克计）不得小于	特征	基本用途	限制和禁止的范围
硅酸盐涂料	0.50	无抗水性，在二氧化碳的作用下分解	用于不直接受潮湿作用的构件上	—
可塞喂（酪素）涂料	0.70	—	用于不直接受潮湿作用的构件上	不得用于露天构件
掺有防火剂的油质涂料	0.60	抗水性良好	用于露天构件上	—
氯乙烯涂料和其他以氯化碳化氢为主的涂料	0.60	抗水性良好	用于露天构件上	—

（3）龙骨拼装：拼装的方法常采用咬口（半榫扣接）拼装法，具体做法为：在龙骨上开出凹槽，槽深、槽宽以及槽与槽之间的距离应符合有关规定。然后，将凹槽与凹槽进行咬口拼装，凹槽处应涂胶并用钉子固定，如图3-3-8所示。

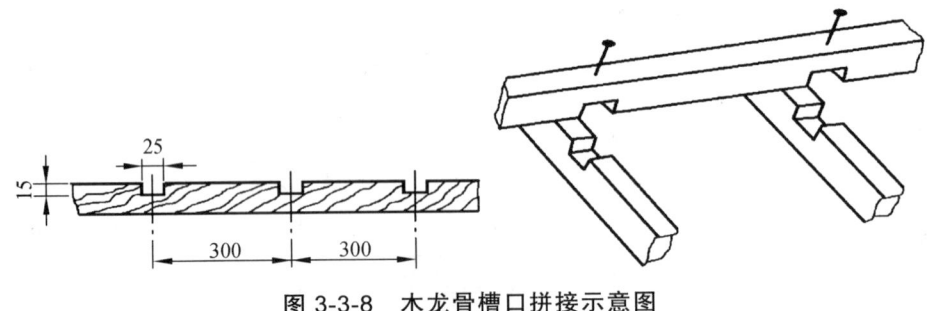

图3-3-8 木龙骨槽口拼接示意图

（4）安装吊点、吊筋。

吊点：常采用膨胀螺栓、射钉、预埋铁件等方法，具体安装方法如图3-3-9所示。

吊筋：常采用钢筋、角钢、扁铁或方木，其规格应满足承载要求，吊筋与吊点的连接可采用焊接、钩挂、螺栓或螺钉的连接等方法。吊筋安装时，应做防腐、防火处理。

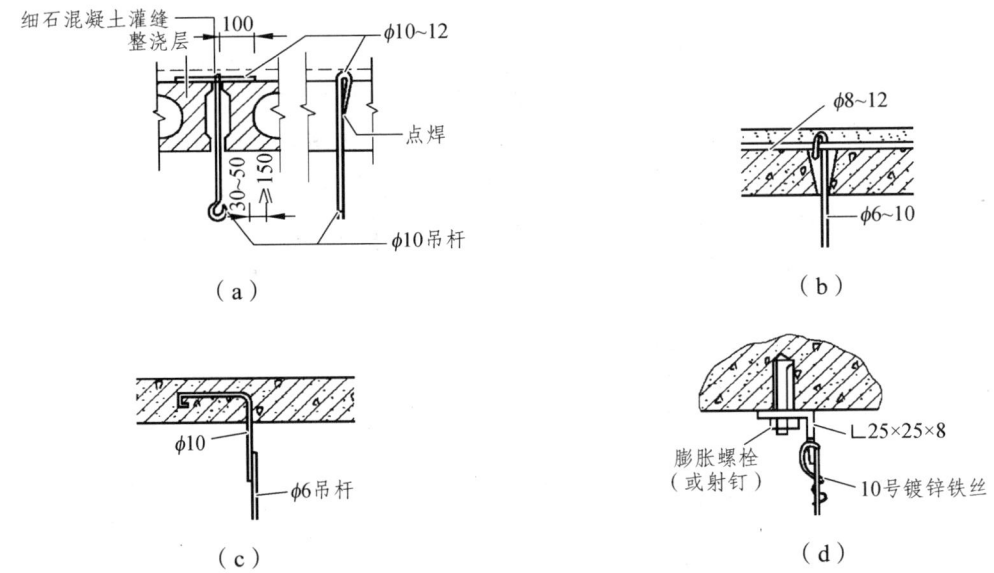

图3-3-9 木质装饰吊顶的吊点固定形式

（5）固定沿墙龙骨：沿吊顶标高线固定沿墙龙骨，一般是用冲击钻在标高线以上10 mm处墙面打孔，孔深12 mm，孔距0.5～0.8 m，孔内塞入木楔，将沿墙龙骨钉固在墙内木楔上，沿墙木龙骨的截面尺寸与吊顶次龙骨尺寸一样。沿墙木龙骨固定后，其底边与其他次龙骨底边标高一致。

（6）龙骨吊装固定：木龙骨吊顶的龙骨架有两种形式，即单层网格式木龙骨架及双层木龙骨架。

单层网格式木龙骨架的吊装固定：

① 分片吊装：单层网格式木龙骨架的吊装一般先从一个墙角开始，将拼装好的木龙骨架托起至标高位，对于高度低于 3.2 m 的吊顶骨架，可在高度定位杆上作临时支撑，如图 3-3-10 所示。

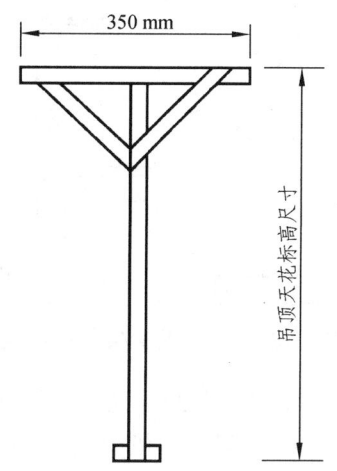

图 3-3-10　吊顶高度临时定位杆

② 龙骨架与吊筋固定：龙骨架与吊筋的固定方法有多种，视选用的吊杆材料和构造而定，常采用绑扎、钩挂、木螺钉固定等，如图 3-3-11 所示。

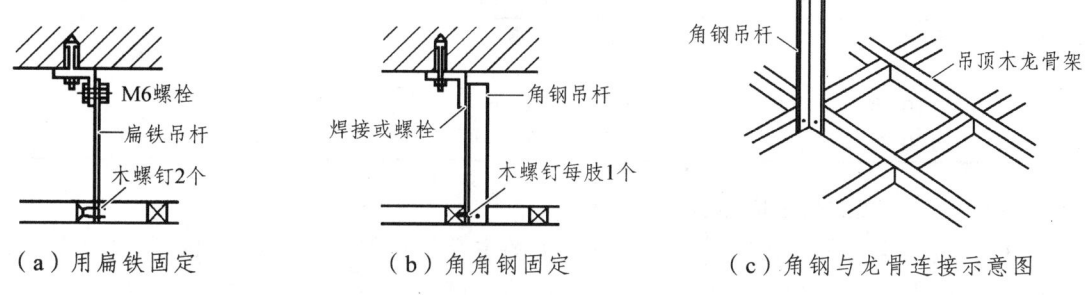

图 3-3-11　木龙骨架与吊筋的连接

③ 龙骨架分片连接：龙骨架分片吊装在同一平面后，要进行分片连接形成整体。其方法是：将端头对正，用短方木进行连接，短方木钉于龙骨架对接处的侧面或顶面，对于一些重要部位的龙骨连接，可采用铁件进行连接加固，如图 3-3-12 所示。

图 3-3-12　木龙骨对接固定

④ 叠级吊顶龙骨架连接：对于叠级吊顶，一般是从最高平面（相对可接地面）吊装，其高低面的衔接，常用做法是先以一条方木斜向将上下平面龙骨架定位，然后用垂直的方木把上下两个平面龙骨架连接固定，如图 3-3-13 所示。

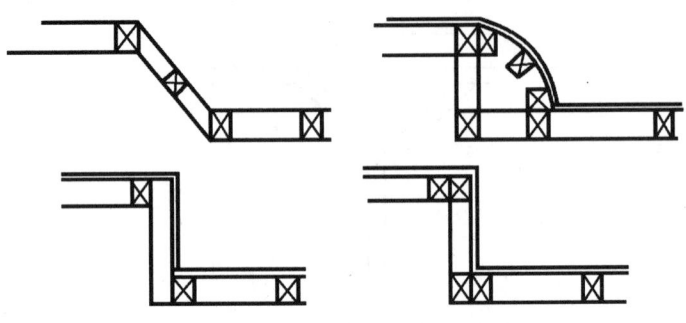

图 3-3-13　木龙骨架叠级构造

⑤ 龙骨架调平与起拱：对一些面积较大的木龙骨架吊顶，可采用起拱的方法来平衡吊顶的下坠，一般情况下，跨度在 7~10 m 间起拱量为 3/1 000，跨度在 10~15 m 间起拱量为 5/1 000。其平面度允许误差见表 3-3-2。

表 3-3-2　木吊顶格栅（龙骨）平整度要求

面积/m²	允许误差值/mm	
	上凹（起拱）	下凸
20 内	3	2
50 内	2~5	
100 内	3~6	
100 以上	6~8	

双层木龙骨架的吊装固定：

① 主龙骨架的吊装固定：按照设计要求的主龙骨间距（通常为 1 000~1 200）布置主龙骨（通常沿房间的短向布置）并与已固定好的吊杆间距一致。连接时先将主龙骨搁置在沿墙龙骨（标高线木方）上，调平主龙骨，然后与吊杆连接并与沿墙龙骨钉接或用木楔将主龙骨与墙体楔紧。

② 次龙骨架的吊装固定：次龙骨即是采用小木方通过咬口拼接而成的木龙骨网格，其规格、要求及吊装方法与单层木龙骨吊顶相同。将次龙骨吊装至主龙骨底部并调平后，用短木方将主、次龙骨连接牢固。

（7）基层板施工。

① 基层板的接缝的处理：基层板的接缝形式，常见的有对缝、凹缝和盖缝三种。

对缝（密缝）：板与板在龙骨上对接，此时板多为粘、钉在龙骨上，缝处容易产生变形或裂缝，可用纱布或棉纸粘贴缝隙。

凹缝（离缝）：在两板接缝处做成凹槽，凹槽有 V 形和矩形两种。凹缝的宽度一般不小于 10 mm。

盖缝（离缝）：板缝不直接暴露在外，而是利用压条盖住板缝，这样可以避免缝隙宽窄不均的现象，使板面线型更加强烈。基层板的接缝构造如图 3-3-14 所示。

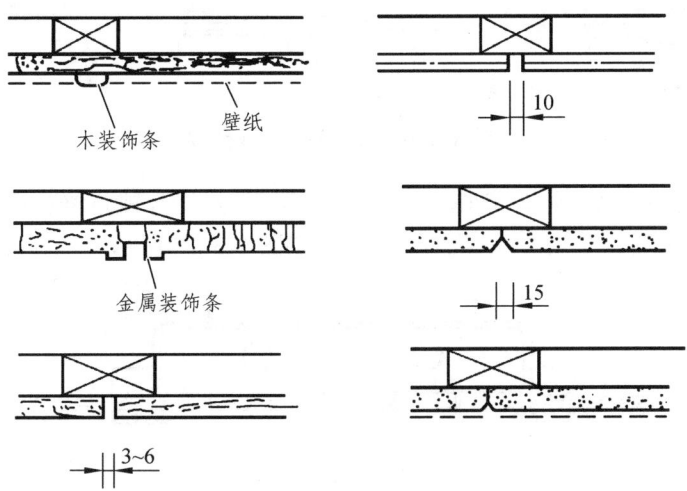

图 3-3-14 吊顶基层板接缝示意图

② 基层板的固定。

钉接：用铁钉将基层板固定在木龙骨上，钉距为 80～150 mm，钉长为 25～35 mm，钉帽砸扁并进入板面 0.5～1 mm。

黏结：黏结即用各种胶黏剂将基层板黏结于龙骨上，如矿棉吸声板可用 1∶1 水泥石膏粉加入适量 107 胶进行黏结。

工程实践证明，对于基层板的固定，若采用黏、钉结合的方法，则固定更为牢固。

（8）木龙骨吊顶节点处理。

① 阴角节点：阴角是指两面相交内凹部分，其处理方法通常是用角木线钉压在角位上，如图 3-3-15 所示。固定时用直钉枪，在木线条的凹部位置打入直钉。

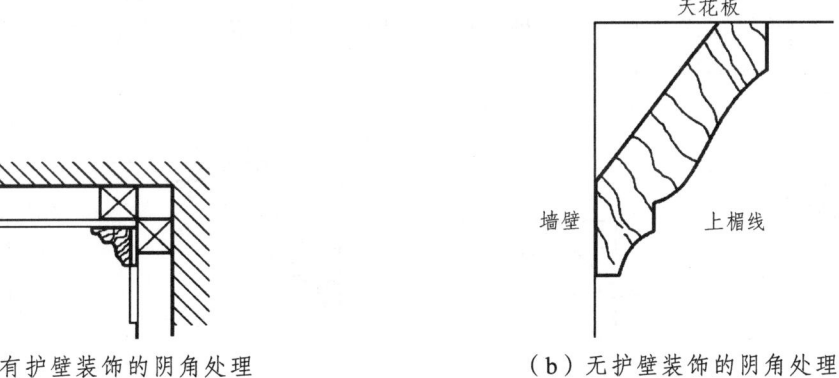

（a）有护壁装饰的阴角处理　　（b）无护壁装饰的阴角处理

图 3-3-15 吊顶面阴角处理

② 过渡节点：过渡节点是指两个落差高度较小的面接触处或平面上，两种不同材料的对接处。其处理方法通常用木线条或金属线条固定在过渡节点上。木线条可直接钉在吊顶面上，不锈钢等金属条则用粘贴法固定，如图 3-3-16 所示。

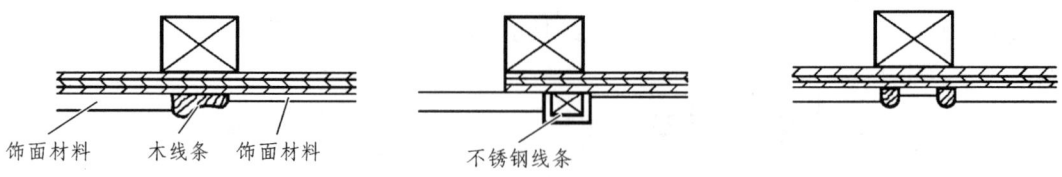

图 3-3-16　吊顶面过渡处理

③ 吊顶与灯光盘节点：灯光盘在吊顶上安装后，其灯光片或灯光格栅与吊顶之间的接触处需作处理。其方法通常是用木线条进行固定，如图 3-3-17 所示。

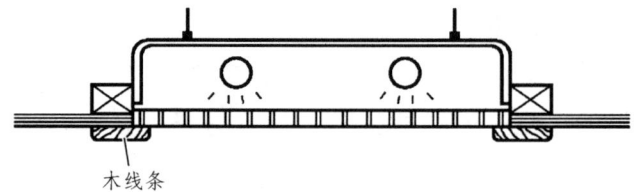

图 3-3-17　灯光盘节点处理

④ 吊顶与检修孔节点处理：通常是在检修孔盖板四周钉木线条，或在检修孔内侧钉角铝，如图 3-3-18 所示。

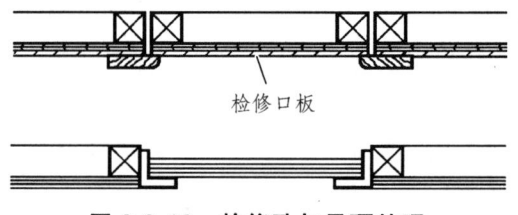

图 3-3-18　检修孔与吊顶处理

⑤ 木吊顶与墙面间节点处理：木吊顶与墙面间节点，通常采用固定木线条或塑料线条的处理方法，线条的式样及方法有多种多样，常用的有实心角线、斜位角线、八字角线及阶梯形角线等，如图 3-3-19 所示。

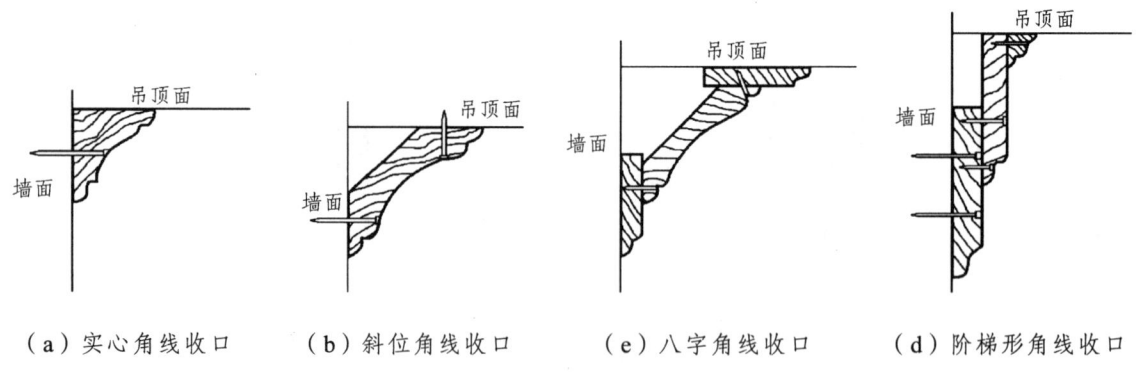

(a) 实心角线收口　　(b) 斜位角线收口　　(c) 八字角线收口　　(d) 阶梯形角线收口

图 3-3-19　木吊顶与墙面间节点处理

⑥ 木吊顶与柱面间的节点处理：木吊顶面与柱面间的节点处理方法，与木吊顶与墙面间节点处理的方法基本相同，所用材料有木线条、塑料线条、金属线条等，如图 3-3-20 所示。

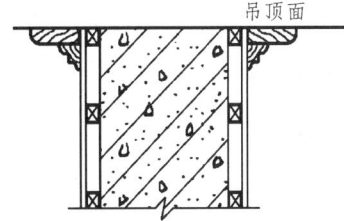 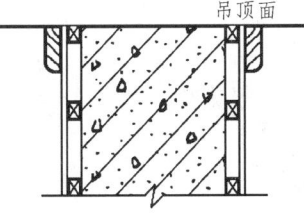 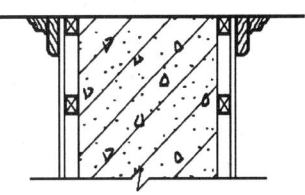

图 3-3-20　木吊顶与柱面间的节点处理

2.3　木龙骨吊顶工艺要点示意图（图 3-3-21）

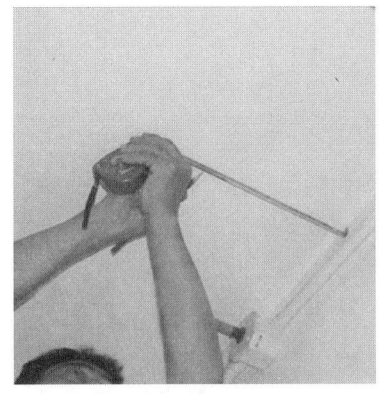

沿墙顶放水平线，确定吊顶宽度

沿墙顶水平线钻孔

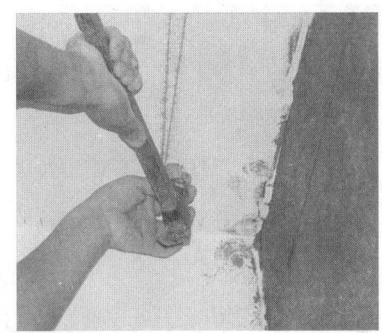

固定木楔

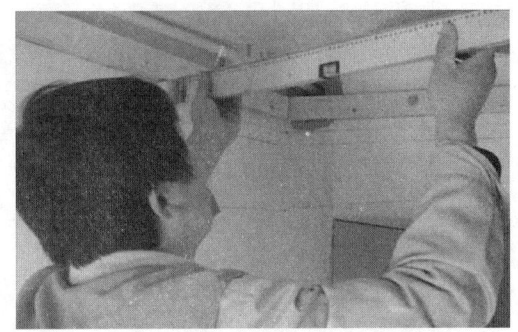

沿水平线将木龙骨钉固在木楔上

检查、调整木龙骨平整度

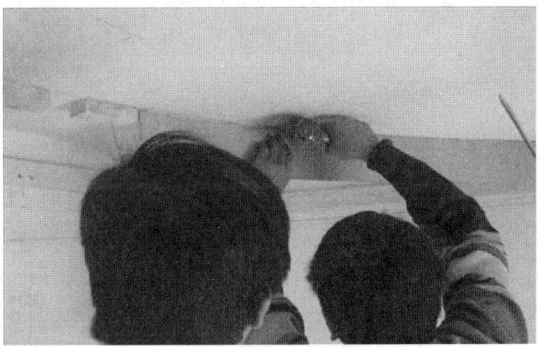

封装固定面板

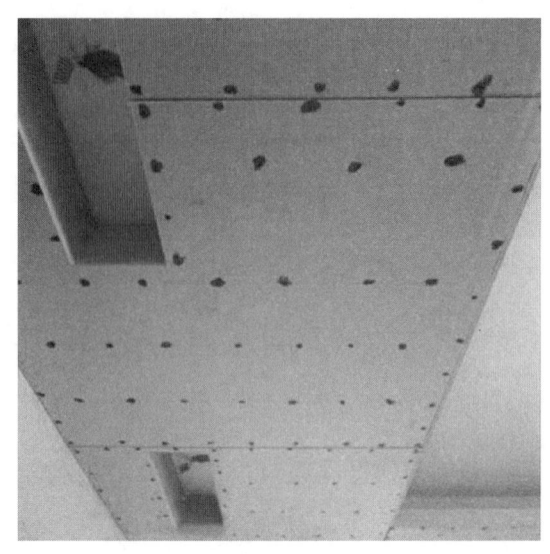

检查面板、钉眼涂刷防锈材料

图 3-3-21　木龙骨吊顶工艺要点示意图

3　轻钢龙骨吊顶

轻钢龙骨吊顶实物图片见图 3-2-22。

图 3-3-22　实物图片认识

3.1　构造作法

轻钢龙骨是用薄壁镀锌钢带、冷轧钢带或彩色喷塑钢带经机械压制而成，其钢带厚度为 0.5～1.5 mm，具有自重轻、刚度大、防火性能好、安装简便等优点，便于装配化施工。

轻钢龙骨按照龙骨的断面形状可以分为 U 型（C 型）、T 型、H 型、V 型等（吊顶示意图见图 3-3-23 至 3-3-26 所示），按龙骨的受力性能和安装位置可分为主龙骨、次龙骨、横撑龙骨、边龙骨，通过相应的专用连接件拼装成龙骨架。

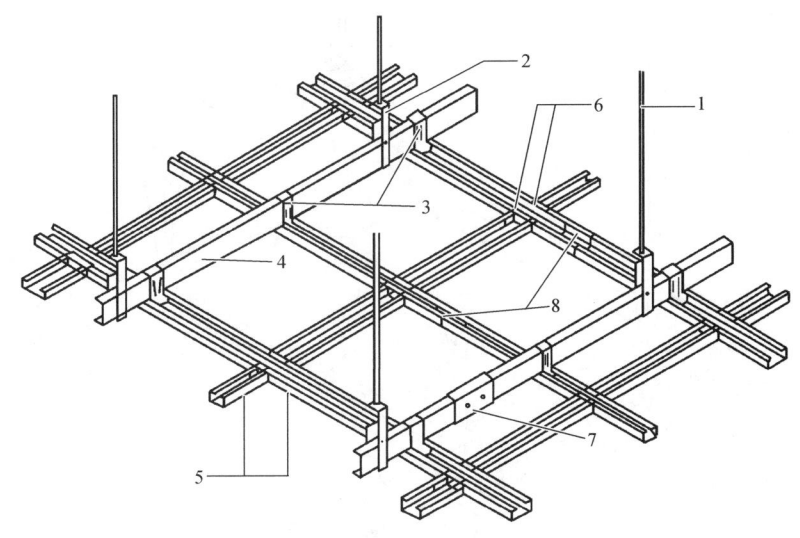

图 3-3-23　U 型吊顶龙骨示意图
1—吊杆；2—吊件；3—挂件；4—承载龙骨；5—覆面龙骨；
6—挂插件；7—承载龙骨连接件；8—覆面龙骨连接件

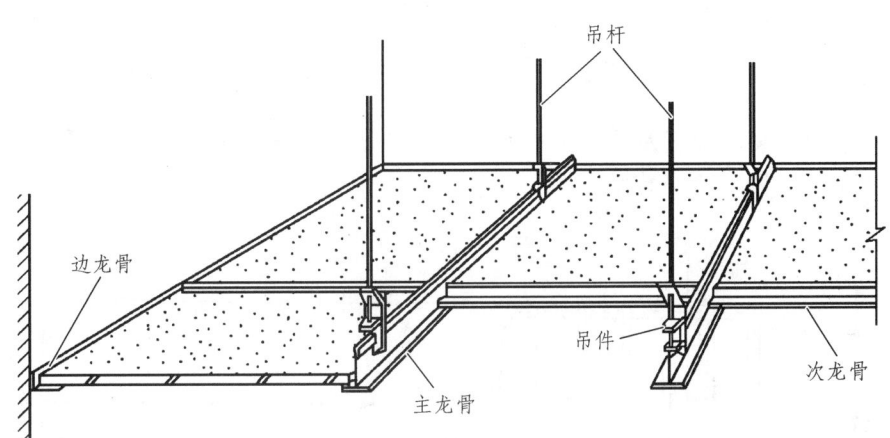

图 3-3-24　T 型吊顶龙骨示意图

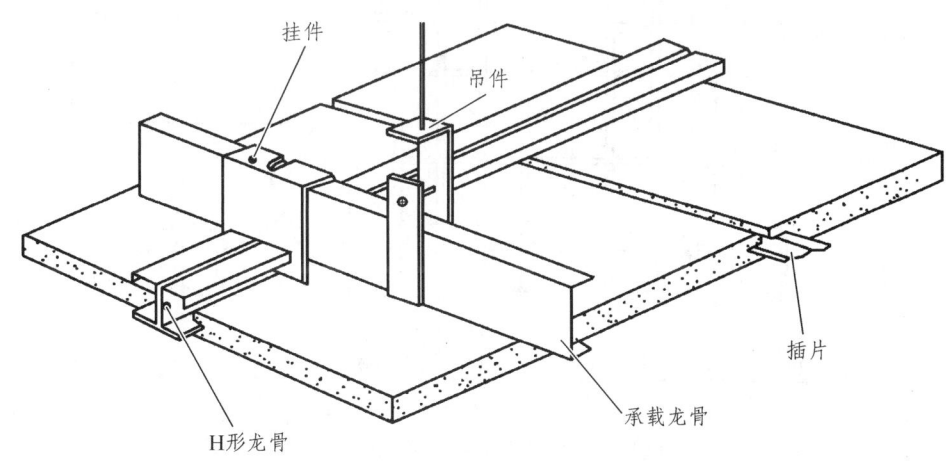

图 3-3-25　H 型吊顶龙骨示意图

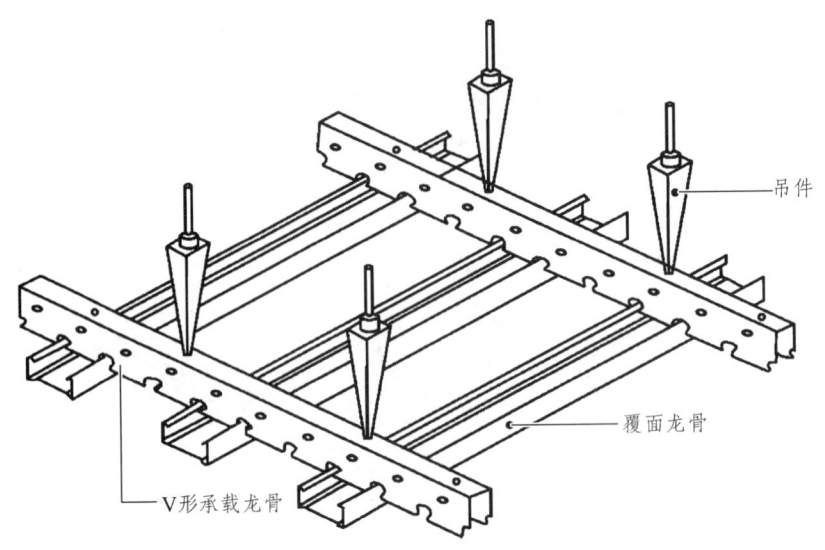

图 3-3-26　V 型直卡式吊顶龙骨示意图

3.2　施工工艺

3.2.1　施工准备

（1）绘制吊顶组装平面图及构造节点图，图 3-3-27 至图 3-3-30 为吊顶施工中常见的 U 型轻钢龙骨纸面石膏板吊顶安装示意图。

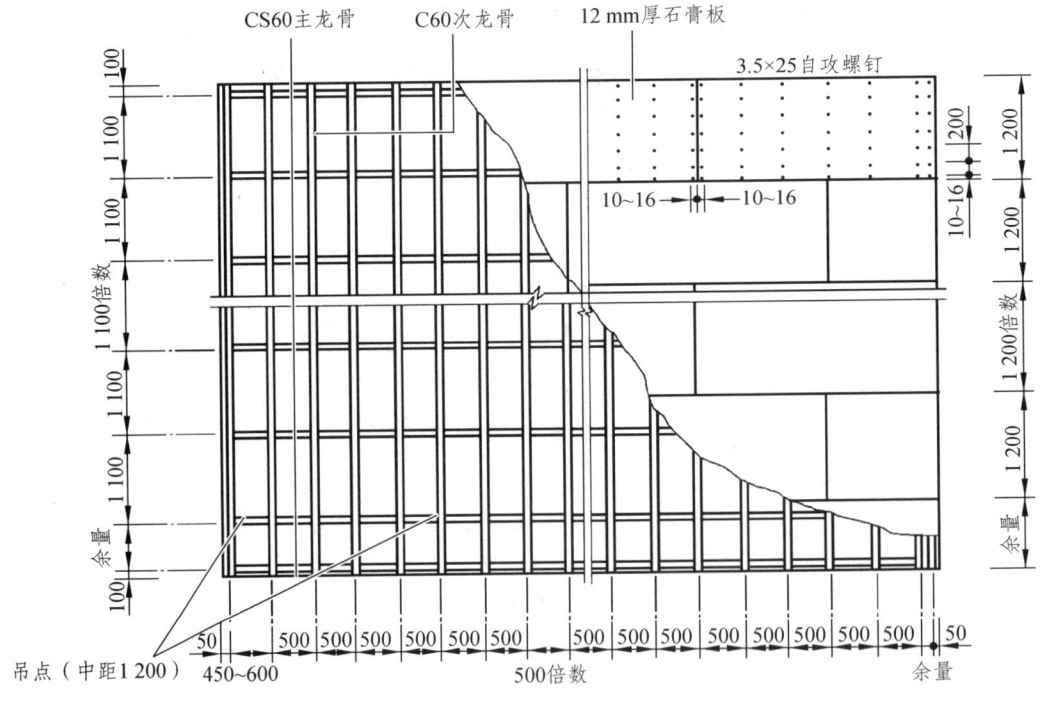

图 3-3-27　U 型轻钢龙骨纸面石膏板吊顶施工平面示意图

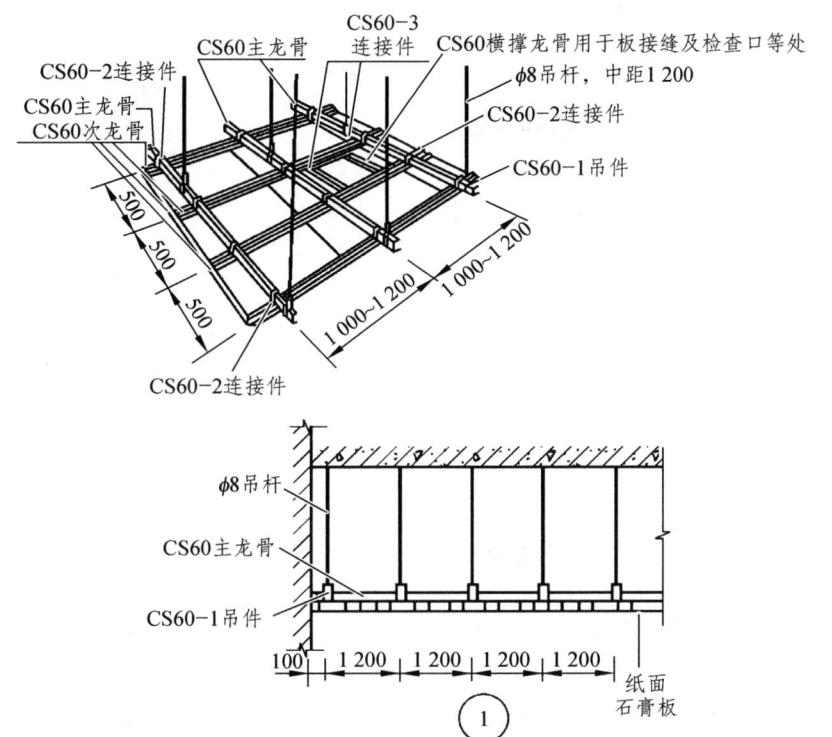

(a)纸面石膏板吊顶龙骨安装示意

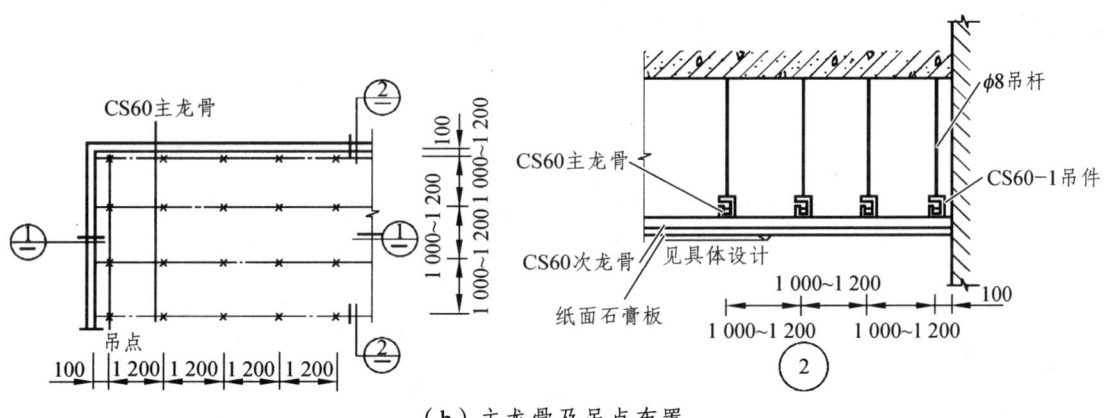

(b)主龙骨及吊点布置

图 3-3-28　U型轻钢龙骨纸面石膏板吊顶吊点布置示意图

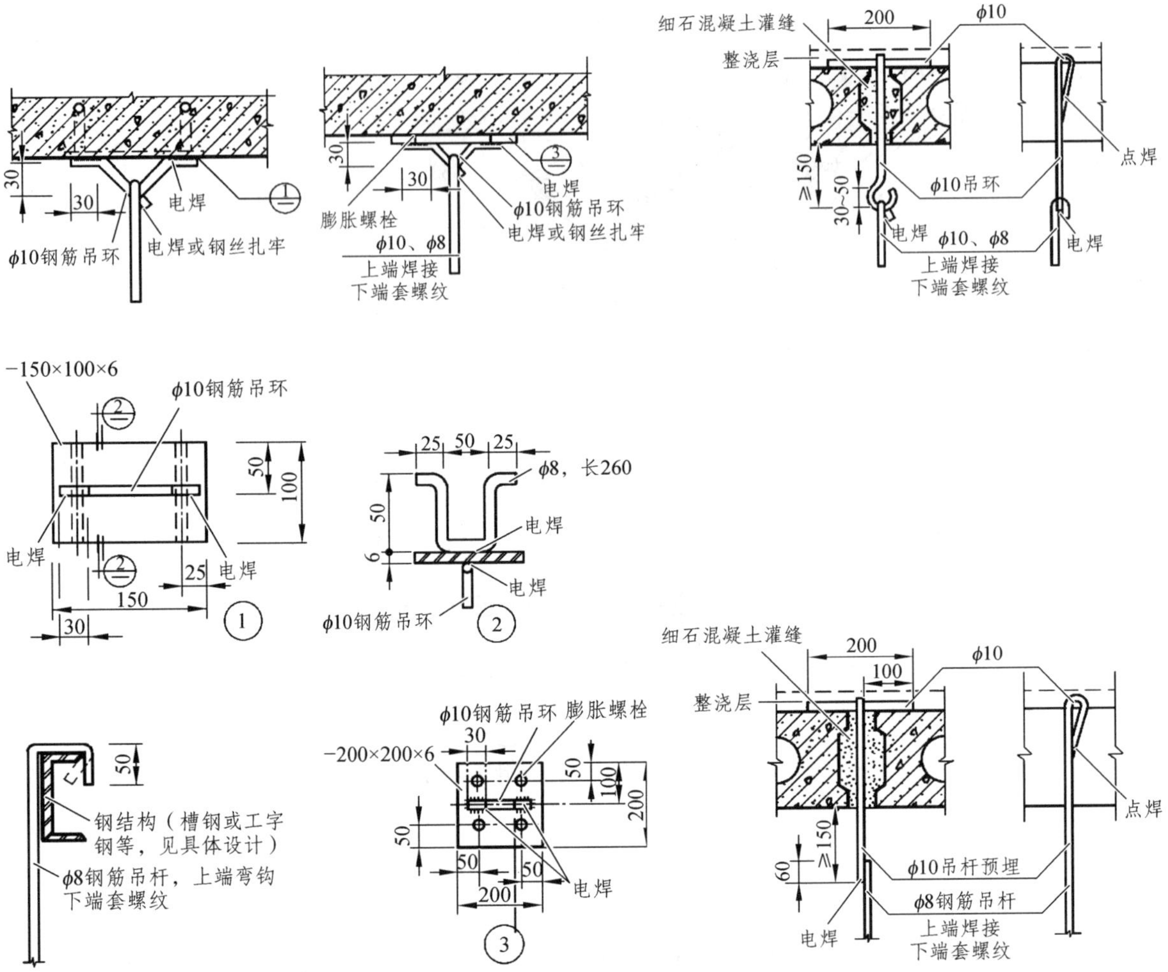

图 3-3-29 U 型轻钢龙骨纸面石膏板吊顶吊杆锚固节点示意图

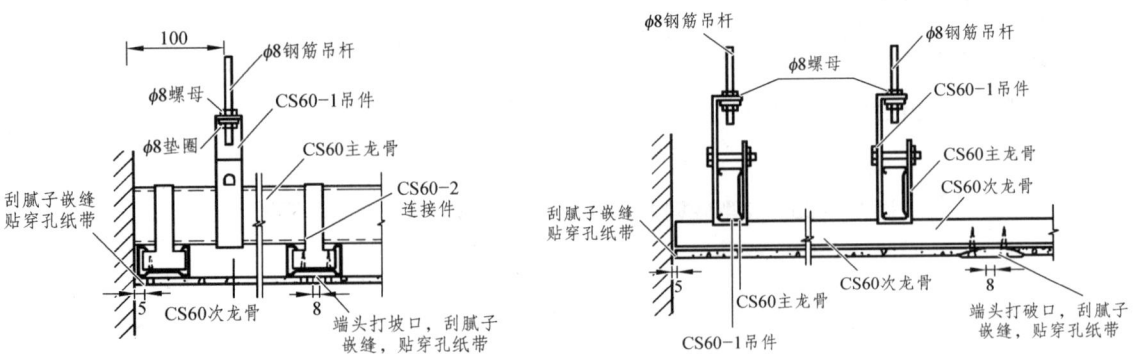

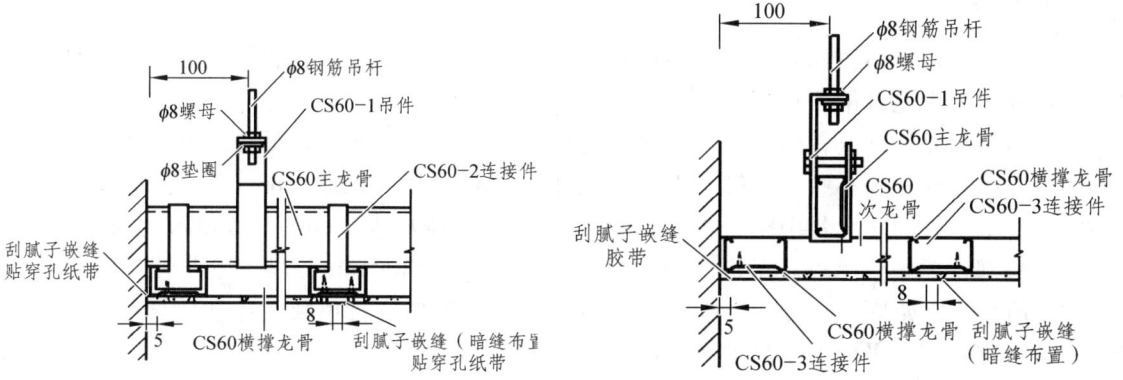

图 3-3-30 U 型轻钢龙骨纸面石膏板吊顶细部构造节点示意图

（2）备料，准备施工所需的龙骨材料及连接配件材料，图 3-3-31 为常见轻钢龙骨连接件。

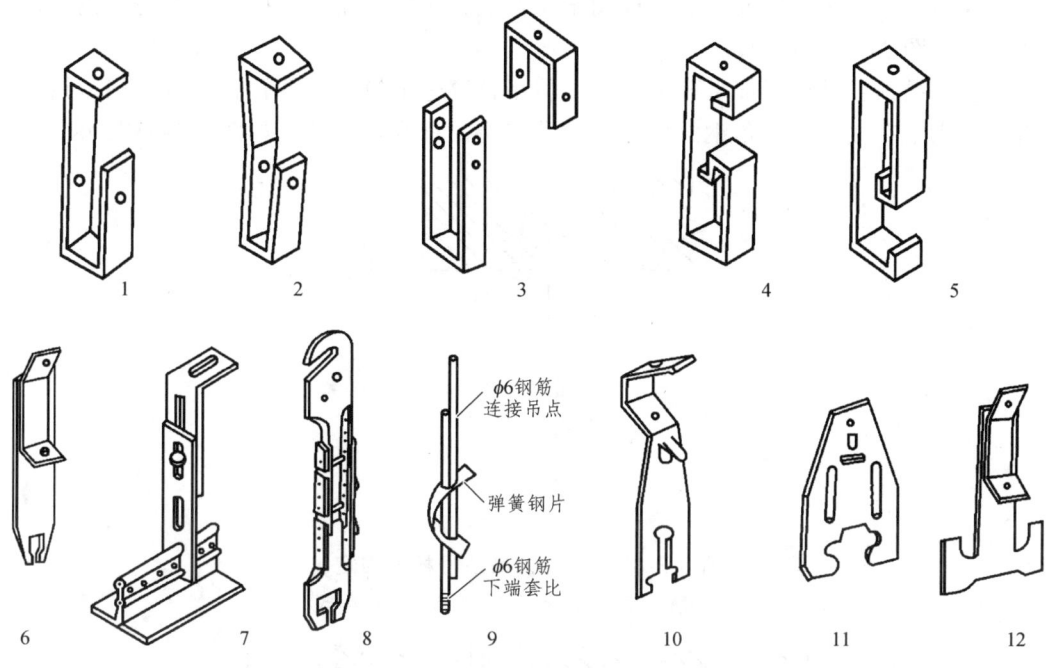

图 3-3-31 轻钢龙骨常用吊挂件

1~5—U 型承载龙骨吊件；6—T 型主龙骨吊件；7—穿孔金属带吊件（T 型龙骨吊件）；
8—游标吊件（T 型龙骨吊件）；9—弹簧钢片吊件；10—T 型龙骨吊件；
11—C 型主龙骨直接固定式吊卡（CSR 吊顶系统）；
12—槽形主龙骨吊卡（C 型龙骨吊件）

（3）检查结构及设备施工安装到位情况。

3.2.2 工艺流程

放线—固定边龙骨—安装吊杆—安装主龙骨并调平—安装次龙骨—安装横撑龙骨—安装面板。

3.2.3 操作要点

（1）放线：包括吊顶标高线、造型位置线、吊点位置线等，其中吊顶标高线和造型位置线的确定方法与木龙骨吊顶相同。

吊点的间距要根据龙骨的断面以及使用的荷载综合决定。龙骨断面大、刚性好，吊点间距可以大一些，反之则小些。一般上人的主龙骨中距不应大于 1 200 mm，吊点距离为 900～1 200 mm；不上人的主龙骨中距为 1 200 mm 左右，吊点距离为 1 000～1 500 mm。在主龙骨端部和接长部位要增设吊点。吊点应距主龙骨端部不大于 300 mm，以免主龙骨下坠。一些大面积的吊顶（比如舞厅、音乐厅等），龙骨和吊点的间距应进行单独设计和计算。对有叠级造型的吊顶应在不同平面的交界处布置吊点。特大灯具也应设吊点。

（2）固定边龙骨：边龙骨采用 U 型轻钢龙骨的次龙骨，用间距 900～1 000 mm 的射钉固定在墙面上，边龙骨底面与吊顶标高线齐平。

（3）安装吊杆。

①上人吊顶：采用射钉或膨胀螺栓固定角钢块，吊杆与角钢焊接。吊杆与角钢都需要涂刷防锈漆（如图 3-3-32 所示）。

②不上人吊顶：采用尾部带孔的射钉，将吊杆穿过射钉尾部的孔，或者采用射钉、膨胀螺栓将角钢固定在楼板上，角钢的另一边穿孔，将吊杆穿过该孔（如图 3-3-33 所示）。

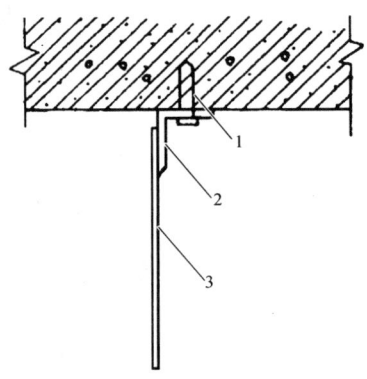

图 3-3-32 不上人吊顶吊杆的固定

1—射钉（膨胀螺栓）；2—角钢；3—吊杆

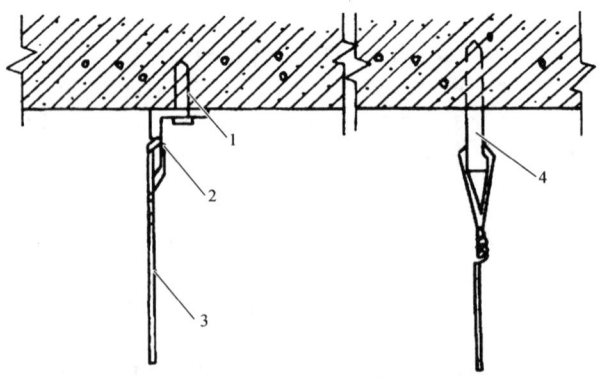

图 3-3-33 上人吊顶吊杆的固定

1—射钉（膨胀螺栓）；2—角钢；3. φ4 吊杆；4—带孔射钉

（4）安装主龙骨并调平：主龙骨的安装是用主龙骨吊挂件将主龙骨连接在吊杆上（如图 3-3-34（a）所示），拧紧螺丝卡牢，然后以一个房间为单位将主龙骨调平。

调平的方法可以采用 60 mm × 60 mm 的木方按主龙骨间距钉圆钉，将龙骨卡住做临时固定，按十字和对角拉线，拧动吊杆上的螺母进行升降调整（如图 3-3-34（b）所示）。调平时需注意，主龙骨的中间部分应略有起拱，起拱高度不小于房间短向跨度的 1/200。

主龙骨的接长一般采用与主龙骨配套的接插件接长。

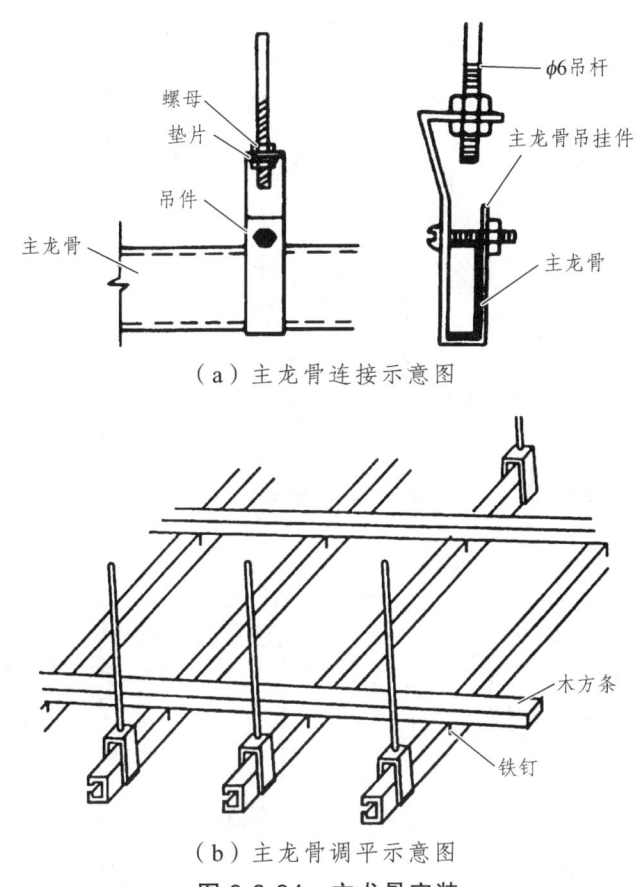

（a）主龙骨连接示意图

（b）主龙骨调平示意图

图 3-3-34　主龙骨安装

（5）安装次龙骨：次龙骨应紧贴主龙骨垂直安装，一般应按板的尺寸在主龙骨的底部弹线，用挂件固定，挂件上端搭在主龙骨上，挂件 U 型腿用钳子卧入主龙骨内（如图 3-3-35 所示）。为防止主龙骨向一边倾斜，吊挂件的安装方向应交错进行。

次龙骨的间距由饰面板规格而定，要求饰面板端部必须落在次龙骨上，一般情况采用的间距是 400 mm，最大间距不得超过 600 mm。

（6）安装横撑龙骨：横撑龙骨一般由次龙骨截取。安装时将截取的次龙骨端头插入挂插件，垂直于次龙骨扣在次龙骨上，并用钳子将挂搭弯入次龙骨内。组装好后，次龙骨和横撑龙骨底面（即饰面板背面）要齐平。横撑龙骨的间距根据饰面板的规格尺寸而定，要求饰面板端部必须落在横撑龙骨上，一般情况下间距为 600 mm。

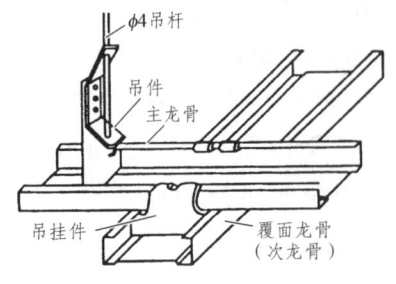 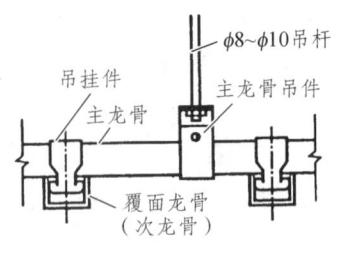

（a）不上人吊顶吊杆与主次龙骨的连接　　　　（b）上人吊顶吊杆与主次龙骨的连接

图 3-3-35　次龙骨与主龙骨连接示意图

（7）轻钢龙骨吊顶细部处理：大部分细部处理同木龙骨吊顶。图 3-3-36 为轻钢龙骨与窗帘盒连接构造示意图。

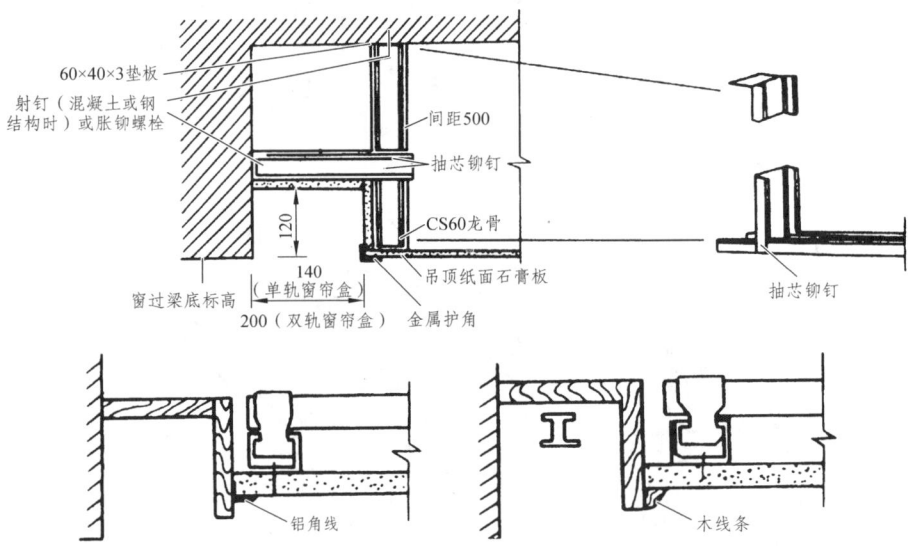

图 3-3-36　轻钢龙骨与窗帘盒构造示意图

3.3　轻钢龙骨纸面石膏板吊顶工艺要点示意图（图 3-3-37）

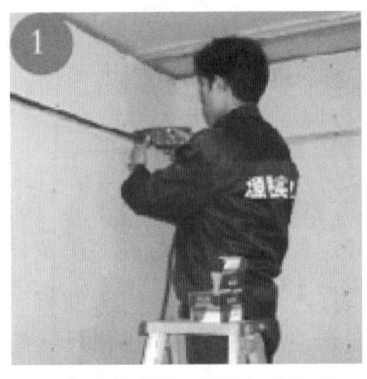 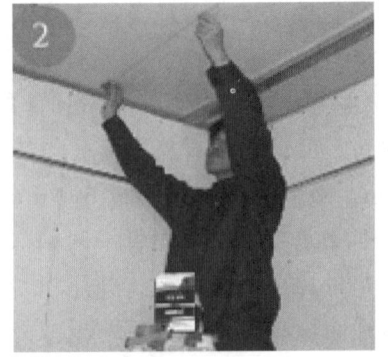

确定位置线，固定边龙骨　　　　　　　确定吊点位置

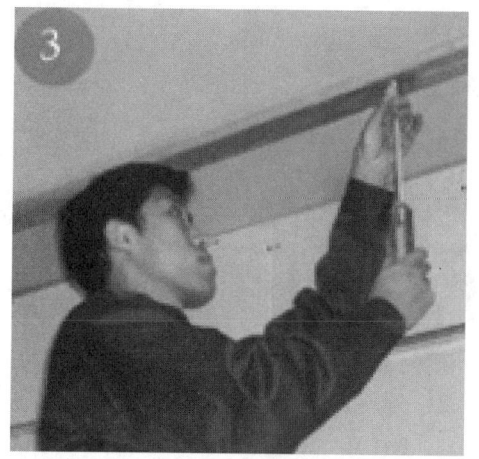
在吊点位置固定吊杆

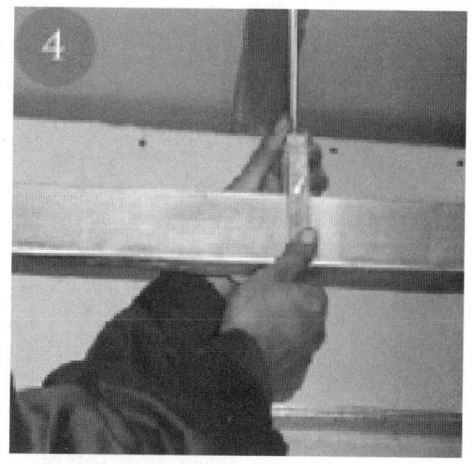
连接主龙骨，调整水平度

控制主龙骨间距

连接次龙骨

连接横撑龙骨

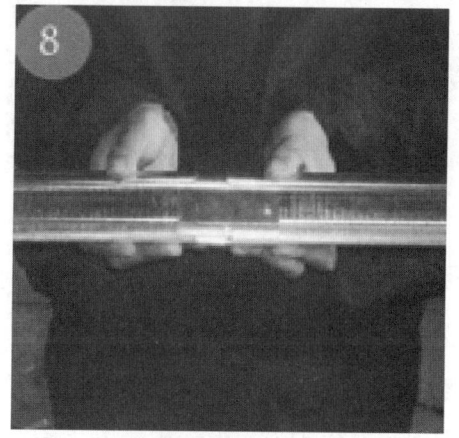
龙骨加长连接

纸面石膏板固定

图 3-3-37　轻钢龙骨纸面石膏板吊顶工艺要点示意图

4　铝合金龙骨吊顶

铝合金龙骨吊顶实物图片见图 3-3-38。

图 3-3-38　实物图片认识

4.1　构造作法

铝合金龙骨吊顶的构造为活动装配式吊顶的范畴，按是否可上人包括两种情况：一种是由 U 型轻钢龙骨作主龙骨与 T 型铝合金龙骨组成的龙骨架，可以承受附加荷载，属于可上人吊顶，如图 3-3-39 所示；另一种是由 T 型铝合金龙骨组装的轻型吊顶龙骨架构造，属于不可上人吊顶，如图 3-3-40 所示。

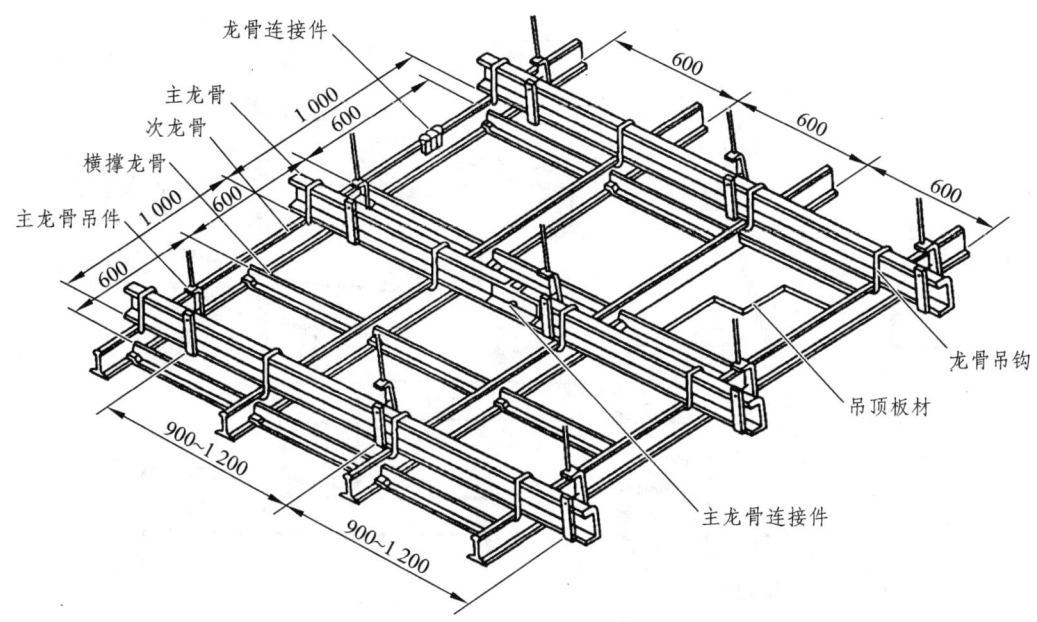

图 3-3-39　以 U 型轻钢龙骨为主龙骨的上人铝合金龙骨构造示意图

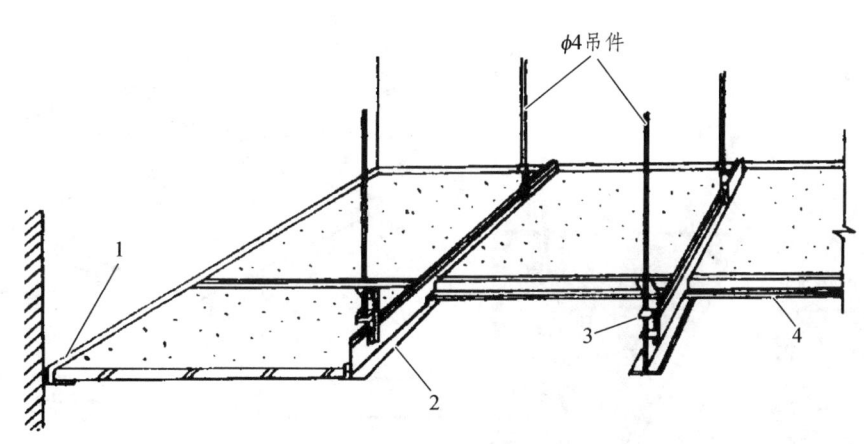

图 3-3-40　不上人铝合金龙骨构造示意图
1—边龙骨；2—次龙骨；3—T 型吊挂件；4—横撑龙骨

铝合金龙骨吊顶根据龙骨与面板的位置关系，有明架吊顶、半明架吊顶、暗架吊顶三种形式，如图 3-3-41 至图 3-3-43 所示。

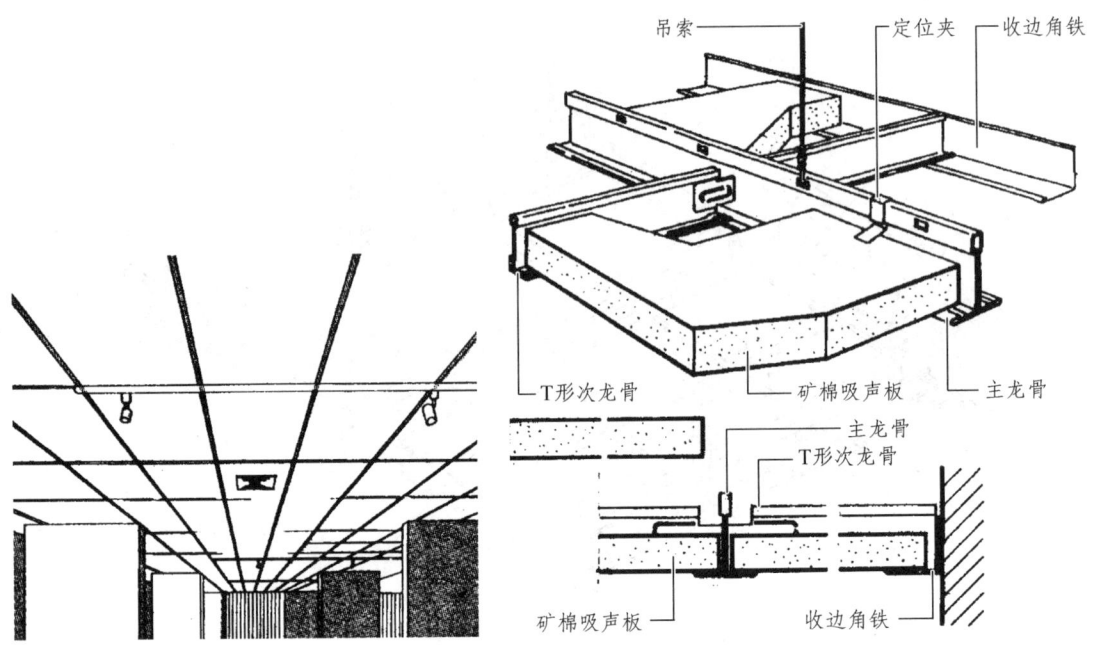

图 3-3-41 明架吊顶（暴露龙骨架）

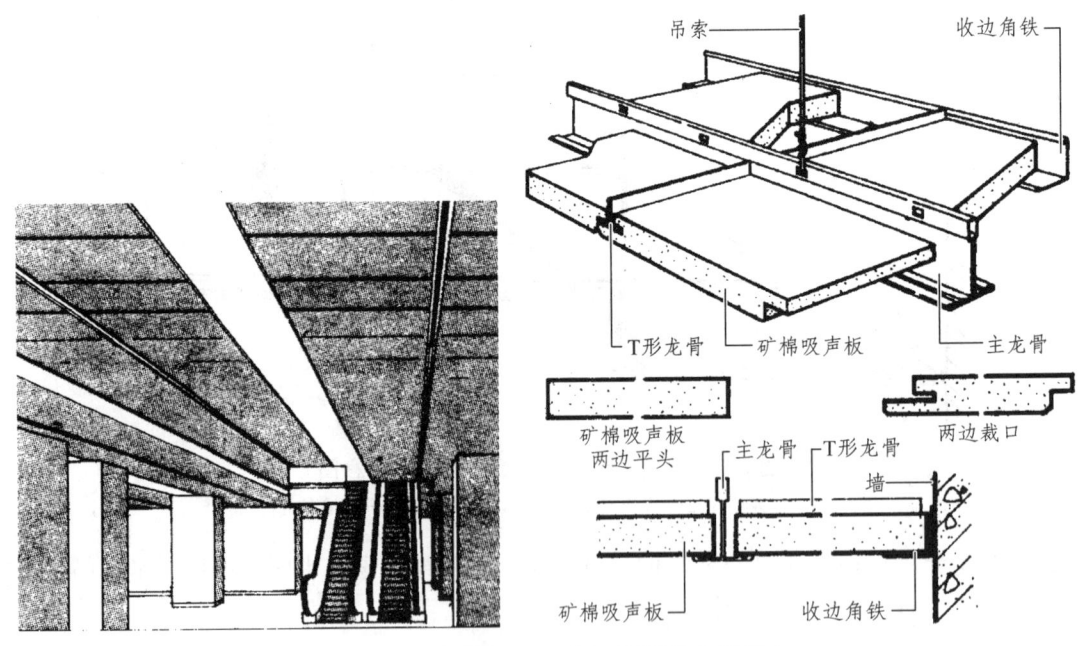

图 3-3-42 半明架吊顶（部分暴露龙骨架）

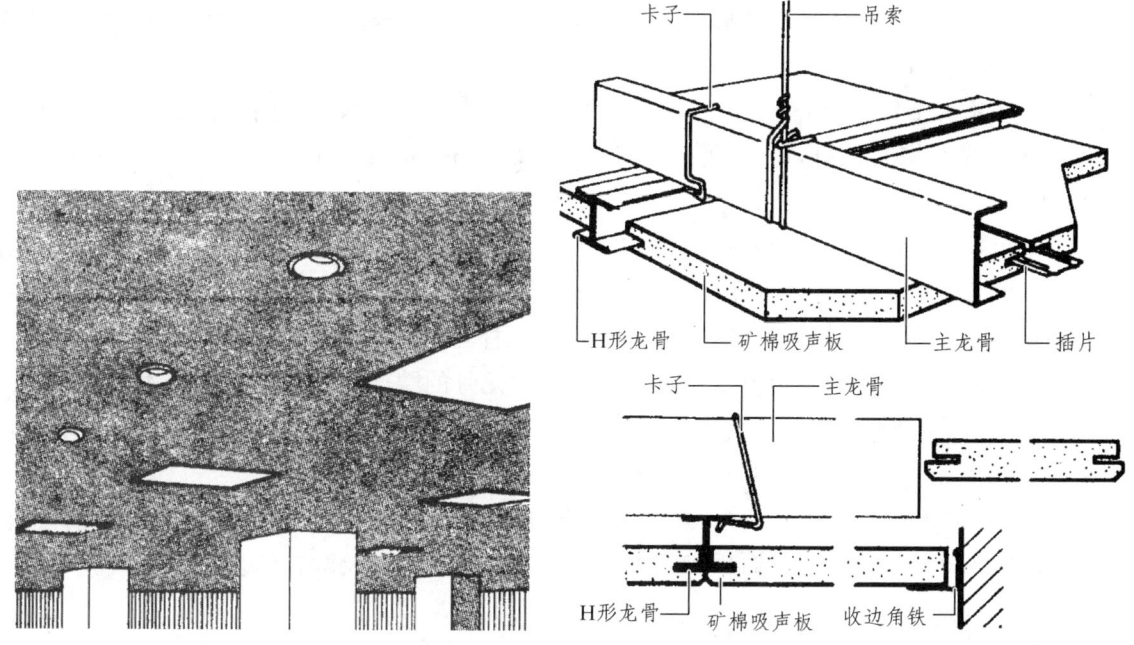

图 3-3-43　暗架吊顶（隐蔽龙骨架）

4.2　施工工艺

4.2.1　施工准备

（1）材料准备：根据设计要求确定吊顶为上人吊顶或不上人吊顶，从而决定龙骨的规格、数量及其配件。

（2）作业条件准备：同 U 型轻钢龙骨吊顶。

（3）机具准备：同 U 型轻钢龙骨吊顶。

4.2.2　工艺流程

放线—安装边龙骨—固定吊杆—校验棚内管线—安装主龙骨并调平—安装次龙骨与横撑龙骨—安装面板。

4.2.3　操作要点

（1）放线：确定龙骨的标高线和吊点位置线。其标高线的弹设方法与木龙骨的标高线弹设方法相同，其水平偏差也不允许超过 ±5 mm。吊点的位置根据吊顶的平面布置图来确定，一般情况下为 900～1 200 mm，注意吊杆距主龙骨端部的距离不得超过 300 mm，否则应增设吊杆。

（2）安装边龙骨：铝合金龙骨的边龙骨为 L 型，沿墙面或柱面四周弹设的水平标高线固定，边龙骨的底面要与标高线齐平，采用射钉或水泥钉固定，间距 900～1 000 mm。

（3）固定吊杆：吊杆要根据吊顶的龙骨架是否上人来选择固定方式，其固定方法与 U 型轻钢龙骨的吊杆固定相同。

（4）安装主龙骨并调平：主龙骨采用相应的主龙骨吊挂件与吊杆固定，其固定方法和调平方法与 U 型轻钢龙骨相同。主龙骨的间距为 1 000 mm 左右。如果是不上人吊顶，该步骤可以省略。

（5）安装次龙骨与横撑龙骨：如果是上人吊顶，采用专门配套的铝合金龙骨的次龙骨吊挂件，上端挂在主龙骨上，挂件腿卧入 T 型次龙骨的相应孔内。如果是不上人吊顶，在不安装主龙骨的情况下，可以直接选用 T 型吊挂件将吊杆与次龙骨连接。

横撑龙骨与次龙骨的固定方法比较简单，横撑龙骨的端部都带有相配套的连接耳可以直接插接在次龙骨的相应孔内。要注意检查其分格尺寸是否正确，交角是否方正，纵横龙骨交接处是否平齐。次龙骨与横撑龙骨的间距要根据吊顶饰面板的规格而定。

（6）安装面板：铝合金龙骨吊顶的面板一般采用 600×600 的矿棉石膏板等轻质板材，根据次龙骨和横撑龙骨的形式，面板安装可采用搁置式、卡入式及两者结合的方式。

【能力拓展】

1 金属装饰板吊顶

金属装饰板吊顶实物图片见图 3-3-44。

 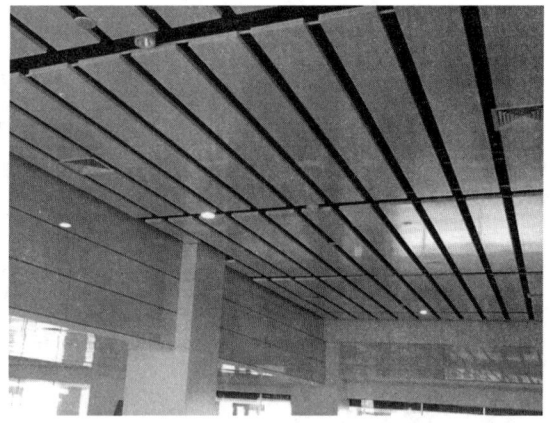

图 3-3-44 实物图片认识

1.1 方形金属板吊顶

方形金属板吊顶饰面板有两种安装方法：一种是搁置式安装；另一种是卡入式安装，图 3-3-45 为方形金属板吊顶卡入式安装示意图。

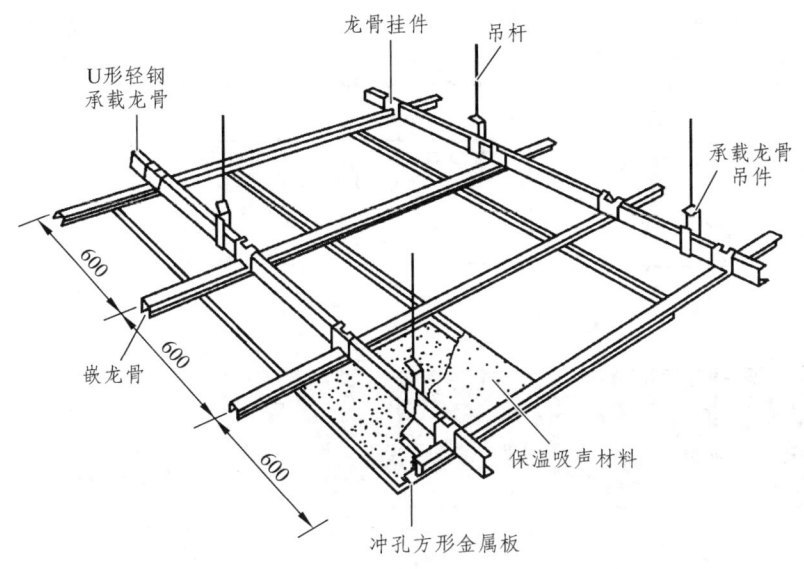

图 3-3-45　方形金属板卡入式安装示意图

1.2　条形金属板吊顶

条形金属板沿边分为"卡边"与"扣边"两种。

卡边式条形金属板安装时，只需直接将板沿按顺序利用板的弹性，卡入特制的带夹齿状的龙骨卡口内，调平调直即可，不需要任何连接件。此种板形有板缝，故也称为"开敞式"（敞缝式）吊顶顶棚。板缝有利于顶棚通风，可以不进行封闭，也可按设计要求加设配套的嵌条予以封闭。如图 3-3-46、图 3-3-47 所示。

扣边式条形金属板，可与卡边型金属板一样安装在带夹齿状龙骨卡口内，利用板本身的弹性相互卡紧。如图 3-3-48 所示。

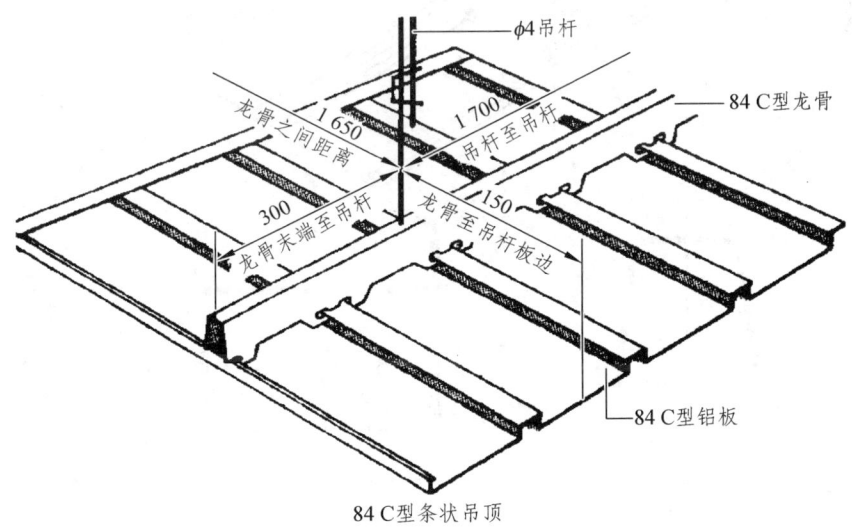

84 C 型条状吊顶

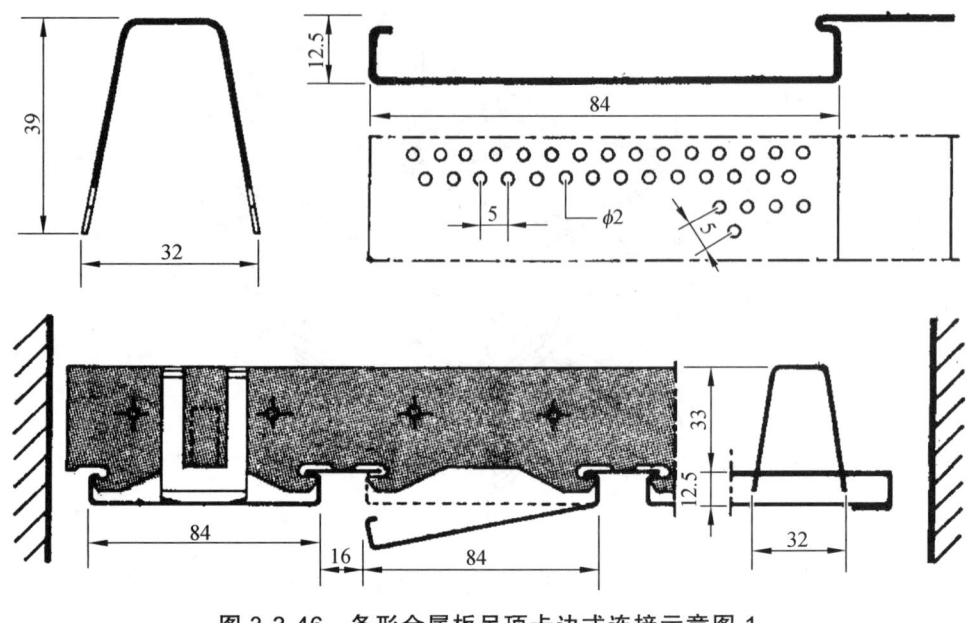

图 3-3-46 条形金属板吊顶卡边式连接示意图 1

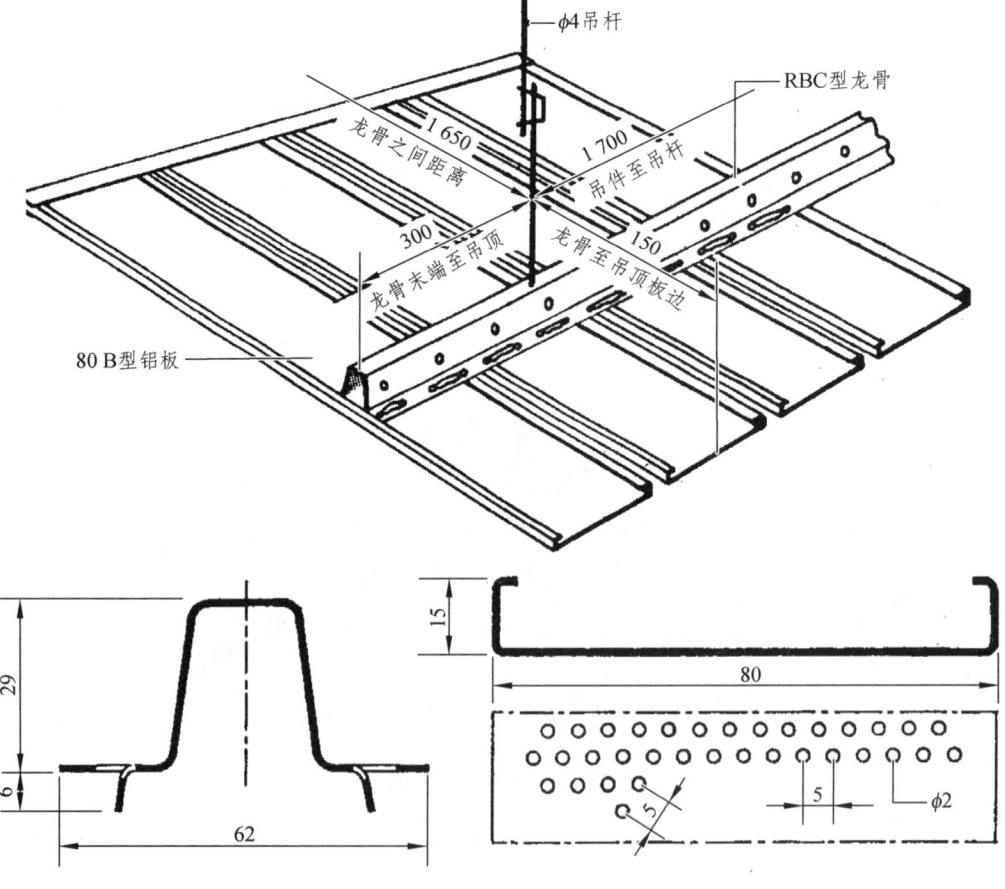

图 3-3-47 条形金属板吊顶卡边式连接示意图 2

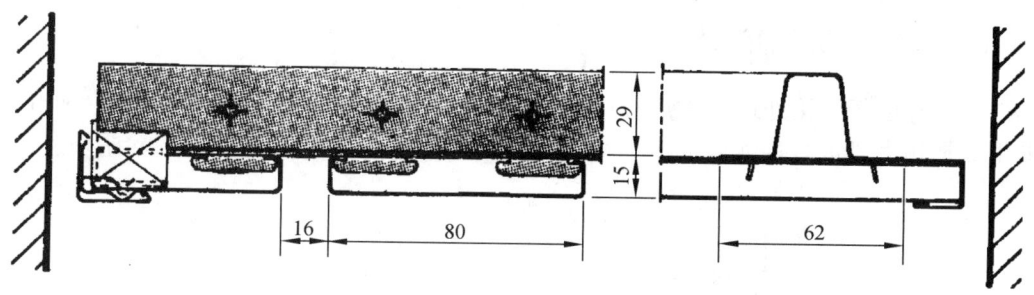

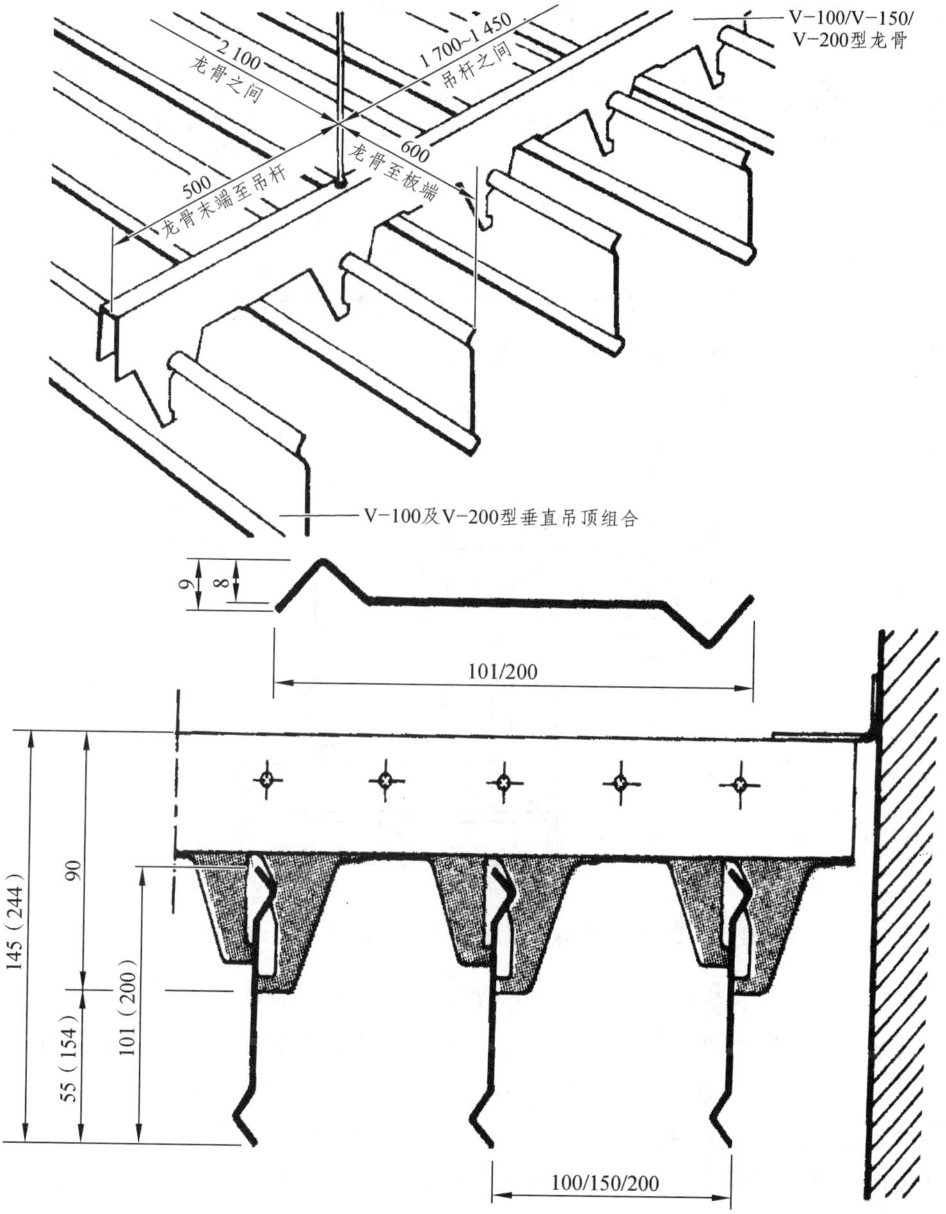

图 3-3-48 条形金属板吊顶扣边式连接示意图

1.3 金属装饰板吊顶细部处理

（1）墙柱边部连接处理：方形板或条形金属板，其与墙柱面连接处可以离缝平接，也可以采用 L 形边龙骨或半嵌龙骨同平面搁置搭接或高低错落搭接，如图 3-3-49 所示。

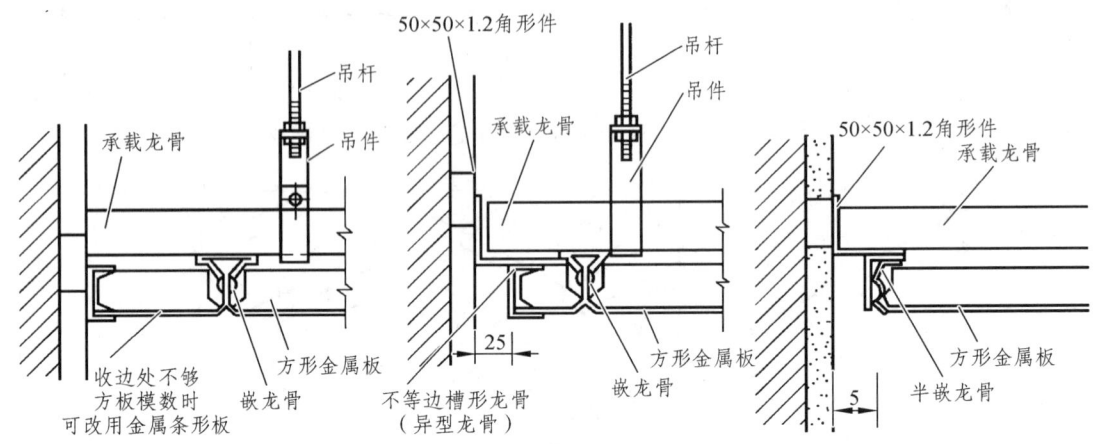

图 3-3-49　金属装饰板吊顶与墙、柱等的连接构造示意图

（2）变标高处连接处理：可按图 3-3-50 所示处理。

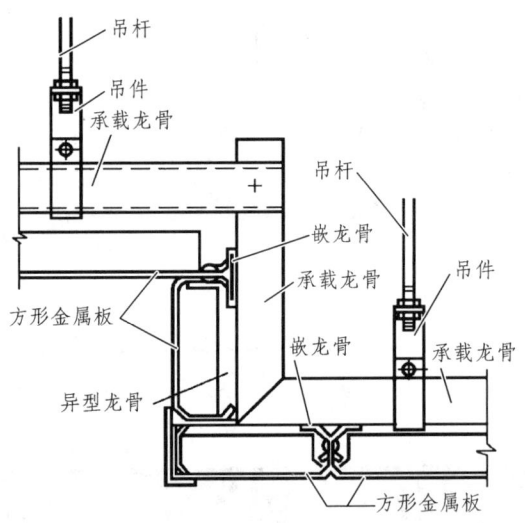

图 3-3-50　金属装饰板吊顶变标高处连接构造示意图

（3）窗帘盒、送风口等构造处理：可按图 3-3-51、图 3-3-52 所示处理。

（4）与隔断的连接处理：隔断沿顶龙骨必须与其垂直的顶棚主龙骨连接牢固。当顶棚主龙骨不能与隔断沿顶龙骨相垂直布置时，必须增设短的主龙骨，此短的主龙骨再与顶棚承载龙骨连接固定。总之，隔断沿顶龙骨与顶棚骨架系统连接牢固后，再安装罩面板。

（5）吸声或隔热材料布置：当金属板为穿孔板时，在穿孔板上铺壁毡，再将吸声隔热材料（如玻璃棉、矿棉等）满铺其上，以防止吸声材料从孔中漏出。

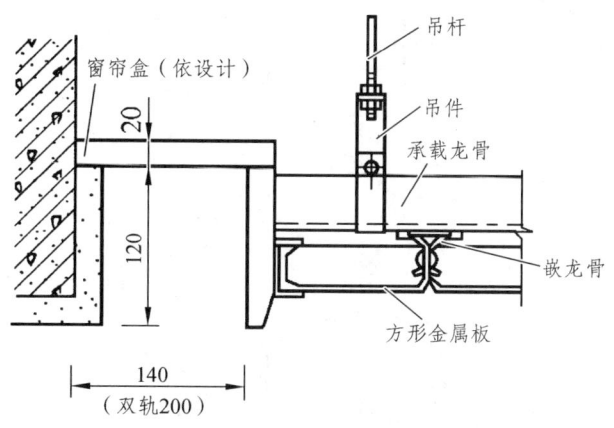
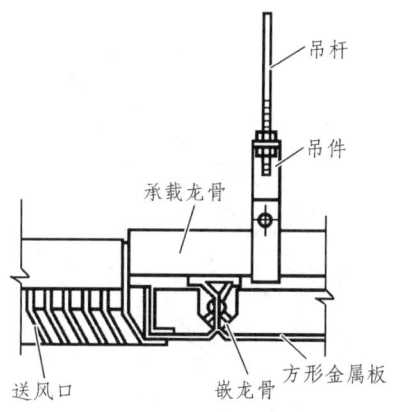

图 3-3-51　窗帘盒与吊顶连接示意图　　　　图 3-3-52　送风口连接示意图

2　开敞式吊顶

开敞式吊顶实物图片见图 3-3-53。

图 3-3-53　实物图片认识

开敞式吊顶的构造有两种形式：一种是将单体构件固定在骨架上；另一种是将单体构件直接用吊杆与结构相连，不用龙骨支撑，单体构件既是装饰构件，同时也能承受本身自重。

开敞式吊顶的单元体常采用木质、金属等材料制作。金属单元体构件的材质有铝合金、镀锌钢板等多种，铝合金单体构件质轻、耐用、防火防潮，比较常用。

2.1　木质开敞式吊顶

木质开敞式吊顶是将木质单体构件拼装成所需形式的单元体，然后将单元体按一般木工的操作方法，即开槽咬接、加胶钉接、开槽开榫加胶拼接或配以金属连接件加木螺钉连接等制作的一种吊顶方式，其构造示意图见图 3-3-54 至图 3-3-56 所示。

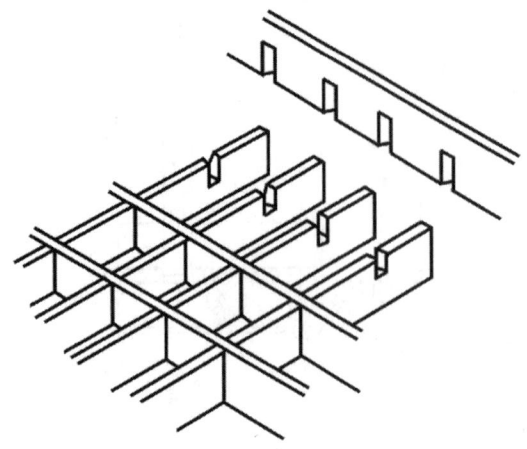
图 3-3-54　木板方格式单体拼装

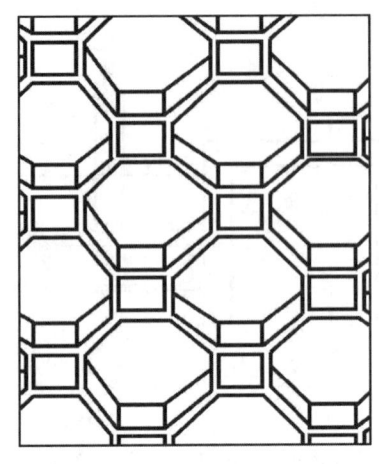
图 3-3-55　多边形与方形单体组合构造示意图

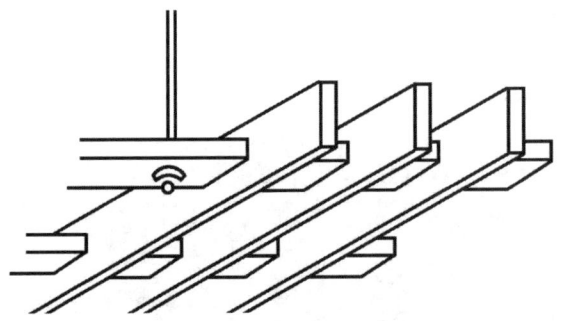

图 3-3-56　木条板拼装的开敞吊顶

2.2　金属格片型开敞式吊顶

格片型金属单体构件拼装方式较为简单，只需将金属格片按排列图案先裁锯成规定长度，然后卡入特制的格片龙骨卡口内即可，如图 3-3-57 所示。十字交叉式格片安装时，须采用专用特制的十字连接件，并用龙骨骨架固定其十字连接件，其连接示意如图 3-3-58 所示。

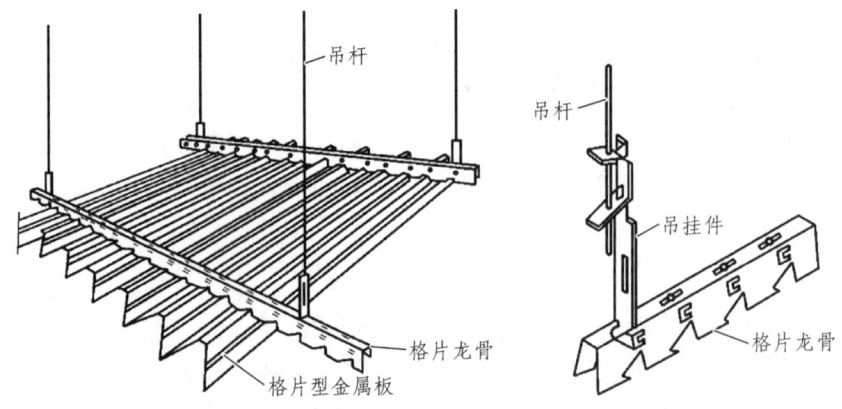

图 3-3-57　格片型金属板单体构件安装及悬吊示意图

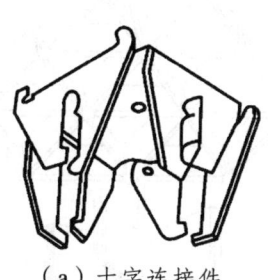
（a）十字连接件

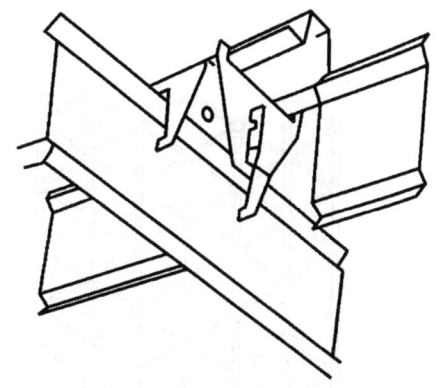
（b）格片金属板的十字形连接

图 3-3-58　格片型金属板的单体十字连接示意图

2.3　金属复合单板网络格栅型开敞式吊顶

金属复合单板网络格栅型开敞式吊顶是将单体构件进行拼装，再采用相应的连接件进行吊挂组合的一种吊顶制作方式，其单体构件拼装一般都是以金属复合吸声单板，通过特制的网络支架嵌插组成不同的平面几何图案，如三角形、纵横直线形、四边形、菱形、工字形、六角形等，或将两种以上几何图形组成复合图案，如图 3-3-59 至图 3-3-62 所示。

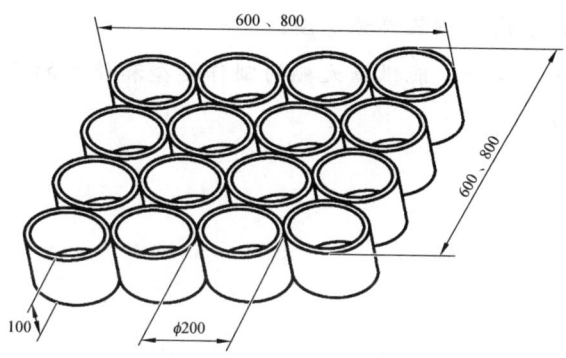

图 3-3-59　铝合金圆筒形天花板构造示意图

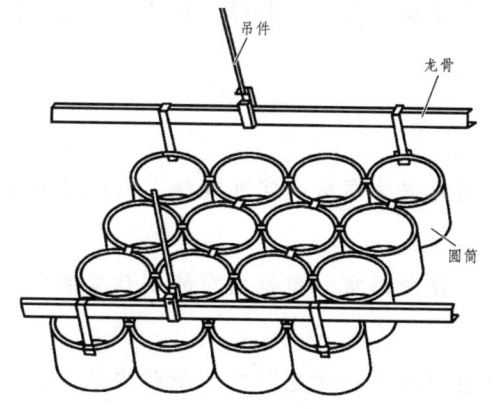

图 3-3-60　铝合金圆筒形天花板吊顶基本构造示意图

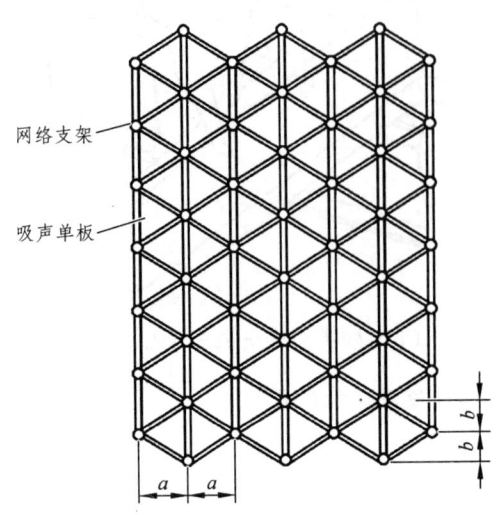
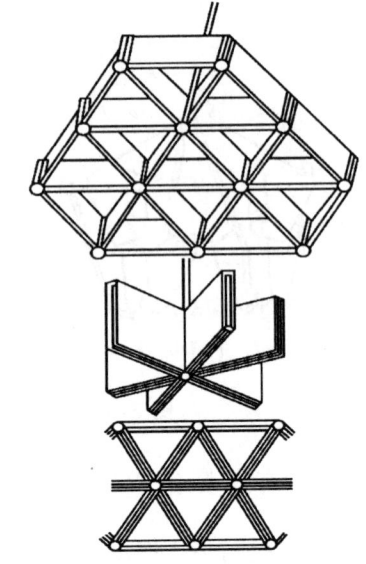

图 3-3-61　网络格栅型吊顶平面效果示意图　　图 3-3-62　利用网络支架作不同的插接形式

【技能训练】

（1）识读并绘制常见室内天棚装饰施工图。

（2）结合室内装饰施工现场，能根据天棚的制作类型和使用的不同材料，明确指出各部分的施工要点和工艺标准。

子任务 4　门窗工程

【任务准备】

　　收集不同类型的门窗制作安装图纸，特别是常见的装饰木门窗、铝合金门窗、塑钢门窗的制作安装图纸，或结合实地现场认识各种型材、构造的门窗，同时查阅相关资料了解各自的构造作法和施工工艺。

【任务分析】

（1）根据所收集的门窗制作安装图纸或实际现场，归纳不同材质类型的门窗制作安装的共同点、构造层次及基本要求。

（2）识读装饰木门窗、铝合金门窗、塑钢门窗的制作安装图纸，从中读取相应的门窗用材料、规格尺寸等。

（3）查阅相关资料，熟悉以上三种常见门窗的制作安装工艺及要点，完成相应的门窗制作安装。

【任务过程】

1 认识门窗工程

1.1 门窗的功能

(1) 门的主要功能是提供房间内外水平交通、围护和分隔空间,并对建筑物的装饰和造型艺术具有一定作用,而且还具有采光和通风的作用。

(2) 窗的主要功能是采光和通风,同时也兼具外部围护、分隔空间和装饰立面的作用。

1.2 门窗的分类

(1) 门的类型。

① 按制造材料的不同,可将门分为木门、钢门、彩色钢板门、不锈钢门、铝合金门、塑料门、玻璃门以及复合材料门等。

② 按开启方式的不同,可分为平开门、弹簧门、推拉门、转门、折叠门、卷帘门、升降门等。如图 3-4-1 所示。

③ 按技术用途的不同,可分为防噪声门、防辐射门、防火和防烟门、防弹门、防盗门等。

④ 按风格的不同,可分为中国传统风格和欧式风格。

⑤ 按门扇的数量的不同,分为单扇门、双扇门和三扇门。

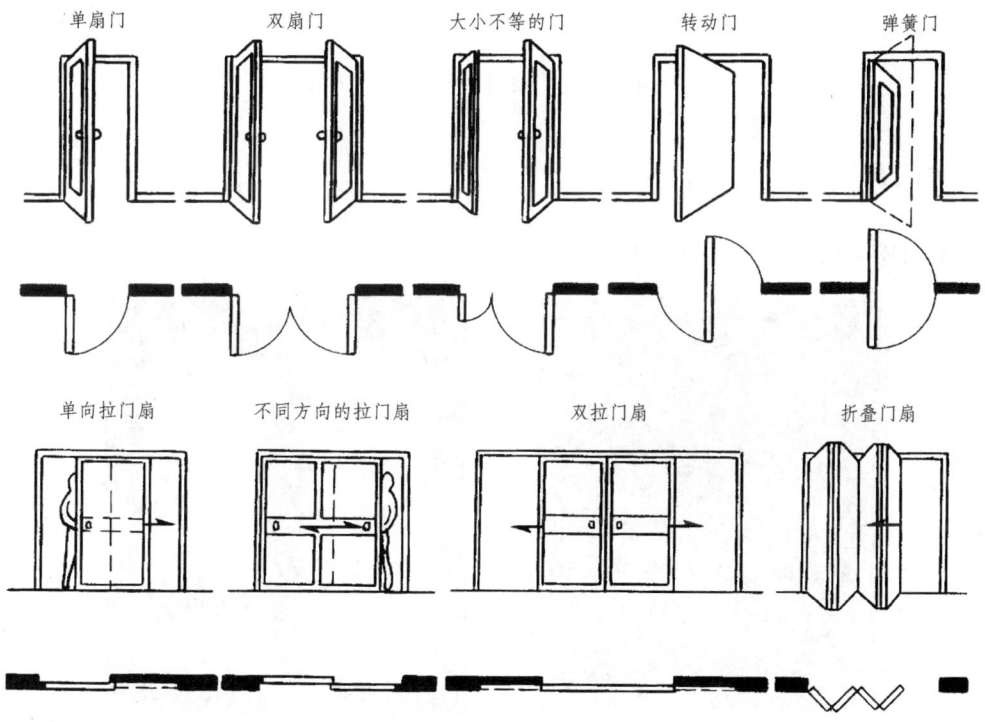

图 3-4-1 门及其开启方式

(2)窗的类型。

① 按开启方式的不同,可分为固定窗、平开窗、悬窗、推拉窗、立式转窗等,如图 3-4-2 所示。

② 按窗所用的材料不同,分为木窗、钢窗、彩钢板窗、塑钢窗、铝合金窗以及复合材料(如铝镶木窗)等。

③ 按窗在建筑物上的位置不同,分为侧窗、天窗、室间窗等。

④ 按窗的镶嵌材料不同,分为玻璃窗、纱窗、百叶窗、保温窗等。

⑤ 按风格不同,可分为中国传统风格和欧式风格。

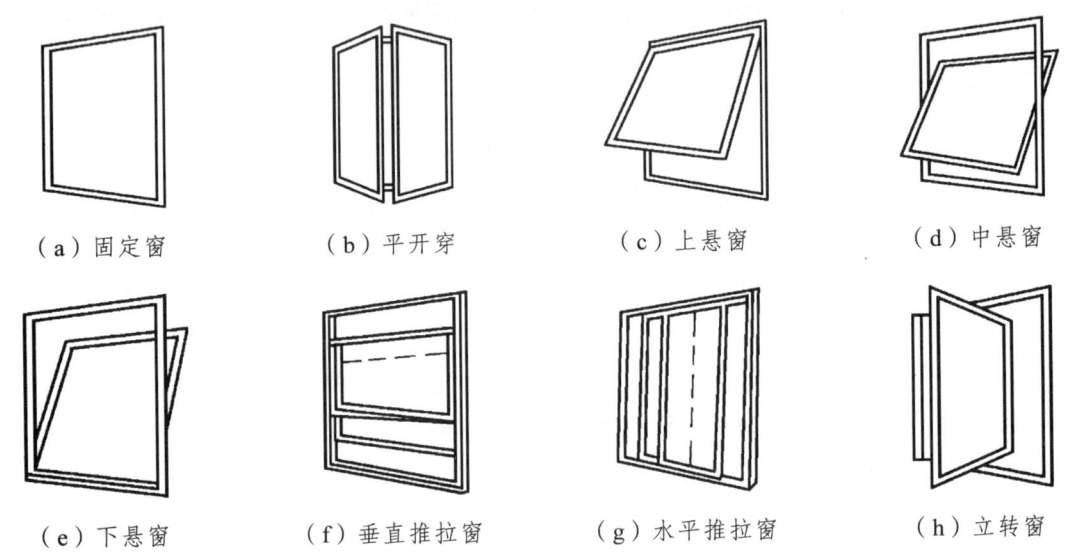

图 3-4-2 窗及其开启方式

2 装饰木门窗

装饰木门窗实物图片见图 3-4-3。

图 3-4-3 实物图片认识

2.1 装饰木门窗的基本构造

2.1.1 木　门

木门由门框、门扇和门用五金等组成。

（1）门框。

木门框的构造如图 3-4-4 所示。

（2）门扇。

① 夹板装饰门构造简单，表面平整，开关轻便，但不耐潮和日晒，一般用于内门。夹板门的骨架、构造形式如图 3-4-5 所示。

② 镶板装饰门也称框式门，其门扇由框架配上玻璃或木镶板构成。镶板门立面形式及构造如图 3-4-6 所示。

（3）门用五金。

门的五金件包括合页、拉手、插销、门锁、闭门器和门挡等。

① 门的合页按其规格、厚度和承载力的不同分为普通型合页、重型合页等。合页选用详见表 3-4-1。

② 拉手的形式多样且具有装饰性，可根据门的类型选用。其样式如图 3-4-7 所示。

③ 闭门器一般有门顶闭门器和落地闭门器两种，一般用于出入人流较多的地方。其样式如图 3-4-8 所示。

④ 门挡可装于门扇上部或下部，当门打开时使门扇与墙保持一定距离，防止门扇或拉手与墙壁碰撞。其样式如图 3-4-9 所示。

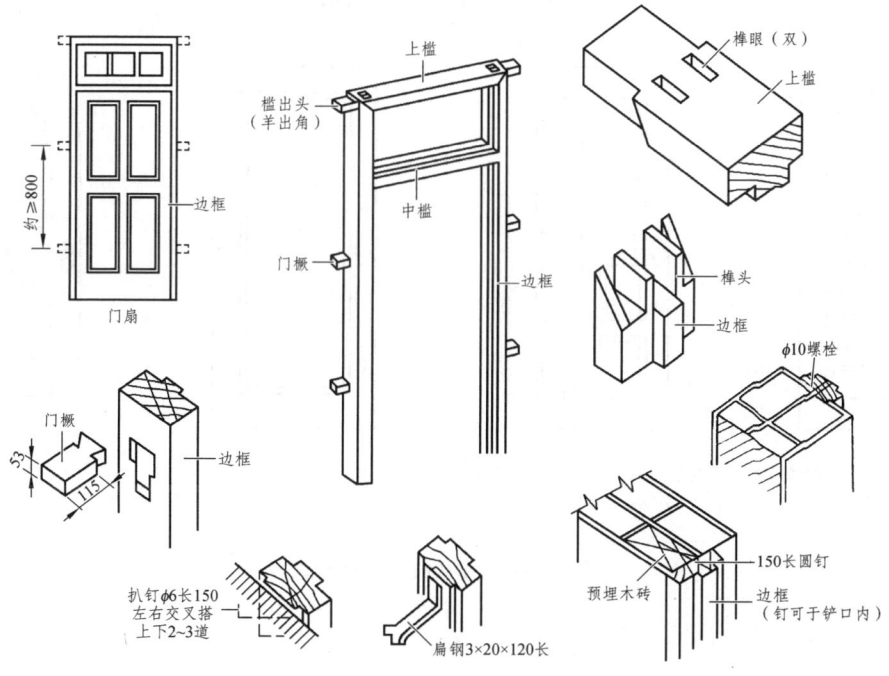

图 3-4-4　木门框构造

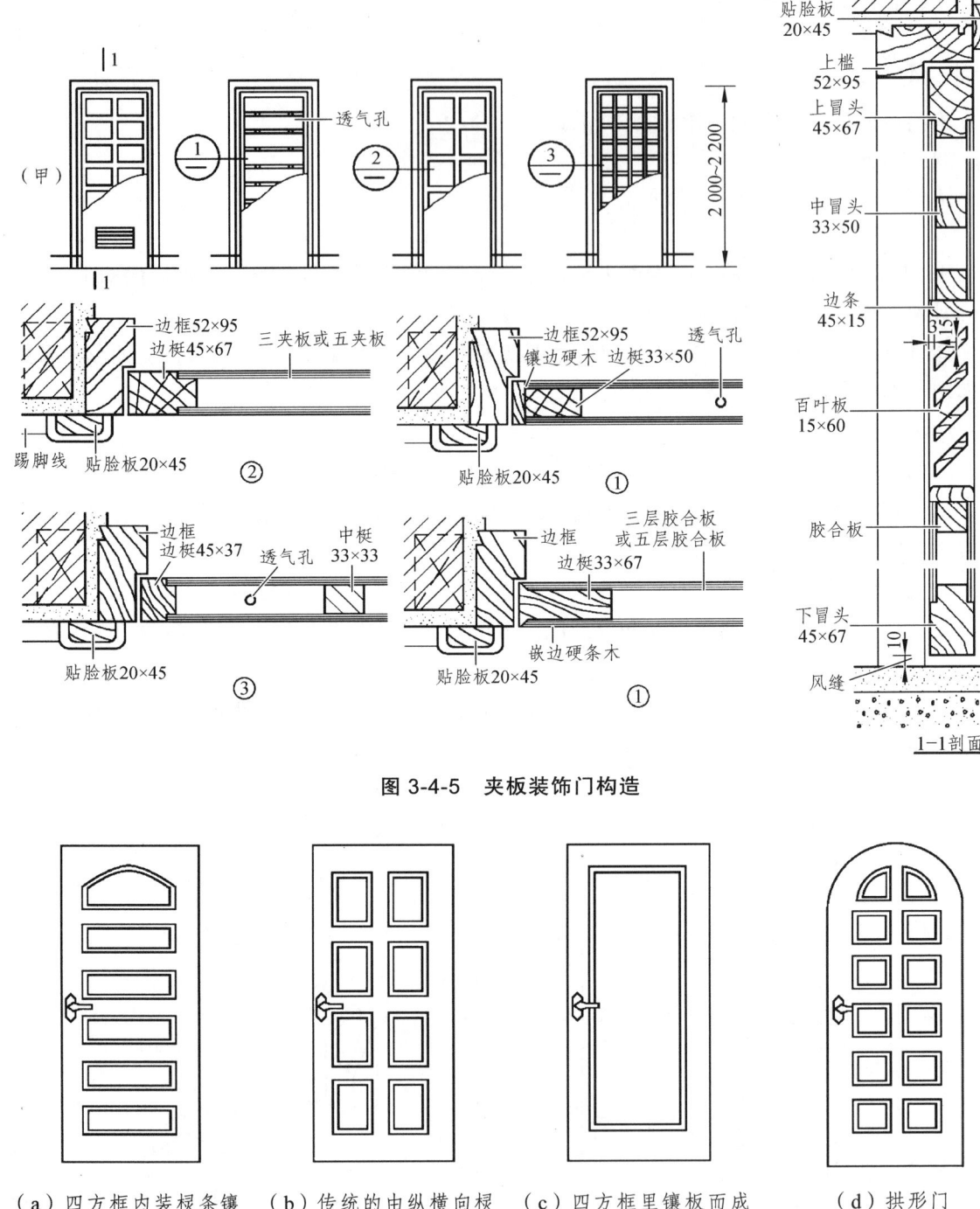

图 3-4-5　夹板装饰门构造

图 3-4-6　镶板门构造形式

（a）四方框内装梃条镶入门板而成　（b）传统的由纵横向梃条镶入门板而成　（c）四方框里镶板而成的镶板门　（d）拱形门

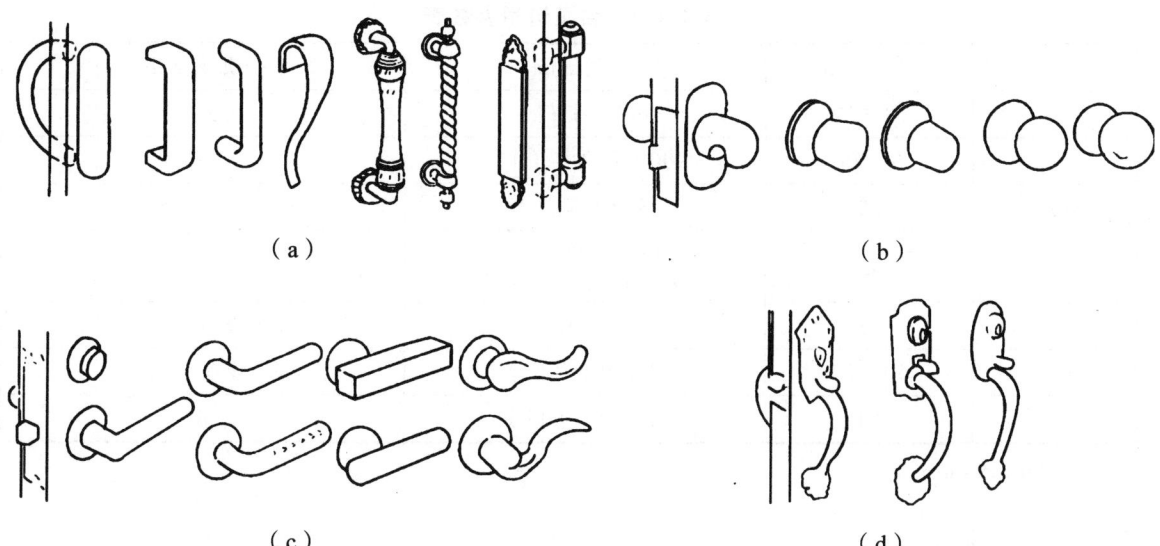

图 3-4-7 常用门把手示意图

（a）压板与拉手：没有锁的单扇门安装压板与拉手，自由门扇则两面都安装压板

（b）把手门锁与旋钮：把手门锁是不用钥匙锁门的一种锁的类型；把旋钮转动，拉住弹簧钩锁就能打开

（c）带杆式操纵柄的锁：最一般的锁是圆筒销子锁，在室外用钥匙，在室内通过指旋器就能打开锁

（d）锁上带有传统手把的（门厅的门上用）

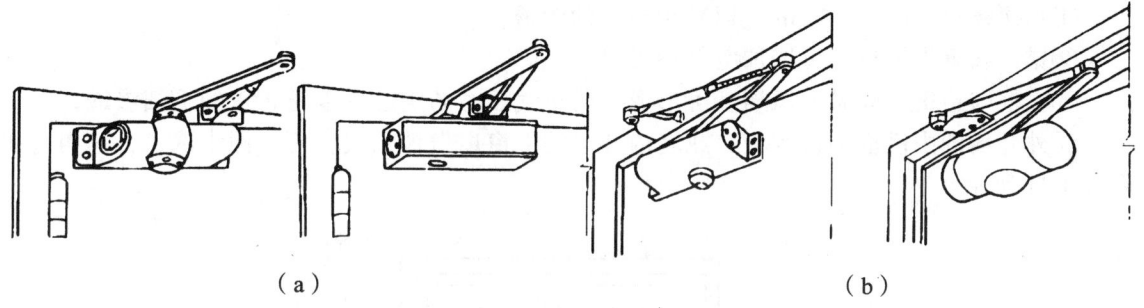

图 3-4-8 闭门器示意图

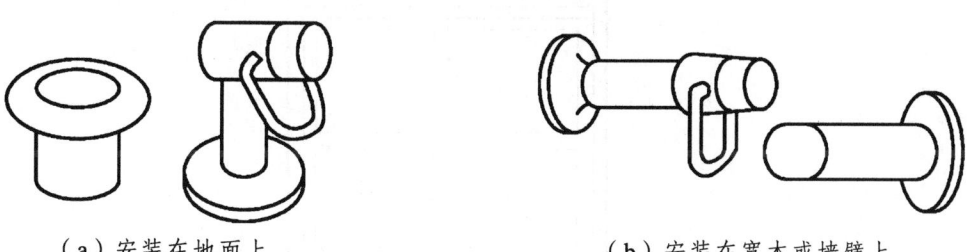

（a）安装在地面上　　　　　（b）安装在宽木或墙壁上

图 3-4-9 门挡示意图

表 3-4-1　合页选用参数表

序号	门厚/mm	门宽/mm	合页高度/in
1	19~29	<600（柜门）	2.5
2	9~29	<900（屏风组合门）	3
3	35	<820（房门）	3.5~4.5
4	45	<900 900~1 200（房门）	4.5（重型合页） 5（重型合页）
5	45	>1200（房门）	6（重型合页）
6	50、57	<1 060（房门）	5（重型合页）
7	64	>1 060（房门）	6

注：1 in=25.4 mm。

2.1.2　木　窗

木窗的构造像木门一样，可以分为窗框和窗扇。窗框安装在窗洞内，而窗扇安装在窗框上。

（1）窗框。

窗框主要是由上框、中框、下框、边框及中横框、中竖框等组成，并通过五金配件和墙体相连接。

（2）窗扇。

窗扇由上冒头、下冒头、边梃和窗芯（窗棂）组成，如图 3-4-10 所示。

窗扇与窗框通过五金配件相连接。窗框与窗扇之间的缝隙处理方法如下：

①加深铲口深度至 15 mm，以减少空气的渗透；

②错口和鸳鸯铲口，可增加空气渗透阻力；

③立框与边梃之间做回风槽，可形成减弱空气压力的空腔，以防止水的毛细渗透；

④外开扇的中横框加披水板，或者内开扇的上窗扇做披水板，可防雨水飘入，其构造如图 3-4-11 所示。

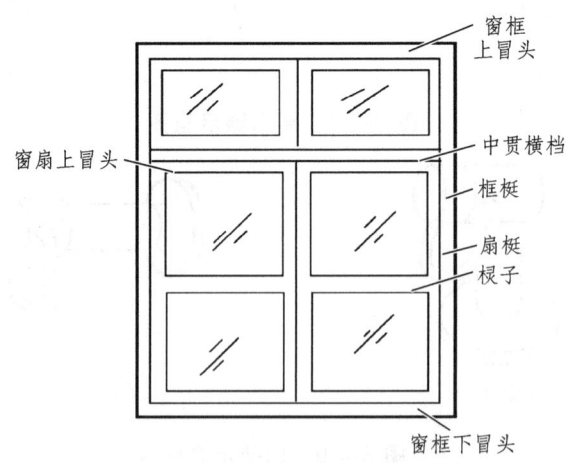

图 3-4-10　窗扇构造示意图

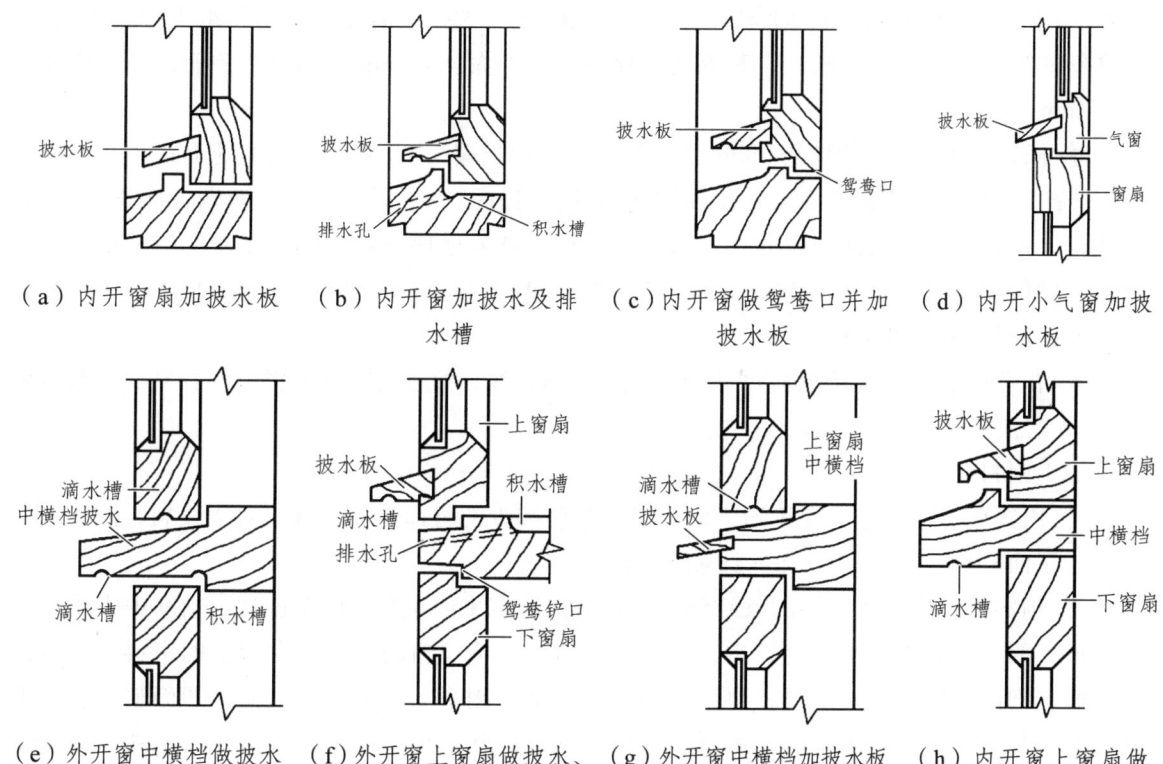

图 3-4-11 木窗披水板构造示意图

2.2 装饰木门窗制作工艺

2.2.1 工艺流程

配料—截料—刨料—划线—凿眼—倒棱—裁口—开榫—断肩—组装—加楔—净面—油漆—安装玻璃。

2.2.2 操作要点

（1）配料与截料。

① 为了进行科学配料，在配料前要熟悉图纸，了解门窗的构造、各部分尺寸、制作数量和质量要求。计算出各部分的尺寸和数量，列出配料单，按照配料单进行配料。如果数量较少，也可以直接配料。

② 在进行配料时，对木方材料要进行选择。不用有腐朽、斜裂、节疤大的木料，不干燥的木料也不能使用。同时，要先配长料后配短料，先配框料后配扇料，使木料得到充分合理的使用。

③ 制作门窗时，往往需要大量刨削，拼装时也会有一定的损耗。所以，在配料时必须加

大木料的尺寸，即各种部件的毛料尺寸要比其净料加大些，最后才能达到图纸上规定的尺寸。门窗料的断面，如要两面刨光，其毛料要比其净料加大 4~5 mm，如只是一面刨光，要加大 2~3 mm。

④ 门窗料的长度，因门窗框的冒头有走头（加长端），冒头（门框上的上冒头，窗框的上、下冒头）两端各需加长 120 mm，以便砌入墙内锚固。无走头时，冒头两端各加长 20 mm。安装时，再根据门洞或窗洞尺寸决定取舍。门框需埋入地坪下 60 mm，以便使门框牢固。在楼层上的门框梃只加长 20~30 mm。一般窗框的梃、门窗冒头、窗棂等可加长 10~15 mm，门窗的梃加长 30~50 mm。

⑤ 在选配的木料上按毛料尺寸划出截断、锯开线，考虑到锯解木料时的损耗，一般留出 2-3 mm 的损耗量。

（2）刨料。

① 刨料前，宜选择纹理清晰、无节疤和毛病较少的材面作为正面。对于框料，任选一个窄面为正面。对于扇面，任选一个宽面为正面。

② 刨料时，应看清木料的顺纹和逆纹，应当顺着木纹刨削，以免戗槎。刨削中常用尺子量测部件的尺寸是否满足设计要求，不要刨过量，影响门窗的质量。有弯曲的木料，可以先刨凹面，把两头刨得基本平整，再用大刨子刨，即可刨平。如果先刨凸面，凹面朝下，用力刨削时，凸面向下弯，不刨时，木料的弹性又恢复原状，很难刨平。有扭曲的木料，应先刨木料的高处，直到刨平为止。

③ 正面刨平直以后，要打上记号，再刨垂直的一面，两个面的夹角必须都是 90°，一面刨料，一面用角尺测量。然后，以这两个面为准，用勒子在料面上画出所需要的厚度和宽度线。整根料刨好，这两根线也不能刨掉。

检查木料是否刨好的方法是：取两根木料叠在一起，用手随便按动上面一根木料的一个角，如果这根木料丝毫不动，则证明这根木料已经刨平。检查木料尺寸是否符合要求的方法是：如果每根木料的厚度为 40 mm，则取 10 根木料叠在一起，量得尺寸为 400 mm（误差 ± 4 mm），其宽度方向两边都不突出。

④ 门、窗的框料靠墙的一面可不刨光，但要刨出两道灰线。扇料必须四面刨光，划线时才能准确。料刨好以后，应按框、扇分别码放，上下对齐，以便安装时使用。放料的场地，要求平整、坚实，不得出现不均匀沉降。

（3）划线。

① 划线前，先要弄清楚榫、眼的尺寸和形式，即什么地方做榫，什么地方凿眼。眼的位置应在木料的中间，宽度不超过木料厚度的 1/3，由凿子的宽度而确定。榫头的厚度是根据眼的宽度确定的，半榫长度应为木料宽度的 1/2。

② 对于成批的料，应选出两根刨好的木料，大面相对放在一起，划上榫与眼的位置。要注意，使用角尺、画线竹笔、勒子时，都应靠在大号的大面和小面上。划的位置线经检查无误后，以这两根木料为样板再成批划线。要求划线一定要清楚、准确、齐全。

（4）凿眼。

① 凿眼时，要选择与眼的宽度相等的凿子，这是保证榫、眼尺寸准确的关键。凿刃要锋利，刃口必须磨齐平，中间不能突起成弧形。先凿透眼，后凿半眼，凿透眼时先凿背面，凿到 1/2～2/3 眼深，把木料翻起来凿正面，直至将眼凿透。这样凿眼，可避免把木料凿劈裂。另外，眼的正面边线要凿去半条线，留下半条线，榫头开榫时也要留下半条线，榫与眼合起来成为一条整线，这样榫与眼结合才能紧密。眼的背面按划线凿，不留线，使眼比面略宽，这样在眼中插入榫头时，可避免挤裂眼口的四周。

② 凿好的眼，要求形状方正、两侧平直。眼内要清洁，不留木渣。千万不要把中间部分凿凹。凿凹的眼在加楔时，一般不容易夹紧，榫头很容易松动，这是门窗出现松动、关不上、下垂等质量问题的主要原因之一。

（5）倒棱和裁口。

① 倒棱和裁口是在门框梃上做出的，倒棱主要起到装饰作用，裁口是对门扇在关闭时起到限位作用。

② 倒棱要平直，宽度要均匀；裁口要求方正平直，不能有戗槎起毛、凹凸不平的现象。最忌讳是口根有台，即裁口的角上木料没有刨净。也有不在门框梃木方上做裁口，而是用一条小木条黏钉在门框梃木方上的。

（6）开榫与断肩。

① 开榫也称为倒卯，就是按榫的纵向线锯开，锯到榫的根部时，要把锯竖直锯几下，但不能锯过线。开榫时要留半线，其半榫长为木料宽度的 1/2，应比半眼深少 1～2 mm，以备榫头因受潮而伸长。为确保开榫尺寸的准确，开榫时要用锯小料的细齿锯。

② 断肩就是把榫两边的肩膀锯断。断肩时也要留线，快锯掉时要慢些，防止伤了榫眼。断肩时要用小锯。

③ 榫头锯好后插进眼里，以不松不紧为宜。锯好的半榫应比眼稍微大些。组装时在四面磨角倒棱，抹上胶用锤敲进去，这样的榫使用比较长久，一般不易松动。如果半榫锯得过薄，插入眼中有松动，可在半榫上加两个破头楔，抹上胶打入半眼内，使破头楔把半榫头撑开借以补救。

④ 锯成的榫头要求方正平直，不能歪歪扭扭，不能伤榫眼。如果榫头不方正、不平直，会影响到门窗组装的方正、结实。

（7）组装与净面。

① 组装门窗框、扇之前，应选出各部件的正面，以便使组装后正面在同一侧，把组装后刨不到的面上的线用砂纸打磨干净。门框组装前，先在两根框梃上量出门的高度，用细锯锯出一道锯口，或用记号笔划出一道线，这就是室内地坪线，作为立门框的标记。

② 门、窗框的组装，是把一根边梃平放，将中贯档、上冒头（窗框还有下冒头）的榫插入梃的眼里，再装上另一边的梃，用锤轻轻敲打拼合，敲打时要垫上木块，防止打伤榫头或留下敲打的痕迹。待整个门窗框拼好并归方后，再将所有的榫头敲实，锯断露出的榫头。

③ 门窗扇的组装方法与门窗框基本相同。但门扇中有门板时，须先把门芯按尺寸裁好，一般门芯板应比门扇边上量得的尺寸小 3～5 mm，门芯板的四边去棱、刨光。然后，先把一根门梃平放，将冒头逐个装入，门芯板嵌入冒头与门梃的凹槽内，再将另一根门梃的眼对准榫装入，并用锤击木块敲紧。

④ 门窗框、扇组装好后，为使其成为一个坚固结实的整体，必须在眼中加适量木楔，将榫在眼中挤紧。木楔的长度与榫头一样长，宽度比眼宽窄 2～3 mm，楔子头用扁铲顺木纹铲尖。加楔时，应先检查门框、扇的方正，掌握其歪扭情况，以便再加楔时调整、纠正。

⑤ 一般每个榫头内必须加两个楔子。加楔时，用凿子或斧头把榫头凿出一道缝，将楔子两面抹上胶插进缝内，敲打楔子要先轻后重，逐步打入，不要用力太猛。当楔子已打不动，孔眼已卡紧饱满时，不要再敲打，以防止将木料打裂。在加楔过程中，对框、扇要随时用角尺或尺杆上下窜角找方正，并校正框、扇的不平整处。

⑥ 组装好的门窗框、扇用细刨子刨后，再用细砂纸修平修光。双扇门窗要配好对，将对缝的裁口刨好。安装前，门窗框靠墙的一面，要刷一道沥青，以增加其防腐能力。

⑦ 为了防止校正好的门窗框再发生变形，应在门框下端钉上拉杆，拉杆下皮正好是锯口或记号的地坪线。大一些的门窗框，在中贯档与梃间要钉八字撑杆。

⑧ 门窗框组装好后，要采取措施加以保护，防止日晒雨淋，防止碰撞损伤。

2.3 装饰木门窗的安装工艺

2.3.1 门窗框的安装

（1）安装方法。

① 先立口法：在砌墙前把门窗框按施工图纸立直、找正，并固定好。这种施工方法必须在施工前把门窗框做好运至施工现场。

② 后塞口法：在砌筑墙体时预先按门窗尺寸留好洞口，在洞口两边预埋木砖，然后将门窗框塞入洞口内，在木砖处垫好木片，并用钉子钉牢（预埋木砖的位置应避开门窗扇安装铰链处）。

（2）操作要点。

先立口安装施工：

① 砌墙砌到室内地坪时，应当立门框；当砌到窗台时，应当立窗框。

② 立口之前，按照施工图纸上门窗的位置、尺寸，把门窗的中线和边线画到地面或墙面上。然后，把窗框立在相应的位置上，用支撑临时支撑固定，用线锤和水平尺找平找直，并检查框的标高是否正确，如有不平不直之处应随即纠正。不垂直可挪动支撑加以调整，不平处可垫木片或砂浆调整。支撑不要过早拆除，应在墙身砌完后拆除比较适宜。

③ 在砌墙施工过程中，千万不要碰动支撑，并应随时对门窗框进行校正，防止门窗框出现位移和歪斜等现象。砌到放木砖的位置时，要校核是否垂直，如有不垂直，在放木砖时随时纠正。

④ 木门窗安装是否整齐,对建筑物的装饰效果有很大影响。同一面墙的木门窗框应安装整齐,并在同一个平、立面上。可先立两端的门窗框,然后拉一通线,其他的框按通线进行竖立。这样可以保证门框的位置和窗框的标高一致。

后塞口安装施工:

① 门窗洞口要按施工图纸上的位置和尺寸预先留出。洞口应比窗口大 30～40 mm(即每边大 15～20 mm)。

② 在砌墙时,洞口两侧按规定砌入木砖,木砖大小约为半砖,间距不大于 1.2 m,每边 2～3 块。

③ 在安装门窗框时,先把门窗框塞进门窗洞口内,用木楔临时固定,用线锤和水平尺进行校正。待校正无误后,用钉子把门窗框钉牢在木砖上,每个木砖上应钉两颗钉子,并将钉帽砸扁冲入梃框内。

2.3.2 门窗扇的安装

(1)施工准备。

① 在安装门窗扇前,先要检查门窗框上、中、下三部分是否一样宽,如果相差超过 5 mm,就应当进行修整。

② 核对门窗的开启方向是否正确,并打上记号,以免将扇安错。

③ 安装扇前,预先量出门窗框口的净尺寸,考虑风缝(松动)的大小,再好进一步确定扇的宽度和高度,并进行修刨。应将门扇定于门窗框中,并检查与门窗框配合的松紧度。由于木材有干缩湿胀的性质,而且门窗扇、门窗框上都需要有油漆及打底层的厚度,所以在安装时要留缝。一般门扇对口处竖缝留 1.5～2.5 mm,窗的竖缝留 2.0 mm,并按此尺寸进行修整刨光。

(2)操作要点。

① 将修刨好的门窗扇,用木楔临时立于门窗框中,排好缝隙后画出铰链位置。铰链位置距上、下边的距离,一般宜为门扇宽度的 1/10,这个位置对铰链受力比较有利,又可以避开榫头。

然后把扇取下来,用扇铲剔出铰链页槽。铰链页槽应外边较浅、里边较深,其深度应当是把铰链合上后与框、扇平正为准。剔好铰链槽后,将铰链放入,上下铰链各拧一颗螺丝钉把扇挂上,检查缝隙是否符合要求,扇与框是否齐平,扇能否关住。检查合格后,再将剩余螺丝钉全部上齐。

② 双扇门窗扇安装方法与单扇的安装方法基本相同,只是增加一道"错口"的工序。双扇应按开启方向看,右手是门盖口,左手是门等口。

③ 门窗扇安装好后要试开,其达到的标准是:以开到哪里就能停到哪里为合格,不能存在自开或自关现象。如果发现门窗扇在高、宽上有短缺的情况,高度上应补钉的板条钉在下冒头下面,宽度上应在安装铰链一边的梃上补钉板条。

④ 为了开关方便,平开扇的上冒头、下冒头,最好刨成斜面。

3 铝合金门窗

铝合金门窗实物图片见图 3-4-12。

图 3-4-12 实物图片认识

3.1 铝合金门窗的基本构造

3.1.1 铝合金门

铝合金门开启均采用弹簧门和推拉门，外门用弹簧门，内门用推拉门。铝合金门的分格比较大，玻璃与框之间用玻璃胶连接或用橡胶压条固定。其构造如图 3-4-13 所示。

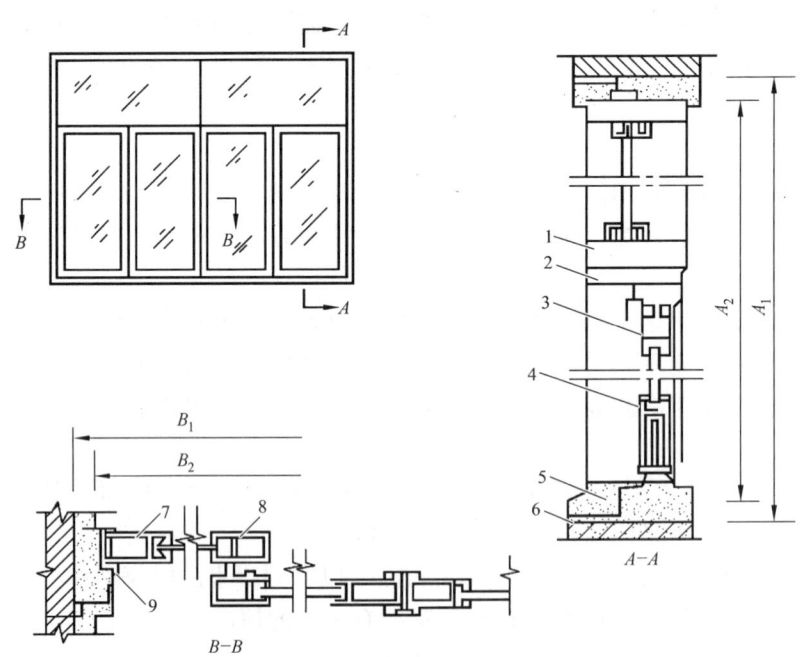

图 3-4-13 铝合金推拉门构造示意图
1—上亮扇方管；2—门框上滑；3—门扇上横；4—门扇下横；5—门框下横；
6—角码；7—门扇边框；8—带钩边框；9—门框边封

3.1.2 铝合金窗

铝合金窗型材用料系薄壁结构，型材断面中留有不同形状的槽口和孔，如图 3-4-14 所示。它们分别起空气对流、排水、密封等作用。

对于不同部位、不同开启方式的铝合金窗，其壁厚不同，见表 3-4-2。

铝合金窗主要由固定件和活动件两部分组成，其构造方式如图 3-4-15 所示。

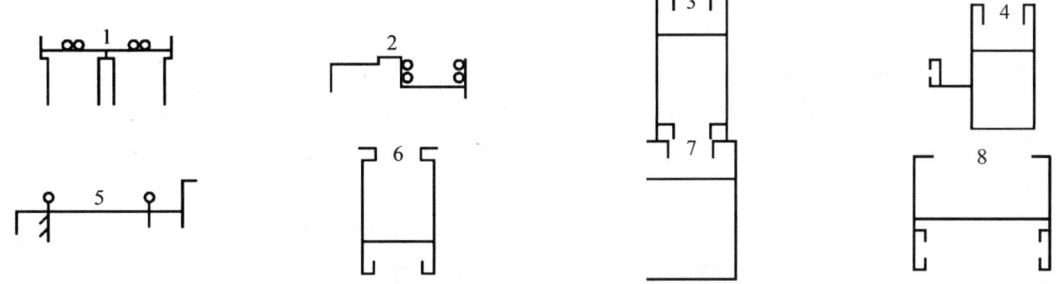

图 3-4-14 铝合金型材断面示意图

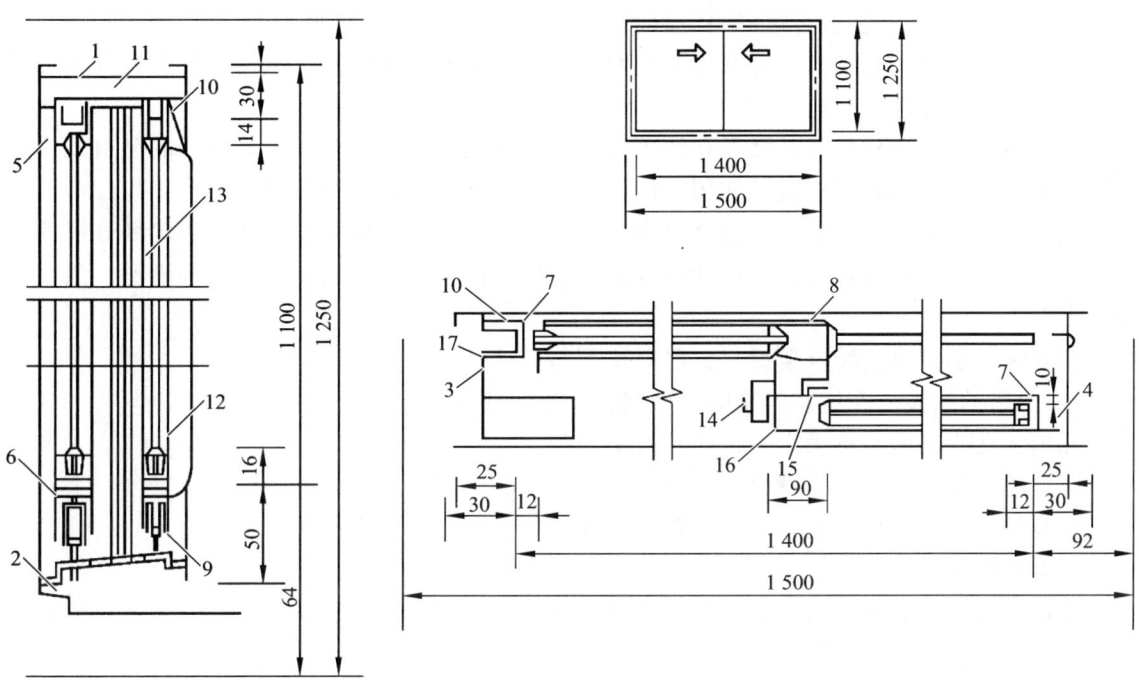

图 3-4-15 双扇铝合金推拉窗构造示意图

表 3-4-2 铝合金窗型材壁厚参考表

类别	厚度	类别	厚度	类别	厚度
普通铝合金窗	≥0.8 mm	多层建筑用铝合金窗	1.0～1.2 mm	高层建筑用铝合金窗	≥1.2 mm

3.2 铝合金门的制作与组装

3.2.1 制作流程

选料—断料—钻孔—组装—保护或包装。

3.2.2 操作要点

（1）料具的准备。

① 材料的准备：主要准备制作铝合金门的所有型材、配件等，如铝合金型材、门锁、滑轮、不锈钢、螺钉、铝制拉铆钉、连接铁板、地弹簧、玻璃尼龙毛刷、压条、橡皮条、玻璃胶、木楔子等。

② 工具的准备：主要准备制作和安装中所用的工具，如曲线刷、切割机、手电锯、扳手、半步扳手、角尺、吊线锤、打胶筒、锤子、水平尺、玻璃吸盘等。

（2）门扇的制作。

① 选料与下料：在进行选料与下料时，应当注意以下几个问题：

选料时要充分考虑到铝合金型材的表面色彩、壁的厚度等因素，以保证符合设计要求的刚度、强度和装饰性。

每一种铝合金型材都有其特点和使用部位，如推拉、开启、自动门等所用的型材规格是不相同的。在确认材料规格及其使用部位后，要按设计的尺寸进行下料。

在一般建筑装饰工程中，铝合金门窗无详图设计，仅仅给出洞口尺寸和门扇划分尺寸。在门扇下料时，要注意在门洞口尺寸中减去安装缝、门框尺寸。要先计算，画简图，然后再按图下料。

切割时，切割机安装合金锯片，严格按下料尺寸切割。

② 门扇的组装：在组装门扇时，应当按照以下工序进行。

竖梃钻孔—门扇节点固定—锁孔和拉手安装。

门框的制作。

选料与下料、门框钻孔组装、设置连接件。

铝合金门的安装。

安框—塞缝—装扇—装玻璃—打胶清理工序。

（3）安装拉手。

安装铝合金的关键是主要保持上、下两个转动部分在同一轴线上。

3.3 铝合金窗的制作与组装

铝合金窗主要分为推拉窗和平开窗两类。所使用的铝合金型材规格完全不同，所采用的五金配件也完全不同。

（1）推拉窗的组成材料。

推拉窗由窗框、窗扇、五金件、连接件、玻璃和密封材料组成。

① 窗框由上滑道、下滑道和两侧边封所组成，这三部分均为铝合金型材。

② 窗扇由上横、下横、边框和带钩的边框组成,这四部分均为铝合金型材,另外在密封边上有毛条。

③ 五金件主要包括装于窗扇下横之中的导轨滚轮,装于窗扇边框上的窗扇钩锁。

④ 连接件主要用于窗框与窗扇的连接,有厚度2 mm的铝角型材及M4×15的自攻螺丝。

⑤ 窗扇玻璃通常用5 mm厚的茶色玻璃、普通透明玻璃等,一般古铜色铝合金型材配茶色玻璃,银白色铝合金型材配透明玻璃、宝石蓝和海水绿玻璃。

⑥ 窗扇与玻璃的密封材料有塔形橡胶封条和玻璃胶两种。

(2)平开窗的组成材料。

平开窗所组成材料与推拉窗大同小异。

① 窗框:用于窗框四周的框边型铝合金型材,用于窗框中间的工字型窗料型材。

② 窗扇:有窗扇框料、玻璃压条以及密封玻璃用的橡胶压条。

③ 五金件:平开窗常用的五金件主要有窗扇拉手、风撑和窗扇扣紧件。

④ 连接件:窗框与窗扇的连接件有2 mm厚的铝角型材,以及M4×15的自攻螺钉。

⑤ 玻璃:窗扇通常采用5 mm厚的玻璃。

(3)施工机具。

铝合金窗的制作与安装所用的施工机具,主要有:铝合金切割机、手电钻、$\phi 8$圆锉刀、$R20$半圆锉刀、十字螺丝刀、划针、铁脚圆规、钢尺和铁角尺等。

(4)施工准备。

铝合金窗施工前的主要准备工作有:检查复核窗的尺寸、样式和数量—检查铝合金型材的规格与数量—检查铝合金窗五金件的规格与数量。

3.3.1 铝合金推拉窗的制作与安装

推拉窗有带上窗及不带上窗之分。下面以带上窗的铝合金推拉窗为例,介绍其制作方法。

(1)按图下料。

下料是铝合金窗制作的第一道工序,也是非常重要、最关键的工序。

(2)连接组装。

① 上窗连接组装。上窗部分的扁方管型材,通常采用铝角码和自攻螺钉进行连接,如图3-4-16所示。

两条扁方管在用铝角码固定连接时,应先用一小截同规格的扁方管做模子,长20 mm左右。在横向扁方管上要衔接的部位用模子定好位,将角码放在模子内并用手捏紧,用手电钻将角码与横向扁方管一并钻孔,再用自攻螺丝或抽芯铝铆钉固定,如图3-4-17所示。

② 窗框连接:首先测量出在上滑道上面两条固紧槽孔距侧边的距离和高低位置尺寸,然后按这个尺寸在窗框边封上部衔接处划线打孔,孔径在$\phi 5$ mm左右。钻好孔后,用专用的碰口胶垫,放在边封的槽口内,再将M4×35 mm的自攻螺丝,穿过边封上打出的孔和碰口胶垫上的孔,旋进下滑道下面的固紧槽孔内,如图3-4-18所示。

按同样的方法先测量出下划道下面的固紧槽孔距、侧边距离和其距上边的高低位置尺寸。然后按这三个尺寸在窗框边封下部衔接处划线打孔,孔径在$\phi 5$ mm左右。钻好孔后,用专用的碰口胶垫,放在边封的槽口内,再将M4×35 mm的自攻螺丝,穿过边封上打出的孔和碰口胶垫上的孔，旋进下滑道下面的固紧槽孔内，如图 3-4-19 所示。

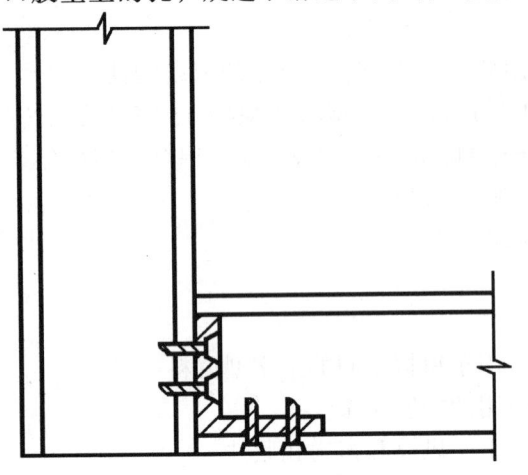

图 3-4-16 窗扁方管连接示意图

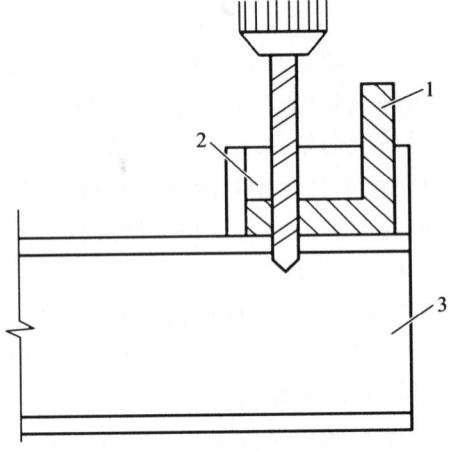

图 3-4-17 安装前的钻孔方法示意图

1—角码；2—模子；3—横向扁方管

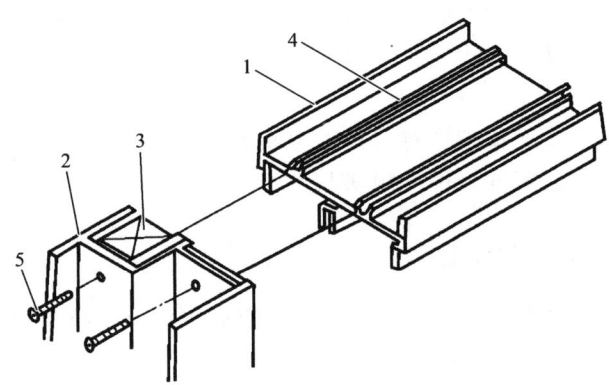

图 3-4-18 窗框上滑部分的连接安装示意图

1—上滑道；2—边封；3—碰口胶垫；4—上滑道上的固紧槽；5—自攻螺钉

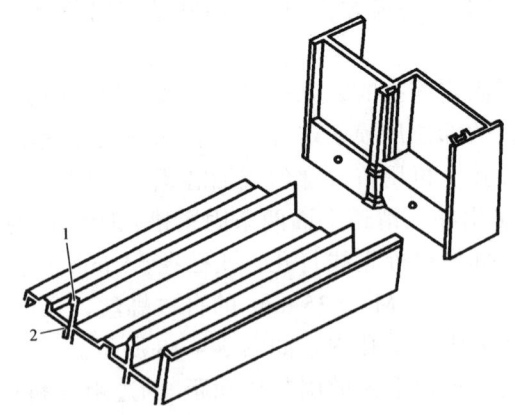

图 3-4-19 窗框下滑部分的连接安装示意图

1—下滑道的滑轨；2—下滑道的固紧槽孔

③ 窗扇的连接：窗扇的连接分为 5 个步骤。

a. 在连接装拼窗扇前，要先在窗框的边框和带钩边框上、下两端处进行切口处理，以便将上、下横档插入其切口内进行固定。上端开切长 51 mm，下端开切长 76.5 mm，如图 3-4-20 所示。

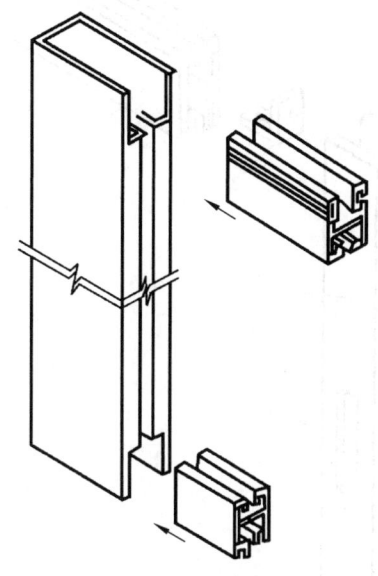

图 3-4-20 窗扇连接示意图

b. 在下横档的底槽中安装滑轮，每条下横档的两端各装一只滑轮。

c. 在窗扇边框和带钩边框与下横档衔接端划线打孔。窗扇下横档与窗扇边框的连接如图 3-4-21 所示。

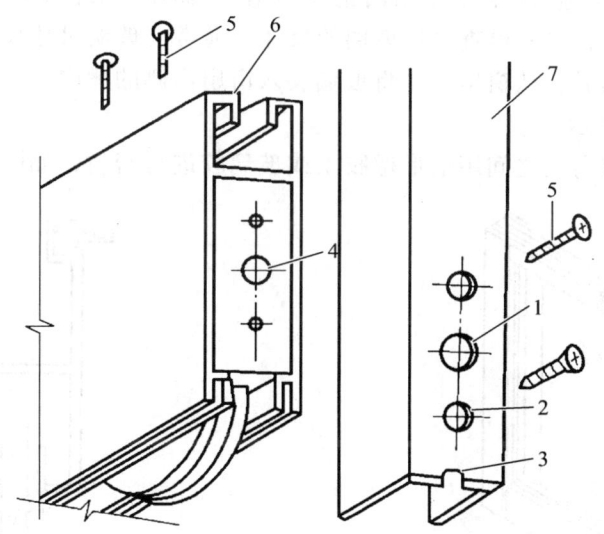

图 3-4-21 窗扇下横档安装示意图

1—调节滑轮；2—固定孔；3—半圆槽；4—调节螺丝；5—滑轮固定螺丝；6—下横档；7—边框

d. 安装上横档角码和窗扇钩锁。其安装方式如图 3-4-22 所示。注意所打的孔一定要与自攻螺丝相配。

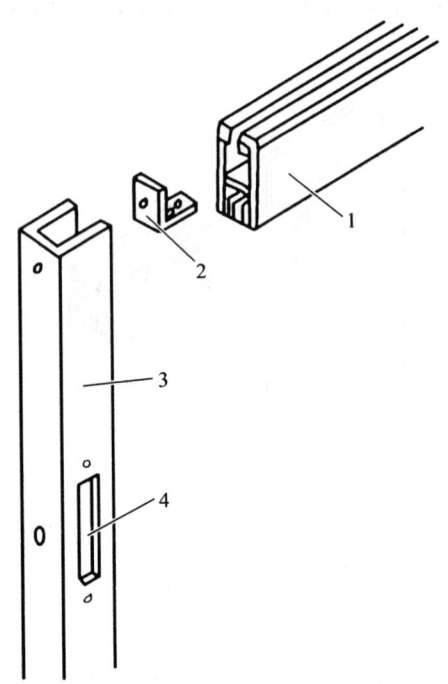

图 3-4-22　窗扇上横档安装示意图

1—上横档；2—角码；3—窗扇边框；4—窗锁洞

e. 上密封毛条及安装窗扇玻璃。窗扇上的密封毛条有两种：一种是长毛条，另一种是短毛条。长毛条装于上横档顶边的槽内和下横档底边的槽内，而短毛条装于带钩边框的钩部槽内。

在安装窗扇玻璃时，要先检查复核玻璃的尺寸。通常，玻璃尺寸长宽方向均比窗扇内侧长宽尺寸大 25 mm。然后，从窗扇一侧将玻璃装入窗扇内侧的槽内，并紧固连接好边框，其安装方法如图 3-4-23 所示。

最后，在玻璃与窗扇槽之间用塔形橡胶条或玻璃胶进行密封，如图 3-4-24 所示。

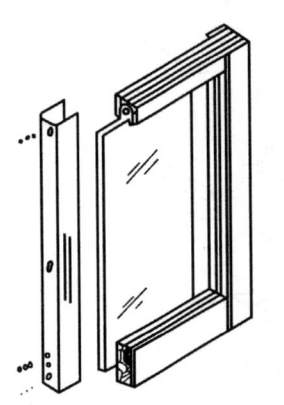 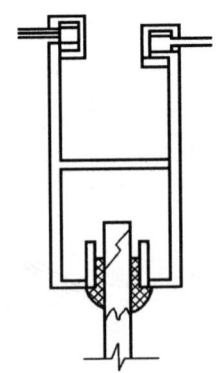

图 3-4-23　窗扇玻璃安装示意图　　　图 3-4-24　玻璃与窗扇槽的密封示意图

④ 上窗与窗框的组装。先切两小块 12 mm 的厘米板，将其放在窗框上滑的顶面，再将口字形上窗框放在上滑道的顶面，并将两者前后左右的边对正。然后，从上滑道向下打孔，把两者一并钻通，用自攻螺丝将上滑道与上窗框扁方管连接起来，如图 3-4-25 所示。

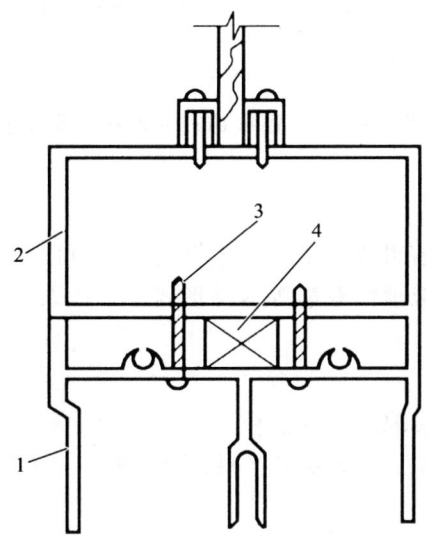

图 3-4-25 上窗与窗框的连接示意图
1—上滑道；2—上窗扁方管；3—自攻螺丝；4—木垫块

（3）推拉窗的安装。

推拉窗常安装于砖墙中，一般是先将窗框部分安装固定在砖墙洞内，再安装窗扇与上窗玻璃。

① 窗框与砖墙安装。砖墙的洞口先用水泥修平整，窗洞尺寸要比铝合金窗框尺寸稍大些，一般四周各边均大 25～35 mm。在铝合金窗框安装角码或木块，每条边上各安装两个，角码需要用水泥钉钉固在窗洞墙内，如图 3-4-26 所示。

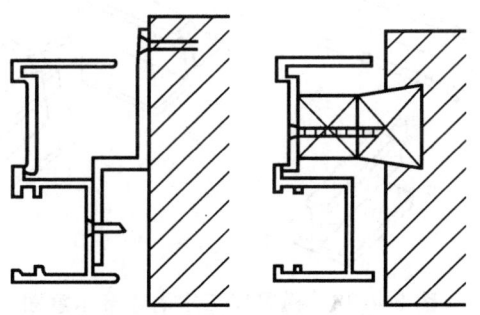

图 3-4-26 窗框与砖墙的连接安装示意图

② 窗扇的安装。

③ 上窗玻璃安装。

④ 窗钩锁挂钩的安装。窗钩锁的挂钩安装于窗框的边封凹槽内，如图 3-4-27 所示。

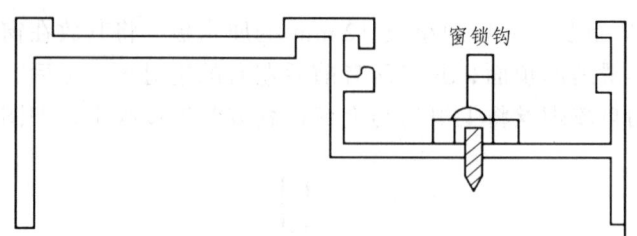

图 3-4-27　窗锁钩的位置安装示意图

3.3.2　平开窗的制作与安装

平开窗主要由窗框和窗扇组成。平开窗根据需要也可以制成单扇、双扇、带上窗单扇、带上窗双扇、带顶窗单扇和带顶窗双扇等六种形式。下面以带顶双扇平开窗为例介绍其制作方法。

（1）窗框的制作。

平开窗的上窗边框是直接取之于窗边框，故上窗边框和窗框为同一框料，在整个窗边上部适当位置（大约 1.0 m），横加一条窗工字料，即构成上窗的框架，而横窗工字料以下部位，就构成了平开窗的窗框。

① 按图下料。

② 窗框连接。

横窗工字料之间的连接，采用榫接方法。榫接方法有两种：一种是平榫肩方式，另一种是斜角榫肩方式。如图 3-4-28 所示。

横窗工字料与竖窗工字料连接前，先在横窗工字料的长度中间处开一个长条形榫眼孔，其长度为 20 mm 左右，宽度略大于工字料的壁厚。如果是斜角榫肩结合需在榫眼所对的工字料上横档和下横档的一侧开裁出 90°角的缺口，如图 3-4-28 所示。

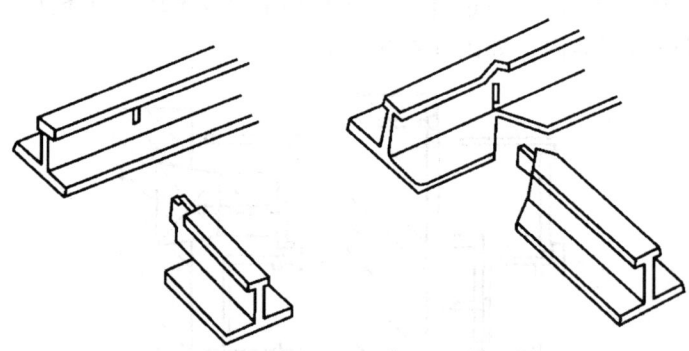

图 3-4-28　横竖窗工字的连接示意图

竖窗工字料的端头应先裁出凸字形榫头，榫头长度为 8～10 mm，宽度比榫眼长度大 0.5～1.0 mm，并在凸字榫头两侧倒出一点斜口，在榫头顶端中间开一个 5 mm 深的槽口，如图 3-4-29 所示。

然后，再裁切出与横窗工字料上相对的榫肩部分，并用细锉将榫肩部分修平整。需要注意的是，榫头、榫眼、榫肩这三者间的尺寸应准确，加工要细致。

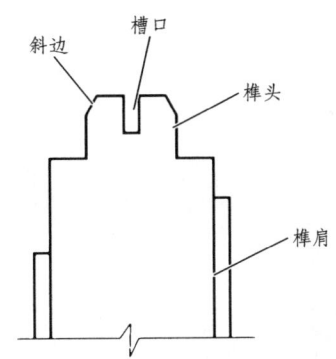

图 3-4-29　竖窗工字料凸字形榫头做法示意图

（2）平开窗扇的制作。

制作平开窗扇的型材有三种：窗扇框、窗玻璃压条和连接铝角。

① 按图下料。

② 窗扇连接：连接时的铝角安装方法有两种：一种是自攻螺丝固定法；另一种是撞角法。其具体方法与窗框铝角安装方法相同。

（3）安装固定窗框。

① 安装平开窗的砖墙窗洞，首先用水泥浆修平，窗洞尺寸大于铝合金平开窗框 30 mm 左右。然后，在铝合金平开窗框的四周安装镀锌锚固板，每边至少两边，应根据其长度和宽度确定。

② 对装入窗洞中的铝合金窗框，进行水平度和垂直度的校正，并用木楔块把窗框临时固紧在墙的窗洞中，再用水泥钉将锚固板固定在窗洞的墙边，如图 3-4-30 所示。

③ 铝合金窗框边贴好保护胶带纸，然后再进行周边水泥浆塞口和修平，待水泥浆固结后再撕去保护胶带纸。

（4）平开窗的组装。

① 上窗安装。

② 装执手和风撑基座：风撑有 90°和 60°两种规格。

③ 窗扇与风撑连接：窗扇与风撑连接有两点：一处是风撑的小滑块，一处是风撑的支杆。窗扇的开启位置如图 3-4-31 所示。

④ 装拉手及玻璃。

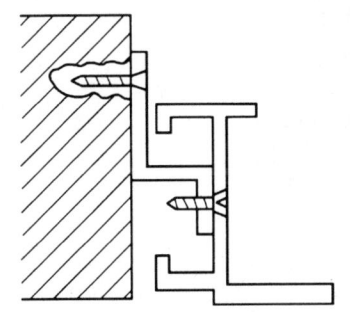

图 3-4-30　平开窗框与墙身的固定示意图

图 3-4-31　窗扇与风撑的连接安装示意图

4 塑钢门窗

塑钢门窗实物图片图 3-4-32。

图 3-4-32 实物图片认识

塑钢门窗是以聚氯乙烯（UPVC）树脂为主要原料，加上一定比例的稳定剂、着色剂、填充剂、紫外线吸收剂等，经挤出成型材，然后通过切割、焊接或螺接的方式制成门窗框扇，配装上密封胶条、毛条、五金件等，同时为增强型材的刚性，超过一定长度的型材空腔内需要填加钢衬（加强筋），这样制成的门户窗，称之为塑钢门窗。下面以塑钢窗为例介绍其构造作法，塑钢门的构造与此类似。

4.1 塑钢窗基本构造

塑钢窗按开启方式不同可分为平开窗、推拉窗、固定窗和旋转窗等。窗的结构如图 3-4-33、图 3-4-34 所示。

塑钢窗框与墙体预留洞口的间隙可视墙体饰面材料而定，见表 3-4-3。

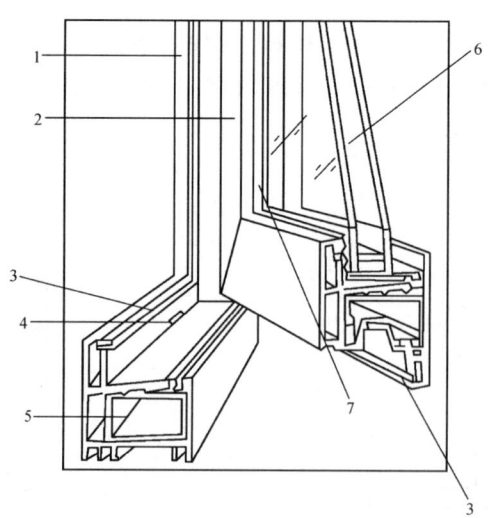

图 3-4-33 平开塑钢窗结构示意图
1—窗框；2—窗扇；3—密封条；4—排水孔；5—钢衬；6—双层中空玻璃；7—玻璃压条

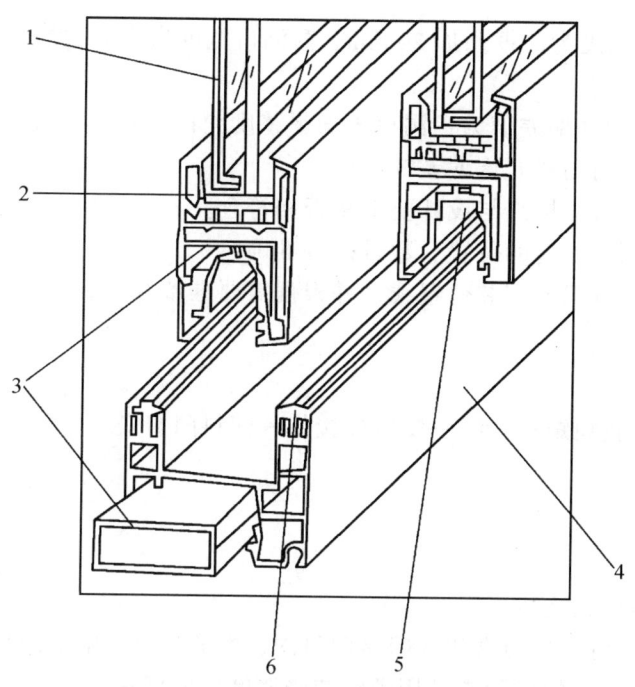

图 3-4-34 推拉塑钢窗结构示意图
1—双层中空玻璃；2—窗扇；3—钢衬；4—窗框；5—滑轮；6—铝滑轮轨道

表 3-4-3 墙体洞口与塑钢窗框间隙参考表

墙体饰面层材料	洞口与窗框间隙/mm
清水墙	10
墙体外饰面抹水泥砂浆或贴马赛克	15～20
墙体外饰面贴釉面砖	20～25
墙体外饰面贴大理石或花岗岩	40～50

4.2 塑钢门窗的制作与安装

4.2.1 安装准备工作

（1）安装材料。

塑料门窗：框、窗多为工厂制作的成品，并有齐全的五金配件。

其他材料：主要有木螺丝、平头机螺丝、塑料胀管螺丝、自攻螺钉、钢钉、木楔、密封条、密封膏、抹布等。

（2）安装机具。

塑料门窗在安装时所用的主要机具有：冲击钻、射钉枪、螺丝刀、锤子、吊线锤、钢尺、灰线包等。

（3）现场准备。

① 门窗洞口质量检查。若无具体的设计要求，一般应满足下列规定：门洞口宽度为门框

宽加 50 mm，门洞口高度为门框高加 20 mm；窗洞口宽度为窗框宽加 40 mm，窗洞口高度为窗框高加 40 mm。

门窗洞口尺寸的允许偏差值为：洞口表面平整度允许偏差 3 mm；洞口正、侧面垂直度允许偏差 3 mm；洞口对角线允许偏差 3 mm。

② 检查洞口的位置、标高与设计要求是否相符合。

③ 检查洞口内预埋木砖的位置、数量是否准确。

④ 按设计要求弹好门窗安装位置线，并根据需要准备好安装用的脚手架。

4.2.2 安装流程

门窗洞口处理—找规矩—弹线—安装连接件—塑料门窗安装—门窗四周嵌缝—安装五金配件—清理。

4.2.3 操作要点

（1）门窗框与墙体的连接。

① 连接件法：先将塑料门窗放入门窗洞口内，找平对中后用木楔临时固定。然后，将固定在门窗框型材靠墙一面的锚固铁件用螺钉或膨胀螺钉固定在墙上，如图 3-4-35 所示。

② 直接固定法：在砌筑墙体时，先将木砖预埋于门窗洞口设计位置处，当塑料门窗安入洞口并定位后，用木螺钉直接穿过门窗框与预埋木砖进行连接，从而将门窗框直接固定于墙体上，如图 3-4-36 所示。

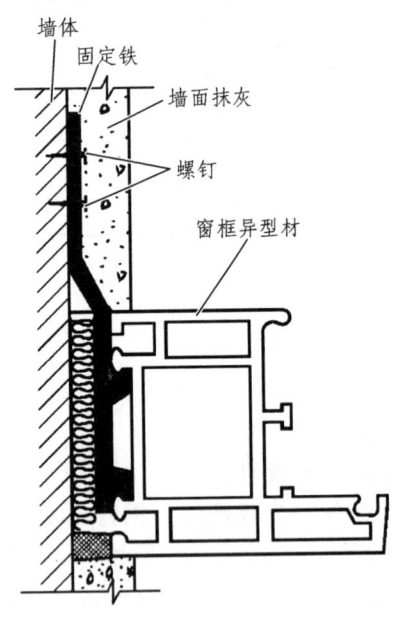

图 3-4-35 框墙间连接件法固定示意图

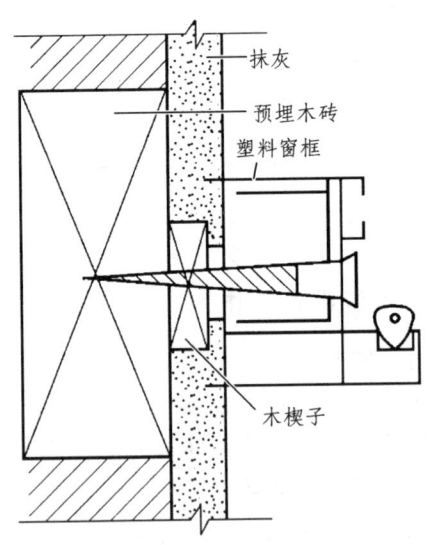

图 3-4-36 框墙间直接固定法示意图

③ 假框法：先在门窗洞口内安装一个与塑料门窗框配套的镀锌铁皮金属框，或者当木门窗换成塑料门窗时，将原来的木门窗框保留不动，待抹灰装饰完成后，再将塑料门窗框直接

固定在原来框上，最后再用盖口条对接缝及边缘部分进行装饰，如图 3-4-37 所示。

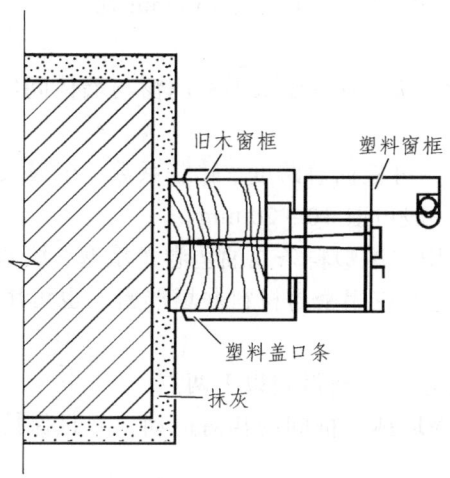

图 3-4-37　框墙间假框固定法示意图

（2）连接点位置的确定。

在确定塑料门窗框与墙体之间的连接点的位置和数量时，应主要从力的传递和 PVC 窗的伸缩变形需要两个方面来考虑，如图 3-4-38 所示。

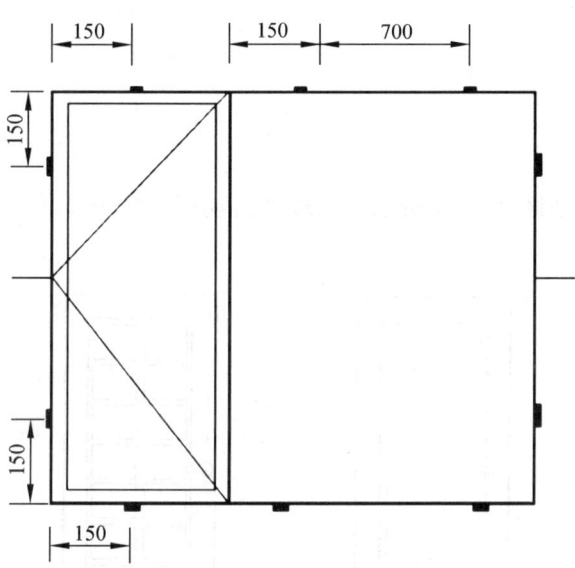

图 3-4-38　框墙连接点布置图

① 在确定连接点的位置时，首先应考虑能使门窗扇通过合页作用于门窗框的力，尽可能直接传递给墙体。

② 在确定连接点的数量时，必须考虑防止塑料门窗在温度应力、风压及其他静荷载作用下可能产生的变形。

③ 连接点的位置和数量，还必须适应塑料门窗变形较大的特点，保证在塑料门窗与墙体之间微小的位移，不至于影响门窗的使用功能及连接本身。

④ 在合页的位置应设连接点，相邻两个连接点的距离不应大于 700 mm。在横档或竖框的地方不宜设连接点，相邻的连接点应在距其 150 mm 处。

（3）框与墙间缝隙的处理。

① 由于塑料的膨胀系数较大，所以要求塑料门窗与墙体间应留出一定宽度的缝隙，以适应塑料伸缩变形。

② 框与墙间的缝隙宽度，可根据总跨度、膨胀系数、年最大温差计算出最大膨胀量，再乘以要求的安全系数求得，一般可取 10~20 mm。

③ 框与墙间的缝隙，应用泡沫塑料条或油毡卷条填塞，填塞不宜过紧，以免框架发生变形。门窗框四周的内外接缝缝隙应用密封材料嵌填严密，也可用硅橡胶嵌缝条，但不能采用嵌填水泥砂浆的做法。

④ 不论采用何种填缝方法，均要做到以下两点：

嵌填封缝材料应当能承受墙体与框间的相对运动，并且保持其密封性能，雨水不能由嵌填封缝材料处渗入。

嵌填封缝材料不应对塑料门窗有腐蚀、软化作用，尤其是沥青类材料对塑料有不利作用，不宜采用。

嵌填密封完成后，则可进行墙面抹灰。当工程有较高要求时，最后还需加装塑料盖口条。

（4）五金配件的安装。

（5）安装完毕后的清洁。

【能力拓展】

1 玻璃门

玻璃门的构造形式如图 3-4-39 所示。全玻璃自动门为中分式推拉门，其形式如图 3-4-40 所示。

(a) 装有钢化玻璃的门　(b) 四方框里放入压条，　(c) 装饰方格中放入玻　(d) 腰部下镶板上面装
　　　　　　　　　　　　固定住板玻璃的门　　　　璃的门　　　　　　　玻璃的门

图 3-4-39　玻璃门构造形式图

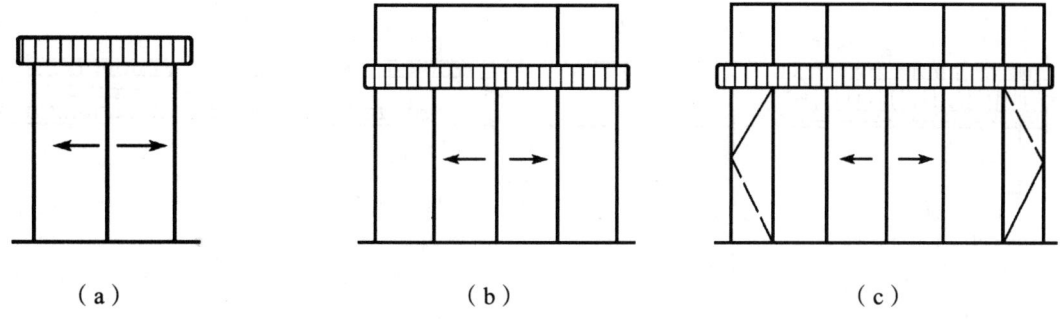

图 3-4-40 全玻璃自动门标准立面示意图

2 转门

转门的构造形式如图 3-4-41 所示。

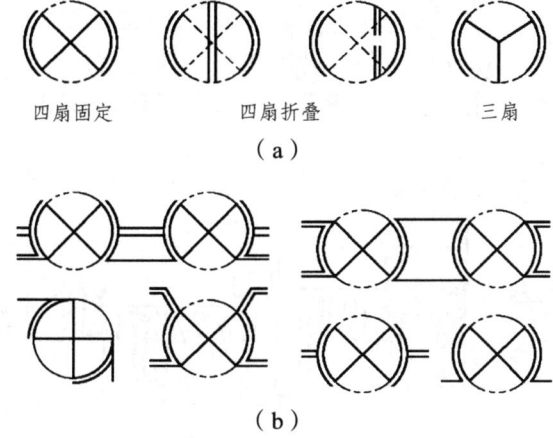

图 3-4-41 转门平面形式示意图

3 隔声门

图 3-4-42 所示为几种复合结构门扇的构造。

门缝处理要求严密和连续，并要注意五金安装处的薄弱环节。门扇安装可用门框或不用门框直接装于墙边，用扁担铰链（折页）连接。沿墙转角可设方钢，以增加坚固和密闭程度。门扇与门框或门扇与墙的连接处，也可采用各种不同方式，如图 3-4-43 所示。

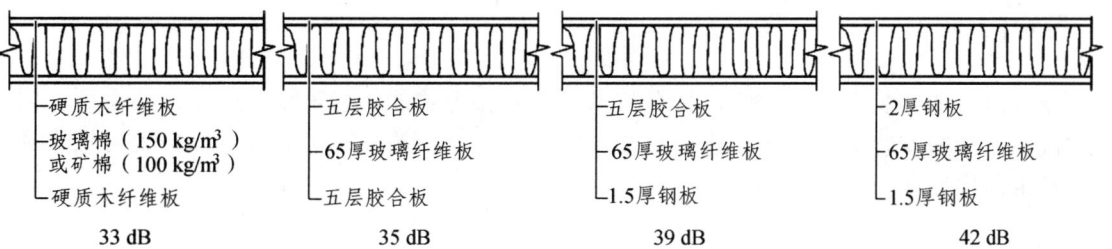

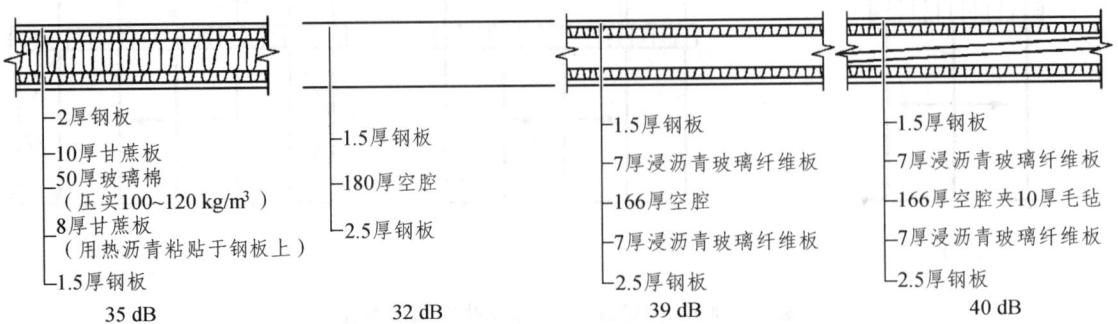

图 3-4-42 不同隔声量复合结构门构造示意图

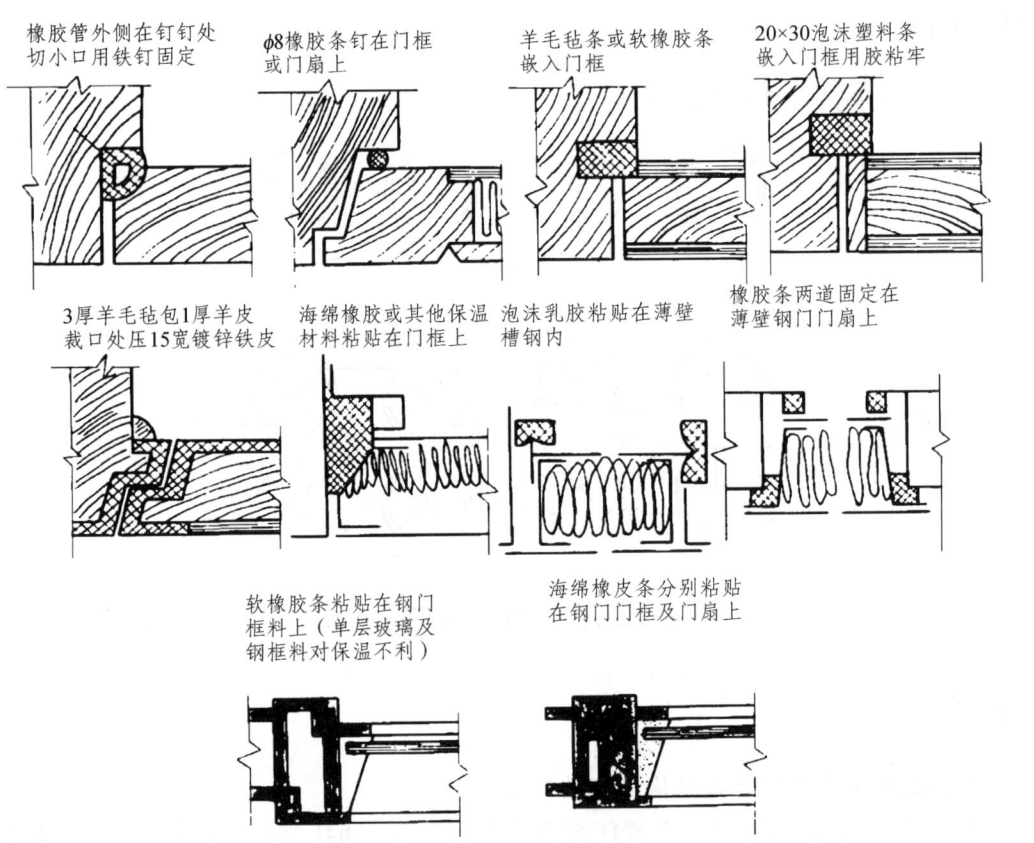

图 3-4-43 隔声复合门连接构造示意图

4 卷帘门

卷帘门一般安装在洞口外侧，具有防风沙、防盗等功能。卷帘箱一般在门的上部，内装电动机。电动机安装方式有侧挂式、吊挂式和卧式。卷帘箱外罩可做成方形，也可做成圆弧形。卷帘门构造如图 3-4-44 所示。

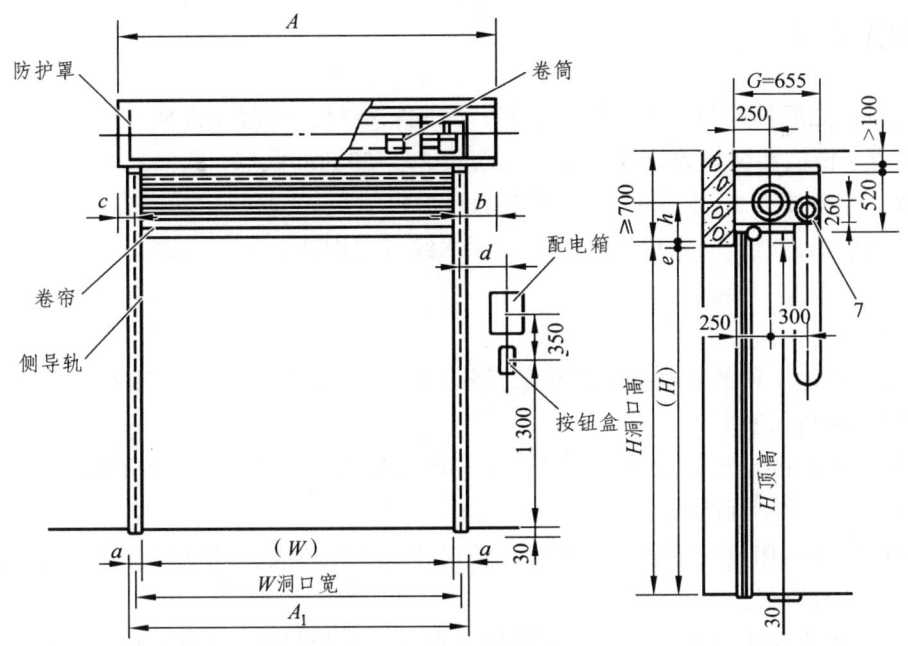

图 3-4-44 卷帘门构造形式示意图

【技能训练】

(1) 识读并绘制常见门窗施工图。

(2) 结合室内装饰施工现场,能分辨各类门窗的类型和材料使用,并能根据现场条件明确指出各门窗的制作安装要点和工艺标准。

子任务5　家具工程

【任务准备】

家具制作详图一份,结合施工现场以确定家具的安装位置及设计尺寸与现场尺寸是否吻合。

【任务分析】

(1) 识读家具施工图,确定家具的摆放位置、设计尺寸与现场施工尺寸的吻合度。

(2) 根据设计尺寸确定家具板材的下料尺寸和拼接方式。

(3) 拼板施工及收口处理。

【任务过程】

1　家具制作流程

配料—划线—拼板施工—组装—线脚收口。

2 家具制作要点

（1）配料：先配长料和宽料，后配小料；先配长板材，后配短板材。木方料的选配，应按家具的竖框、横档和腿料的长度尺寸要求放长 30~50 mm 截取，截面尺寸在开料时应按实际尺寸的宽、厚各放大 3~5 mm，以便刨削加工。

木方料刨削加工时，应先识别木纹，按顺木纹方向刨削，先刨大面，再刨小面，两个相临的面刨成 90°角。

（2）划线。

① 首先检查加工件的规格、数量并根据各工件的表面颜色、纹理、节疤等因素确定其正反面，并作好临时标记。

② 在需要对接的端头留出加工余量，用直角尺和木工铅笔画一条基准线。若端头平直，又属作开榫一端，即不画此线。

③ 根据基准线，用量尺量划出所需的总长尺寸线或榫肩线，再以总长线和榫肩线为基准，完成其他所需的榫眼线。

④ 可将两根或两块相对应位置的木料拼合在一起进行划线，画好一面后，用直角尺把线引向侧面。

⑤ 所画线条必须准确、清楚。划线之后，应将空格相等的两根或两块木料颠倒并列进行校对，检查划线和空格是否准确相符，如有差别，即说明其中有错，应及时查对校正。

（3）拼板施工。

① 在室内家具制作中，采用木质板材较多，如台面板、橱面板、搁板、抽屉板等，都需要拼缝结合。常采用的拼缝结合形式有：高低缝、平缝、拉拼缝、马牙缝。

② 板式家具的连接方法较多，主要分为固定式结构连接与拆装式结构连接两种。

③ 榫的种类主要分为木方连接榫和木板连接榫两大类，但其具体形式较多，分别适用于木方和木质板材的不同构件连接，如木方中榫、木方边榫、燕尾榫、扣合榫、大小榫、双头榫等。

（4）组装。

组装前，应将所有需刨光的结构件用细刨刨光，然后按顺序逐渐进行装配，装配时，注意构件的部位和正反面。衔接部位需涂胶时，应刷涂均匀并及时擦净挤出的胶液。锤击装拼时，应将锤击部位垫上木板，不可猛击；如有拼合不严处，应查找原因并采取补救措施，不可硬敲硬装就位。各种五金配件的安装位置应定位准确、安装严密、方正牢靠，结合处不得崩搓、歪扭、松动，不得缺件、漏钉和漏装。

（5）面板的安装。

家具面板的安装常采用万能胶粘贴装饰面板或直接粘贴波音软片的方式。

（6）线脚收口。

① 实木封边收口：常用钉胶结合的方法，黏结剂可用立时得、白乳胶、木胶粉等。

② 塑料条封边收口：一般是采用嵌槽加胶的方法进行固定。

③ 铝合金条封边收口：铝合金封口条有 L 型和槽型两种，可用钉或木螺丝直接固定。

④ 薄木单片和塑料带封边收口：先用砂纸磨除封边处的木渣、胶迹等并清理干净，在封口边刷一道稀甲醛作填缝封闭层，然后在封边薄木片或塑料带上涂万能胶，对齐边口贴放。用干净抹布擦净胶迹后再用烫斗烫压，固化后切除毛边和多余处即可。

对于微薄木封边条，也可直接用白乳胶粘贴；对于硬质封边木片也可采用镶装或加胶加钉安装的方法。

3 家具制作要点示意图

家具制作要点示意见图 3-5-1 至图 3-5-3。

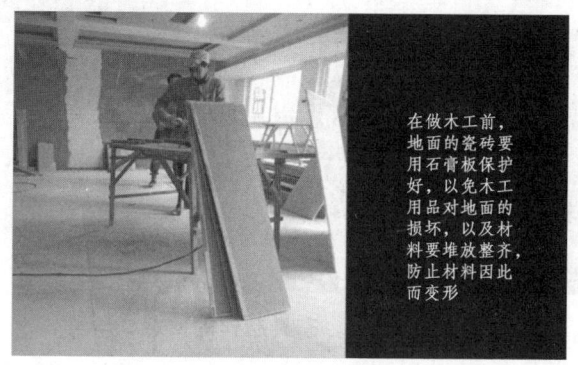

图 3-5-1 家具制作前的地面保护

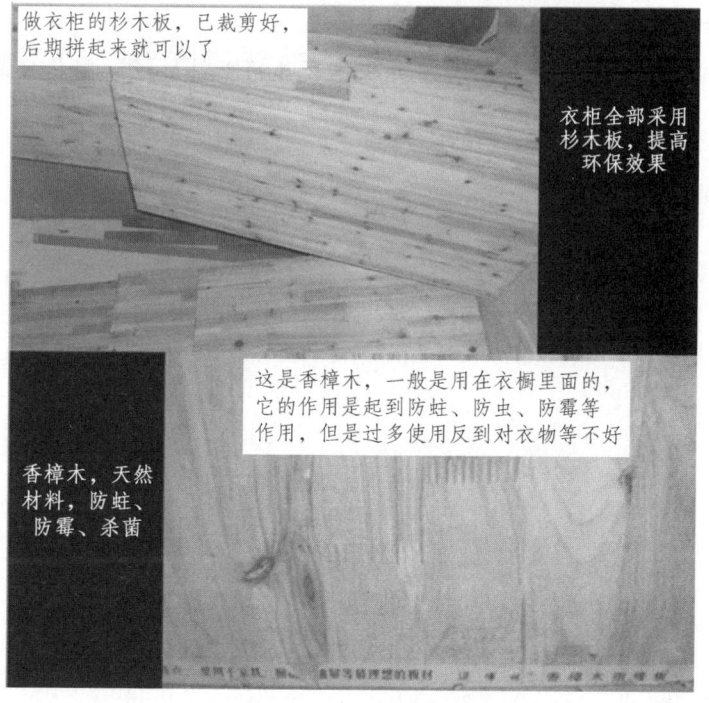

图 3-5-2 家具制作的选材

图 3-5-3 家具制作的固定

【技能训练】

（1）识读并绘制常见柜体家具制作施工图。

（2）结合室内装饰施工现场，熟悉各类柜体家具的下料拼板、制作安装的工艺要点及固定方式等。

任务四 安装工程

【学习目标】

(1)掌握实木楼梯、钢木楼梯、玻璃楼梯的安装方法及相关要求,掌握木栏杆、塑料栏杆、不锈钢栏杆、玻璃栏杆的安装方法及相关要求。

(2)掌握掌握厨房常用设备地柜、吊柜、台面、抽油烟机、灶具、水槽安装方法及相关要求。

(3)掌握普通灯具、花灯、日光灯、壁灯、吸顶灯、吊灯、灯带等安装方法及相关要求;了解大型吊灯、轨道射灯的安装方法。

(4)掌握坐便器、蹲便器、浴盆、洗漱盆等的安装方法和相关要求;了解小便器、妇洗器的安装方法。

子任务1 楼梯栏杆安装

【任务准备】

室内装饰设计施工图和楼梯栏杆安装手册各一份,检查已到场的楼梯、栏杆是否与设计方案中的材质、数量、型号、款式等相符合。仔细阅读图纸,检查配备配件数量及操作工具,杜绝缺物少件现象的发生。

现场确认基础装修已经基本完成,栏杆安装前大件家具和家电已经运至楼上空间。

【任务分析】

(1)根据室内装饰施工图纸、楼梯栏杆安装手册,核实所需安装的楼梯栏杆的具体安装位置和走向,确认现场安装位置满足安装楼梯栏杆所需承重荷载。

(2)根据室内装饰设计施工图和楼梯栏杆安装指导手册,现场再次测量安装楼梯栏杆所需尺寸,确认安装空间足够,走向顺畅。识读楼梯栏杆安装施工图纸,从中读取相应材质、形状、结构及安装前期准备。

(3)查阅相关资料,了解同一类别楼梯栏杆安装的构造结构,清点配件数量和尺寸。确认已到场的楼梯栏杆安装前无破损,并在安装和安装后注意成品保护。

【任务过程】

楼梯栏杆常规安装工艺如下：

（1）检查：识读室内装饰设计施工图—检查包装完整无损—清点到场楼梯栏杆数量—根据安装指导手册，核实材质、型号、尺码、配件数量。

（2）识图：识读室内装饰设计施工图—明确楼梯栏杆安装位置—对比室内装饰设计施工图与施工现场—确定安装位置符合安装条件。

（3）楼梯栏杆安装工艺流程：清理施工现场—开箱清点、核对清单—分别检查地面、楼面的水平度，墙面的垂直度，墙角的方正度—平台、转角现场比样—安装龙骨—安装踏板——安装栏杆扶手—完工—清理现场。

（4）楼梯栏杆安装示意图（图4-1-1至图4-1-8）。

图4-1-1　清理施工现场

图4-1-2　开箱清点、核对清单图

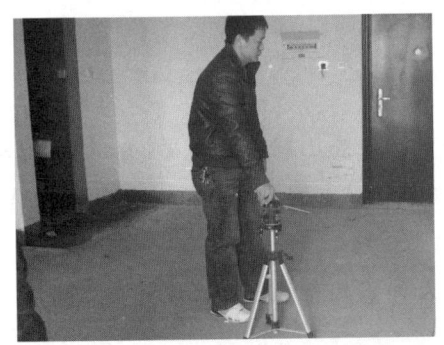

图4-1-3　水平垂直检查图

图4-1-4　现场比样图

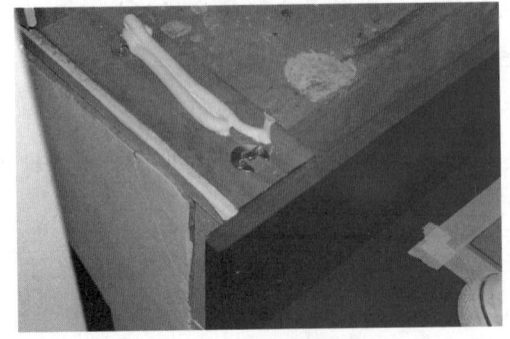

图4-1-5　龙骨安装图

图4-1-6　安装踏板图

图 4-1-7　安装栏杆扶手图　　　　　　　图 4-1-8　完工，清理现场图

【能力拓展】

1　木制栏杆安装要点

首先是找位与划线，位置、标高、坡度找位校正后，弹出扶手纵向中心线。按设计扶手构造，根据折弯位置、角度，划出折弯或割角线。楼梯栏板和栏杆顶面，划出扶手直线段与弯头、折弯段的起点和终点的位置，安装扶手的固定件。

其次，按栏板或栏杆顶面的斜度，配好起步弯头，一般木扶手，可用扶手料割配弯头，采用割角对缝黏结，在断块割配区段内最少要考虑三个螺钉与支承固定件连接固定。大于 70 mm 断面的扶手接头配制时，除黏结外，还应在下面作暗榫或用铁件铆固。

再次，制作整体弯头。先做足尺大样的样板，并与现场划线核对后，在弯头料上按样板划线，制成雏型毛料（毛料尺寸一般大于设计尺寸约 10 mm）。按划线位置预装，与纵向直线扶手端头黏结，制作的弯头下面刻槽，与栏杆扁钢或固定件紧贴结合。预制木扶手须经预装，预装木扶手由下往上进行，先预装起步弯头及连接第一跑扶手的折弯弯头，再配上下折弯之间的直线扶手料，进行分段预装黏结，黏结时操作环境温度不得低于 5 ℃。

最后，分段预装检查无误，进行扶手与栏杆（栏板）上固定件，用木螺丝拧紧固定，固定间距控制在 400 mm 以内，操作时应在固定点处，先将扶手料钻孔，再将木螺丝拧入，不得用锤子直接打入，螺帽应达到平正。扶手折弯处如有不平顺，应用细木锉锉平，找顺磨光，使其折角线清晰，坡角合适，弯曲自然、断面一致，最后用木砂纸打光，完成整修。

2　塑料栏杆安装要点

首先，找位与划线：按设计要求及选配的塑料扶手料，核对扶手支承的固定件、坡度、尺寸规格、转角形状找位、划线确定每段转角折线点，直线段扶手长度。一般塑料扶手弯头，用扶手料割角配制。安装塑料扶手，应由每跑楼梯扶手栏杆（栏板）的上端，设扁钢，将扶手料固定槽插入支承件上，从上向下穿入，即可使扶手槽紧握扁钢。直线段与上下折弯线位置重合，拼合割制好后与折弯料相接。

其次，将扶手料槽插入支承扁钢件抱紧固定塑料扶手，折弯处与直线扶手端头加热压粘，也可用乳胶与扶手直线段黏结。黏结硬化后，折弯处用木锉锉手磨光，整修平顺。

3 不锈钢栏杆安装要点

首先安装预埋件（后加埋件）：预埋件的安装只能采用后加埋件做法，其做法是采用膨胀螺栓与钢板来制作后置连接件，先在土建基层上放线，确定立柱固定点的位置，然后在楼梯地面上用冲击钻钻孔，再安装膨胀螺栓，螺栓保持足够的长度。在螺栓定位以后，将螺栓拧紧同时将螺母与螺杆间焊死，防止螺母与钢板松动。扶手与墙体面的连接也同样采取上述方法。

其次，由于上述后加埋件施工，有可能产生误差，因此，在立柱安装之前，应重新放线，以确定埋板位置与焊接立杆的准确性，如有偏差，及时修正。应保证不锈钢立柱全部坐落在钢板上，并且四周能够焊接。

再次，焊接立柱时，需双人配合，一人扶住钢管使其保持垂直，在焊接时不能晃动，另一人施焊，要四周施焊，并应符合焊接规范。立柱在安装前，通过拉长线放线，根据楼梯的倾斜角度及所用扶手的圆度，在其上端加工出凹槽。然后把扶手直接放入立柱凹槽中，从一端向另一端顺次点焊安装，相邻扶手安装对接准确，接缝严密。相邻钢管对接好后，将接缝用不锈钢焊条进行焊接。焊接前，必须将沿焊缝每边 30～50 mm 范围内的油污、毛刺、锈斑等清除干净。

最后全部焊接好后，用手提砂轮打磨机将焊缝打平砂光，直到不显焊缝。抛光时采用绒布砂轮或毛毡进行抛光，同时采用相应的抛光膏，直到与相邻的母材基本一致，不显焊缝为止。

4 玻璃栏杆安装要点

玻璃栏杆可分为全玻璃栏杆和半玻璃栏杆，常用的主要是半玻璃栏杆与不锈钢、钢铁管、铝合金及高级木料四种材质结合。

首先找位与划线，确定安装位置。

然后是安装固定件，将位置、标高、坡度、找位校正后弹出面管纵向中心线。按设计栏杆的构造，根据折弯位置、角度、划出折弯或割角线。栏杆顶面，划出扶手直线段与弯、折弯段的起点和终点的位置。

其次，按照弯头配置栏杆面管的斜度，配好弯头，再切割，连接固定。接下来是立柱的焊接，立柱焊接必须和面管在同一个垂直面上其误差控制在 1～2 mm 以内，同时要调节好面管的水平误差与墙体连接的膨胀螺栓或预埋件焊接牢固，这是半玻璃栏杆受力的关键部位。

最后是打玻璃胶。设计有玻璃胶的栏杆在打玻璃胶时必须保证胶的宽度和饱满度，并及时清洁确保栏杆的外观。

【技能训练】

（1）识读室内装饰设计施工图，了解需要安装的楼梯栏杆的安装工艺。

（2）对照安装要求，检测完成安装的楼梯栏杆的安装质量。

子任务2　厨房设备安装

【任务准备】

室内装饰设计施工图和厨房已到位设备安装手册各一份，检查已到场的地柜、吊柜、台面、抽油烟机、灶具、水槽等是否与设计方案中的材质、数量、型号、款式等相符合。仔细阅读图纸，检查配件数量及操作工具，杜绝缺物少件现象的发生。

现场确认基础装修（含水电改造和墙面装饰工程）已经基本完成，厨房吊顶和厨房门套安装完工。

【任务分析】

（1）根据室内装饰施工图纸、厨房设备安装手册，清点需要安装的设备数量。核实所需安装的厨房设备的具体安装位置和安装方式，确认现场安装位置满足安装厨房设备所需承重荷载。

（2）根据室内装饰设计施工图和柜体、台面、水槽、灶具、抽油烟机等安装指导手册，现场再次测量安装所需尺寸，确认安装空间足够，水电设施完备。识读安装施工图纸，从中读取相应材质、形状、结构及安装前期准备。

（3）查阅相关资料，了解同一类别厨房设备安装的构造结构，清点配件数量和尺寸。确认已到场的各种厨房设备安装前无破损，并在安装和安装后注意设备和成品保护。

【任务过程】

（1）检查：识读室内装饰设计施工图—检查包装完整无损—清点到场厨房设备数量—根据安装指导手册，核实材质、款式、尺码、配件数量。

（2）识图：识读室内装饰设计施工图—明确厨房各个设备安装位置—对比室内装饰设计施工图与施工现场—确定安装位置符合安装条件。

（3）厨房设备安装工艺流程：墙、地面基层处理—开箱清点、核对清单—分别检查地面水平度，墙面的垂直度，墙角的方正度—现场比样—安装橱柜柜体—安装台面—安装灶具—安装水槽—安装柜门—调试。

（4）厨房设备安装示意图（图4-2-1至图4-2-10）。

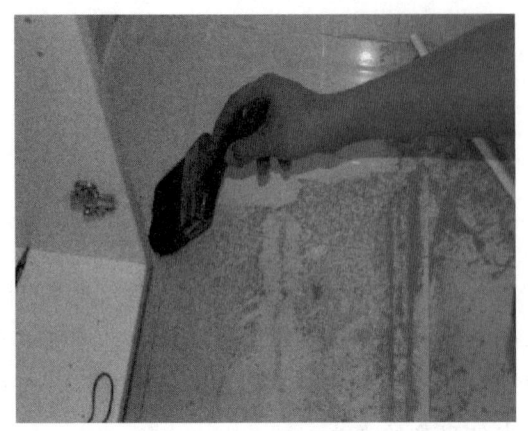
图 4-2-1　墙、地面基层处理图

图 4-2-2　开箱清点、核对清单图

图 4-2-3　水平、垂直检查图

图 4-2-4　现场比样图

图 4-2-5　安装橱柜柜体图

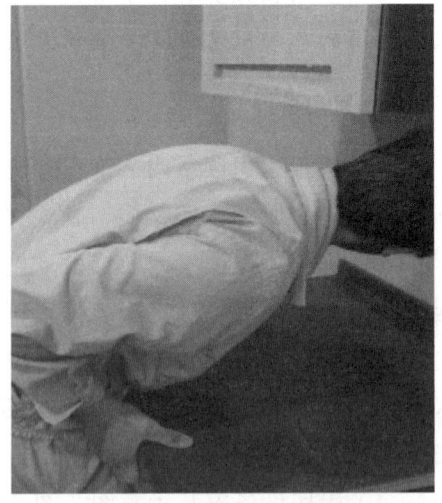
图 4-2-6　安装台面图

图 4-2-7　安装灶具图

图 4-2-8　安装水槽图

图 4-2-9　安装柜门图

图 4-2-10　调试

【能力拓展】

1　厨房设备安装组成

厨房分为整体厨房和传统厨房。整体厨房实行整体配置，整体设计，整体施工装修，从而实现厨房在功能、科学和艺术三方面的完整统一。但传统厨房依然在大多数的家庭中使用。传统家装中的厨房设备主要是指地柜、吊柜、台面、五金、灶具电器、柜门等，而整体厨房则是将厨房用具和厨房电器进行系统搭配而形成的一个有机的整体形式的厨房。

2　厨房设备安装准备条件

家用厨具安装是专业性很强的工程项目，根据家用厨具的设计不同、工程的复杂程度不同，程序包括的内容也会有变化。安装厨房设备首先应在厨房墙、地面装修完成，水电改造完毕、厨房吊顶安装完毕，同时厨房门套安装也已经完工。

3 厨房各设备安装要点

3.1 橱柜安装

3.1.1 地柜安装

（1）地柜按厨房一般布局和设计原理，大致分为"一"字型、"L"字型、"U"字型、"T"字型四类。这四种布局，不管是哪一种布局总有一端靠墙角，选定一转角墙为基准位，将此位对应的地柜作为基准柜，将此柜的背部及一侧的板紧贴墙壁。调节地脚，使其着地平稳、无晃动的现象。（注意调动可调脚时应注意脚线的宽度，如脚线为 10.5 cm，则柜脚高度要调至 11 cm）。

（2）相邻柜体的摆放：以基准柜为标准，按图纸标示，依次将相邻的柜与水平基准柜连接在一起，连接时注意柜体正面门板需要平齐，高度水平一致。

（3）柜身板件的现场加工：安装时注意，下水管道、水管、气管接入的对应尺寸开孔要平整（必须用开孔器，直径为 60 mm），且要对孔洞加上保护圈；如因图示星盆和炉灶与柜身相对应位置冲突，要进行的板件切割加工，切割尺寸根据实际情况，不宜过大，加工要求平整而规范。

3.1.2 吊柜安装

（1）标准柜的安装高度：因吊码安装后挂钩的位置离柜顶约 600 mm，则吊柜水平安装位置定为离地 2140 mm 处。以地面为标准，于高度 2140 mm 处墙面作一水平线记号，此线为吊柜挂铁的安装位置。

（2）特殊柜的安装高度：主要是根据客户的实际要求安装高度来定位，需依照实际情况确定。

（3）吊柜安装位置的确定：根据图纸中吊柜柜身平面图内容，在水平线上测量出所有吊柜长度的位置，并用铅笔作记号，将挂铁贴在水平线上，根据吊柜尺寸内侧做出挂铁位置的记号线（如：为 300 mm 的柜身，减两块柜身板的厚度 32 mm，则挂铁的两端距离为 268 mm，可稍减去空位）。再用冲击钻对准记号钻孔，用胶塞螺钉将挂铁固定到准确位置，特别要求所有挂铁安装位置水平，无倾斜现象，每个挂铁需从 2 孔中固定两颗胶塞螺钉以上，以防止挂铁松动。

（4）将所有吊柜挂入挂铁上，然后逐一调整，要求吊柜高度一致，相邻柜身接触面无缝隙，安装平稳，无上下窜位，无左右凹凸，无柜身晃动现象。

（5）调整方法：用"一"字或"十"字螺丝刀从吊码尾端上孔调节柜身上下位置，下孔调节柜身的进出。

3.1.3 橱柜门板安装

橱柜开合门板安装时，橱柜门板与柜体之间需用到铰链来连接，在安装之前，首先要将铰链固定到门板对应的安装孔上。然后将门板对应到柜体，所有门板的高度保持门板下沿与箱体下沿相平。用工具将门板的铰链固定到柜体上。门板调平后，所有铰链全部盖上铰链盖。

3.1.4 门板拉手安装

吊柜门板的拉手采用的是横的，而地柜则是竖的，这也是为了方便人开合。拉手安装紧固好之后，反复调试柜门，安装结束。

3.2 台面安装

3.2.1 石材台面安装

首先，调整定位。将台面放置于安装好的地柜上，调整好台面与墙面、台面与柜身的相对位置。要求台面与柜身接合面无明显缝隙，且为自然接触。如柜身整体平稳垂直，而台面与柜身接触不平出现缝隙，则应于缝隙处加垫衬物。而台面与墙体接触面的严密与否，应视墙身的平直度而言，不应强求，但必须坚持挡水边和台面与墙体平面保持最大接触的原则。

其次，接缝、安装垫板。相邻的台面要接驳，特别是"L"型、"U"型混合台面。

第一种接驳方式是对接，即将两台面平放于同一平面上（柜体表面上），相邻挡水边处于同一直线上进行对接，如台面和柜体与墙面相对位置合乎要求面对接线无缝，则可进行接驳加工。如有缝隙，则应观察并分析后将不平部分切割处理，再打磨接驳线的两端面，然后对接直到无缝隙现象方可进行接驳加工。切割时需注意台面整体尺寸不能减少（接驳缝处理要求：表面对接严密，底部留有 0.1～0.2 mm 的细缝，以保证接驳胶水能渗透）。

第二种接驳方式是粘胶、加压。在对接无缝后，将对接线部分两台面接合端面清除干净无灰尘，清扫干净后用废石条按照宽度方向粘在接驳口的一端底面，石条另一端自然托住台面另一端，用相应专用胶水（与台面材料配套，且加固化剂适量摇匀）将对接线部分黏结起来，胶量适中（切忌过多或过少，有少量溢出台面即可）。打磨，涂上抛光蜡再用细布擦拭。注意：打磨、抛光时均应与接驳线及其周围台面一同进行，切忌单独对接驳线部分进行打磨或抛光，以防出现凹陷或小沟槽现象；手触接驳线及其周围台面无凹凸现象，目测无明显接驳线痕迹，光洁度与周围台面无明显差异，整体台面水平，与柜体接触自然严密；接驳处理完，将台面接缝下缺的垫板垫上。

再次，加工灶孔和盆孔。第一步，参考图纸尺寸定位，再根据灶孔开孔尺寸画线。灶孔与台面侧边留足 100 mm 以上；第二步，在线内用 $\phi 8$ mm 钻头预钻孔，后用曲线锯沿画线切割，速度宜慢勿快，用力均匀；第三步，将底托面对台面板底部分涂胶黏结，待加压至要求时间后，与灶孔四壁配合加工出符合要求的圆角 R 值。底托不要遗漏，一般有四件。孔两侧沿台面深度方向加垫木枋，起加固作用；第四步，打磨、抛光，灶孔边缘正面需倒棱处理或小螺机加工（刀具与挡水边加工刀具同），再进行打磨、抛光处理，效果与正面台面效果无异。

最后，固定台面。当台面摆放、对接、打磨、抛光且柜体安装完毕，卫生清洁后，需将台面挡水边与墙体之间的接触位用少量的玻璃胶密封（一般用白色玻璃胶），以防止水分渗漏入柜身。

3.2.2 不锈钢台面安装

不锈钢台面由制作厂家先量好尺寸，然后在厂里折边，黏结好底板（通常用高密度刨花板），焊接水槽后到现场拼缝安装。这种台面要求不锈钢板厚度在 1.2 mm 以上，主要是因为不锈钢台面是使用小电流焊接和氩弧焊机进行焊接的，焊接完毕再用手持磨光机抛光处理，接缝处背面点焊抛光。

由于不锈钢本身强度高、黏性大，需用角磨机配砂轮片进行切割，建议切方孔，较圆孔更容易一些；切孔后用 PVC U 型条或不干胶铝箔将切口封好，以防切口伤手。接缝处和边缘可用银灰或银色勾缝剂填充。

3.3 抽油烟机安装

3.3.1 抽油烟机安装前的准备

在抽油烟机正式安装前，检查油烟机插座位置。由于油烟机的电源线普遍只有 1.5 m 长，所以插座应该安装在油烟机上 80 cm 的位置。油烟机排风口的大小应根据产品的排风管大小来打。排烟口应该是外口直径大，内口直径小，防止雨水倒灌。安装前，检查配件数量和完整度，以方便油烟机的安装。

3.3.2 不同安装位置的抽油烟机的安装方法

抽油烟机按照安装位置可分为顶吸式、侧吸式、下吸式三类，分别位于灶台的上方，侧方和下方。通常顶吸式、侧吸式较常见，安装方法也基本一致。下吸式抽油烟机是抽油烟机的新品种。下吸式抽油烟机与灶具结合，在灶台上面直接安放抽油烟机主机，这样抽油烟、热气、燃烧废气的排气作用十分明显。由于风机设计在了下端，这样的设计将电机、风轮等发出声音的动力部件都设计在了橱柜下方，并被柜体所包围，有效地减弱了噪声，整机油路与电路进行隔离，油烟不污染开关与电线电路。它的结构十分巧妙，安装时只需要在台面板上开一个孔，将机子放上去就可以了。

顶吸式、侧吸式安装：

（1）确定挂板安装位置。油烟机的安装位置是在灶具正上方与灶具在同一轴心线上，顶吸式油烟机底端高度距离灶面为 65~75 cm，侧吸式油烟机底端至灶面为 35~45 cm。根据具体油烟机产品的尺寸，在背面找到扣板安装的位置，用铅笔画好线。如果油烟机产品安装位置距离顶部还有一段距离，为了将烟管隐藏，可以定制油烟机加长罩，在安装前，同样要确定好加长罩挂板的位置。

（2）钻孔安装挂板。确定挂板位置安装位置后，就用冲击钻在安装位置钻好深度为 5~6 cm 的孔，将膨胀管压入孔内，再用螺钉将挂板可靠固定。一定要确定打孔部位没有下水管，煤气管、电线经过。

（3）将油烟机挂扣到挂板上。油烟机背后的样式正好与挂板可以相嵌，从而挂住油烟机。由于油烟机一般较重，在挂的时候，通常需要两个人合作。一定要注意机体水平，安装完后观察其水平度。

（4）安装排烟管。将排烟管一头插入止回阀出风口内外圈之间槽口，用螺钉紧固。另一头直接通过预留孔伸入室外。如排烟管是通入公用烟道，勿将排烟管插入过深导致排烟阻力增大，一定要用公用烟道防回烟止回阀连接，并密封好。若是通向室外，则务必使排烟管口伸出 3 cm。排烟管不宜太长，最好不要超过 2 m，而且尽量减少折弯，避免多个 90 ℃ 折弯，否则会影响吸油烟效果。

（5）安装加长罩。如需要安装加长罩，首先要安装好挂板，然后带油烟机和排烟管安装好之后，扣上加长罩。

（6）安装油烟机的油杯、面罩等配件后，调试油烟机，完成安装。注意保护安装好的抽油烟机。

3.4 灶具安装工程

3.4.1 嵌入式燃气灶安装

（1）预置燃气灶嵌装孔。将灶具底壳侧部的气管接头的防尘帽去掉，取专用燃气胶管，一端套至气管接头的红色标记处，另一端接气源阀门，连接处分别用管箍箍紧。胶管切勿置于灶具上方触及灶体和从灶具底部穿过，不得硬性折弯。

液化石油气灶必须使用合格的减压阀（额定压力 2 800 Pa），灶具与气瓶距离不小于 100 cm，使用胶管长度以 100～150 cm 为宜。如管道供气可根据当地管网情况使用专用金属软管和接头，在接口处垫上橡胶垫后旋紧螺母。如使用专用胶管连接，接头处以定要用管箍箍紧。

（2）燃气灶试漏。使用肥皂液涂在气管连接处，打开气源阀门，如有气泡产生说明漏气。关闭气源阀门，适度调紧管箍（或螺母）再试，直至无泄露后方可使用。随后，将燃气灶装入电池。

（3）装入燃气灶火盖、锅支架。将灶具放入嵌装孔，使灶具与灶台面贴合平稳。装上火盖和锅支架，如有定位的一定要定好位，没有定位的，火盖和锅支架确保放平。

（4）台嵌两用式灶具作为台式灶使用时，只需将 4 个炉脚装在灶具底壳上放在灶台面上即可。

3.4.2 嵌入式电磁炉安装

首先，嵌入式电磁炉镶嵌到大理石或其他平台上面，然后接电。接线方式：220 V 二相制，1 根火线、1 根零线、1 根地线；漏电开关：220 V/5 kW 标准电流是 22 A，请选择合适的漏电开关，保持地线接地良好；电线粗细：电线截面为国标 4 mm^2。

其次，在开孔四周打上耐高温、防腐玻璃胶，待玻璃胶干固后再投放使用，以免清洗时水从开孔地方漏到机芯里面。

最后，注意炉体的侧面留有散热通气孔，安装时间隔距离大于 15 cm，应保证炉体的进、排气孔处无任何物体阻挡。注意下面不要垫（堆）放有可能损害电磁炉的物体、液体及煤气罐。

3.5　水槽安装

首先，安装水槽前，台面留出的水槽位置应该和水槽的体积相吻合，在定购台面时由台面安装供应商按水槽的大致尺寸提供切割。将水龙头和进水管都安装完毕后，便可以将水槽放置到台面中的相应位置，开始安装水槽和安装龙头的进水管。注意冷热水管的位置，切勿左右搞错。其次，安装溢水孔的下水管和过滤篮的下水管，注意密封。水槽放入台面后，需要在槽体和台面间安装配套的挂片，将水槽安装牢固，避免细小的空隙导致槽体左右摇晃。最后，先进行排水试验，检查没有漏水、渗水现象后，最后用硅胶对水槽进行封边。

【技能训练】

（1）识读室内装饰设计施工图，了解厨房设备安装的流程。

（2）识读厨房设备安装指导手册，检查厨房设备安装质量。

子任务 3　灯具安装

【任务准备】

室内装饰设计施工图和灯具安装手册各一份，检查已到场的灯具是否与设计方案中的材质、数量、型号、款式等相符合。仔细阅读图纸，根据安装手册要求，检查配备配件数量及操作工具，杜绝缺物少件现象的发生。

现场确认电路改造已完成，基础装修已经基本完成，大件家具已安装。

【任务分析】

（1）根据室内装饰施工图纸、灯具安装手册，核实所需安装的灯具的具体安装位置和布局，确认现场安装位置满足安装灯具所需承重荷载。

（2）根据室内装饰设计施工图和灯具安装指导手册，现场再次测量安装灯具所需尺寸，确认安装空间、电路设置等。识读灯具安装设计文件，从中读取相应材质、形状、结构及安装前期准备。

（3）查阅相关资料，了解同一类别灯具安装的安装工艺，清点配件数量和尺寸。确认已到场的灯具安装前无破损，并在安装和安装后注意成品保护。

【任务过程】

（1）检查：识读室内装饰设计施工图—检查包装完整无损—清点到场灯具数量—根据安

装指导手册，核实灯具的材质、形式、大小，连接构造和连接方式，并应确定预埋件或膨胀螺栓固定件的位置，开口格栅的尺寸等

（2）识图：识读室内装饰设计施工图—明确灯具安装位置—对比室内装饰设计施工图与施工现场—确定安装位置并符合安装条件。

（3）灯具安装工艺流程：线路检查、关闭电源—开箱清点、核对清单—灯具内线检查—安装顶部灯具—安装壁灯—通电测试—成品保护。

（4）灯具安装示意图（图4-3-1至图4-3-7）。

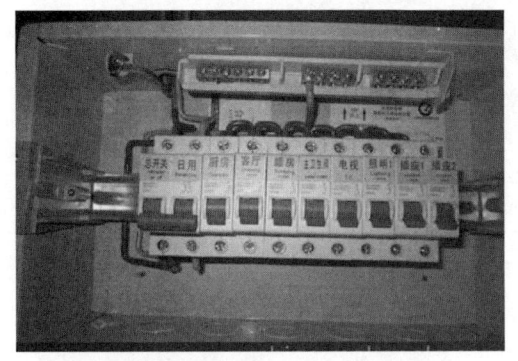

图4-3-1　线路检查、关闭电源图

图4-3-2　开箱清点、核对清单图

图4-3-3　灯具内线检查图

图4-3-4　安装顶部灯具图

图4-3-5　安装壁灯图

图4-3-6　通电测试图

图 4-3-7 成品保护图

【能力拓展】

1 普通灯具安装

（1）塑料（木）台的安装。将接灯线从塑料（木）台的出线孔中穿出，将塑料（木）台紧贴住建筑物表面，塑料（木）台的安装孔对准灯头盒螺孔，用机螺丝将塑料（木）台固定牢固。如果在圆孔楼板上固定塑料（木）台，应按相应图的方法施工。

（2）把从塑料（木）台甩出的导线留出适当维修长度，削出线芯，然后推入灯头盒内，线芯应高出塑料（木）台的台面。用软线在接灯线芯上缠绕 5~7 圈后，将灯线芯折回压紧。用黏塑料带和黑胶布分层包扎紧密。将包扎好的接头调顺，扣于法兰盘内，法兰盘（吊盒、平灯口）应与塑料（木）台的中心找正，用长度小于 20 mm 的木螺丝固定。

2 花灯的安装顺序

（1）组合式吸顶花灯的安装：根据预埋的螺栓和灯头盒的位置，在灯具的托板上用电钻开好安装孔和出线孔，安装时将托板托起，将电源线和从灯具甩出的导线连接并包扎严密。应尽可能地把导线塞入灯头盒内，然后把托板的安装孔对准预埋螺栓，使托板四周和顶棚贴紧，用螺母将其拧紧，调整好各个灯口，悬挂好灯具的各种装饰物，并上好灯管和灯泡。

（2）吊式花灯安装：将灯具托起，并把预埋好的吊杆插入灯具内，把吊挂销钉插入后要将其尾部掰开成燕尾状，并且将其压平。导线接好头，包扎严实，理顺后向上推起灯具上部的扣碗，将接头扣于其内，并将扣碗紧贴顶棚，拧紧固定螺丝。调整好各个灯口，上好灯泡，最后再配上灯罩。

3 日光灯安装

（1）吸顶日光灯安装：根据设计图确定出日光灯的位置，将日光灯贴紧建筑物表面，日光灯的灯箱应完全遮盖住灯头盒，对着灯头盒的位置打好进线孔，将电源线甩入灯箱，在进线孔处应套上塑料管以保护导线。找好灯头盒螺孔的位置，在灯箱的底板上用电钻打好孔，用机螺丝拧牢固，在灯箱的另一端应使用胀管螺栓加以固定。如果日光灯是安装在吊顶上的，应该用自攻螺丝将灯箱固定在龙骨上。灯箱固定好后，将电源线压入灯箱内的端子板（瓷接头）上。把灯具的反光板固定在灯箱上，并将灯箱调整顺直，最后把日光灯管装好。

（2）吊链日光灯安装：根据灯具的安装高度，将全部吊链编好，把吊链挂在灯箱挂钩上，并且在建筑物顶棚上安装好塑料（木）台，将导线依顺序偏叉在吊链内，并引入灯箱，在灯箱的进线孔处应套上软塑料管以保护导线，压入灯箱内的端子板（瓷接头）内。将灯具导线和灯头盒中甩出的电源线连接，并用黏塑料带和黑胶布分层包扎紧密。理顺接头扣于法兰盘内，法兰盘（吊盒）的中心应与塑料（木）台的中心对正，用木螺丝将其拧牢固。将灯具的反光板用机螺丝固定在灯箱上，调整好灯脚，最后将灯管装好。

4 壁灯安装

首先，要确定安装位置，壁灯的安装高度应略超过视平线，在 1.8 m 高左右，待位置确定好后进行灯座固定，先取出里面的支架在墙上做个记号，然后采用预埋件或打孔的方法，再塞进膨胀管用螺丝固定支架。最后把灯接好线就可以了。

5 吸顶灯安装

5.1 小型吸顶灯安装

（1）挂板试装在吸顶盘上，对好孔位，用螺丝固定好，别偏了位置。根据灯具的说明钻孔，手臂要直，也要注意钻孔的深度。

（2）把膨胀螺丝塞进孔内，用锤子敲进去。用灯具内的安装螺丝把挂板上到膨胀螺丝里面。注意不要把一边先上死，两边轮着旋紧，保证挂板的平衡。

（3）固定吸顶盘之前，先将墙壁上的零火线同吸顶盘内灯具的电线相接，接头放到吸顶盘内，然后再固定吸顶盘。把灯罩上上，接通电源测试。

5.2 大型吸顶灯安装

（1）顶棚上开口：在设计顶棚格栅时，就应考虑吸顶灯的位置。在吸顶灯处格栅以灯外围尺寸做成孔洞边框，此边框既可作为灯具的安装连接结构，也可作为顶棚面层的收口结构。大的吸顶灯安装时，应对开口的孔洞边框进行补强。

（2）吊筋与灯具连接：对于大型吸顶灯，如要安装在吊顶的面层上，就需从结构层处设吊筋来安装。吊筋可在楼板施工时就把吊筋埋上，埋筋的位置准确，但在施工中难以保证灯具安装位置的准确。对此，可在灯具安装位置另吊格栅，使格栅上与吊筋连接，下与灯具上的支承架连接。这样做既安全又保证位置准确。大型吸顶灯宜单独埋吊筋，不宜用膨胀螺栓或射钉后补吊筋。

5.3 组装式吸顶灯安装

所谓"组装式吸顶灯"即采用普通的日光灯、白炽灯等外加格板玻璃、有机玻璃或塑料晶体片等，组装成各种图案的大型吸顶灯。

其安装程序为：先在顶棚上做连接件或在吊顶上加开口边框等，再将各类吊杆、吊件与顶棚连接件固定或与补强格栅连接，然后就可安装灯具、玻璃或塑料片等了。安装这类灯具除了设计要周密细致外，在施工时也一定要把握好灯具的位置和装饰玻璃的平整度等。

6 吊灯安装

6.1 吊杆或吊索与结构层的连接

先在结构层中预埋铁件或木砖，木砖必须有牢靠的受力保证。埋设位置应准确，并有足够的连接调整余地。然后在铁件和木砖上设过渡连接件，以便调整预埋件误差，可与预埋件钉、焊连接等。最后完成吊杆、吊索与过渡连接件连接。

6.2 吊杆穿出吊顶顶面的方法

直接出顶法：直接穿出吊顶面层的吊杆，安装时板面钻孔位不易找正。也可先安吊杆再在吊顶罩面板上找孔，当找不正时对装饰效果有影响。

加套管法：先在吊顶顶面相应位置开套管孔，吊杆从套管中穿出，这样，使吊杆有一个活动余地，且装饰也较美观。

7 漫射灯带安装

根据灯具的外形尺寸确定其支架的支撑点，再根据灯具的具体重量经过认真核算，选用支架的型材制作支架，做好后，根据灯具的安装位置，用预埋件或用胀管螺栓把支架固定牢固。轻型光带的支架可以直接固定在主龙骨上；大型光带必须先下好预埋件，将光带的支架用螺丝固定在预埋件上，固定好支架，将光带的灯箱用机螺丝固定在支架上，再将电源线引入灯箱与灯具的导线连接并包扎紧密。调整各个灯口和灯脚，装上灯泡和灯管，上好灯罩，最后调整灯具的边框应与顶棚面的装修直线平行。如果灯具对称安装，其纵向中心轴线应在同一直线上，偏斜不应大于 5 mm。

8 轨道射灯安装

先将轨道固定到天花板上，轨道内的顶部设置有两条导电片，在轨道的底部设有一长条状的沟型槽再把轨道灯装在轨道上，灯座的顶部为一顶板，顶板的顶部设有突起状的两个弹性端子。灯座的顶板穿置在所述轨道内，顶板的二弹性端子分别与所述轨道内的二导电片接触然后把接头卡位放平，最后卡住固定好，通电测试。

【技能训练】

（1）识读室内装饰设计施工图，了解灯具安装的流程。

（2）识读灯具安装指导手册，检查灯具安装质量。

子任务4　洁具安装

【任务准备】

室内装饰设计施工图和洁具安装手册各一份，检查已到场的洁具是否与设计方案中的材质、数量、型号、款式等相符合。测量装饰设计施工图中有关卫浴产品的空间预留尺寸与实际到场的设备尺寸规格是否有偏差，将位置在室内墙壁或地面上标注。仔细阅读图纸，检查配备配件数量及操作工具，杜绝缺物少件现象的发生。

现场确认卫生间基础装修已经基本完成，与卫生洁具连接的管道压力、闭水试验已完毕，卫生间地漏和排水孔安装完毕、卫生间吊顶已安装。

【任务分析】

（1）根据室内装饰施工图纸、洁具安装手册，核实所需安装的洁具的具体安装位置和方向，确认现场安装位置满足安装洁具所需承重荷载。

（2）根据室内装饰设计施工图和洁具安装指导手册，现场再次测量洁具安装所需尺寸，确认安装空间足够，给排水设备安装完毕。识读洁具安装施工图纸，从中读取不同洁具材质、形状、结构的安装方法及安装前期准备。

（3）查阅相关资料，了解同一类别洁具安装的构造结构，清点配件数量和尺寸。确认已到场的卫生洁具安装前无破损，并在安装和安装后注意成品保护。

【任务过程】

（1）检查：识读室内装饰设计施工图—检查包装完整无损—清点到场卫生洁具数量—根据安装指导手册，核实材质、型号、尺码、配件数量。

（2）识图：识读室内装饰设计施工图—明确每个卫生洁具安装位置—对比室内装饰设计施工图与施工现场—确定安装位置符合安装条件。

（3）卫生洁具安装工艺流程：清理施工现场—开箱清点、核对清单—分别检查地面、楼面的水平度，墙面的垂直度，墙角的方正度—平台、转角现场比样—安装坐便器—安装蹲便器—安装洗漱盆—安装浴缸—安装小便器—安装妇洁器—通水测试—清理现场。

（4）洁具安装示意图（图4-4-1至图4-4-12）。

图 4-4-1 清理施工现场示意图

图 4-4-2 开箱清点、核对清单图

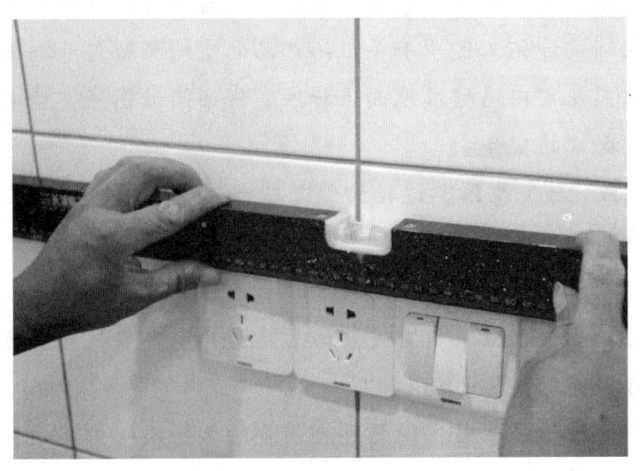
图 4-4-3 检查水平度、垂直度图

图 4-4-4 现场比样图

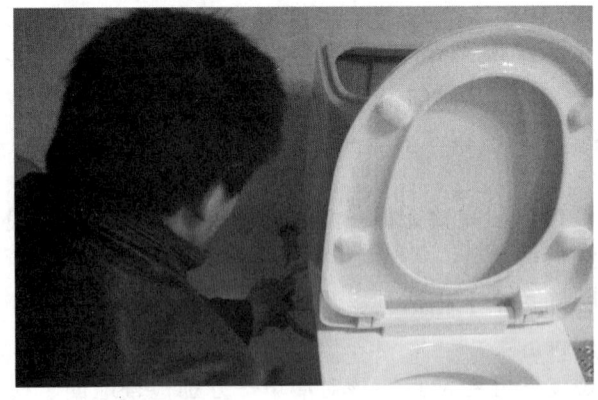
图 4-4-5 安装坐便器图

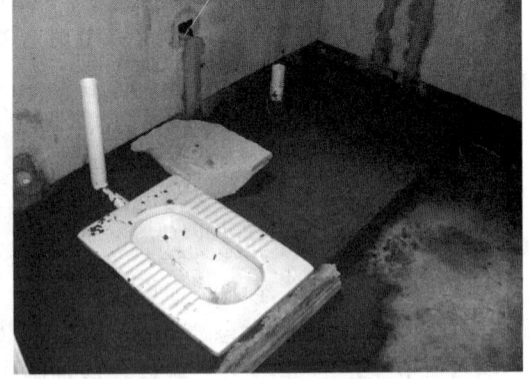
图 4-4-6 安装蹲便器图

图 4-4-7 安装洗漱盆图

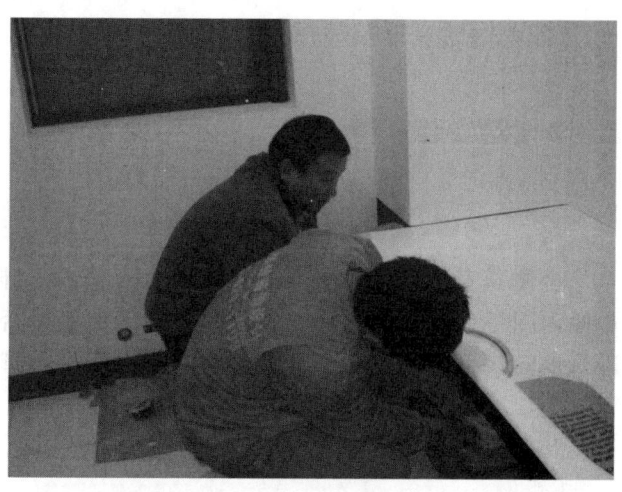
图 4-4-8 安装浴缸图

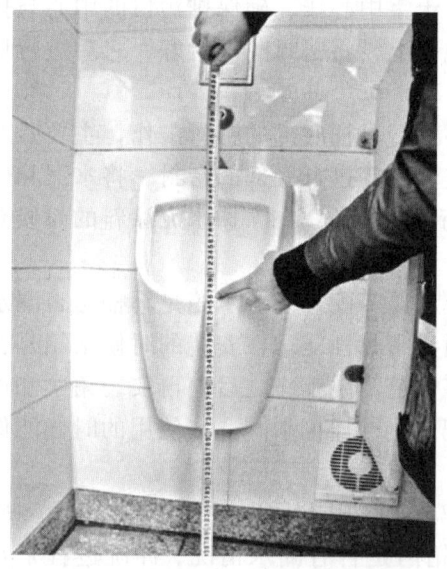
图 4-4-9 安装小便器图

图 4-4-10 安装妇洁器图

图 4-4-11 通水测试图

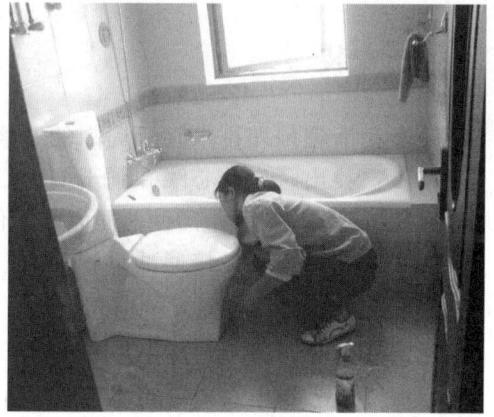
图 4-4-12 清理现场

【能力拓展】

1 坐便器安装工程

1.1 安装准备

坐便器安装之前需要保持安装的地面平整、排污管道的畅通。对于地面来说，主要查看马桶周围是否水平，马桶安装位置左右的地面是否在一条水平线上，如果地面不平，那应该进行地面找平工序。对于管道来说需要注意排污管道内是否有堵塞物，排污是否顺畅。

1.2 安装方法

第一步：坐便器安装的时候需要注意将坐便器的排污管和地面排污管道对接，并保持管道之间连接紧密，一般采用在马桶底部的排污口处划上十字中心线，确保排污口的中心与排污管道的中心线相会对应，之后再将马桶水平放置在地面上，将密封圈密封好，之后进行地面上的螺丝和装饰帽的安装和紧固。

第二步：在将马桶水平安装在地面之后，我们需要进行马桶底部的密封工作，主要是对排污口的密封。一般采用专用的密封工具：密封圈或玻璃胶等进行底部的密封。将水泥和砂石按照 1∶3 的比例调试好，在马桶底部进行涂刷，进行密封工作。在涂抹水泥涂料的时候要注意底部左右之间的平衡。

第三步：在安装好马桶底部和主体之后就可以安装水箱等配件了。水箱是马桶是否漏水的关键，所以在安装的时候一定要格外注意水箱的畅通和密封性能。在安装的时候水箱是否畅通可以用放水方式来测试，放水 3 min 进行冲洗，将管道清洗干净之后，再安装角阀和连接软管。在安装软管的时候需要保证安装之后水箱等配件能够连接水阀，在使用的时候能保持畅通，不会有漏水情况。

最后，马桶安装大致完成的时候，我们需要保证马桶的正常使用，所以要进行检测验收工作。在检测的时候要注意水阀进水是否顺畅，水箱内是否有漏水情况，冲洗过程是否顺畅等。

2 蹲便器安装

第一步：清理预埋排水管口周围的杂物垃圾，检查管道杂物。
第二步：找出管口中心线并画于墙上。先安装存水弯，然后再安装蹲便器。
第三步：用水平尺测量蹲便器两侧水平位置，找平，固定，管堵封好，以免杂物掉入管道。
第四步：接通水箱，接通冲水管。

3 浴盆安装

第一步：检查浴盆，应配合土建安装，安装完毕应与土建做交接手续，成品保护责任分清。

第二步：浴盆底地面坡度，土建根据水暖指定的位置安装检查门，如浴盆带腿的其浴盆下地面作法不变。

第三步：先安装浴盆下水口，弯头拧紧，排水口安装三通，这样就将三通稳装到支墩上了。

第四步：找平找正，浴盆与砖腿缝隙处用1∶3水泥砂浆填充抹平，清理盆底卫生，办理中间验收手续，交与土建贴瓷砖等。

第五步：土建完成后再安装浴盆给水配件，如暗装应配合土建施工。

4　洗漱盆安装

4.1　台上盆安装

台上盆的安装比较简单，只需按安装图纸在台面预定位置开孔，后将盆放置于孔中，用玻璃胶将缝隙填实即可。

4.2　台下盆安装

台下盆安装较台上盆安装复杂，首先需要按台下盆的尺寸定做安装托架，然后将台下盆安装在预定位置，固定好支架后，将已开好孔的台面盖在台下盆上。安装时注意，支架位置要固定准确，此外，开孔的地方要磨圆。

4.3　挂盆安装

挂盆一般安装在墙上，有利于节省空间。

（1）通过测量，在完工墙上标出安装高度和中心线，建议安装高度为82 cm。

（2）将盆沿中心线放到安装位置，调整其使水平居中，在墙上锚出安装孔位置。

（3）小心将盆一开，在墙上锚孔处分别钻处合适距离的悬挂栓孔，将悬挂螺栓安装在墙上，并使每个螺栓保持露出约45 mm。

（4）调平盆，套上垫片并拧紧螺母至合适止，盖上装饰帽。

（5）将支架靠在墙上，校正其位置再锚孔，把支架安装在墙上，用四件胶粒将盆与支架连接在一起。

（6）按照所购水件的说明书，安装好龙头和排水组件，并连接好进水和排水管。

（7）在盆靠墙面之间打上防霉胶密封。

4.4　柱盆安装

首先将柱盆的下水器安上，然后安上龙头及软管。接着将柱盆瓷柱摆放到相应位置，把柱盆小心放上去，注意下水管正好插到原来地面留出的下水管处。然后将上水管连接到上水口。最后沿着柱盆的边缘打上玻璃胶。

5 小便器

5.1 普通便斗安装

首先对准给水管中心线画一条垂线，由地坪向上量出规定高度画一水平线，根据产品规格尺寸，按距离由中心向两侧固定孔眼的位置并画好十字线。用膨胀螺栓进行固定，在小便器与墙面接触的部位用白水泥浆填缝嵌平，给水管道一般均采用暗藏式，在引入小便器的给水管上应安装角式截止阀。

5.2 豪华型挂墙式小便器安装

豪华型挂墙式小便器因本身带水封，在排水管前不必安装存水弯，排水管一般采用暗藏式。具体安装时一定要量准便斗位置尺寸进行排管，包括给水和排水。豪华型挂墙式小便器也和普通便斗安装一样，画垂直中线，画孔位、打孔、装螺栓。小便器的上部两个 40×40 的安装孔眼对着螺栓进行挂接，小便器下部也有两个安装孔，也采用上述方法固定，然后用建筑密封膏嵌入抹平。豪华型挂墙式小便斗往往采用自闭式冲洗阀，为了更有效地达到节能节水的目的，可以安装感应器（也称光控自动冲洗器）使之有效地控制冲洗时间。感应器需要有电源，因此在安装时要考虑电源的位置。

5.3 立式（落地式）小便器安装

与其他小便器不一样的是立式小便器是直立在地面上的，在安装肘先要清除预留甩口的杂物，将带滤栅的排水栓从上面插入小便器的排水口内，在下部加厚胶垫，拧紧螺母，安装前在小便器的下部铺好水泥和白灰膏混合灰（1∶5）。然后将小便器的排水栓对准排水管甩口安排平稳，放平直，小便器后背要与墙体靠实，缝隙要嵌入白水泥浆，抹平抹光。其他管道安装与斗式小便器相同。

6 妇洗器安装

配件安装方法：

（1）将混合阀门及冷、热水阀门的门盖卸下，下根母调整适当，以三个阀门装好后上根母与阀门颈丝扣基本相平为宜。将预装好的喷嘴转心阀门装在混合开关的四通下口。

（2）将冷、热水阀门的出口锁母套在混合阀门四通横管处，加胶圈或缠油盘根绳组装在一起，拧紧锁母。将三个阀门门颈处加胶垫，同时由净身盆自下而上穿过孔眼。三个阀门上加胶垫、眼圈带好根母。混合阀门上加角型胶垫及少许油灰，扣上长方型镀铬护口盘，带好根母。然后将空心螺栓穿过护口盘及净身盆。盆下加胶垫眼圈和根母，拧紧根母至松紧适度。将混合阀门上根母拧紧，其根母应与转心阀门颈丝扣平为宜。将阀门盖放入阀门梃旋转，能使转心阀门盖转动 30°即可。再将冷、热水阀门的上根母对称拧紧。分别装好三个阀门门盖，拧紧冷、热水阀门门盖上的固定螺丝。

（3）喷嘴安装：将喷嘴靠瓷面处加 1mm 厚的胶垫，抹少许油灰，将定型铜管一端与喷嘴连接，另一端与混合阀门四通下转心阀门连接。拧紧锁母，转心阀门门梃须朝向与四通平行一侧，以免影响手提拉杆的安装。

（4）排水口安装：将排水口加胶垫，穿入净身盆排水孔眼。拧入排水三通上口。同时检查排水口与净身盆排水孔眼的凹面是否紧密，如有松动及不严密现象，可将排水口锯掉一部分，尺寸合适后，将排水口圆盘下加抹油灰，外面加胶垫、眼圈，用自制叉扳手卡入排水口内十字筋，使溢水口对准净身盆溢水孔眼，拧入排水三通上口。

（5）手提拉杆安装：将挑杆弹簧珠装入排水三通中口，拧紧锁母至松紧适度。然后将手提拉杆插入空心螺栓，用卡具与横挑杆连接，调整定位，使手提拉杆活动自如。

（6）净身盆配件装完以后，应接通临时水试验无渗漏后方可进行稳装。

稳装安装方法：

（1）将排水预留管口周围清理干净，将临时管堵取下，检查有无杂物。将净身盆排水三通下口铜管装好。

（2）将净身盆排水管插入预留排水管口内，将净身盆稳平找正。净身盆尾部距墙尺寸一致。将净身盆固定螺栓孔及底座画好印记，移开净身盆。

（3）将固定螺栓孔印记画好十字线，剔成 $\phi 20 \times 60$ mm 孔眼，将螺栓插入洞内栽好。再将净身盆孔眼对准螺栓放好，与原印记吻合后再将净身盆下垫好白灰膏，排水铜管套上护口盘。净身盆稳牢、找平、找正。固定螺栓上加胶垫、眼圈，拧紧螺母。清除余灰，擦拭干净。将护口盘内加满油灰与地面按实。净身盆底座与地面有缝隙之处，嵌入白水泥浆补齐、抹光。

【技能训练】

（1）识读室内装饰设计施工图，了解洁具安装的流程。

（2）识读洁具安装指导手册，检查洁具安装质量。

附录1 常用装饰装修施工机具

附表1 常用装饰装修施工机具

功能分类	机具名称	用途	参考图片
锯	电动圆锯	用于切割木夹板、木方条、装饰板等。施工时,常把电动圆锯反装在工作台面下,并使圆锯片从工作台面的开槽处伸出台面,以便切割木板和木方	
	电动曲线锯	电动线锯可以在金属、木材、塑料、橡胶条、纤维织物、泡沫塑料、纸板等材料上进行直线或曲线切割,能锯割复杂形状和曲率半径小的几何图形,可在木板中开孔、开槽;还可安装锋利的刀片,裁切橡胶、皮革。电动线锯锯齿分粗、中、细三种,其中粗齿锯条适用于锯割木材,中齿锯条适用于锯割有色金属板材、层压板,细齿锯条适用于锯割钢板	
	型材切割机	型材切割机是切割各种金属材料的理想工具,它利用纤维增强薄片砂轮对圆形或异型钢管、铸铁管、圆钢、钢筋、角铁、槽钢、扁钢、轻钢龙骨等型材进行切割	
	石材切割机	主要用于天然(或人造)花岗岩等石料板材、瓷砖、混凝土及石膏等的切割,广泛应用于地面、墙面石材装修工程施工中	

续表

功能分类	机具名称	用途	参考图片
锯	电剪刀	电剪刀是用来剪裁钢板以及其他金属板材、塑料板、橡胶板等的电动工具，能按需要剪切出各种几何形状的板件，特别适宜修剪边角	
	电动木工修边机	多用于木材倒角、金属修边。可以根据刀头的形状将木板的边缘修成相应的形状，通常用作直角修成圆角圆边，也用作木材适当抛光操作	
刨	电动刨	电动刨配用刨刀，用于刨削木材或木结构件。 开关带有锁定装置并附有台架的电刨，还可以翻转固定于台架上，作小型台刨使用	
锯	电动木工开槽机	用于木板材的开槽、磨边、铣孔的使用	
钻	轻型手电钻	用来对金属材料或其他类似材料或工件进行小孔径钻孔的电动工具，主要用于对木材、塑料件、金属件等钻孔。若配以金属孔锯，机用木工钻等作业工具，其加工孔径可相应扩大	

— 259 —

续表

功能分类	机具名称	用途	参考图片
钻	冲击电钻	广泛应用于在混凝土结构、砖结构、瓷砖地砖的钻孔,以便安装膨胀螺栓或木楔	
	电锤	主要用于建筑装饰工程中各种设备的安装。电锤的主轴具有两种运转状态:一种是冲击带旋转状态时,配用电锤钻头,对混凝土、岩石、砖墙等进行钻孔、开槽、表面凿毛等作业;另一种是单一旋转状态时,装上钻头夹头连接杆及钻夹头,再配用麻花钻头或机用木工钻头,即如同电钻一样,对金属、塑料、木材等进行钻孔作业。 电锤还可以用来进行钉钉子、铆接、捣固、去毛刺等加工作业	
	电动自攻螺钉钻	电动自攻螺钉钻是装卸自攻螺钉的专用机具,用于轻钢龙骨或铝合金龙骨上安装装饰板面,以及各种龙骨本身的安装。可以直接安装自攻螺钉,在安装面板时不需要预先钻孔,而是利用自身高速旋转直接将螺钉固定在基层上。由于配有极度精确的截止离合器,故当螺钉达到紧度时会自动停止,提高了安装速度,并且松紧统一。 另外,利用逆转功能也可快速卸下螺钉	
钉(铆)	射钉枪	用于直接将构件紧钉于需固定的部位。可固定木构件,如窗帘盒、木护墙、踢脚板、挂镜线,还可固定铁构件,如窗盒铁件、铁板,钢门窗框、吊灯等	

续表

功能分类	机具名称	用　途	参考图片
钉（铆）	电动、气动打钉枪	电动、气动打钉枪用于在木龙骨上钉木夹板、纤维板、刨花板、石膏板等板材和各种装饰木线条。对使用手锤不易作业的部位施工有独特的优点，在流水线生产中经常使用	
	气动、手动铆钉枪	用来固定铆钉使用，多数用作连接铝合金、铁件等金属材料用	
磨	电动角向磨光机	电动角向磨光机砂轮轴线与电动机轴线呈直角，适用于位置受限制、不便用普通磨光机的场合（如墙角、地面边缘、构件边角等）。在建筑装饰工程中，常用该工具对金属型材进行磨光，除锈、去毛刺等作业，使用范围比较广泛	
	盘式抛光机	主要用途是用于对物体的表面进行研磨和抛光	
	水磨石机	主要用作打磨水磨石地面，以及对石材表面进行抛光处理	
其他	空气压缩机	主要用于为气动打钉枪、喷漆枪提供动力使用	

续表

功能分类	机具名称	用　途	参考图片
其他	喷漆枪	主要用于墙面、家具表面的一种喷涂工具	
	数字式气泡水平仪	数字式气泡水平仪可精确测量坡度，角度或水平度，以度数及百分比显示。当作业是在头顶上方进行时，显示自动倒转。测量误差最大为 0.05，水平仪长度为 120 mm	
	激光水平仪	激光水平仪能快速、准确标记参考高度及标高，检核水平面和直角，定线，标记铅垂线。结构坚固，确保长期准确，一人即可负起全部工作。操作距离可达 100 m，水平误差 0.1 mm/m，角度误差 0.01，连续操作时间在达 10 h 左右	
	量角仪	量角仪是高精度角度测量用的仪器，前后两面各有显示，方便读数。结构轻巧，具有储存上次测量数据的功能。测量范围为 0~20，最大误差 ±0.1	

附录2 《住宅装饰装修工程施工规范》（GB 50327—2001）

1 总则

1.0.1 为住宅装饰装修工程施工规范，保证工程质量，保障人身健康和财产安全，保护环境，维护公共利益，制定本规范。

1.0.2 本规范适用于住宅建筑内部的装饰装修工程施工。

1.0.3 住宅装饰装修工程施工除应执行本规范外，尚应符合国家现行有关标准、规范的规定。

2 术语

2.0.1 住宅装饰装修 Interior decoration of housings

为了保护住宅建筑的主体结构，完善住宅的使用功能，采用装饰装修材料或饰物，对住宅内部表面和使用空间环境所进行的处理和美化过程。

2.0.2 室内环境污染 indoor environmental pollution

指室内空气中混入有害人体健康的氡、甲醛、苯、氨、总挥发性有机物等气体的现象。

2.0.3 基体 primary structure

建筑物的主体结构和围护结构。

2.0.4 基层 basic course

直接承受装饰装修施工的表面层。

3 基本规定

3.1 施工基本要求

3.1.1 施工前应进行设计交底工作，并应对施工现场进行核查，了解物业管理的有关规定。

3.1.2 各工序，各分项工程应自检、互检及交接检。

3.1.3 施工中，严禁损坏房屋原有绝热设施；严禁损坏受力钢筋；严禁超荷载集中堆放物品；严禁在预制混凝土空心楼板上打孔安装埋件。

3.1.4 施工中，严禁擅自改动建筑主体、承重结构或改变房间主要使用功能；严禁擅自拆改燃气、暖气、通讯等配套设施。

3.1.5 管道、设备工程的安装及调试应在装饰装修工程施工前完成，必须同步进行的应在饰面层施工前完成。装饰装修工程不得影响管道、设备的使用和维修。涉及燃气管道的装饰装修工程必须符合有关安全管理的规定。

3.1.6 施工人员应遵守有关施工安全、劳动保护、防火、防毒的法律、法规。

3.1.7 施工现场用电应符合下列规定:
    1 施工现场用电应从户表以后设立临时施工用电系统。
    2 安装、维修或拆除临时施工用电系统,应由电工完成。
    3 临时施工供电开关箱中应装设漏电保护器。进入开关箱的电源线不得用插销连接。
    4 临时用电线路应避开易燃、易爆物品堆放地。
    5 暂停施工时应切断电源。

3.1.8 施工现场用水应符合下列规定:
    1 不得在未做防水的地面蓄水。
    2 临时用水管不得有破损、滴漏。
    3 暂停施工时应切断水源。

3.1.9 文明施工和现场环境应符合下列要求:
    1 施工人员应衣着整齐。
    2 施工人员应服从物业管理或治安保卫人员的监督、管理。
    3 应控制粉尘、污染物、噪声、震动等对相邻居民、居民区和城市环境的污染及危害。
    4 施工堆料不得占用楼道内的公共空间,封堵紧急出口。
    5 室外堆料应遵守物业管理规定,避开公共通道、绿化地、化粪池等市政公用设施。
    6 工程垃圾宜密封包装,并放在指定垃圾堆放地。
    7 不得堵塞、破坏上下水管道、垃圾道等公共设施,不得损坏楼内各种公共标识。
    8 工程验收前应将施工现场清理干净。

3.2 材料、设备基本要求

3.2.1 住宅装饰装修工程所用材料的品种、规格、性能应符合设计的要求及国家现行有关标准的规定。

3.2.2 严禁使用国家明令淘汰的材料。

3.2.3 住宅装饰装修所用的材料应按设计要求进行防火、防腐和防蛀处理。

3.2.4 施工单位应对进场主要材料的品种、规格、性能进行验收。主要材料应有产品合格证书,有特殊要求的应有相应的性能检测报告和中文说明书。

3.2.5 现场配制的材料应按设计要求或产品说明书制作。

3.2.6 应配备满足施工要求的配套机具设备及检测仪器。

3.2.7 住宅装饰装修工程应积极使用新材料、新技术、新工艺、新设备。

3.3 成品保护

3.3.1 施工过程中材料运输应符合下列规定:
    1 材料运输使用电梯时,应对电梯采取保护措施。
    2 材料搬运时要避免损坏楼道内顶、墙、扶手、楼道窗户及楼道门。

3.3.2 施工过程中应采取下列成品保护措施:
    1 各工种在施工中不得污染、损坏其他工种的半成品、成品。
    2 材料表面保护膜应在工程竣工时撤除。

3 对邮箱、消防、供电、报警、网络等公共设施应采取保护措施。

4 防火安全

4.1 一般规定

4.1.1 施工单位必须制定施工防火安全制度，施工人员必须严格遵守。
4.1.2 住宅装饰装修材料的燃烧性能等级要求，应符合现行国家标准《建筑内部装修设计防火规范》（GB 50222）的规定。

4.2 材料的防火处理

4.2.1 对装饰织物进行阻燃处理时，应使其被阻燃剂浸透，阻燃剂的干含量应符合产品说明书的要求。
4.2.2 对木质装饰装修材料进行防火涂料涂布前应对其表面进行清洁。涂布至少分两次进行，且第二次涂布应在第一次涂布的涂层表干后进行，涂布量应不小于 500 g/m^2。

4.3 施工现场防火

4.3.1 易燃物品应相对集中放置在安全区域并应有明显标识。施工现场不得大量积存可燃材料。
4.3.2 易燃易爆材料的施工，应避免敲打、碰撞、摩擦等可能出现火花的操作。配套使用的照明灯、电动机、电气开关、应有安全防爆装置。
4.3.3 使用油漆等挥发性材料时，应随时封闭其容器，擦拭后的棉纱等物品应集中存放且远离热源。
4.3.4 施工现场动用气焊等明火时，必须清除周围及焊渣滴落区的可燃物质，并设专人监督。
4.3.5 施工现场必须配备灭火器、砂箱或其他灭火工具。
4.3.6 严禁在施工现场吸烟。
4.3.7 严禁在运行中的管道、装有易燃易爆的容器和受力构件上进行焊接和切割。

4.4 电气防火

4.4.1 照明、电热器等设备的高温部位靠近非 A 级材料，或导线穿越 B_2 级以下装修材料时，应采用岩棉、瓷管或玻璃棉等 A 级材料隔热。当照明灯具或镇流器嵌入可燃装饰装修材料中时，应采取隔热措施予以分隔。
4.4.2 配电箱的壳体和底板宜采用 A 级材料制作。配电箱不得安装在 B_2 级以下（含 B_2 级）的装修材料上。开关、插座应安装在 B_1 级以上的材料上。
4.4.3 卤钨灯灯管附近的导线应采用耐热绝缘材料制成的护套，不得直接使用具有延燃性绝缘的导线。
4.4.4 明敷塑料导线应穿管或加线槽板保护,吊顶内的导线应穿金属管或 B_1 级 PVC 管保护,导线不得裸露。

4.5 消防设施的保护

4.5.1 住宅装饰装修不得遮挡消防设施、疏散指示标志及安全出口，并且不应妨碍消防设施和疏散通道的正常使用，不得擅自改动防火门。

4.5.2 消火栓门四周的装饰装修材料颜色应与消火栓门的颜色有明显区别。

4.5.3 住宅内部火灾报警系统的穿线管、自动喷淋灭火系统的水管线应用独立的吊管架固定。不得借用装饰装修用的吊杆和放置在吊顶上固定。

4.5.4 当装饰装修重新分割了住宅房间的平面布局时，应根据有关设计规范针对新的平面调整火灾自动报警探测器与自动灭火喷头的布置。

4.5.5 喷淋管线、报警器线路、接线箱及相关器件宜暗装处理。

5 室内环境污染控制

5.0.1 本规范中控制的室内环境污染物为：氡（^{222}Rn）、甲醛、氨、苯和总挥发性有机物（TVOC）。

5.0.2 住宅装饰装修室内环境污染控制除应符合本规范外，尚应符合《民用建筑工程室内环境污染控制规范》（GB50325-2001）等国家现行标准的规定，设计、施工应选用低毒性、低污染的装饰装修材料。

5.0.3 对室内环境污染控制有要求的，可按有关规定对5.0.1条的内容全部或部分进行检测，其污染物浓度限值应符合表5.0.3的要求。

表 5.0.3 住宅装饰装修后室内环境污染物浓度限值

室内环境污染物	浓度限值
氡（Bq/m^3）	≤200
甲醛（mg/m^3）	≤0.08
苯（mg/m^3）	≤0.09
氨（mg/m^3）	≤0.20
总挥发性有机物 TVOC（Bq/m^3）	≤0.50

6 防水工程

6.1 一般规定

6.1.1 本章适用于卫生间、厨房、阳台的防水工程施工。

6.1.2 防水施工宜采用涂膜防水。

6.1.3 防水施工人员应具备相应的岗位证书。

6.1.4 防水工程应在地面、墙面隐蔽工程完毕并经检查验收后进行。其施工方法应符合国家现行标准、规范的有关规定。

6.1.5 施工时应设置安全照明，并保持通风。

6.1.6 施工环境温度应符合防水材料的技术要求，并宜在 5 ℃ 以上。

6.1.7 防水工程应做两次蓄水试验。

6.2 主要材料质量要求

6.2.1 防水涂料的性能应符合国家现行有关标准的规定，并应有产品合格证书。

6.3 施工要点

6.3.1 基层表面应平整，不得有松动、空鼓、起砂、开裂等缺陷，含水率应符合防水材料的施工要求。

6.3.2 地漏、套管、卫生洁具根部、阴阳角等部位，应先做防水附加层。

6.3.3 防水层应从地面延伸到墙面，高出地面 100 mm；浴室墙面的防水层不得低于 1 800 mm。

6.3.4 防水砂浆施工应符合下列规定：

　　1 防水砂浆的配合比应符合设计或产品的要求，防水层应与基层结合牢固，表面应平整，不得有空鼓、裂缝和麻面起砂，阴阳角应做成圆弧形。

　　2 保护层水泥砂浆的厚度、强度应符合设计要求。

6.3.5 涂膜防水施工应符合下列规定：

　　1 涂膜涂刷应均匀一致，不得漏刷。总厚度应符合产品技术性能要求。

　　2 玻纤布的接槎应顺流水方向搭接，搭接宽度应不小于 100 mm。两层以上玻纤布的防水施工，上、下搭接应错开幅宽的 1/2。

7 抹灰工程

7.1 一般规定

7.1.1 本章适用于住宅内部抹灰工程施工。

7.1.2 顶棚抹灰层与基层之间及各抹灰层之间必须黏结牢固，无脱层、空鼓。

7.1.3 不同材料基体交接处表面的抹灰应采取防止开裂的加强措施。

7.1.4 室内墙面、柱面和门洞口的阳角做法应符合设计要求。设计无要求时，应采用 1∶2 水泥砂浆做暗护角，其高度不应低于 2 m，每侧宽度不应小于 50 mm。

7.1.5 水泥砂浆抹灰层应在抹灰 24 h 后进行养护。抹灰层在凝结前，应防止快干、水冲、撞击和震动。

7.1.6 冬期施工，抹灰时的作业面温度不宜低于 5 ℃；抹灰层初凝前不得受冻。

7.2 主要材料质量要求

7.2.1 抹灰用的水泥宜为硅酸盐水泥、普通硅酸盐水泥,其强度等级不应小于32.5。

7.2.2 不同品种不同标号的水泥不得混合使用。

7.2.3 水泥应有产品合格证书。

7.2.4 抹灰用砂子宜选用中砂,砂子使用前应过筛,不得含有杂物。

7.2.5 抹灰用石灰膏的熟化期不应少于15 d。罩面用磨细石灰粉的熟化期不应少于3 d。

7.3 施工要点

7.3.1 基层处理应符合下列规定:
 1 砖砌体,应清除表面杂物、尘土,抹灰前应洒水湿润。
 2 混凝土,表面应凿毛或在表面洒水润湿后涂刷1:1水泥砂浆(加适量胶粘剂)。
 3 加气混凝土,应在湿润后边刷界面剂,边抹强度不大于M5的水泥混合砂浆。

7.3.2 抹灰层的平均总厚度应符合设计要求。

7.3.3 大面积抹灰前应设置标筋。抹灰应分层进行,每遍厚度宜为 5~7 mm。抹石灰砂浆和水泥混合砂浆每遍厚度宜为 7~9 mm。当抹灰总厚度超出 35 mm 时,应采取加强措施。

7.3.4 用水泥砂浆和水泥混合砂浆抹灰时,应待前一抹灰层凝结后方可抹后一层;用石灰砂浆抹灰时,应待前一抹灰层七八成干后方可抹后一层。

7.3.5 底层的抹灰层强度不得低于面层的抹灰层强度。

7.3.6 水泥砂浆拌好后,应在初凝前用完,凡结硬砂浆不得继续使用。

8 吊顶工程

8.1 一般规定

8.1.1 本章适用于明龙骨和暗龙骨吊顶工程的施工。

8.1.2 吊杆、龙骨的安装间距、连接方式应符合设计要求。后置埋件、金属吊杆、龙骨应进行防腐处理。木吊杆、木龙骨、造型木板和木饰面板应进行防腐、防火、防蛀处理。

8.1.3 吊顶材料在运输、搬运、安装、存放时应采取相应措施,防止受潮、变形及损坏板材的表面和边角。

8.1.4 重型灯具、电扇及其他重型设备严禁安装在吊顶龙骨上。

8.1.5 吊顶内填充的吸音、保温材料的品种和铺设厚度应符合设计要求,并应有防散落措施。

8.1.6 饰面板上的灯具、烟感器、喷淋头、风口箅子等设备的位置应合理、美观,与饰面板交接处应严密。

8.1.7 吊顶与墙面、窗帘盒的交接应符合设计要求。

8.1.8 搁置式轻质饰面板,应按设计要求设置压卡装置。

8.1.9 胶粘剂的类型应按所用饰面板的品种配套选用。

8.2 主要材料质量要求

8.2.1 吊顶工程所用材料的品种、规格和颜色应符合设计要求。饰面板、金属龙骨应有产品合格证书。木吊杆、木龙骨的含水率应符合国家现行标准的有关规定。

8.2.2 饰面板表面应平整、边缘应整齐、颜色应一致。穿孔板的孔距应排列整齐；胶合板、木质纤维板、大芯板不应脱胶、变色。

8.2.3 防火涂料应有产品合格证书及使用说明书。

8.3 施工要点

8.3.1 龙骨的安装应符合下列要求：

   1 应根据吊顶的设计标高在四周墙上弹线。弹线应清晰、位置应准确。

   2 主龙骨吊点间距、起拱高度应符合设计要求。当设计无要求时，吊点间距应小于1.2 m，应按房间短向跨度的1‰～3‰起拱。主龙骨安装后应及时校正其位置标高。

   3 吊杆应通直，距主龙骨端部距离不得超过300 mm。当吊杆与设备相遇时，应调整吊点构造或增设吊杆。

   4 次龙骨应紧贴主龙骨安装。固定板材的次龙骨间距不得大于600 mm，在潮湿地区和场所，间距宜为300～400 mm。用沉头自攻钉安装饰面板时，接缝处次龙骨宽度不得小于40 mm。

   5 暗龙骨系列横撑龙骨应用连接件将其两端连接在通长次龙骨上。明龙骨系列的横撑龙骨与通长龙骨搭接处的间隙不得大于1 mm。

   6 边龙骨应按设计要求弹线，固定在四周墙上。

   7 全面校正主、次龙的位置及平整度，连接件应错位安装。

8.3.2 安装饰面板前应完成吊顶内管道和设备的调试和验收。

8.3.3 饰面板安装前应按规格、颜色等进行分类选配。

8.3.4 暗龙骨饰面板（包括纸面石膏板、纤维水泥加压板、胶合板、金属方块板、金属条形板、塑料条形板、石膏板、钙塑板、矿棉板和格栅等）的安装应符合下列规定：

   1 以轻钢龙骨、铝合金龙骨为骨架，采用钉固法安装时应使用沉头自攻钉固定。

   2 以木龙骨为骨架，采用钉固法安装时应使用木螺钉固定，胶合板可用铁钉固定。

   3 金属饰面板采用吊挂连接件、插接件固定时应按产品说明书的规定放置。

   4 采用复合粘贴法安装时，胶粘剂未完全固化前板材不得有强烈振动。

8.3.5 纸面石膏板和纤维水泥加压板安装应符合下列规定：

   1 板材应在自由状态下进行安装，固定时应从板的中间向板的四周固定。

   2 纸面石膏板螺钉与板边距离：纸包边宜为10～15 mm，切割边宜为15～20 mm；水泥加压板螺钉与板边距离宜为8～15 mm。

   3 板周边钉距宜为150～170 mm，板中钉距不得大于200 mm。

4 安装双层石膏板时,上下层板的接缝应错开,不得在同一根龙骨上接缝。

5 螺钉头宜略埋入板面,并不得使纸面破损。钉眼应做防锈处理并用腻子抹平。

6 石膏板的接缝应按设计要求进行板缝处理。

8.3.6 石膏板、钙塑板的安装应符合下列规定:

1 当采用钉固法安装时,螺钉与板边距离不得小于15 mm,螺钉间距宜为150~170 mm,均匀布置,并应与板面垂直,钉帽应进行防锈处理,并应用与板面颜色相同涂料涂饰或用石膏腻子抹平。

2 当采用粘接法安装时,胶粘剂应涂抹均匀,不得漏涂。

8.3.7 矿棉装饰吸声板安装应符合下列规定:

1 房间内湿度过大时不宜安装。

2 安装前应预先排板,保证花样、图案的整体性。

3 安装时,吸声板上不得放置其他材料,防止板材受压变形。

8.3.8 明龙骨饰面板的安装应符合以下规定:

1 饰面板安装应确保企口的相互咬接及图案花纹的吻合。

2 饰面板与龙骨嵌装时应防止相互挤压过紧或脱挂。

3 采用搁置法安装时应留有板材安装缝,每边缝隙不宜大于1 mm。

4 玻璃吊顶龙骨上留置的玻璃搭接宽度应符合设计要求,并应采用软连接。

5 装饰吸声板的安装如采用搁置法安装,应有定位措施。

9 轻质隔墙工程

9.1 一般规定

9.1.1 本章适用于板材隔墙、骨架隔墙和玻璃隔墙等非承重轻质隔墙工程的施工。

9.1.2 轻质隔墙的构造、固定方法应符合设计要求。

9.1.3 轻质隔墙材料在运输和安装时,应轻拿轻放,不得损坏表面和边角。应防止受潮变形。

9.1.4 当轻质隔墙下端用木踢脚覆盖时,饰面板应与地面留有20~30 mm缝隙;当用大理石、瓷砖、水磨石等做踢脚板时,饰面板下端应与踢脚板上口齐平,接缝应严密。

9.1.5 板材隔墙、饰面板安装前应按品种、规格、颜色等进行分类选配。

9.1.6 轻质隔墙与顶棚和其他墙体的交接处应采取防开裂措施。

9.1.7 接触砖、石、混凝土的龙骨和埋置的木楔应作防腐处理。

9.1.8 胶粘剂应按饰面板的品种选用。现场配置胶粘剂,其配合比应由试验决定。

9.2 主要材料质量要求

9.2.1 板材隔墙的墙板、骨架隔墙的饰面板和龙骨、玻璃隔墙的玻璃应有产品合格证书。

9.2.2 饰面板表面应平整，边沿应整齐，不应有污垢、裂纹、缺角、翘曲、起皮、色差和图案不完整等缺陷。胶合板不应有脱胶、变色和腐朽。

9.2.3 复合轻质墙板的板面与基层（骨架）粘接必须牢固。

9.3 施工要点

9.3.1 墙位放线应按设计要求，沿地、墙、顶弹出隔墙的中心线和宽度线，宽度线应与隔墙厚度一致，弹线应清晰，位置应准确。

9.3.2 轻钢龙骨的安装应符合下列规定：

1 应按弹线位置固定沿地、沿顶龙骨及边框龙骨，龙骨的边线应与弹线重合。龙骨的端部应安装牢固，龙骨与基体的固定点间距应不大于 1 m。

2 安装竖向龙骨应垂直，龙骨间距应符合设计要求。潮湿房间和钢板网抹灰墙，龙骨间距不宜大于 400 mm。

3 安装支撑龙骨时，应先将支撑卡安装在竖向龙骨的开口方向，卡距宜为 400～600 mm，距龙骨两端的距离宜为 20～25 mm。

4 安装贯通系列龙骨时，低于 3 m 的隔墙安装一道，3～5 m 隔墙安装两道。

5 饰面板横向接缝处不在沿地、沿顶龙骨上时，应加横撑龙骨固定。

6 门窗或特殊接点处安装附加龙骨应符合设计要求。

9.3.3 木龙骨的安装应符合下列规定：

1 木龙骨的横截面积及纵、横向间距应符合设计要求。

2 骨架横、竖龙骨宜采用开半榫、加胶、加钉连接。

3 安装饰面板前应对龙骨进行防火处理。

9.3.4 骨架隔墙在安装饰面板前应检查骨架的牢固程度、墙内设备管线及填充材料的安装是否符合设计要求，如有不符合处应采取措施。

9.3.5 纸面石膏板的安装应符合以下规定：

1 石膏板宜竖向铺设，长边接缝应安装在竖龙骨上。

2 龙骨两侧的石膏板及龙骨一侧的双层板的接缝应错开，不得在同一根龙骨上接缝。

3 轻钢龙骨应用自攻螺钉固定，木龙骨应用木螺钉固定。沿石膏板周边钉间距不得大于 200 mm，板中钉间距不得大于 300 mm，螺钉与板边距离应为 10～15 mm。

4 安装石膏板时应从板的中部向板的四边固定。钉头略埋入板内，但不得损坏纸面。钉眼应进行防锈处理。

5 石膏板的接缝应按设计要求进行板缝处理。石膏板与周围墙或柱应留有 3 mm 的槽口，以便进行防开裂处理。

9.3.6 胶合板的安装应符合下列规定：

1 胶合板安装前应对板背面进行防火处理。

2 轻钢龙骨应采用自攻螺钉固定。木龙骨采用圆钉固定时，钉距宜为 80～150 mm，钉帽应砸扁；采用钉枪固定时，钉距宜为 80～100 mm。

  3 阳角处宜作护角。

  4 胶合板用木压条固定时，固定点间距不应大于 200 mm。

9.3.7 板材隔墙的安装应符合下列规定：

  1 墙位放线应清晰，位置应准确。隔墙上下基层应平整、牢固。

  2 板材隔墙安装拼接应符合设计和产品构造要求。

  3 安装板材隔墙时宜使用简易支架。

  4 安装板材隔墙所用的金属件应进行防腐处理。

  5 板材隔墙拼接用的芯材应符合防火要求。

  6 在板材隔墙上开槽、打孔应用云石机切割或电钻钻孔，不得直接剔凿和用力敲击。

9.3.8 玻璃砖墙的安装应符合下列规定：

  1 玻璃砖墙宜以 1.5 m 高为一个施工段，待下部施工段胶结材料达到设计强度后再进行上部施工。

  2 当玻璃砖墙面积过大时应增加支撑。玻璃砖墙的骨架应与结构连接牢固。

  3 玻璃砖应排列均匀整齐，表面平整，嵌缝的油灰或密封膏应饱满密实。

9.3.9 平板玻璃隔墙的安装应符合下列规定：

  1 墙位放线应清晰，位置应准确。隔墙基层应平整、牢固。

  2 骨架边框的安装应符合设计和产品组合的要求。

  3 压条应与边框紧贴，不得弯棱、凸鼓。

  4 安装玻璃前应对骨架、边框的牢固程度进行检查，如有不牢应进行加固。

  5 玻璃安装应符合本规范门窗工程的有关规定。

10 门窗工程

10.1 一般规定

10.1.1 本章适用于木门窗、铝合金门窗、塑料门窗安装工程的施工。

10.1.2 门窗安装前应按下列要求进行检查：

  1 门窗的品种、规格、开启方向、平整度等应符合国家现行有关标准规定，附件应齐全。

  2 门窗洞口应符合设计要求。

10.1.3 门窗的存放、运输应符合下列规定：

  1 木门窗应采取措施防止受潮、碰伤、污染与暴晒。

  2 塑料门窗贮存的环境温度应小于 50 ℃；与热源的距离不应小于 1 m，当在环境温度为 0 ℃ 的环境中存放时，安装前应在室温下放置 24 h。

  3 铝合金、塑料门窗运输时应竖立排放并固定牢靠。樘与樘间应用软质材料隔开，防止相互磨损及压坏玻璃和五金件。

10.1.4 门窗的固定方法应符合设计要求。门窗框、扇在安装过程中，应防止变形和损坏。

10.1.5 门窗安装应采用预留洞口的施工方法，不得采用边安装边砌口或先安装后砌口的施工方法。

10.1.6 推拉门窗扇必须有防脱落措施,扇与框的搭接且应符合设计要求。

10.1.7 建筑外门窗的安装必须牢固,在砖砌体上安装门窗严禁用射钉固定。

10.2 主要材料质量要求

10.2.1 门窗、玻璃、密封胶等应按设计要求选用,并应有产品合格证书。

10.2.2 门窗的外观、外形尺寸、装配质量、力学性能应符合国家现行标准的有关规定,塑料门窗中的竖框、中横框或拼樘料等主要受力杆件中的增强型钢,应在产品说明中注明规格、尺寸。门窗表面不应有影响外观质量的缺陷。

10.2.3 木门窗采用的木材,其含水率应符合国家现行标准的有关规定。

10.2.4 在木门窗的结合处和安装五金配件处,均不得有木节或已填补的木节。

10.2.5 金属门窗选用的零附件及固定件,除不锈钢外均应经防腐蚀处理。

10.2.6 塑料门窗组合窗及连窗门的拼樘应采用与其内腔紧密吻合的增强型钢作为内衬,型钢两端比拼樘料长出 10~15 mm。外窗的拼樘料截面积尺寸及型钢形状、壁厚,应能使组合窗承受本地区的瞬间风压值。

10.3 施工要点

10.3.1 木门窗的安装应符合下列规定:

1 门窗框与砖石砌体、混凝土或抹灰层接触部位以及固定用木砖等均应进行防腐处理。

2 门窗框安装前应校正方正,加钉必要拉条避免变形。安装门窗框时,每边固定点不得少于两处,其间距不得大于 1.2 m。

3 门窗框需镶贴脸时,门窗框应凸出墙面,凸出的厚度应等于抹灰层或装饰面层的厚度。

4 木门窗五金配件的安装应符合下列规定:

1) 合页距门窗扇上下端宜取立梃高度的 1/10,并应避开上、下冒头。

2) 五金配件安装应用木螺钉固定。硬木应钻 2/3 深度的孔,孔径应略小于木螺钉直径。

3) 门锁不宜安装在冒头与立梃的结合处。

4) 窗拉手距地面宜为 1.5~1.6 m,门拉手距地面宜为 0.9~1.05 m。

10.3.2 铝合金门窗的安装应符合下列规定:

1 门窗装入洞口应横平竖直,严禁将门窗框直接埋入墙体。

2 密封条安装时应留有比门窗的装配边长 20~30 mm 的余量,转角处应斜面断开,并用胶粘剂粘贴牢固,避免收缩产生缝隙。

3 门窗框与墙体间缝隙不得用水泥砂浆填塞,应采用弹性材料填嵌饱满,表面应用密封胶密封。

10.3.3 塑料门窗的安装应符合下列规定:

1 门窗安装五金配件时，应钻孔后用自攻螺钉拧入，不得直接锤击钉入。

2 门窗框、副框和扇的安装必须牢固。固定片或膨胀螺栓的数量与位置应正确，连接方式应符合设计要求，固定点应距窗角、中横框、中竖框 150～100 mm，固定点间距应小于或等于 600 mm。

3 安装组合窗时应将两窗框与拼樘料卡接，卡接后应用紧固件双向拧紧，其间距应小于或等于 600 mm，紧固件端头及拼樘料与窗框间的缝隙应用嵌缝膏进行密封处理。拼樘料型钢两端必须与洞口固定牢固。

4 门窗框与墙体间缝隙不得用水泥砂浆填塞，应采用弹性材料填嵌饱满，表面应用密封胶密封。

10.3.4 木门窗玻璃的安装应符合下列规定：

1 玻璃安装前应检查框内尺寸、将裁口内的污垢清除干净。

2 安装长边大于 1.5 m 或短边大于 1 m 的玻璃，应用橡胶垫并用压条和螺钉固定。

3 安装木框、扇玻璃，可用钉子固定，钉距不得大于 300 mm，且每边不少于两个；用木压条固定时，应先刷底油后安装，并不得将玻璃压得过紧。

4 安装玻璃隔墙时，玻璃在上框面应留有适量缝隙，防止木框变形，损坏玻璃。

5 使用密封膏时，接缝处的表面应清洁、干燥。

10.3.5 铝合金、塑料门窗玻璃的安装应符合下列规定：

1 安装玻璃前，应清出槽口内的杂物。

2 使用密封膏前，接缝处的表面应清洁、干燥。

3 玻璃不得与玻璃槽直接接触，并应在玻璃四边垫上不同厚度的垫块，边框上的垫块应用胶粘剂固定。

4 镀膜玻璃应安装在玻璃的最外层，单面镀膜玻璃应朝向室内。

11 细部工程

11.1 一般规定

11.1.1 本章适用木门窗套、窗帘盒、固定柜橱、护栏、扶手、花饰等细部工程的制作安装施工。

11.1.2 细部工程应在隐蔽工程已完成并经验收后进行。

11.1.3 框架结构的固定柜橱应用榫连接。板式结构的固定柜橱应用专用连接件连接。

11.1.4 细木饰面板安装后，应立即刷一遍底漆。

11.1.5 潮湿部位的固定橱柜，木门套应做防潮处理。

11.1.6 护栏、扶手应采用坚固、耐久材料，并能承受规范允许的水平荷载。

11.1.7 扶手高度不应小于 0.90 m，护栏高度不应小于 1.05 m，栏杆间距不应大于 0.11 m。

11.1.8 湿度较大的房间，不得使用未经防水处理的石膏花饰、纸质花饰等。

11.1.9 花饰安装完毕后，应采取成品保护措施。

11.2 主要材料质量要求

11.2.1 人造木板、胶粘剂的甲醛含量应符合国家现行标准的有关规定,应有产品合格证书。

11.2.2 木材含水率应符合国家现行标准的有关规定。

11.3 施工要点

11.3.1 木门窗套的制作安装应符合下列规定:

    1 门窗洞口应方正垂直,预埋木砖应符合设计要求,并应进行防腐处理。

    2 根据洞口尺寸、门窗中心线和位置线,用方木制成搁栅骨架并应做防腐处理,横撑位置必须与预埋件位置重合。

    3 搁栅骨架应平整牢固,表面刨平。安装搁栅骨架应方正,除预留出板面厚度外,搁栅骨架与木砖间的间隙应垫以木垫,连接牢固。安装洞口搁栅骨架时,一般先上端后两侧,洞口上部骨架应与紧固件连接牢固。

    4 与墙体对应的基层板板面应进行防腐处理,基层板安装应牢固。

    5 饰面板颜色、花纹应谐调。板面应略大于搁栅骨架,大面应净光,小面应刮直。木纹根部应向下,长度方向需要对接时,花纹应通顺,其接头位置应避开视线平视范围,宜在室内地面 2 m 以上或 1.2 m 以下,接头应留在横撑上。

    6 贴脸、线条的品种、颜色、花纹应与饰面板谐调。贴脸接头应成 45°角,贴脸与门窗套板面结合应紧密、平整,贴脸或线条盖住抹灰墙面应不小于 10 mm。

11.3.2 木窗帘盒的制作安装应符合下列规定:

    1 窗帘盒宽度应符合设计要求。当设计无要求时,窗帘盒宜伸出窗口两侧 200~300 mm,窗帘盒中线应对准窗口中线,并使两端伸出窗口长度相同。窗帘盒下沿与窗口上沿应平齐或略低。

    2 当采用木龙骨双包夹板工艺制作窗帘盒时,遮挡板外立面不得有明榫、露钉帽,底边应做封边处理。

    3 窗帘盒底板可采用后置埋木楔或膨胀螺栓固定,遮挡板与顶棚交接处宜用角线收口。窗帘盒靠墙部分应与墙面紧贴。

    4 窗帘轨道安装应平直。窗帘轨固定点必须在底板的龙骨上,连接必须用木螺钉,严禁用圆钉固定。采用电动窗帘轨时,应按产品说明书进行安装调试。

11.3.3 固定橱柜的制作安装应符合下列规定:

    1 根据设计要求及地面及顶棚标高,确定橱柜的平面位置和标高。

    2 制作木框架时,整体立面应垂直、平面应水平,框架交接处应做榫连接,并应涂刷木工乳胶。

    3 侧板、底板、面板应用扁头钉与框架固定牢固,钉帽应做防腐处理。

    4 抽屉应采用燕尾榫连接,安装时应配置抽屉滑轨。

    5 五金件可先安装就位,油漆之前将其拆除,五金件安装应整齐、牢固。

11.3.4 扶手、护栏的制作安装应符合下列规定：

1 木扶手与弯头的接头要在下部连接牢固，木扶手的宽度或厚度超过 70 mm 时，其接头应粘接加强。

2 扶手与垂直杆件连接牢固，紧固件不得外露。

3 整体弯头制作前应做足尺样板，按样板划线。弯头粘结时，温度不宜低于 5 ℃。弯头下部应与栏杆扁钢结合紧密、牢固。

4 木扶手弯头加工成形应刨光，弯曲应自然，表面应磨光。

5 金属扶手、护栏垂直杆件与预埋件连接应牢固、垂直，如焊接，则表面应打磨抛光。

6 玻璃栏板应使用夹层夹玻璃或安全玻璃。

11.3.5 花饰的制作安装应符合下列规定：

1 装饰线安装的基层必须平整、坚实，装饰线不得随基层起伏。

2 装饰线、件的安装应根据不同基层，采用相应的连接方式。

3 木（竹）质装饰线、件的接口应拼对花纹，拐弯接口应齐整无缝，同一种房间的颜色应一致，封口压边条与装饰线、件应连接紧密牢固。

4 石膏装饰线、件安装的基层应干燥，石膏线与基层连接的水平线和定位线的位置、距离应一致，接缝应 45°角拼接。当使用螺钉固定花件时，应用电钻打孔，螺钉钉头应沉入孔内，螺钉应做防锈处理；当使用胶粘剂固定花件时，应选用短时间固化的胶粘材料。

5 金属类装饰线、件安装前应做防腐处理。基层应干燥、坚实。铆接、焊接或紧固件连接时，紧固件位置应整齐，焊接点应在隐蔽处、焊接表面应无毛刺。刷漆前应去除氧化层。

12 墙面铺装工程

12.1 一般规定

12.1.1 本章适用于石材、墙面砖、木材、织物、壁纸等材料的住宅墙面铺贴安装工程施工。

12.1.2 墙面铺装工程应在墙面隐蔽及抹灰工程、吊顶工程已完成并经验收后进行。当墙体有防水要求时，应对防水工程进行验收。

12.1.3 采用湿作业法铺贴的天然石材应作防碱处理。

12.1.4 在防水层上粘贴饰面砖时，粘结材料应与防水材料的性能相容。

12.1.5 墙面面层应有足够的强度，其表面质量应符合国家现行标准的有关规定。

12.1.6 湿作业施工现场环境温度宜在 5 ℃ 以上；裱糊时空气相对湿度不得大于85%，应防止湿度及温度剧烈变化。

12.2 主要材料质量要求

12.2.1 石材的品种、规格应符合设计要求，天然石材表面不得有隐伤、风化等缺陷。

12.2.2 墙面砖的品种、规格应符合设计要求，并应有产品合格证书。

12.2.3 木材的品种、质量等级应符合设计要求,含水率应符合国家现行标准的有关要求。

12.2.4 织物、壁纸、胶粘剂等应符合设计要求,并应有性能检测报告和产品合格证书。

12.3 施工要点

12.3.1 墙面砖铺贴应符合下列规定:

1 墙面砖铺贴前应进行挑选,并应浸水 2 h 以上,晾干表面水分。

2 铺贴前应进行放线定位和排砖,非整砖应排放在次要部位或阴角处。每面墙不宜有两列非整砖,非整砖宽度不宜小于整砖的 1/3。

3 铺贴前应确定水平及竖向标志,垫好底尺,挂线铺贴。墙面砖表面应平整、接缝应平直、缝宽应均匀一致。阴角砖应压向正确,阳角线宜做成 45°角对接,在墙面突出物处,应整砖套割吻合,不得用非整砖拼凑铺贴。

4 结合砂浆宜采用 1∶2 水泥砂浆,砂浆厚度宜为 6~10 mm。水泥砂浆应满铺在墙砖背面,一面墙不宜一次铺贴到顶,以防塌落。

12.3.2 墙面石材铺装应符合下列规定:

1 墙面砖铺贴前应进行挑选,并应按设计要求进行预拼。

2 强度较低或较薄的石材应在背面粘贴玻璃纤维网布。

3 当采用湿作业法施工时,固定石材的钢筋网应与预埋件连接牢固。每块石材与钢筋网拉接点不得少于 4 个。拉接用金属丝应具有防锈性能。灌注砂浆前应将石材背面及基层湿润,并应用填缝材料临时封闭石材板缝,避免漏浆。灌注砂浆宜用 1∶2.5 水泥砂浆,灌注时应分层进行,每层灌注高度宜为 150~200 mm,且不超过板高的 1/3,插捣应密实。待其初凝后方可灌注上层水泥砂浆。

4 当采用粘贴法施工时,基层处理应平整但不应压光。胶粘剂的配合比应符合产品说明书的要求。胶液应均匀、饱满的刷抹在基层和石材背面,石材就位时应准确,并应立即挤紧、找平、找正,进行顶、卡固定。溢出胶液应随时清除。

12.3.3 木装饰装修墙制作安装应符合下列规定:

1 制作安装前应检查基层的垂直度和平整度,有防潮要求的应进行防潮处理。

2 按设计要求弹出标高、竖向控制线、分格线。打孔安装木砖或木楔,深度应不小于 40 mm,木砖或木楔应做防腐处理。

3 龙骨间距应符合设计要求。当设计无要求时:横向间距宜为 300 mm,竖向间距宜为 400 mm。龙骨与木砖或木楔连接应牢固。龙骨本质基层板应进行防火处理。

4 饰面板安装前应进行选配,颜色、木纹对接应自然谐调。

5 饰面板固定应采用射钉或胶粘接,接缝应在龙骨上,接缝应平整。

6 镶接式木装饰墙可用射钉从凹样边倾斜射入。安装第一块时必须校对竖向控制线。

7 安装封边收口线条时应用射钉固定,钉的位置应在线条的凹槽处或背视线的一侧。

12.3.4 软包墙面制作安装应符合下列规定:

1 软包墙面所用填充材料、纺织面料和龙骨、木基层板等均应进行防火处理。

2 墙面防潮处理应均匀涂刷一层清油或满铺油纸。不得用沥青油毡做防潮层。

3 木龙骨宜采用凹槽榫工艺预制，可整体或分片安装，与墙体连接应紧密、牢固。

4 填充材料制作尺寸应正确，棱角应方正，应与木基层板粘接紧密。

5 织物面料裁剪时经纬应顺直。安装应紧贴墙面，接缝应严密，花纹应吻合，无波纹起伏、翘边和褶皱，表面应清洁。

6 软包布面与压线条、贴脸线、踢脚板、电气盒等交接处应严密、顺直、无毛边。电气盒盖等开洞处，套割尺寸应准确。

12.3.5 墙面裱糊应符合下列规定：

1 基层表面应平整、不得有粉化、起皮、裂缝和突出物，色泽应一致。有防潮要求的应进行防潮处理。

2 裱糊前应按壁纸、墙布的品种、花色、规格进行选配。拼花、裁切、编号、裱糊时应按编号顺序粘贴。

3 墙面应采用整幅裱糊，先垂直面后水平面，先细部后大面，先保证垂直后对花拼逢，垂直面是先上后下，先长墙面后短墙面，水平面是先高后低。，阴角处接缝应搭接，阳角处应包角不得有接缝。

4 聚氯乙烯塑料壁纸裱糊前应先将壁纸用水润湿数分钟，墙面裱糊时应在基层表面涂刷胶粘剂，顶棚裱糊时，基层和壁纸背面均应涂刷胶粘剂。

5 复合壁纸不得浸水，裱糊前应先在壁纸背面涂刷胶粘剂，放置数分钟，裱糊时，基层表面应涂刷胶粘剂。

6 纺织纤维壁纸不宜在水中浸泡，裱糊前宜用湿布清洁背面。

7 带背胶的壁纸裱糊前应在水中浸泡数分钟。裱糊顶棚时应涂刷一层稀释的胶粘剂。

8 金属壁纸裱糊前应浸水 1~2 min，阴干 5~8 min 后在其背面刷胶。刷胶应使用专用的壁纸粉胶，一边刷胶，一边将刷过胶的部分，向上卷在发泡壁纸卷上。

9 玻璃纤维基材壁纸、无纺墙布无需进行浸润。应选用粘接强度较高的胶粘剂，裱糊前应在基层表面涂胶，墙布背面不涂胶。玻璃纤维墙布裱糊对花时不得横拉斜扯避免变形脱落。

10 开关、插座等突出墙面的电气盒，裱糊前应先卸去盒盖。

13 涂饰工程

13.1 一般规定

13.1.1 本章适用于住宅内部水性涂料、溶剂型涂料和美术涂饰的涂饰工程施工。

13.1.2 涂饰工程应在抹灰、吊顶、细部、地面及电气工程等已完成并验收合格后进行。

13.1.3 涂饰工程应优先采用绿色环保产品。

13.1.4 混凝土或抹灰基层涂刷溶剂型涂料时，含水率不得大于 8%；涂刷水性涂料时，含水率不得大于 10%；木质基层含水率不得大于 12%。

13.1.5 涂料在使用前应搅拌均匀，并应在规定的时间内用完。

13.1.6 施工现场环境温度宜为 5～35 ℃，并应注意通风换气和防尘。

13.2 主要材料质量要求

13.2.1 涂料的品种、颜色应符合设计要求，并应有产品性能检测报告和产品合格证书。

13.2.2 涂饰工程所用腻子的粘结强度应符合国家现行标准的有关规定。

13.3 施工要点

13.3.1 基层处理应符合下列规定：

1 混凝土及水泥砂浆抹灰基层：应满刮腻子、砂纸打光，表面应平整光滑、线角顺直。

2 纸面石膏板基层：应按设计要求对板缝、钉眼进行处理后，满刮腻子、砂纸打光。

3 清漆木质基层：表面应平整光滑、颜色谐调一致、表面无污染、裂缝、残缺等缺陷。

4 调和漆本质基层：表面应平整、无严重污染。

5 金属基层：表面应进行除锈和防锈处理。

13.3.2 涂饰施工一般方法：

1 滚涂法：将蘸取漆液的毛辊先按 W 方式运动将涂料大致涂在基层上，然后用不蘸取漆液的毛辊紧贴基层上下、左右来回滚动，使漆液在基层上均匀展开，最后用蘸取漆液的毛辊按一定方向满滚一遍。阴角及上下口宜采用排笔刷涂找齐。

2 喷涂法：喷枪压力宜控制在 0.4～0.8 MPa 范围内。喷涂时喷枪与墙面应保持垂直，距离宜在 500 mm 左右，匀速平行移动。两行重叠宽度宜控制在喷涂宽度的 1/3。

3 刷涂法：直按先左后右、先上后下、先难后易、先边后面的顺序进行。

13.3.3 木质基层涂刷清漆：本质基层上的节疤、松脂部位应用虫胶漆封闭，钉眼处应用油性腻于嵌补。在刮腻子、上色前，应涂刷一遍封闭底漆，然后反复对局部进行拼色和修色，每修完一次，刷一遍中层漆，干后打磨，直至色调谐调统一，再做饰面漆。

13.3.4 木质基层涂刷调和漆：先满刷清油一遍，待其干后用油腻子将钉孔、裂缝、残缺处嵌刮平整，干后打磨光滑，再刷中层和面层油漆。

13.3.5 对泛碱、析盐的基层应先用 3% 的草酸溶液清洗，然后用清水冲刷干净或在基层上满刷一遍耐碱底漆，待其干后刮腻子，再涂刷面层涂料。

13.3.6 浮雕涂饰的中层涂料应颗粒均匀，用专用塑料辊蘸煤油或水均匀滚压，厚薄一致，待完全干燥固化后，才可进行面层涂饰，面层为水性涂料应采用喷涂，溶剂型涂料应采用刷涂。间隔时间宜在 4 h 以上。

13.3.7 涂料、油漆打磨应待涂膜完全干透后进行，打磨应用力均匀，不得磨透露底。

14 地面铺装工程

14.1 一般规定

14.1.1 本章适用于石材（包括人造石材）、地面砖、实木地板、竹地板、实木复合地板、强化复合地板、地毯等材料的地面面层的铺贴安装工程施工。

14.1.2 地面铺装宜在地面隐蔽工程、吊顶工程、墙面抹灰工程完成并验收后进行。

14.1.3 地面面层应有足够的强度，其表面质量应符合国家现行标准、规范的有关规定。

14.1.4 地面铺装图案及固定方法等应符合设计要求。

14.1.5 天然石材在铺装前应采取防护措施，防止出现污损、泛碱等现象。

14.1.6 湿作业施工现场环境温度宜在 5 ℃ 以上。

14.2 主要材料质量要求

14.2.1 地面铺装材料的品种、规格、颜色等均匀符合设计要求并应有产品合格证书。

14.2.2 地面铺装时所用龙骨、垫木、毛地板等木料的含水率，以及防腐、防蛀、防火处理等均应符合国家现行标准、规范的有关规定。

14.3 施工要点

14.3.1 石材、地面砖铺贴应符合下列规定：

    1 石材、地面砖铺贴前应浸水湿润。天然石材铺贴前应进行对色、拼花并试拼、编号。

    2 铺贴前应根据设计要求确定结合层砂浆厚度，拉十字线控制其厚度和石材、地面砖表面平整度。

    3 结合层砂浆宜采用体积比为 1：3 的干硬性水泥砂浆，厚度宜高出实铺厚度 2～3 mm。铺贴前应在水泥砂浆上刷一道水灰比为 1：2 的素水泥浆或干铺水泥 1～2 mm 后洒水。

    4 石材、地面砖铺贴时应保持水平就位，用橡皮锤轻击使其与砂浆粘结紧密，同时调整其表面平整度及缝隙不得大于 2 mm。

    5 铺贴后应及时清理表面，24 h 后应用 1：1 水泥浆灌缝，选择与地面颜色一致的颜料与白水泥拌和均匀后嵌缝。

14.3.2 竹、实木地板铺装应符合下列规定：

    1 基层平整度误差不得大于 5 mm。

    2 铺装前应对基层进行防潮处理，防潮层宜涂刷防水涂料或铺设塑料薄膜。

    3 铺装前应对地板进行选配，宜将纹理、颜色接近的地板集中使用于一个房间或部位。

    4 木龙骨应与基层连接牢固，固定点间距不得大于 600 mm。

    5 毛地板应与龙骨成 30°或 45°铺钉，板缝应为 2～3 mm，相邻板的接缝应错开。

    6 在龙骨上直接铺装地板时，主次龙骨的间距应根据地板的长宽模数计算确定，地板接缝应在龙骨的中线上。

7 地板钉长度宜为板厚的 2.5 倍，钉帽应砸扁。固定时应从凹榫边 30°角倾斜钉入。硬木地板应先钻孔，孔径应略小于地板钉直径。

8 毛地板及地板与墙之间应留有 8～10 mm 的缝隙。

9 地板磨光应先刨后磨，磨削应顺木纹方向，磨削总量应控制在 0.3～0.8 mm 内。

10 单层直铺地板的基层必须平整、无油污。铺贴前应在基层刷一层薄而匀的底胶以提高粘结力。铺贴时基层和地板背面均应刷胶，待不粘手后再进行铺贴。拼板时应用榔头垫木块敲打紧密，板缝不得大于 0.3 mm。溢出的胶液应及时清理干净。

14.3.3 强化复合地板铺装应符合下列规定：

1 防潮垫层应满铺平整，接缝处不得叠压。

2 安装第一排时应凹槽面靠墙。地板与墙之间应留有 8～10 mm 的缝隙。

3 房间长度或宽度超过 8 m 时，应在适当位置设置伸缩缝。

14.3.4 地毯铺装应符合下列规定：

1 地毯对花拼接应按毯面绒毛和织纹走向的同一方向拼接。

2 当使用张紧器伸展地毯时，用力方向应呈 V 字形，应由地毯中心向四周展开。

3 当使用倒刺板固定地毯时，应沿房间四周将倒刺板与基层固定牢固。

4 地毯铺装方向，应是毯面绒毛走向的背光方向。

5 满铺地毯，应用扁铲将毯边塞入卡条和墙壁间的间隙中或塞入踢脚下面。

6 裁剪楼梯地毯时，长度应留有一定余量，以便在使用中可挪动常磨损的位置。

15 卫生器具及管道安装工程

15.1 一般规定

15.1.1 本章适用于厨房、卫生间的洗涤、洁身等卫生器具的安装以及分户进水阀后给水管段、户内排水管段的管道施工。

15.1.2 卫生器具、各种阀门等应积极采用节水型器具。

15.1.3 各种卫生设备及管道安装均应符合设计要求及国家现行标准规范的有关规定。

15.2 主要材料质量要求

15.2.1 卫生器具的品种、规格、颜色应符合设计要求并应有产品合格证书。

15.2.2 给排水管材、件应符合设计要求并应有产品合格证书。

15.3 施工要点

15.3.1 各种卫生设备与地面或墙体的连接应用金属固定件安装牢固。金属固定件应进行防腐处理。当墙体为多孔砖墙时，应凿孔填实水泥砂浆后再进行固定件安装。当墙体为轻质隔墙时，应在墙体内设后置埋件，后置埋件应与墙体连接牢固。

15.3.2 各种卫生器具安装的管道连接件应易于拆卸、维修。排水管道连接应采用有橡胶垫片排水栓。卫生器具与金属固定件的连接表面应安置铅质或橡胶垫片。各种卫生陶瓷类器具不得采用水泥砂浆窝嵌。

15.3.3 各种卫生器具与台面、墙面、地面等接触部位均应采用硅酮胶或防水密封条密封。

15.3.4 各种卫生器具安装验收合格后应采取适当的成品保护措施。

15.3.5 管道敷设应横平竖直,管卡位置及管道坡度等均应符合规范要求。各类阀门安装应位置正确且平正,便于使用和维修。

15.3.6 嵌入墙体、地面的管道应进行防腐处理并用水泥砂浆保护,其厚度应符合下列要求:墙内冷水管不小于 10 mm、热水管不小于 15 mm,嵌入地面的管道不小于 10 mm。嵌入墙体、地面或暗敷的管道应作隐蔽工程验收。

15.3.7 冷热水管安装应左热右冷,平行间距应不小于 200 mm。当冷热水供水系统采用分水器供水时,应采用半柔性管材连接。

15.3.8 各种新型管材的安装应按生产企业提供的产品说明书进行施工。

16 电气安装工程

16.1 一般规定

16.1.1 本章适用于住宅单相入户配电箱户表后的室内电路布线及电器、灯具安装。

16.1.2 电气安装施工人员应持证上岗。

16.1.3 配电箱户表后应根据室内用电设备的不同功率分别配线供电;大功率家电设备应独立配线安装插座。

16.1.4 配线时,相线与零线的颜色应不同;同一住宅相线(L)颜色应统一,零线(N)宜用蓝色,保护线(PE)必须用黄绿双色线。

16.1.5 电路配管、配线施工及电器、灯具安装除遵守本规定外,尚应符合国家现行有关标准规范的规定。

16.1.6 工程竣工时应向业主提供电气工程竣工图。

16.2 主要材料质量要求

16.2.1 电器、电料的规格、型号应符合设计要求及国家现行电器产品标准的有关规定。

16.2.2 电器、电料的包装应完好,材料外观不应有破损,附件、备件应齐全。

16.2.3 塑料电线保护管及接线盒必须是阻燃型产品,外观不应有破损及变形。

16.2.4 金属电线保护管及接线盒外观不应有折扁和裂缝,管内应无毛刺,管口应平整。

16.2.5 通信系统使用的终端盒、接线盒与配电系统的开关、插座,宜选用同一系列产品。

16.3 施工要点

16.3.1 应根据用电设备位置,确定管线走向、标高及开关、插座的位置。

16.3.2 电源线配线时,所用导线截面积应满足用电设备的最大输出功率。

16.3.3 暗线敷设必须配管。当管线长度超过 15 m 或有两个直角弯时，应增设拉线盒。

16.3.4 同一回路电线应穿入同一根管内，但管内总根数不应超过 8 根，电线总截面积（包括绝缘外皮）不应超过管内截面积的 40%。

16.3.5 电源线与通讯线不得穿入同一根管内。

16.3.6 电源线及插座与电视线及插座的水平间距不应小于 500 mm。

16.3.7 电线与暖气、热水、煤气管之间的平行距离不应小于 300 mm，交叉距离不应小于 100 mm。

16.3.8 穿入配管导线的接头应设在接线盒内，接头搭接应牢固，绝缘带包缠应均匀紧密。

16.3.9 安装电源插座时，面向插座的左侧应接零线（N），右侧应接相线（L），中间上方应接保护地线（PE）。

16.3.10 当吊灯自重在 3 kg 及以上时，应先在顶板上安装后置埋件，然后将灯具固定在后置埋件上。严禁安装在木楔、木砖上。

16.3.11 连接开关、螺口灯具导线时，相线应先接开关，开关引出的相线应接在 16.3.12 导线间和导线对地间电阻必须大于 0.5 MΩ。

16.3.13 同一室内的电源、电话、电视等插座面板应在同一水平标高上，高差应小于 5 mm。

16.3.14 厨房、卫生间应安装防溅插座，开关宜安装在门外开启侧的墙体上。

16.3.15 电源插座底边距地宜为 300 mm，平开关板底边距地宜为 1 400 mm。

附录 A 本规范用词说明

A.0.1 为便于在执行本规范条文时区别对待，对要求严格程度不同的用词，说明如下：

1 表示很严格，非这样做不可的用词：
正面词采用"必须"、"只能"；
反面词采用"严禁"。

2 表示严格，在正常情况下均应这样做的用词：
正面词采用"应"；
反面词采用"不应"或"不得"。

3 表示允许稍有选择，在条件许可时，首先应这样做的用词：
正面词采用"宜"；
反面词采用"不宜"。

4 表示有选择，在一定条件下可以这样做的，采用"可"。

A.0.2 条文中指定按其他有关标准、规范执行时，写法为"应按……执行"或"应符合……的规定"。

附录3 "装饰构造与施工技术"课程基于工作过程系统化的项目教学资料

附录3.1 基于工作过程系统化的项目教学法课程开发方案

根据课程所面向的职业岗位（装饰施工图绘图员、装饰施工员、安全员、质量员），总结课程能力目标（一方面要求学生在熟悉常规装饰装修构造的构造原理、构造组成及构造作法的前提下，能够在工程实践中识读装饰工程施工图纸，指导施工进行。同时能在熟悉装饰设计方案的前提下，能够借助计算机辅助设计软件绘制相应的装饰工程施工图纸。另一方面要求学生在识读装饰工程施工图纸的前提下，能够在工程实践中按照各分项工程的工艺流程、施工要点和验收标准组织、指导装饰工程的施工过程。同时培养学生的自学能力，使学生养成获取知识信息的自主性，提高职业素质），提炼教学内容，设计课程实施项目，培养、提高学生的专业能力、方法能力、社会能力和个人能力，制定本课程的基于工作过程的项目教学开发方案。（如附表3.1）

附表3.1 《装饰构造与施工技术》课程开发方案

能力目标	项目设置	项目操作流程	
专业能力： 1.装饰工程设计方案意图的理解能力 2.装饰工程施工图的识读能力 3.装饰工程施工图的绘制能力 4.装饰工程构造设计能力 5.装饰工程施工流程编制能力 6.装饰工程施工要点编制能力 方法能力： 1.任务信息的收集能力 2.完成任务的方法能力 3.完成任务方法的调整能力 4.解决问题的方案制订能力 5.完成任务的组织工作能力 6.任务过程中的自我评价能力 7.任务完成后的自我总结能力 社会能力： 1.沟通交流的能力 2.辩证思维的能力 3.灵活表达的能力 4.分析、解决问题的能力 5.团队协作的能力 6.严谨、敬业的职业道德 个人能力： 装饰构造设计能力及优化能力 组织、指导现场技术的能力 专业知识应用能力 图纸编辑、修改能力	项目1： 住宅空间装饰构造与施工技术 项目2： 办公空间装饰构造与施工技术 项目3： 娱乐空间装饰构造与施工技术	资讯	装饰设计方案图；设计说明；装饰材料表；相关网络资料
		计划	理解方案设计的意图；理解设计说明的要点；确定方案设计中装饰材料的种类、材质、特点等
		决策	分析设计意图、材料使用，决策相应的构造设计原理、组成和作法
		实施	1. 理解设计方案的意图、设计要点、材料选用等信息 2. 提取设计方案中需要完成构造设计的重点部位 3. 根据装饰构造设计原理，选择合理的构造组成、构造作法 4. 运用CAD或天正软件绘制构造详图，编辑图纸，形成装饰工程施工图 5. 根据装饰工程施工图编制各分项工程的施工流程和操作要点
		检查	1. 结合实施项目的成果，检查构造设计的合理性，图纸的正确性 2. 检查图纸的规范性 3. 检查工艺流程和操作要点的合理性
		评估	1. 专业能力评估 2. 方法能力评估 3. 社会能力评估 4. 个人能力评估

附录 3.2 基于工作过程系统化的项目教学法课程实施方案

为实现本课程对学生能力目标的培养,在基于工作过程的项目教学法课程开发方案的指导下,本课程的具体实施方案如附表 3.2。

附表 3.2 《装饰构造与施工技术》课程实施方案

项目名称	项目实施过程描述	
项目1: 住宅空间装饰构造与施工技术	资讯	装饰设计方案图;设计说明;装饰材料表;相关资料
	计划	理解方案设计的意图;理解设计说明的要点;确定方案设计中装饰材料的种类、材质、特点等
	决策	分析设计意图、材料使用,决策相应的构造设计原理、组成和作法
	实施	任务1:识读住宅空间装饰设计方案和设计说明,理解设计意图。 要 点:原始结构图、平面布置图、地坪铺装图、墙面设计图、天棚设计图、家具设备设计图等,明确各部分的设计尺寸、设计形式、材料设备的选用。 任务2:手绘装饰构造草图 要 点:1.根据空间设计中灯具、电气、开关、插座及给排水设备的种类和布置位置,确定水电管线的定位和走向。 2.根据空间的造型设计,选取需要进行构造细化的结构。 3.根据装饰构造设计原理和查阅相关纸质、网络资料,进行所选取的部分进行节点详图、大样图的绘制。 任务3:电脑绘制装饰施工图 要 点:1. 利用CAD或天正软件将手绘的装饰构造草图绘制成电脑图形(线型、尺寸标注、文字标注、符号标注)。 2. 布置装饰工程施工图(图框选用、比例设置、布图位置)。 任务4:编制施工流程和操作要点 1. 根据装饰工程施工图和各分项工程所使用的饰面材料的特性,结合相关信息,编制符合住宅空间整个项目实施的装饰施工流程和各分项工程的工艺流程。 2. 根据各流程的要素,编制重点要素的操作要点
	检查	任务1:资讯检查(信息是否收集完整) 任务2:计划检查(计划是否完整,有无缺项) 任务3:项目实施检查 1. 装饰设计方案图纸是否完全识读。 2. 装饰设计方案图纸中的尺寸、形式、材料设备的选用是否清楚。 水电管线的定位和走向是否合理。 重点部位的构造设计是否符合住宅空间的施工要求。 电脑绘制的装饰工程施工图中的线性、尺寸、文字、比例、布图是否符合制图的规范。 编制的施工工艺流程和操作要点是否满足当前的施工技术
	评估	任务1:专业能力的评估 任务2:方法能力的评估 任务3:社会能力的评估 任务4:个人能力的评估

注:项目2、项目3重复项目1的步骤,加强学生能力目标的培养。

附录 3.3　基于工作过程系统化的项目教学法项目实施总体流程图

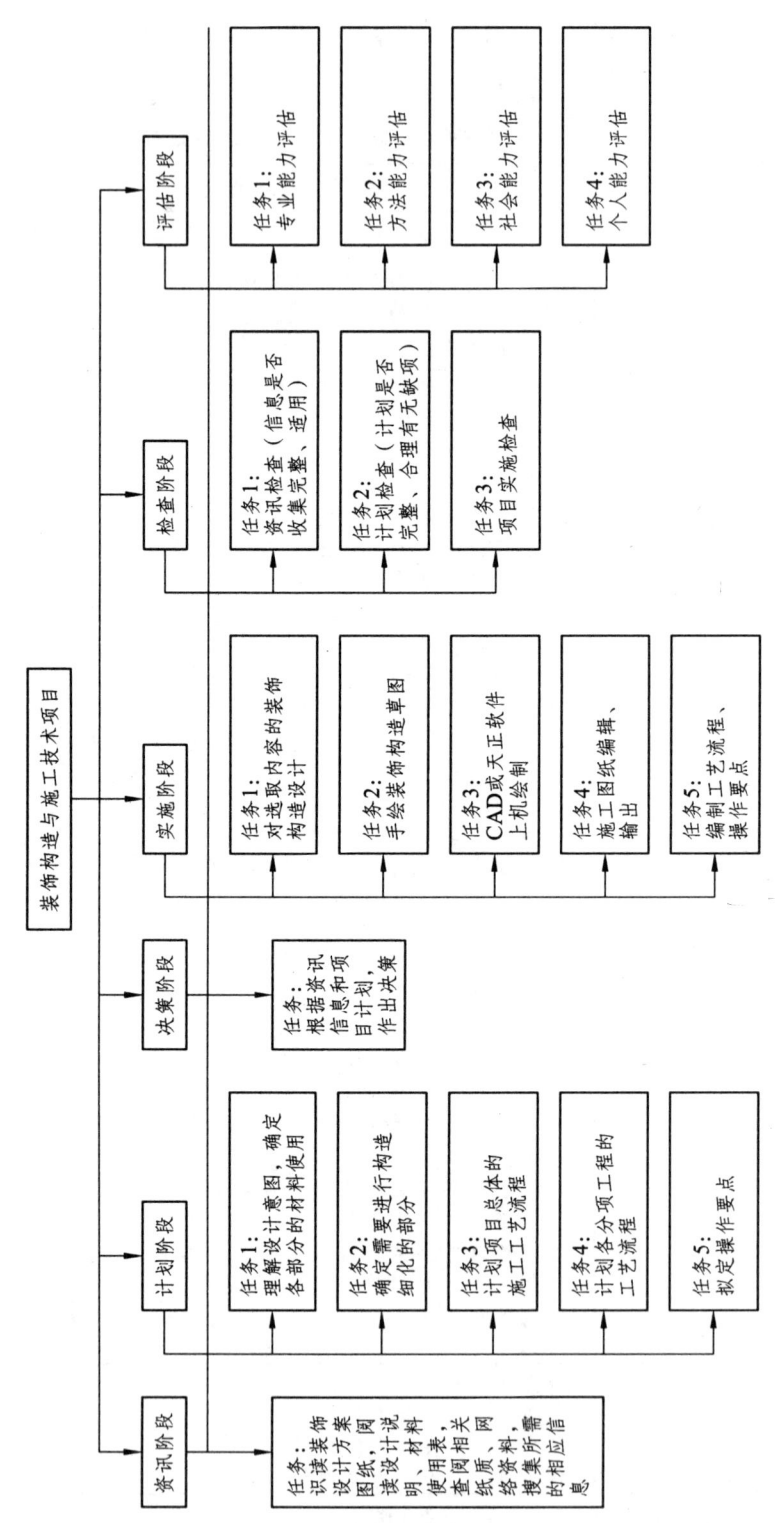

附录 3.4　基于工作过程系统化的项目教学法项目实施具体流程图

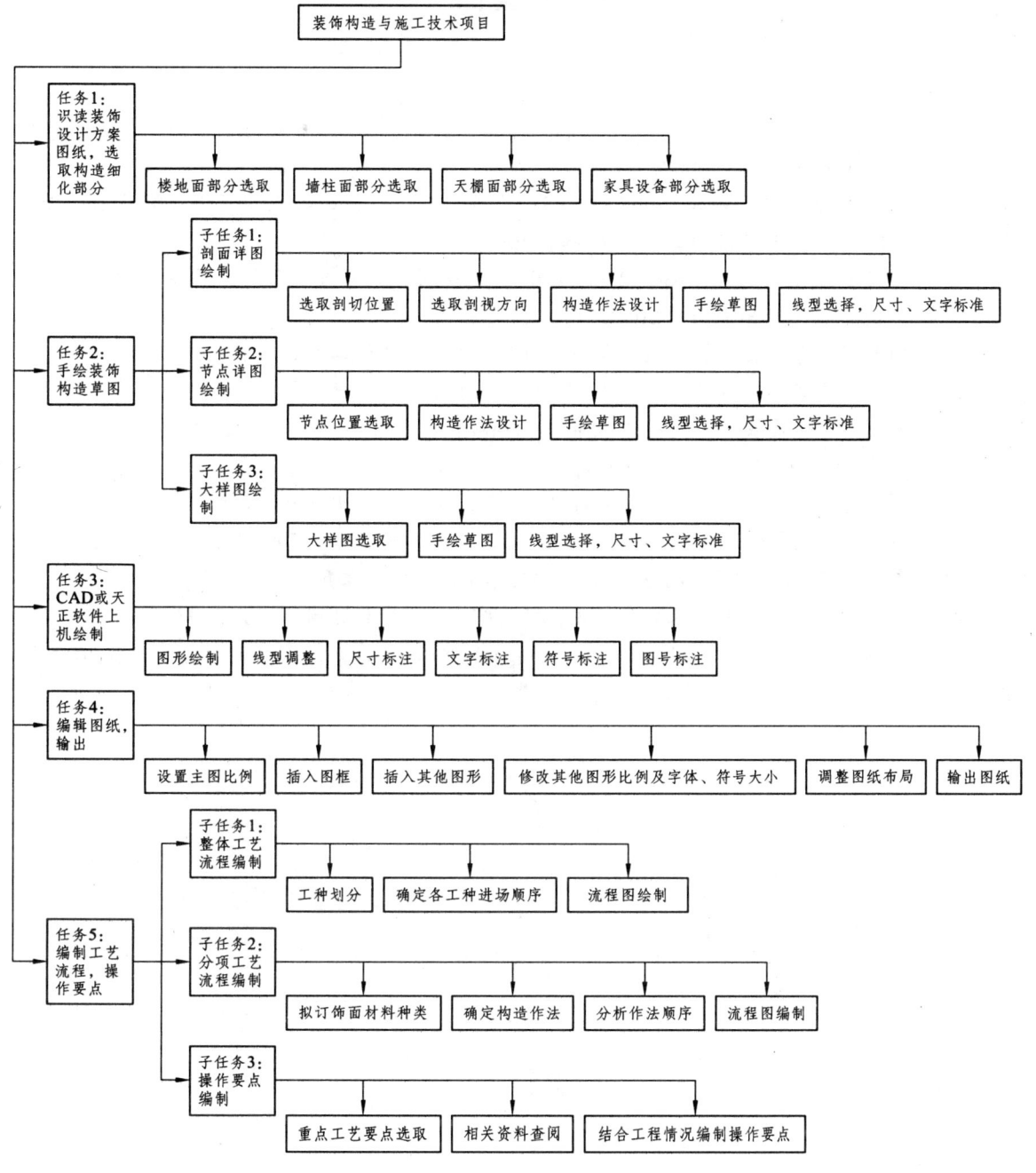

参考文献

[1] 住房和城乡建设部. GB 50327—2001 住宅装饰装修工程施工规范[S]. 北京：中国建筑工业出版社，2002.

[2] 住房和城乡建设部. GB 50222—95 建筑内部装修设计防火规范（2001年修订版）[S]. 北京：中国建筑工业出版社，2006.

[3] 住房和城乡建设部. GB 50210—2001 建筑装饰装修工程质量验收规范[S]. 北京：中国建筑工业出版社，2002.

[4] 刘超英. 建筑装饰装修构造与施工[M]. 北京：机械工业出版社，2013.

[5] 李明. 建筑装饰施工技术[M]. 上海：上海交通出版社，2008.

[6] 朱吉顶. 建筑装饰工程基本技能实训指导[M]. 北京：机械工业出版社，2007.

[7] 张晓丹. 地面装饰施工技术[M]. 北京：高等教育出版社，2007.

[8] 蔡红. 墙面装饰工程施工技术[M]. 北京：高等教育出版社，2007.

[9] 吴民. 吊顶装饰施工技术[M]. 北京：高等教育出版社，2007.

[10] 焦涛，袁新华. 轻质隔墙施工技术[M]. 北京：高等教育出版社，2007.

[11] 焦涛. 门窗装饰工艺及施工技术[M]. 北京：高等教育出版社，2007.

[12] 吴建平. 室内装饰材料与构造施工项目教程[M]. 北京：高等教育出版社，2012.